QIZHONG JIXIE GANGJIEGOU SHEJI

起重机械钢结构设计

王积永 张青 沈孝芹 等编著

化学工业出版社

·北京·

本书依据最新的《起重机设计规范》(GB/T 3811—2008)给出了工程机械金属结构的设计计算理论、计算方法，并结合作者多年来工程起重机设计、生产和教学的实践和教学的经验以工程起重机械为例给出了涵盖几乎所有金属结构构件的设计过程、设计方法的实例。

本书可供起重机设计人员、工程机械设计人员查阅和参考，也可作为高等院校工程机械专业的教材或教学参考书。

图书在版编目(CIP)数据

起重机械钢结构设计/王积永，张青，沈孝芹等编著.—北京：化学工业出版社，2011.7(2017.5重印)

ISBN 978-7-122-11157-9

Ⅰ.起… Ⅱ.①王…②张…③沈… Ⅲ.起重机械-钢结构-结构设计 Ⅳ.TH210.6

中国版本图书馆CIP数据核字(2011)第076247号

责任编辑：张兴辉　　文字编辑：张燕文

责任校对：蒋　宇　　装帧设计：王晓宇

出版发行：化学工业出版社(北京市东城区青年湖南街13号　邮政编码100011)

印　　装：北京七彩京通数码快印有限公司

787mm×1092mm　1/16　印张16½　字数420千字　2017年5月北京第1版第3次印刷

购书咨询：010-64518888　　售后服务：010-64518899

网　　址：http://www.cip.com.cn

凡购买本书，如有缺损质量问题，本社销售中心负责调换。

定　　价：49.00元

前言

FOREWORD

起重机械钢结构为起重机械产品的支承体系，钢结构的重量通常占整台机械重量的60%～70%，有的机械如塔式起重机的金属结构占整机重量的90%，钢结构设计不仅肩负着安全的重任，而且其结构的优化，与产品的造型、性能及产品成本密切相关。随着计算理论、计算手段和设计方法的发展，设计规范版本不断更新，机械工程及自动化专业学生的教材需要更新，广大起重机械专业技术人员需要一本应用新的设计规范、新的设计理论和方法的专业化书籍。

本书根据高等工科院校教学基本要求，结合作者多年起重机设计、生产及租赁的实际经验和教学经验进行编写。依据最新的《起重机设计规范》给出了工程机械金属结构的设计计算理论、计算手段，并结合作者多年来工程起重机设计、生产和教学的实践和教学的经验以工程起重机械为例给出了涵盖几乎所有金属结构构件的设计过程、设计方法的实例。具有以下两大特点：

1. 理论最新，依据最新的《起重机设计规范》(GB/T 3811—2008)；

2. 实例丰富，涵盖了塔式起重机的所有金属结构部件和流动式起重机和其他工程机械工作装置的金属结构部件。

本书第2～6章为金属结构的材料和设计计算，构件强度、刚度和整体稳定计算、板件和壳体的抗屈曲计算、金属结构的连接及结构抗疲劳强度计算，主要介绍起重机金属结构的知识和设计理论；第7～10章为轴心受力构件设计、实腹受弯构件设计、偏心受力构件设计、桁架结构设计，结合工程实例，主要介绍起重机金属结构设计理论的应用，各类结构件的设计方法、流程及各环节注意的要点。

本书第1、4、7、8、9、10章由王积永撰写，第3、5章由张青撰写，第2、6章由沈孝芹撰写，全书由王积永统稿和定稿，参加编写的还有山东富友公司的毛瑞年、何继红，研究生李磊等。山东建筑大学机电学院工程机械教研室的多位老师对本书的编写给予了很多帮助和支持，在此表示衷心的感谢！

鉴于编者水平所限，不妥之处在所难免，恳请广大读者朋友批评指正。

编　者

目录

起重机械钢结构设计

CONTENTS

第1章 绪论

1.1 起重机械钢结构的应用

以钢材为原料轧制的型材（角钢、工字钢、槽钢、钢管等）和板材作为基本元件，通过焊接、螺栓或铆钉连接等方式，按一定的规律连接起来制成能够承受起重机械外载荷的结构称为起重机械钢结构。

由于钢结构具有强度高、重量轻、质量稳定等独特优点，已在工业部门获得非常广泛的应用。在传统的工业部门，如工业与民用建筑业中的建筑结构，交通运输业中的船舶、车辆、飞机、桥梁，电力部门中的高架塔桅，水工建筑中的闸门、大型管道以及机械工业中的起重机械、重型机械等方面，在新兴的宇航工业、海洋工程中都大规模应用了钢结构。

1.2 起重机械钢结构的分类

钢结构的类型很多，可以根据钢结构基本元件几何特征、结构外形、连接方式以及外载荷与结构构件在空间的相互位置这四种情况来区分。

1.2.1 根据结构构件几何特征分类

钢结构基本元件根据其几何特征，可分为杆系结构和板结构。

(1) 杆系结构

若干杆件按照一定的规律组成几何不变结构，称为杆系结构。其特征是每根杆件的长度远大于宽度和厚度，即截面尺寸较小。常见的塔式起重机的臂架和塔身（图 1-1），轮胎式起重机的臂架（图 1-2），都是杆系结构。

(2) 板结构

板结构由薄板焊接而成，薄板的厚度远小于其他两个尺寸，故又称薄壁结构。汽车起重机箱形伸缩臂架、转台、车架、支腿（图 1-3）及挖掘机的动臂、斗杆、铲斗（图 1-4）等属于板结构。

1.2.2 根据结构构件外形分类

根据结构构件外形的不同，可分为臂架结构（图 1-1、图 1-2）、车架结构（图 1-2、图 1-3）、塔架结构（图 1-1）、人字架转台（图 1-2）、门架结构等。图 1-5 所示为推土机刀架计算简图，属于门架结构。常见的还有龙门起重机的龙门架（图 1-6）、叉车的门架等。

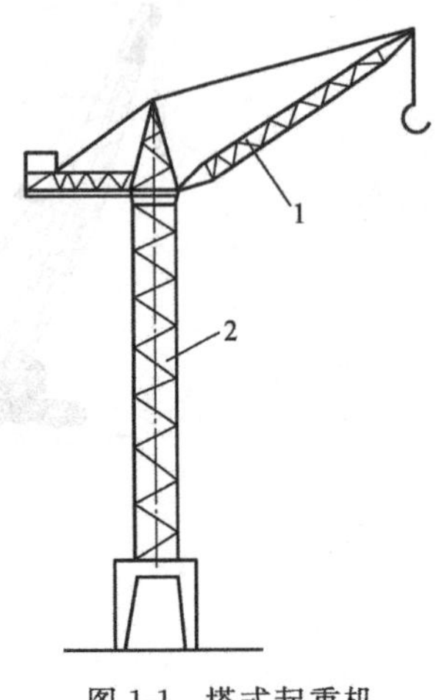

图 1-1 塔式起重机

1—臂架；2—塔身

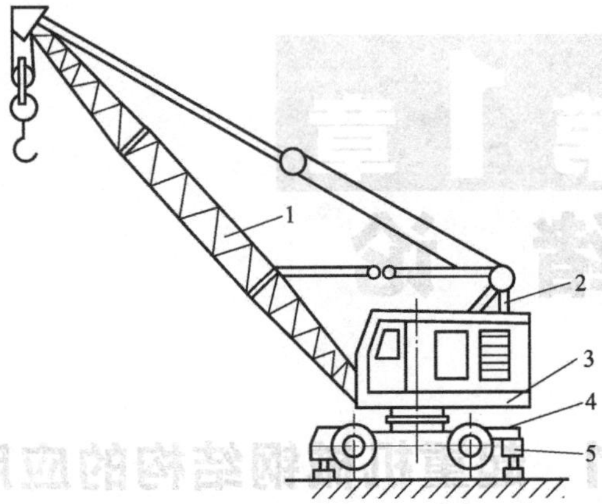

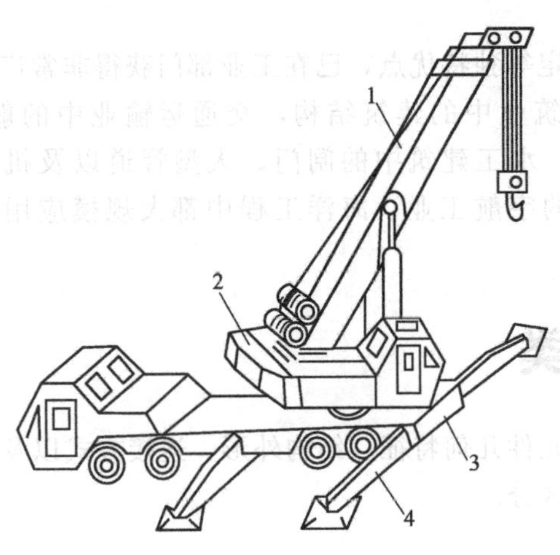

图 1-3 汽车起重机

1—臂架；2—转台；3—车架；4—支腿

图 1-2 轮胎式起重机

1—臂架；2—人字架；3—转台；4—车架；5—支腿

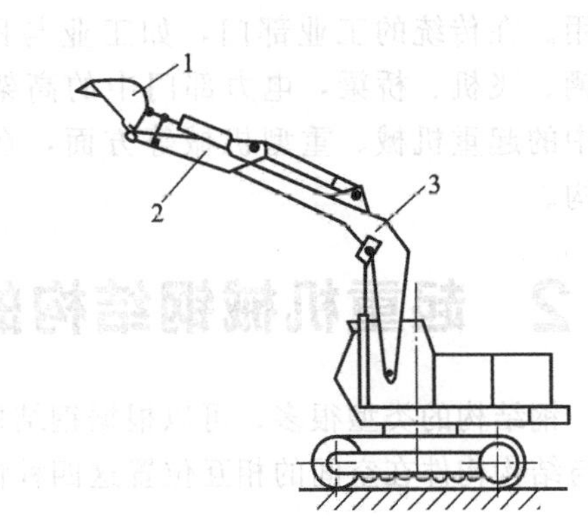

图 1-4 液压挖掘机

1—铲斗；2—斗杆；3—动臂

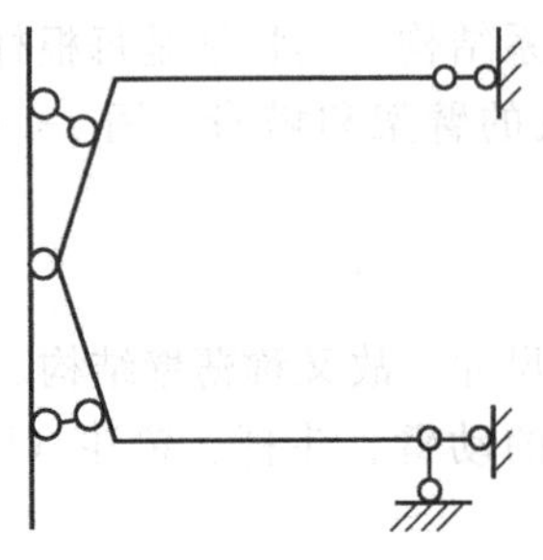

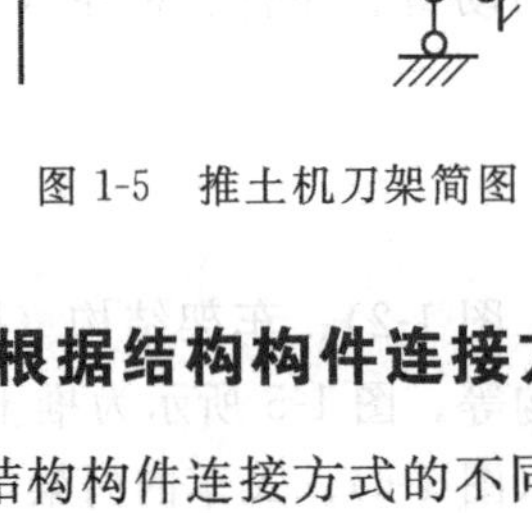

图 1-5 推土机刀架简图

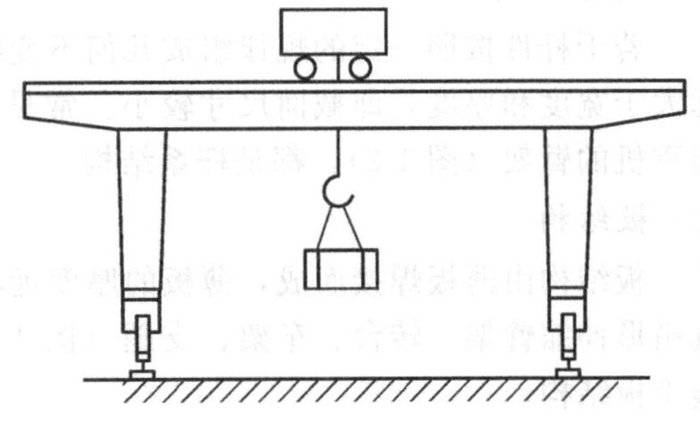

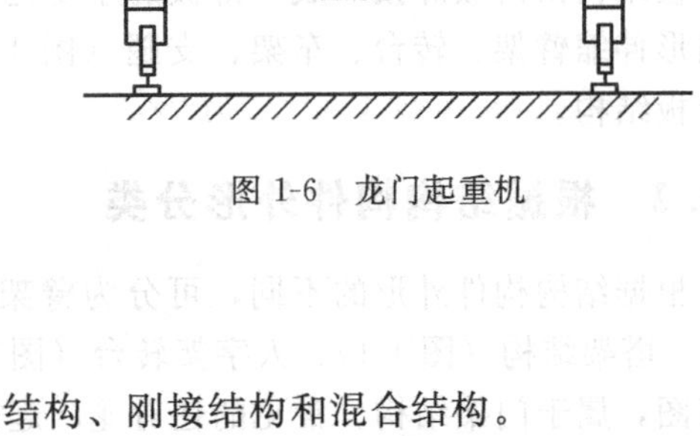

图 1-6 龙门起重机

1.2.3 根据结构构件连接方式分类

根据结构构件连接方式的不同，可分为铰接结构、刚接结构和混合结构。

(1) 铰接结构

铰接结构中所有节点都是理想铰，即不承受和传递弯矩。钢结构中极少有铰接结构，只是如果杆系结构中杆件受弯矩甚小，主要承受轴向力，或者当节点处的连接状态与铰接连接很相近时，如塔式起重机的臂架、塔身，在设计计算时，可近似简化为铰接结构处理。

(2) 刚接结构

刚接结构也称刚架结构。这种结构的特点是杆件连接处比较刚强。在外载荷作用下，节点处各构件之间的原有相互夹角不会变化，或变化甚小可忽略不计，节点能承受较大弯矩。龙门起重机的门架就是刚接结构。

(3) 混合结构

混合结构的特点是既有铰接连接的节点，又有刚接连接的节点。

1.2.4　根据外载荷与结构杆件在空间的相互位置分类

根据外载荷与结构杆件在空间的相互位置不同，结构可分为平面结构和空间结构。

(1) 平面结构

外载荷的作用线和全部杆件的中心轴线都处在同一平面内，则结构称为平面结构。

在实际结构中，直接应用平面结构的情况较少，但许多实际结构通常由平面结构组合而成，故可简化为平面结构来计算。图 1-7 所示的塔式起重机水平臂架上，小车轮压、结构自重与架式臂架平面共面，因此该臂架也可简化为平面结构计算。

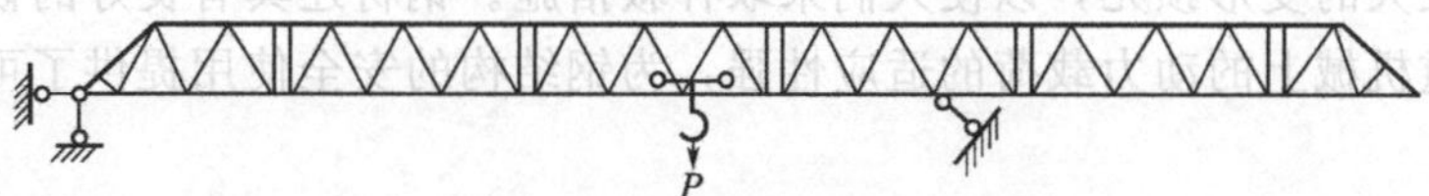

图 1-7　塔式起重机水平臂架简图

(2) 空间结构

当结构杆件的中心轴线不在同一平面，或者结构杆件的中心轴线虽位于同一平面，但外载荷作用线却不在其平面内，这种结构称为空间结构。图 1-8 所示的轮胎式起重机车架，即为空间结构。

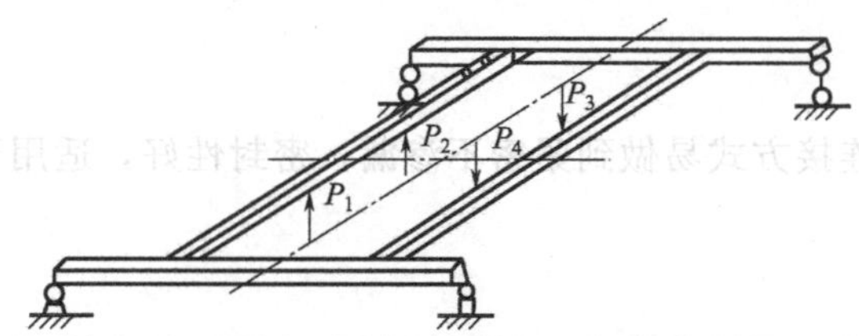

图 1-8　轮胎式起重机车架简图

1.2.5　根据构件受力特点

上述四种不同的分类方式，表明钢结构形式很多。但它们都是由一些基本受力构件组成，这些基本构件主要有如下几种。

(1) 受弯构件

如龙门起重机的水平横梁，轮式起重机车架的纵梁和横架等。这些构件的受力特点是仅受弯矩作用。

(2) 轴心受力构件

如汽车起重机人字架的拉、压杆及车架的支腿，压杆式塔式起重机的臂架等。其受力特点是构件轴心受拉或受压。

(3) 偏心受力构件

如小车式塔式起重机的水平臂架、汽车起重机臂架等。这种构件的受力特性是除了受轴心压力外，同时还承受横向弯曲，或者轴力不通过构件截面形心而具有一定偏心距，以致产生偏心弯矩。

1.3 起重机械钢结构的特点

钢结构与其他材料制成的结构相比，具有下列一些特点。

(1) 强度高、重量轻

钢结构大都采用钢材。钢材比木材、砖石、混凝土等建筑材料的强度要高出很多倍，因此当承受的载荷和条件相同时，用钢材制成的结构自重较轻，所需截面较小，运输和架设也较方便。

(2) 塑性和韧性好

钢材具有良好的塑性，在一般情况下，不会因偶然超载或局部超载造成突然断裂破坏，而是事先出现较大的变形预兆，以便人们采取补救措施。钢材还具有良好的韧性，使得结构对常作用在起重机械上的动力载荷的适应性强，为钢结构的安全使用提供了可靠保证。

(3) 材质均匀

钢材的内部组织均匀，各个方向的物理力学性能基本相同，很接近各向同性体，在一定的应力范围内，钢材处于理想弹性状态，与工程力学所采用的基本假定较符合，故计算结果准确可靠。

(4) 制造方便、具有良好的装配性

钢结构由各种通过机械加工制成的型钢和钢板组成，采用焊接、螺栓连接或铆接等手段制造成基本构件，运至现场装配拼接。故制造简便、施工周期短、效率高，且修配、更换也方便。

(5) 密封性好

钢结构如采用焊接连接方式易做到紧密不渗漏，密封性好，适用于制作容器、油罐、油箱等。

(6) 耐腐蚀性差

起重机械经常处在潮湿环境中作业，用钢材制作的钢结构在湿度大或有侵蚀性介质情况下容易锈蚀，因而需经常维修和保护，如除锈、油漆等，维护费用较高。

(7) 耐高温性差

钢材不耐高温，随着温度的升高，钢材强度会降低，因此对重要的结构必须注意采取防火措施。

(8) 耐低温性差

低碳钢冷脆性一般以－20℃为界，对于我国的环境一般不用考虑其低温性能，对于出口俄罗斯、乌克兰等国家的钢结构就必须考虑钢材的低温性能。

1.4 起重机械钢结构设计的基本要求和研究方向

起重机械是一种工作条件十分繁忙的重型机械设备，经常承受变化的动力载荷，工作环境差，而作为起重机械骨架的钢结构，其设计制造质量的好坏将直接影响整机的技术经济指标和寿命。因此，为了保证机械正常作业，设计钢结构时应满足一些基本要求。

首先，必须符合整机设计要求，包括作业空间要求和机构动力学要求，保证机械能够有良好的运动性能。

其次，钢结构必须具备足够的承载能力，应有足够的静强度及规定寿命下的疲劳强度和构件的整体稳定、局部稳定；钢结构还应具有足够的静态刚性和动态刚性，以保证机械能够有良好的工作性能。

钢结构的重量通常占整台机械重量的60%～70%，有的机械如塔式起重机的钢结构部件占整机重量的90%，因此要求结构自重尽量轻，既节约材料，又可提高机械的工作性能。

钢结构的造型与受力情况、制造工艺性有关。应尽量使构造合理，适应结构受力特点，并有良好的制造工艺性，以方便安装、维修和运输。

起重机械的造型取决于结构的造型。设计钢结构时，应尽量使造型美观、大方。

根据上述的对钢结构的基本要求，钢结构设计制造的理论水平以及研究方向和趋势归纳如下。

(1) *研究和改进设计理论及计算方法*

起重机械钢结构的设计和计算，至今我国无专门的设计规范，大多参考各种专业设计规范中的规定进行设计，如《起重机设计规范》(GB/T 3811—2008)、《塔式起重机设计规范》(GB/T 13752—92) 和《钢结构设计规范》(GB 50017—88)。在这些设计规范中多采用以结构的极限状态为依据，进行多系数分析，用单一安全系数的许用应力计算法。这种方法使用简便，但由于采用单一的安全系数，无法区别反映出各构件不同的超载情况，设计出的结构，或材料富余，或安全程度过低。随着试验技术的不断发展，近年来出现了一些新的计算方法，如建筑结构设计领域采用的以概率理论为基础的极限状态计算法，如《钢结构设计规范》(GB 50017—2003)。

当前，钢结构设计领域正在研究并不断得到应用的新的理论和计算方法有随机疲劳理论、动态设计理论、可靠性理论、断裂力学理论、稳定理论、有限元分析法、最优化设计法等。这些新理论和新方法极大地促进和提高了钢结构的设计水平。

(2) *改进现有的结构形式和开发新颖的结构形式*

在保证机械工作性能的条件下，改进现有的结构形式和开发新颖的结构形式，能有效地减轻钢结构的自重，节省材料，从而降低造价。如采用合理的结构截面形式，改善截面几何特性，将厚壁结构改为薄壁结构，使用管形结构代替矩形结构等。结合具体机械，创造新颖的结构形式，可取得明显的经济效益。

(3) *研究采用新材料*

材料对起重机械的性能，特别是对机械的可靠性、寿命和自重的影响较大。例如，每减轻100kg起重机自重，可提高30kg的起重量。研究采用轻金属或高强度结构钢制作钢结构，是减轻结构自重、节省材料的有效途径，我国已经在长江九江大桥和北京鸟巢体育馆成功地使用了Q420 (15MnVN) 低合金高强度结构钢材料。国外也有用铝合金制成的起重机臂架，自重可减轻30%～60%。也有的用硬质工程塑料制造起重机结构和零件，既明显减轻自重，又节省材料、简化制造工艺。此外，国内外都在研究使用低合金高强度结构钢，使用这种强度高、材质好的钢材，可使钢结构体轻耐用。

(4) 改进制造工艺

除传统的焊接、铆接和螺栓连接外，目前还在研究和试用其他新型的连接方式，如高强度螺栓连接、胶合连接以及装配式结构和标准化冲压构件等。选择先进的制造工艺，可以提高生产率，降低制造成本。

(5) 钢结构的标准化和系列化

从设计着手，结合制造工艺，将一些易于标准化的构件，如桁架动臂式起重机的臂架标准段、起重机车架等，设计成有一定规格的标准部件，经过组装，即可制造成系列化产品。部件的标准化和产品的系列化可大大加快设计和制造过程，且便于计算机辅助设计和制造，为大规模的工业生产创造必要的条件。

思 考 题

1-1 起重机械钢结构的类型如何划分？各种类型包括哪些结构？

1-2 起重机械钢结构的特点是什么？

1-3 起重机械对钢结构有哪些要求？

1-4 起重机械钢结构的发展趋势是什么？

第2章 起重机械钢结构材料

2.1 钢材的主要力学性能

2.1.1 钢材单向受力状态下的性能

钢材受到的单向力有拉力、压力和剪力，一般通过钢材在单向拉力作用下的应力-应变曲线来研究钢材的受力性能。对钢材标准试件进行单向静拉伸试验时，其应力 σ 与应变 ε 之间的关系如图2-1所示，图中应力-应变曲线可分为五个阶段。

图 2-1 Q235 钢的应力-应变曲线

(1) 弹性阶段（*O-A*）

在 *O-A* 阶段，当应力处在比例极限 σ_p 之内，应变随着应力的增加而增加，即应变与应力成正比关系，服从胡克定律。此时钢材的变形为弹性变形。此阶段内，当载荷卸除后，试件能恢复原长不出现残余变形。应力与应变的比值为常数，称弹性模量 E。

(2) 弹塑性阶段（*A-B*）

当应力超过比例极限 σ_p，应力与应变成非线性关系，钢材存在少量塑性变形，处于弹塑性状态，直到图中 B 点为止。对应于 B 点的应力 σ_s 称屈服点或屈服极限。

(3) 塑性阶段（*B-C*）

当应力到达屈服极限点后，应力-应变曲线是不稳定的。在经过一定范围内的波动后，逐渐趋于平稳。此时，应力没有明显的增加，应变却急剧增长。钢材在屈服阶段产生塑性变形，即卸去载荷，试件的变形也不能完全恢复，从 B 点到 C 点阶段应变的大小称为流幅。流幅越大，表明钢材的塑性越好。

(4) 强化阶段（*C-D*）

应力过了屈服阶段，钢材又恢复了抵抗载荷能力，进入强化阶段。应力-应变为曲线关系，直到最高点 D 点。对应于 D 点的应力 σ_b 称为极限强度，或称抗拉强度。

(5) 颈缩阶段（*D-E*）

应力超过 σ_b 后，在试件薄弱处的截面将开始显著缩小，产生明显的颈缩现象，塑性变形迅速增大，应力随之下降，直至最终断裂。

从图 2-1 中应力-应变曲线可以看出：钢材的比例极限 σ_p 与屈服点 σ_s 很接近。屈服点 σ_s 以前的应变很小（$\varepsilon \approx 0.15\%$），屈服点之后，由于出现流幅，钢材将失去抵抗外载荷的能力，特别是构件将产生很大的塑性变形（$\varepsilon \approx 0.15\% \sim 2.5\%$）。因此，在结构设计时，往往用屈服点 σ_s 代替比例极限 σ_p，作为强度计算的最大控制应力。

以上讨论的是钢材在单向受拉状态下的力学性能。钢材在单向受压状态下，其力学性能基本相同。在单向受剪状态下，情况也相似，但屈服点和抗拉强度稍低。

在对钢材试件进行拉伸试验的同时，除测得强度特性之外，还可得到塑性特性——伸长率和断面收缩率。这两项指标反映了钢材塑性变形的性能。与强度指标一样，也是钢材重要的力学性能。

2.1.2 钢材在复杂受力状态下的性能

在实际结构中，钢材常常受到二向或三向平面应力的作用。在这种复杂应力作用下，用试验的方法很难确定材料处于弹性或塑性状态，一般采用强度理论来确定。经试验证明，材料力学中的第四强度理论最符合这类钢材的实际情况。按此理论可获得钢材在复杂应力状态下由弹性状态转变为塑性状态的判别式：

$$\left.\begin{array}{ll}\text{塑料状态} & \sigma_{zs} \geqslant \sigma_s \\ \text{弹性状态} & \sigma_{zs} < \sigma_s\end{array}\right\} \tag{2-1}$$

式中 σ_s——钢材的屈服点；

σ_{zs}——折算应力。

如以应力分量表示，根据第四强度理论，折算应力公式为

$$\sigma_{zs} = \sqrt{\sigma_x^2 + \sigma_y^2 + \sigma_z^2 - (\sigma_x\sigma_y + \sigma_y\sigma_z + \sigma_z\sigma_x) + 3(\tau_{xy}^2 + \tau_{yz}^2 + \tau_{zx}^2)} \tag{2-2}$$

对平面应力状态，$\sigma_z = 0$，$\tau_{zy} = \tau_{xz} = 0$，则

$$\sigma_{zs} = \sqrt{\sigma_x^2 + \sigma_y^2 - \sigma_x\sigma_y + 3\tau_{xy}^2} \tag{2-3}$$

在一般结构中，$\sigma_y = 0$，$\sigma_x = 0$，$\tau_{xy} = \tau$，则上式可写为

$$\sigma_{zs} = \sqrt{\sigma^2 + 3\tau^2} \tag{2-4}$$

钢材在复杂应力作用下，除了强度发生变化外，塑性和韧性也会产生变化。在同号平面应力作用状态下，钢材的弹性工作范围和抗拉强度均有提高，塑性变形降低；在异号平面应力作用状态下，情况则相反。钢材在受同号立体应力和异号立体应力作用下的情况与平面应力相类似。例如，当受同号且相等立体拉应力作用时，塑性变形几乎不出现，即钢材存在脆性断裂的危险。当为立体压应力作用且数值相等时，钢材既不会出现塑性变形，也无断裂危险，也就是说，几乎不可能破坏。因此，结构设计中，应尽量避免同号平面或立体拉应力作用状态的出现。

2.1.3 钢材在连续反复载荷作用下的性能——疲劳

钢材在连续反复载荷作用下，即使其最大应力低于抗拉强度 σ_b，甚至低于屈服点 σ_s，也可能发生脆性破坏，此现象称为疲劳。疲劳破坏与塑性破坏完全不同，往往是突然发生的脆性断裂，在破坏前不出现显著的变形和局部收缩。破坏一般发生在应力比较集中的区域，如截面突变处、焊缝连接处、钢材表面缺口处等。由于疲劳强度直接影响了结构的安全可靠性，故是起重机械钢结构设计的主要指标之一。

起重机械钢结构长期承受连续反复载荷作用，应特别注意疲劳现象。对于某些工作级别的起重机，就需验算疲劳强度。例如，起重机结构件的工作级别为 E4～E8 级的结构件，需验算疲劳强度。

影响钢材疲劳强度的因素较多，包括钢材种类、连接接头形式、结构特征、应力循环形式、应力变化幅度 ρ 以及载荷重复次数 N 等。钢材发生疲劳破坏时的绝对值最大应力 σ_{max}，称为疲劳应力，它与应力循环的形式有直接关系，并随着载荷重复次数 N 的增加而降低。图 2-2 所示的 σ-N 曲线，或称 S-N 曲线，是以脉冲循环应力（疲劳应力循环特性值 $r=\sigma_{min}/\sigma_{max}=0$）的最大拉应力 σ_{max} 为纵坐标、破坏时循环数 N 为横坐标，对一批标准试件施加不同量值的等幅循环载荷，得到各试件破坏时的对应循环数 N，绘制而成的表示了材料的疲劳强度与寿命关系的曲线。

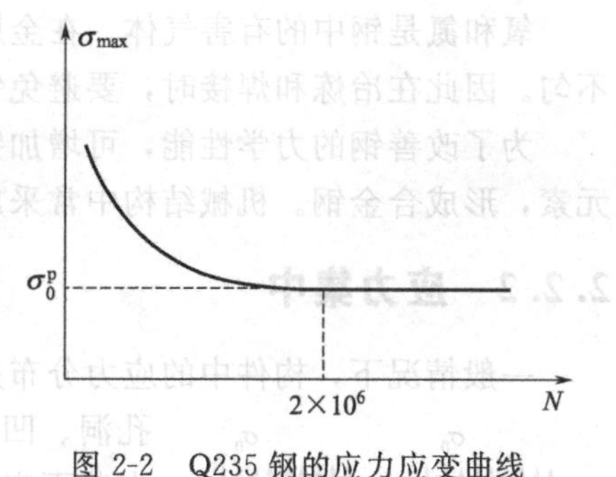

图 2-2　Q235 钢的应力应变曲线

由图 2-2 可见，随着最大拉应力 σ_{max} 减小，应力循环次数 N 增加。当减小到某一值时，N 可以无限增加，此值以符号 σ_0^p 表示。对于结构钢试件取 $N=2\times10^6$ 次时的应力作为材料疲劳极限。

2.2 钢材的脆性破坏

钢材的破坏性质按照断裂前塑性变形的大小，分为塑性破坏和脆性破坏两类。产生了很大塑性变形后材料才出现断裂称为塑性破坏；在材料几乎不出现显著的变形情况下就突然断裂称为脆性破坏。前者一般在简单受压、受剪、受弯或受扭时出现。由于变形大、有预兆，易被人们发现，可采取修复措施。而后者，由于断裂前基本上不发生塑性变形，是突然性发生的，不能事先发觉，因此脆性破坏易造成事故，危害性大，必须尽量避免发生。

起重机械钢结构发生脆性破坏往往是多种因素影响的结果。主要因素有某些有害的化学成分、应力集中、加工硬化和低温等。

2.2.1 化学成分

钢的基本元素是铁（Fe），在普通碳素结构钢中纯铁的含量约占 99%，另外含有碳（C）、锰（Mn）、硅（Si）、硫（S）、磷（P）等元素和氧（O）、氮（N）等有害气体，仅占 1%左右。钢的化学成分对材料力学性能和可焊性影响很大，因此在选用钢材时要注意。

碳是决定钢材性能的最主要元素，含碳量增加，钢材的屈服点和抗拉强度就会提高，硬度也上升，但伸长率、冲击韧性会降低。同时，钢材的疲劳强度、冷弯性能和耐腐蚀性能也将明显降低。因此，规范对各类钢材含碳量有限制，一般不超过 0.22%。

锰是有益元素，能显著地提高钢材强度，并保持一定的塑性和冲击韧性。但含量过多，也会降低钢的可焊性。一般在普通碳素钢中，锰含量为 0.25%～0.65%。

硅能提高钢的强度和硬度，但含硅量过多会降低钢材的塑性和冲击韧性以及可焊性。钢材中的含硅量控制在 0.1%～0.3%。

硫是钢材中的有害元素。含硫量增大会降低钢材的塑性、冲击韧性、疲劳强度和耐腐蚀性。由于硫化物在高温时很脆，使钢材在热加工时易发生脆断（热脆），焊接时易开裂，故含硫量必须严格控制，一般不超过 0.055%。

磷和硫一样，也是有害元素。随着含磷量的增加，钢材的塑性和冲击韧性降低，低温时尤为明显，使钢材发生脆断（冷脆）。因此，磷的含量也应严格限制，一般不超过 0.045%。

氧和氮是钢中的有害气体。在金属熔化状态下，从空气中进入，都使钢变脆，造成材质不匀。因此在冶炼和焊接时，要避免钢材受大气作用，使氧和氮的含量尽量减少。

为了改善钢的力学性能，可增加锰和硅的含量，也可掺入一定数量的钒、钛、铌等合金元素，形成合金钢。机械结构中常采用含合金元素较少的低合金钢。

2.2.2 应力集中

一般情况下，构件中的应力分布是不均匀的。尤其是当截面形状有急剧变化的部位，如孔洞、凹角、裂缝槽口和厚度改变等处，主应力线发生转折，在截面突变处形成应力作用线密集和曲折，出现局部高峰应力，这种现象称为应力集中（图 2-3）。孔洞或缺口边缘处的主应力线出现转折，形成双向应力，即处在同号平面应力状态。当板厚较大，就形成同号立体应力。此时，材料不易屈服，容易脆性破坏。而且，截面形状变化越急剧，应力集中越严重，材料变脆的程度也越严重。

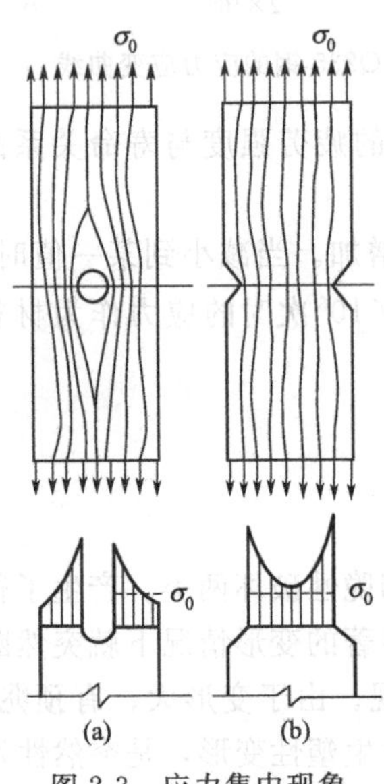

图 2-3 应力集中现象

应当指出，应力集中现象在实际结构中是无法避免的。当结构承受静力载荷作用且处于常温下工作时，由于材料的流幅可使高峰应力的增长逐步减弱，应力集中所引起的危害性不十分严重，设计时可不考虑，只在构造上尽量做到截面形状变化平缓。而起重机械通常受到动力载荷和反复振动载荷作用，应力集中现象会引起严重后果，因此必须十分重视。除了在构件上尽量做到截面形状变化平缓外，有时对重要结构，还需对钢材在冲击机上进行冲击试验，以了解材料由于应力集中影响而变脆的情况。

2.2.3 加工硬化

钢材在常温下经过冲孔、剪切、冷拉、校直等冷加工后，会产生局部或整体硬化，使钢材的强度和硬度提高，塑性和韧性下降，这种现象称为冷作硬化或加工硬化。经过硬化的钢材，在常温下，经过一段时间后，钢材的强度会进一步提高，塑性和韧性会进一步下降，称时效硬化，由于在硬化区域中，钢材易出现裂缝、损伤和应力集中现象，导致钢材变脆，因此加工硬化现象对承受动载荷和反复振动载荷的结构是十分不利的，需进行退火处理。对重要结构还需把钢板因剪切而硬化的边缘部分刨去，以消除硬化现象。

2.2.4 温度

温度变化对钢材的力学性能有直接影响，当钢材处在温度 200℃之内，强度、塑性、韧性变化很小。当温度处在 200～300℃时，强度和硬度提高，伸长率下降，钢材变脆，称为蓝脆现象。温度超过 300℃，强度明显下降。当超过 600℃，强度几乎等于零。

温度下降时，钢材的强度显著提高，塑性、韧性下降，在一定的负温度下，钢材完全处于脆性状态，此时，如果存在应力集中，将加速脆性发展，导致钢材脆断。起重机械常在野外作业，应特别注意低温脆断问题。

引起钢材的脆性破坏除了上述因素之外，焊接、时效等影响也是主要因素。通常，脆性破坏是在多种因素综合影响下发生的，为防止脆性破坏，必须在起重机械钢结构设计和制造中采用必要措施，以消除或减少各种不利因素的影响，并且根据结构受力情况和使用条件正确地选择钢材。

2.3 钢材的标号、规格及其选择

2.3.1 钢材的类别和标号

起重机械钢结构主要有两个种类：一是碳素结构钢（或称普通碳素钢）；二是低合金结构钢，低合金钢因含有锰、钒等合金元素而具有较高的强度。

(1) 碳素结构钢

根据国家标准《碳素结构钢》(GB/T 700—2006) 的规定，将碳素结构钢分为 Q195、Q215、Q235 和 Q275 四个牌号，其中 Q 是屈服强度中屈字汉语拼音的字首，后接的阿拉伯数字表示屈服强度的大小，单位为 MPa。阿拉伯数字越大，含碳量越多，则强度和硬度越高，塑性、韧性越低。由于碳素结构钢冶炼容易，成本低廉，并有良好的各种加工性能，所以使用较为广泛。其中 Q195 钢和 Q215 钢强度不高，仅用作次要结构件。Q275 钢虽然强度较高，但可焊性较差，易脆裂，不宜用于受动载荷的焊接结构构件。目前，机械结构中应用最广的是 Q235 钢。

碳素结构钢由平炉或氧气顶吹转炉冶炼。交货时供方应提供力学性能质保书，其内容为屈服强度 (σ_s)、抗拉强度 (σ_b) 和伸长率 (δ_5)。同时还要提供化学成分质保书，其内容为碳 (C)、锰 (Mn)、硅 (Si)、硫 (S) 和磷 (P) 等含量。

Q235 按质量等级、脱氧方法等表示如下：

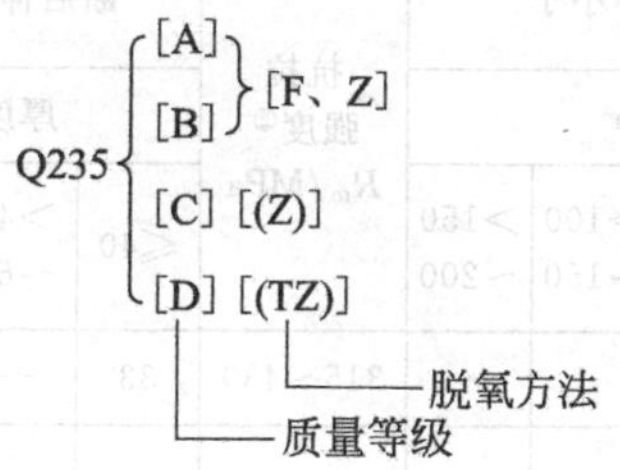

质量等级分为 A、B、C、D 四级，由 A 到 D 表示质量由低到高。不同质量等级对冲击韧性的要求有区别。A 级无冲击功规定，对冷弯试验只在需方有要求时才进行；B 级要求提供 20℃时冲击功 $A_k \geqslant 27J$（纵向）；C 级要求提供 0℃时冲击功 $A_k \geqslant 27J$（纵向）；D 级要求提供－20℃时冲击功 $A_k \geqslant 27J$（纵向）。B、C、D 级也都要求提供冷弯试验合格证书。不同质量等级对化学成分的要求也有区别。

根据脱氧方法不同，钢材分为沸腾钢、镇静钢和特殊镇静钢，并用汉字拼音字首分别表示为 F、Z 和 TZ。用 Z 和 TZ 表示牌号时也可以省略。现将 Q235 钢表示法举例如下：

Q235A——屈服强度为 235MPa，A 级镇静钢；

Q235AF——屈服强度为 235MPa，A 级沸腾钢；

Q235Bb——屈服强度为 235MPa，B 级半镇静钢；

Q235D——屈服强度为 235MPa，D 级特殊镇静钢；

Q235C——屈服强度为 235MPa，C 级镇静钢。

碳素结构钢按现行标准规定的化学成分和力学性能见表 2-1 和表 2-2。

表 2-1 碳素结构钢的牌号和化学成分（GB/T 700—2006）

牌号	统一数字代号①	等级	厚度(或直径)/mm	脱氧方法	化学成分(质量分数)/%,不大于				
					C	Si	Mn	P	S
Q195	U11952	—	—	F,Z	0.12	0.30	0.50	0.035	0.040
Q215	U12152	A	—	F、Z	0.15	0.35	1.20	0.045	0.050
	U12155	B	—	F、Z	0.15	0.35	1.20	0.045	0.045
Q235	U12352	A	—	F、Z	0.22	0.35	1.40	0.045	0.050
	U12355	B	—	F、Z	0.20②	0.35	1.40	0.045	0.045
	U12358	C	—	Z	0.17	0.35	1.40	0.040	0.040
	U12359	D	—	TZ	0.17	0.35	1.40	0.035	0.035
Q275	U12752	A	—	F、Z	0.24	0.35	1.50	0.045	0.050
	U12755	B	≤40		0.21	0.35	1.50	0.045	0.045
			>40		0.22				
	U12758	C	—	Z	0.20	0.35	1.50	0.040	0.040
	U12759	D	—	TZ	0.20	0.35	1.50	0.035	0.035

① 表中为镇定钢、特殊镇静钢牌号的统一数字，沸腾钢牌号的统一数字代号如下：Q195F—U11950；Q215AF—U12150，Q215BF—U12153；Q235AF—U12350，Q235BF—U12353；Q275AF—U12750。

② 经需方同意，Q235B 的含碳量可不大于 0.22%。

表 2-2 碳素结构钢的力学性能（GB/T 700—2006）

牌号	等级	屈服强度① R_{eH}/MPa,不小于						抗拉强度② R_m/MPa	断后伸长率 A/%,不小于					冲击试验(V 形缺口)	
		厚度(或直径)/mm							厚度(或直径)/mm					温度/℃	冲击吸收功(纵向)/J 不小于
		≤16	>16~40	>40~60	>60~100	>100~150	>150~200		≤40	>40~60	>60~100	>100~150	>150~200		
Q195	—	195	185	—	—	—	—	315~430	33	—	—	—	—	—	—
Q215	A	215	205	195	185	175	165	335~450	31	30	29	27	26	—	—
	B	215	205	195	185	175	165	335~450	31	30	29	27	26	+20	27
Q235	A	235	225	215	215	195	185	370~500	26	25	24	22	21	—	—
	B	235	225	215	215	195	185	370~500	26	25	24	22	21	+20	27③
	C	235	225	215	215	195	185	370~500	26	25	24	22	21	0	27③
	D	235	225	215	215	195	185	370~500	26	25	24	22	21	−20	27③
Q275	A	275	265	255	245	225	215	410~540	22	21	20	18	17	—	—
	B	275	265	255	245	225	215	410~540	22	21	20	18	17	+20	27
	C	275	265	255	245	225	215	410~540	22	21	20	18	17	0	27
	D	275	265	255	245	225	215	410~540	22	21	20	18	17	−20	27

① Q195 的屈服强度值仅供参考，不作交货条件。

② 厚度大于 100mm 的钢材，抗拉强度下限允许降低 20MPa，宽带钢（包括剪切钢板）抗拉强度上限不作交货条件。

③ 厚度小于 20mm 的 Q235B 级钢材，如供方能保证冲击吸收功值合格，经需方同意，可不作检验。

目前我国钢材品种牌号和表示方法有时还沿用老标准，有必要介绍一下过去的标准《普通碳素结构钢技术条件》(GB 700—79)。

普通碳素结构钢分甲、乙、特三类。甲类钢主要按力学性能供应；乙类钢按化学成分供应；特类钢按力学性能和化学成分供应。

普通碳素钢按含碳量的大小，分为1、2、3、4、5、6、7共7个钢号，钢号越大，钢中含碳量越多，钢材的强度和硬度也就越高，塑性越低。钢结构中常用钢号为3号钢，即现行标准的Q235，其他的1、2、4、5号钢分别对应于现行标准的Q195钢、Q215钢、Q255钢和Q275钢。

(2) 低合金钢

低合金钢是在普通碳素结构钢中添加一种或几种少量合金元素，总量低于5%。根据国家标准《低合金高强度结构钢》(GB/T 1591—2008) 的规定，低合金高强度钢分为Q345、Q390、Q420、Q460、Q500、Q550、Q620、Q690等，阿拉伯数字表示该钢种屈服强度的大小，单位为MPa。其中Q345是起重机械钢结构常用的钢种。

低合金钢由氧气顶吹转炉、平炉和电炉冶炼。交货时供方应提供力学性能质保书，其内容为屈服强度 (σ_s)、抗拉强度 (σ_b) 和伸长率 (δ_5)。同时还要提供化学成分质保书，其内容为碳、锰、硅、硫、磷、钒、铌和钛等含量。

Q345按质量等级用下式表示：Q345A、Q345B、Q345C、Q345D和Q345E。

质量等级分为A、B、C、D、E五级，由A到E表示质量由低到高。不同质量等级对冲击韧性的要求有区别。A级无冲击功要求；B级要求提供20℃时冲击功 $A_k \geqslant 34$J (纵向)；C级要求提供0℃时冲击功 $A_k \geqslant 34$J (纵向)；D级要求提供−20℃时冲击功 $A_k \geqslant 34$J (纵向)；E级要求提供−40℃时冲击功 $A_k \geqslant 27$J (纵向)。B、C、D、E级也都要求提供冷弯试验合格证书。不同质量等级对化学成分的要求也有区别。

低合金钢的脱氧方法分为镇静钢或特殊镇静钢，应以热轧、冷轧、正火和回火状态交货。现将Q345钢表示法举例如下：

Q345B——屈服强度为345MPa，B级镇静钢；

Q345C——屈服强度为345MPa，C级特殊镇静钢。

低合金高强度钢按现行标准规定的化学成分和力学性能见表2-3和表2-4。

低合金钢有较高的屈服强度和抗拉强度，也有良好的塑性和冲击韧性，并具有耐腐蚀、耐低温等性能，但价格较高。目前，Q345钢应用最为普遍，国外采用的与Q345钢相接近的钢号为美国的A572、A242、A588，日本的SM490YA、SM490YB、SM520，德国的St52等。

(3) 优质碳素结构钢

优质碳素结构钢是碳素钢经过热处理（如调质处理和正火处理）得到的优质钢。优质碳素结构钢与碳素结构钢的主要区别在于钢中含杂质元素较少，硫、磷含量都不大于0.035%，并且严格限制其他缺陷。所以这种钢材具有较好的综合性能。根据《优质碳素结构钢技术条件》(GB/T 699—1999)，共有31个品种。用于制造高强度螺栓的45优质碳素钢，就是通过调质处理提高强度的。低合金钢也可通过调质处理进一步提高其强度。

各国钢材的物理性能参数见表2-5。

表 2-3 低合金高强度钢钢材化学成分（GB/T 1591—2008）

牌号	质量等级	化学成分①,②（质量分数）/%														
		C	Si	Mn	P	S	Nb	V	Ti	Cr	Ni	Cu	N	Mo	B	Als
					不大于											不小于
Q345	A	≤0.20	≤0.50	≤1.70	0.035	0.035	0.07	0.15	0.20	0.30	0.50	0.30	0.012	0.10	—	—
	B				0.035	0.035										
	C				0.030	0.030										
	D	≤0.18			0.030	0.025										0.015
	E				0.025	0.020										
Q390	A	≤0.20	≤0.50	≤1.70	0.035	0.035	0.07	0.20	0.20	0.30	0.50	0.30	0.015	0.10	—	—
	B				0.035	0.035										
	C				0.030	0.030										0.015
	D				0.030	0.025										
	E				0.025	0.020										
Q420	A	≤0.20	≤0.50	≤1.70	0.035	0.035	0.07	0.20	0.20	0.30	0.80	0.30	0.015	0.20	—	—
	B				0.035	0.035										
	C				0.030	0.030										0.015
	D				0.030	0.025										
	E				0.025	0.020										
Q460	C	≤0.20	≤0.60	≤1.80	0.030	0.030	0.11	0.20	0.20	0.30	0.80	0.55	0.015	0.20	0.004	0.015
	D				0.030	0.025										
	E				0.025	0.020										
Q500	C	≤0.18	≤0.60	≤1.80	0.030	0.030	0.11	0.12	0.20	0.60	0.80	0.55	0.015	0.20	0.004	0.015
	D				0.030	0.025										
	E				0.025	0.020										
Q550	C	≤0.18	≤0.60	≤2.00	0.030	0.030	0.11	0.12	0.20	0.80	0.80	0.80	0.015	0.30	0.004	0.015
	D				0.030	0.025										
	E				0.025	0.020										
Q620	C	≤0.18	≤0.60	≤2.00	0.030	0.030	0.11	0.12	0.20	1.00	0.80	0.80	0.015	0.30	0.004	0.015
	D				0.030	0.025										
	E				0.025	0.020										
Q690	C	≤0.18	≤0.60	≤2.00	0.030	0.030	0.11	0.12	0.20	1.00	0.80	0.80	0.015	0.30	0.004	0.015
	D				0.030	0.025										
	E				0.025	0.020										

① 型材及棒材 P、S 含量可提高 0.005%，其中 A 级钢上限可为 0.045%。

② 当细化晶粒元素组合加入时，20(Nb+V+Ti)≤0.22%，20(Mo+Cr)≤0.30%。

表 2-4(a) 低合金高强度钢的拉伸试验性能 (GB/T 1591—2008)

牌号	质量等级	拉伸试验①,②,③ 以下公称厚度(直径、边长) 下屈服强度(R_{eL})/MPa									以下公称厚度(直径、边长) 抗拉强度(R_m)/MPa							断后伸长度 A/% 公称厚度(直径、边长)					
		≤16mm	>16~40mm	>40~63mm	>63~80mm	>80~100mm	>100~150mm	>150~200mm	>200~250mm	>250~400mm	≤40mm	>40~63mm	>63~80mm	>80~100mm	>100~150mm	>150~250mm	>250~400mm	≤40mm	>40~63mm	>63~100mm	>100~150mm	>150~250mm	>250~400mm
Q345	A																						
	B																						
	C	≥345	≥335	≥325	≥315	≥305	≥285	≥275	≥265	—	470~630	470~630	470~630	470~630	450~600	450~600	—	≥20	≥19	≥19	≥18	≥17	—
	D									≥265							450~600	≥21	≥20	≥20	≥19	≥18	≥17
	E																						
Q390	A																						
	B																						
	C	≥390	≥370	≥350	≥330	≥330	≥310	—	—	—	490~650	490~650	490~650	490~650	470~620	—	—	≥20	≥19	≥19	≥18	—	—
	D																						
	E																						
Q420	A																						
	B																						
	C	≥420	≥400	≥380	≥360	≥360	≥340	—	—	—	520~680	520~680	520~680	520~680	500~650	—	—	≥19	≥18	≥18	≥18	—	—
	D																						
	E																						
Q460	C																						
	D	≥460	≥440	≥420	≥400	≥400	≥380	—	—	—	550~720	550~720	550~720	550~720	530~700	—	—	≥17	≥16	≥16	≥16	—	—
	E																						

续表

牌号	质量等级	拉伸试验①,②,③																					
		以下公称厚度(直径、边长)下屈服强度(R_{eL})/MPa									以下公称厚度(直径、边长)抗拉强度(R_m)/MPa							断后伸长度 A/% 公称厚度(直径、边长)					
		≤16mm	>16~40mm	>40~63mm	>63~80mm	>80~100mm	>100~150mm	>150~200mm	>200~250mm	>250~400mm	≤40mm	>40~63mm	>63~80mm	>80~100mm	>100~150mm	>150~250mm	>250~400mm	≤40mm	>40~63mm	>63~100mm	>100~150mm	>150~250mm	>250~400mm
Q500	C																						
	D	≥500	≥480	≥470	≥450	≥440	—	—	—	—	610~770	600~760	590~750	540~730	—	—	—	≥17	≥17	≥17	≥17	—	—
	E																						
Q550	C																						
	D	≥550	≥530	≥520	≥500	≥490	—	—	—	—	670~830	620~810	600~790	590~780	—	—	—	≥16	≥16	≥16	≥16	—	—
	E																						
Q620	C																						
	D	≥620	≥600	≥590	≥570	—	—	—	—	—	710~880	690~880	670~860	—	—	—	—	≥15	≥15	≥15	≥15	—	—
	E																						
Q690	C																						
	D	≥690	≥670	≥660	≥640	—	—	—	—	—	770~940	750~920	730~900	—	—	—	—	≥14	≥14	≥14	≥14	—	—
	E																						

① 当屈服不明显时，可测量 $R_{p0.2}$代替下屈服强度。
② 宽度不小于 600mm 扁平材，拉伸试验取横向试样；宽度小于 600mm 的扁平材、型材及棒材取纵向试样，断后伸长率最小值相应提高 1%（绝对值）。
③ 厚度>250～400mm 的数值适用于扁平材。

表 2-4(b) 低合金高强度钢冲击试验的试验温度和冲击吸收能量（GB/T 1591—2008）

牌号	质量等级	试验温度/℃	冲击吸收能量 KV_2[①]/J		
			公称厚度（直径、边长）		
			12～150mm	150～250mm	250～400mm
Q345	B	20	≥34	≥27	
	C	0			
	D	－20			
	E	－40			27
Q390	B	20	≥34	—	—
	C	0			
	D	－20			
	E	－40			
Q420	B	20	≥34	—	—
	C	0			
	D	－20			
	E	－40			
Q460	C	0	≥34	—	—
	D	－20		—	—
	E	－40		—	—
Q500、Q550 Q520、Q590	C	0	≥55	—	—
	D	－20	≥47		
	E	－40	≥31		

① 冲击试验取纵向试样。

表 2-4(c) 低合金高强度钢弯曲试验（GB/T 1591—2008）

牌 号	试样方向	180°弯曲试验 [d＝弯心直径，a＝试样厚度（直径）]	
		钢材厚度（直径、边长）	
		≤16mm	＞16～100mm
Q345 Q390 Q420 Q460	宽度不小于 600mm 扁平材，拉伸试验取横向试样，宽度小于 600mm 的扁平材、型材及棒材取纵向试样	$2a$	$3a$

注：《低合金高强度钢》（GB/T 1591—2008），共列出 8 种钢号，起重机械钢结构常用的钢种为 16Mn（新标准的 Q345 钢）和 16Mnq。钢号前面两位数字表示其含碳量平均值的万分数，钢号后面表明合金元素，该合金元素的含量一般以百分之几表示。当其平均含量小于 1.5％时，只标明元素（汉字或化学符号）而不标明含量；当其平均含量大于 1.5％、2.55％等时，则在元素后面标出 2、3 等。例如，16Mn（即 Q345 钢）表示平均含碳量为 0.16％，含有合金元素锰，锰的平均含量少于 1.5％。

表 2-5 各国钢材性能参数

规范 / 项目	英国	美国	法国	德国	日本	中国
	BS. 2573 BS. 15	C. M. A. A ASTM	FEM	DIN 15018	JISB 8821—76	GB，YB
弹性模量 E/MPa	2.047×10^5	2.039×10^5	2.1×10^5	2.1×10^5	2.1×10^5	2.1×10^5
切变模量 G/MPa				8.1×10^4	8.1×10^4	8.1×10^4

续表

项目 \ 规范	英国 BS. 2573 BS. 15	美国 C. M. A. A ASTM	法国 FEM	德国 DIN 15018	日本 JISB 8821—76	中国 GB, YB
泊松比 ν		0.3	0.3	0.3	0.3	0.3
线胀系数 α/℃$^{-1}$				1.2×10^{-5}	1.2×10^{-5}	1.2×10^{-5}
密度 ρ/kg · m^{-3}	7.843×10^3	7.842×10^3			7.85×10^3	7.85×10^3

2.3.2 钢材的规格

起重机械结构上主要采用钢板和型钢两大类，其截面形状和尺寸规格都有统一的标准，型钢又分热轧成型和冷轧成型两类，其中热轧型钢的截面形式如图 2-4 所示。常用钢材及型钢截面特性值见附录二。

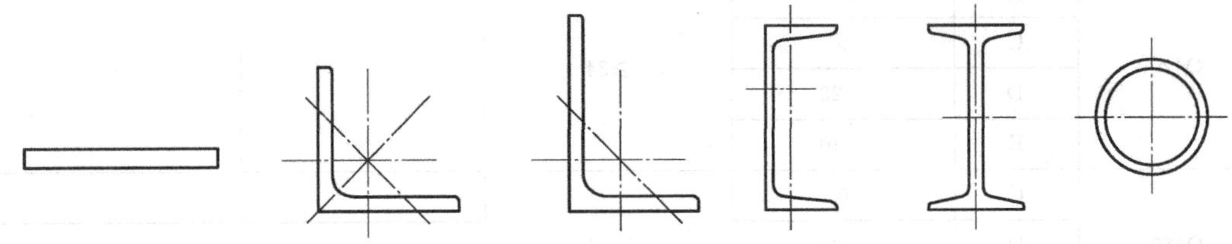

图 2-4 轧制钢材的截面形式

(1) 钢板

钢板有薄钢板、厚钢板、特厚板和扁钢（带钢），其规格如下。

① 薄钢板 一般用冷轧法轧制，厚度 0.35～4mm，宽度 500～1800mm，长度 0.4～0.6m。

② 厚钢板 厚度 4.5～60mm（也有将 4.5～20mm 称为中厚板，大于 20mm 称为厚板的)，宽度 700～3000mm，长度 4～12m。

③ 特厚板 板厚大于 60mm，宽度 12～200mm，长度 3～9m。

④ 扁钢 厚度 4～60mm，宽度 12～200mm，长度 3～9m。

起重机械结构常用厚钢板，如受弯和受压组合构件的腹板和翼缘，或桁架结构中的节点板等，厚度一般不宜小于 6mm，以保证制造工艺，防止腐蚀。只有在特殊用途结构上，如汽车式起重机的箱形截面伸缩臂架，为满足重量限制条件，才使用较薄的厚钢板，但其厚度也不小于 4mm。薄钢板（厚度≤4mm）主要用于制造机械司机室等壳体和冷弯薄型钢。

图纸中对钢板规格采用“一宽×厚×长”或“一宽×厚”表示，如— 800×10×6000，— 450×8。

(2) 型钢

机械结构常用的型钢是角钢、工字钢、槽钢和 H 型钢、钢管等。除 H 型钢和钢管有热轧和焊接成形外，其余型钢均为热轧成形。

型钢的截面材料分布对受力有利，又由于其外形简单，尺寸差不多，便于构件连接，在起重机械钢结构中广泛采用。

① 角钢 分等边角钢和不等边角钢两种，可以用来组成独立的受力构件，或作为受力构件之间的连接零件。角钢用符号“∟肢宽×肢厚-长度”表示。例如，肢宽为 50mm、肢

厚为5mm、长为3000mm的等边角钢，表示为∟ 50×50×5－3000或∟ 50×5－3000；又如，长肢宽为160mm、短肢宽为100mm、肢厚为12mm、长度为4000mm的不等边角钢，表示为∟ 160×100×12－4000。我国目前生产的最大等边角钢的肢宽为250mm，最大不等边角钢两个肢宽分别为200mm和125mm。角钢通常的长度为4~19m。

② 工字钢　分普通工字钢和轻型工字钢两种。它主要用于在其腹板平面内受弯的构件，或由几个工字钢组成的组合构件。由于它两个主轴方向的惯性矩和回转半径相差较大，不宜单独用作轴心受压构件或承受斜弯曲和双向弯曲的构件。

普通工字钢用号数表示，号数即为其截面高度的厘米数，20号以上工字钢，同一号数有三种腹板厚度，分别为a、b、c三类。例如I20a-5000，表示截面高度为20cm、腹板为a类、长度为5m的工字钢。a类腹板最薄、翼缘最窄，b类较厚较宽，c类最厚最宽。同样高度的轻型工字钢的翼缘要比普通工字钢的翼缘宽而薄，腹板也薄，故回转半径略大，重量较轻。轻型工字钢可用汉语拼音字母Q表示，如QI40，即表示截面高度为40cm的轻型工字钢。

普通工字钢的截面自10号至63号，长度6～19m；轻型工字钢的截面自10号至70号，长度5～19m。

③ 槽钢　分普通槽钢和轻型槽钢两种，也以其截面高度厘米数来表示。号数20以上还附以字母a、b、c以区别腹板厚度，并冠以符号“［”。例如，［ 40b-12000表示槽钢截面高度为40cm，腹板为中等厚度，长度为12m的槽钢。在相同号码中，轻型槽钢要比普通槽钢的翼缘宽而薄，回转半径大，重量较轻。槽钢最大号数为40，通常长度为5～19m。

④ H型钢和T型钢　H型钢分热轧和焊接两种。热轧H型钢分为宽翼缘H型钢（HW）、中翼缘H型钢（HM）、窄翼缘H型钢（HN）和H型钢柱（HP）四类。H型钢规格标记为“高度（H）×宽度（B）×腹板厚度（t_1）×翼缘厚度（t_2）”，如H340×250×9×14，表示高度为340mm、宽度为250mm、腹板厚度为9mm、翼缘厚度为14mm的中翼缘H型钢。

T型钢由H型钢剖分而成，分为宽翼缘剖分T型钢（TW）、中翼缘剖分T型钢（TM）和窄翼缘剖分T型钢（TN）三类。剖分T型钢规格标记采用“高度（H）×宽度（B）×腹板厚度（t_1）×翼缘厚度（t_2）”表示，如T248×199×9×14，表示高度为248mm、宽度为199mm、腹板厚度为9mm、翼缘厚度为14mm的窄翼缘T型钢。

H型钢和T型钢内表面没有坡度，通常长度为6～15m。

焊接H型钢由平板焊接组合而成，用“高度（H）×宽度（B）×腹板厚度（t_1）×翼缘厚度（t_2）”表示，如H350×250×10×16，通常长度为6～12m，也可经供需双方同意，按设计现实尺寸供货。

H型钢的两个主轴方向的惯性矩接近，使构件受力更加合理。

⑤ 钢管　分无缝钢管和焊接钢管两种，焊接钢管由钢板卷焊而成，又分为直缝焊钢管和螺旋焊钢管两类。钢管的规格以“外径（mm）×壁厚（mm）”来表示；冠以符号“ϕ”，如外径60mm、壁厚10mm、长度10m的无缝钢管，可表示为ϕ60×10－10000。

无缝钢管外径为6～1016mm，壁厚为0.25～120mm，长度为3～12.5m（GB/T 13795—2008）；焊接钢管外径为25～245mm，壁厚为1.5～4mm(GB/T 3091—2001)。

2.3.3　钢材的选择

钢材选择的目的是为了既能使起重机械钢结构安全可靠地满足使用要求，又要尽最大可能满足用材的经济性。通常，根据我国钢材生产的实际情况和起重机械钢结构的工作特点，考虑如下原则。

(1) 结构的重要程度和使用要求

根据结构使用条件和所处部位的不同，结构分为重要的、一般的和次要的。对重要的、大型的结构，应比一般的和次要的结构用材要好些，以避免因破坏造成的严重后果。

(2) 载荷的性质

按所承受载荷的性质，结构可分为承受静力载荷和承受动力载荷两种。结构承受不同性质的载荷，就应选用不同的钢材。对于经常承受动力载荷或反复振动载荷的结构，要求选用较好材质的钢材；对于承受静载或使用频繁程度较低的结构，则可选用一般性的钢材。

(3) 连接方式

连接方式不同，对钢材材质的要求也不同。一般，对焊接结构的钢材，由于在焊接过程中会产生焊接应力和焊接缺陷，易导致结构出现裂纹和脆断，因此对钢材的化学成分、力学性能和可焊性都有较高的要求，如钢材中的碳、硫、磷的含量要低，塑性和韧性指标要高，可焊性要好等。但对非焊接结构（如用高强度螺栓连接的结构），这些要求就可放宽。

(4) 结构的工作温度

钢材的塑性和冲击韧性随温度下降而降低。当温度下降到一定程度时就会产生裂纹甚至脆断。因此，选择钢材时，必须考虑结构所处温度条件。对经常处于低温状态下的焊接结构，选择的钢材除应保证化学成分和力学性能外，还需要有良好的低温冲击韧性和焊接性能。

(5) 结构的受力性质

结构的低温脆断事故，绝大部分是发生在构件内部有局部缺陷（如缺口、裂纹、夹渣等）的部位。但在具有同样缺陷的情况下，拉应力比压应力更为敏感。因此，经常受拉或受弯的结构应考虑选用质量较好的钢材；经常承受压力的结构，则可选用一般的钢材。

(6) 钢材的厚度

薄钢材辊轧次数多，轧制的压缩比大，厚度大的钢材压缩比小，所以厚度大的钢材不但强度较小，而且塑性、冲击韧性和焊接性能也较差。因此，厚度大的焊接结构采用材质较好的钢材。

总而言之，对起重机械钢结构中主要的、直接承受动力载荷的、在低温（−20℃以下）工作的焊接结构，必须保证选择材质较好的材料；对于受力不大、承受静载和在常温下工作的起重机械钢结构，材质要求则可放宽。

思 考 题

2-1 为什么说钢材是理想的弹塑性体？理想的弹塑性体的应力-应变曲线是如何的？

2-2 从应力-应变图上可看出，结构钢材无论在受拉、受剪以及受弯时都有良好的塑性。能不能在任何情况下都利用它的塑性来进行设计？为什么？

2-3 什么是钢的疲劳？影响钢材疲劳强度的因素是什么？在什么情况下需要考虑疲劳强度计算？

2-4 起重机械钢结构在使用过程中，如果产生了脆性断裂，除了制造上的因素外，在设计中还可能存在什么问题？

2-5 钢材的塑性破坏和脆性破坏有何区别？

2-6 什么是应力集中，产生应力集中的原因是什么？

第3章 计算载荷与设计方法

计算载荷与载荷组合是用于验算各种起重机及其结构件和机械零部件承载能力的参数，即用数学方法确认它们具有能按照起重机制造厂说明书的规定进行运转而不失效的实际能力。防失效验证包括结构件、机械零部件防屈服、防弹性失稳和抗疲劳的能力，以及对于某些起重机还需要进行的抗倾覆稳定校验和防风抗滑移安全性的校验。

3.1 计算载荷与载荷系数

作用在起重机上的载荷分为常规载荷、偶然载荷及其他载荷，只有在分析与这些载荷有关的起重机可能的载荷组合时，才需要区分这些载荷的不同类型。

3.1.1 常规载荷

常规载荷是在起重机正常工作中经常发生的载荷，包括由重力产生的载荷，由驱动机构或制动器的作用使起重机加（减）速度而产生的载荷及因起重机结构的位移或变形引起的载荷。在防屈服、防弹性失稳及有必要进行防疲劳失效等验算中，应考虑这类载荷。

(1) 自重载荷 P_G

自重载荷是指起重机本身的结构、机械设备、电气设备以及在起重机工作时始终积结在它的某个部件上的物料（如附设在起重机上的漏斗料仓、连续输送机及在它上面的物料）等质量的重力。对某些起重机的使用情况，自重载荷还要包括结壳物料质量的重力，如黏结在起重机及其零部件上的煤或类似其他粉末质量的重力，但属于起升载荷的质量重力除外。

(2) 额定起升载荷 P_Q

额定起升载荷是指起重机起吊额定起重量时的总起升质量的重力。

(3) 自重振动载荷 $\phi_1 P_G$

当物品离地时，或将悬吊在空中的物品部分突然卸除时，或悬吊在空中的物品下降制动时，起重机本身（主要是其金属结构）的自重将因出现振动而产生脉冲式增大或减小的脉冲式动力响应。此自重振动载荷用起升冲击系数 ϕ_1 乘以起重机自重载荷来考虑，为反映这种振动载荷的上下限，该系数取为两个值：$\phi_1=1\pm\alpha$（$0\leqslant\alpha\leqslant0.1$）。

(4) 起升动载载荷 $\phi_2 P_Q$

① 起升动力效应　当物品无约束地起升离开地面时，物品的惯性力将会使起升载荷出现动载增大的作用。此起升动力效应用一个大于1的起升动载系数 ϕ_2 乘以额定起升载荷 P_Q 来考虑。

② 起升状态级别　由于起升机构驱动控制形式的不同，物品起升离地时的操作方法有较大的差异，由此表现出起升操作的平稳程度和物品起升离地的动力特性也会有很大的不同。将起升状态划分为 HC_1～HC_4 四个级别：起升离地平稳的为 HC_1，起升离地有轻微冲击的为 HC_2，起升离地有中度冲击的为 HC_3，起升离地有较大冲击的为 HC_4。各个级别相应的系数 β_2 和 $\phi_{2\min}$ 列于表 3-1，说明见图 3-1。起升状态可以根据经验选择，也可以根据起重机的各种具体类型选取，对物品离地未采取专门的较好控制方案的某些起重机其起升状态级别举例可参见《起重机设计规范》(GB/T 3811—2008) 附录 C。

表 3-1　β_2 和 $\phi_{2\min}$ 值

起升状态级别	HC_1	HC_2	HC_3	HC_4
β_2	0.17	0.34	0.51	0.68
$\phi_{2\min}$	1.05	1.10	1.15	1.20

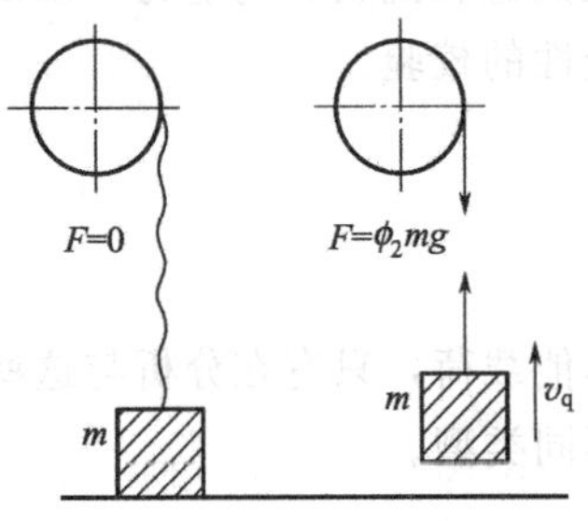

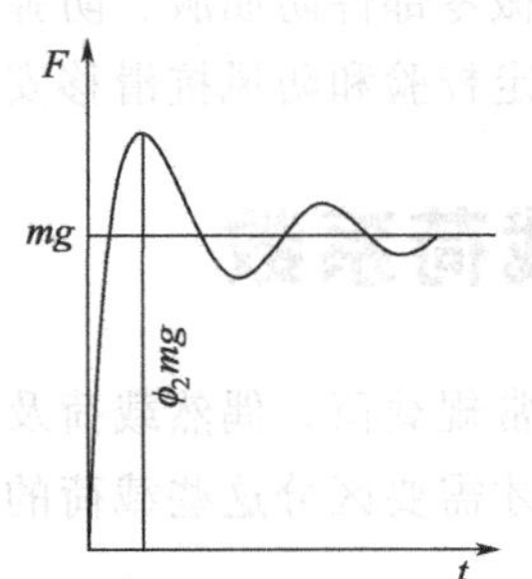

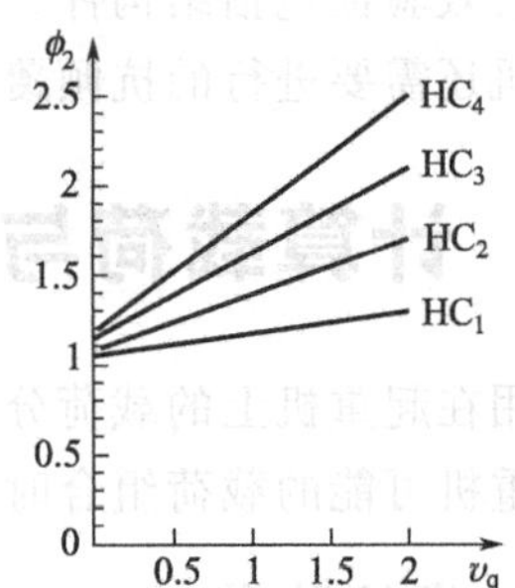

图 3-1　系数 ϕ_2

③ 起升动载系数 ϕ_2　起升动载系数 ϕ_2 与稳定起升速度 v_q 和起升状态级别有关，其值可通过试验或分析确定，也可以按式(3-1) 计算。

$$\phi_2=\phi_{2\min}+\beta_2 v_q \tag{3-1}$$

式中　ϕ_2——起升动载系数；其最大值 $\phi_{2\max}$ 对建筑塔式起重机和港口臂架起重机等起重速度很高的起重机不超过 2.2，对其他起重机不超过 2.0；

$\phi_{2\min}$——与起升状态级别相对应的起升动载系数的最小值，见表 3-1；

β_2——由起升状态级别设定的系数，见表 3-1；

v_q——稳定起升速度，m/s，与起升驱动控制形式及操作方法有关，见表 3-2。其最高值 $v_{q\max}$ 发生在电动机或发电机空载启动（相当于此时吊具、物品以及完全松弛的钢丝绳均放置于地面），吊具及物品被起升离地时其起升速度已经达到稳定起升的最大值。

(5) 突然卸载时的动力效应

有的起重机正常工作时会从空中从总起升质量 m 中突然卸除部分起升质量 Δm（如使用抓斗或起重电磁盘进行空中卸载），这将对起重机结构产生减载振动作用。减小后的起升动载荷用突然卸载冲击系数 ϕ_3 乘以额定起升载荷来计算（图 3-2）。突然卸载冲击系数 ϕ_3 值由式(3-2) 给出：

$$\phi_3=1-\frac{\Delta m}{m}(1+\beta_3) \tag{3-2}$$

式中　Δm——在空中突然卸除或坠落的那部分起升质量；

m——总起升质量；

β_3——系数，对用抓斗或类似的慢速卸载装置的起重机，$\beta_3=0.5$；对用电磁盘或类似的快速卸载装置的起重机，$\beta_3=1.0$。

表 3-2 确定 ϕ_2 用的稳定起升速度 v_q 值

载荷组合	起升驱动形式及操作方法				
	H1	H2	H3	H4	H5
无风工作 A1 有风工作 B1	v_{qmax}	v_{qmin}	v_{qmin}	$0.5v_{qmax}$	$v_q=0$
特殊工作 C1	—	v_{qmax}	—	v_{qmax}	$0.5v_{qmax}$

注：H1—起升机构只能作常速运转，不能低速运转；H2—起重机司机可选用起升驱动机构作稳定低速运转；H3—起升驱动机构的控制系统能够保证物品起升离地前都作稳定低速运转；H4—起重机司机可以操作实现无级变速控制；H5—在起升绳预紧后，不依赖于起重机司机的操作，起升驱动机构就能按预定的要求进行加速控制；v_{qmax}—稳定的最高起升速度；v_{qmin}—稳定低速起升速度。

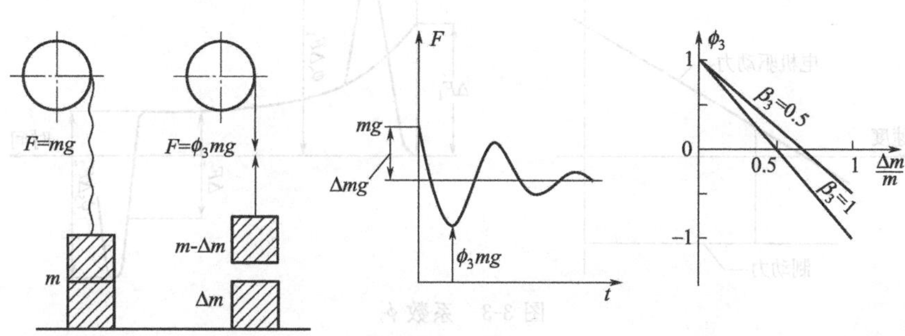

图 3-2 系数 ϕ_3

(6) 运行冲击载荷

① 运行冲击动力效应　起重机在不平路面上或轨道上运行时所发生的垂直冲击动力效应，即运行冲击载荷，用运行冲击系数 ϕ_4 乘以起重机自重载荷和额定起升载荷之和来计算。

② 在道路上或在道路外运行的起重机　在这种情况下，ϕ_4 取决于起重机的构造形式（质量分布）、起重机的弹性和（或）悬挂方式、运行速度以及运行路面的种类和状况。此冲击效应可根据经验、试验或采用适当的起重机和运行路面的模型分析得到。一般可采用以下数据计算：对轮式流动式起重机，当运行速度 $v_y\leqslant 0.4$m/s 时，$\phi_4=1.1$，当运行速度 $v_y>0.4$m/s 时，$\phi_4=1.3$；对履带式流动式起重机，当运行速度 $v_y\leqslant 0.4$m/s 时，$\phi_4=1.0$；当运行速度 $v_y>0.4$m/s 时，$\phi_4=1.1$。

③ 在轨道面上运行的起重机　起重机带载或空载运行于具有一定弹性、接头处有间隙或高低错位的轨道面上时，发生的垂直冲击动力效应取决于起重机的构造形式（质量分布、起重机的弹性及起重机的悬挂或支承方式）、运行速度和车轮直径及轨道接头的状况等，应根据经验、试验或选用适当的起重机和轨道的模型进行估算，ϕ_4 可按以下规定选取：对于轨道接头状态良好，如轨道用焊接连接并对接头打磨光滑的高速运行起重机，取 $\phi_4=1$；对于轨道接头状况一般，起重机通过接头时会发生垂直冲击载荷效应，这时 ϕ_4 可用式(3-3)来确定。

$$\phi_4=1.1+0.058v_y\sqrt{h} \tag{3-3}$$

式中 v_y——运行速度，m/s；

h——轨道接头处两轨面的高度差，mm。

(7) 变速运动引起的载荷

① 驱动机构(包括起升驱动机构)加速引起的载荷 由驱动机构加速或减速、起重机意外停机或传动机构突然失效等原因在起重机中引起的载荷,可以用刚体动力模型对各部件分别进行计算。计算中要考虑起重机驱动机构的几何特征、驱动的动力特性和机构的质量分布,还要考虑在作此变速运动时出现的机构内部摩擦损失。在计算时,一般将总起升质量固定在臂架端部,或直接悬置在小车的下方。

为了反映实际出现的弹性效应,将机构驱动加(减)速动载系数 ϕ_5 乘以引起加(减)速的驱动力(或力矩)变化值 $\Delta F=ma(\Delta M=J\varepsilon)$,并与加(减)速运动以前所存在的力($F$ 或 M)代数相加,该增大的力既作用在承受驱动力的部件上成为动载荷,也作用在起重机和起重质量上成为它们的惯性力(图 3-3)。

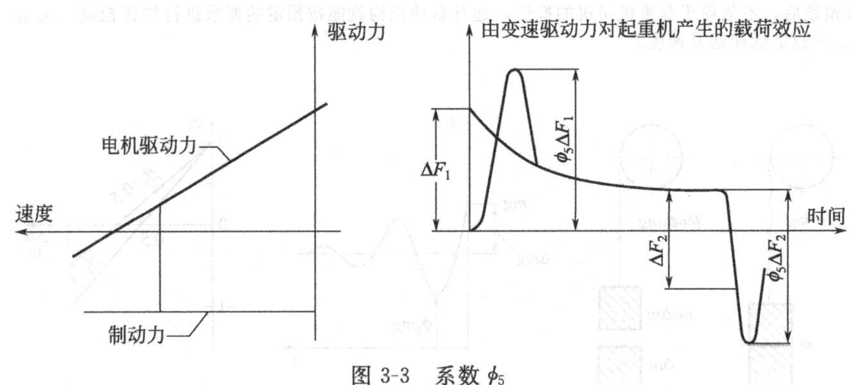

图 3-3 系数 ϕ_5

ϕ_5 数值的选用取决于驱动力或制动力的变化率、质量分布和传动系统的特性,参见表 3-3。通常,ϕ_5 的较低值适用于驱动力或制动力较平稳变化的系统,ϕ_5 的较高值适用于驱动力或制动力突然变化的系统。

表 3-3 动载荷系数 ϕ_5 的取值范围

工况	ϕ_5
计算回转离心力时	1.0
传动系统无间隙,采用多级启动或无级控制系统,加速度或制动力呈连续平稳的变化	1.2
传动系统存在微小的间隙,采用其他一般的控制系统,加速度或制动力连续的但非平稳变化	1.5
传动系统有明显间隙,加速度呈突然的非连续性变化	2.0
传动系统有很大间隙或存在明显的反向冲击,用质量弹性模型不能进行准确的估算时	3.0

注:如有依据,ϕ_5 可以采用其他值。

② 水平惯性力

a. 起重机或小车在水平面内进行纵向或横向运动的启动或制动时的水平惯性力 起重机或小车在水平面内进行纵向或横向运动启(制)动时,起重机或小车自身质量和起升质量的水平惯性力,按该质量与运行加速度乘积的 ϕ_5 倍计算,但不大于主动车轮与轨道之间的粘着力。此时取 $\phi_5=1.5$,用来考虑起重机驱动力突变时结构的动力效应。这些惯性力都作用在各相应质量上,挠性悬挂的总起升质量视为起重机刚性连接。

加(减)速度值可以根据加(减)速时间和所要达到的速度值来推算得到。如果用户未规定或未给出速度和加速度值,则可按表 3-4 中所列的三种运行工作状况来选择与所要达到的速度相应的加速时间和加速度参考值。

表 3-4 加速时间和加速度值

要到达的速度/m·s⁻¹	低速和中速长距离运行		正常使用中速和高速运行		高加速度、高速运行	
	加速时间/s	加速度/m·s⁻²	加速时间/s	加速度/m·s⁻²	加速时间/s	加速度/m·s⁻²
4.00			8.00	0.50	6.00	0.67
3.15			7.10	0.44	5.40	0.58
2.50			6.30	0.39	4.80	0.52
2.00	9.10	0.220	5.60	0.35	4.20	0.47
1.60	8.30	0.190	5.00	0.32	3.10	0.43
1.00	6.60	0.150	4.00	0.25	3.00	0.33
0.63	5.20	0.120	3.20	0.19		
0.40	4.10	0.098	2.50	0.16		
0.25	3.20	0.078				
0.16	2.50	0.064				

对于用高加速度高速运行的起重机，常要求所有的车轮都为驱动轮，此时本条所述的水平惯性力不应小于驱动轮或制动轮轮压的1/30，也不大于它的1/4。

b. 起重机的回转离心力、回转和变幅运动启（制）动时的水平惯性力　起重机回转运动时各部（构）件的离心力，用这些部（构）件的质量大小、其质量中心处的回转半径和回转速度来计算。把悬挂的总起升质量视为与起重机臂端刚性固接，对塔式起重机则部（构）件的质量和总起升质量的离心力均按最不利位置计算。在计算离心力时 ϕ_5 取为1，通常，这些离心力对结构起减载作用，可忽略不计。

起重机回转与变幅启（制）动时的水平惯性力，按其各部（构）件的质量与该质量中心的加速度乘积的 ϕ_5 倍计算（对机构和抗倾覆稳定性计算取 $\phi_5=1$），并把起升质量视为与起重机臂端刚性固接。其加（减）速度值取决于该质量在起重机上的位置。对一般的臂架起重机，根据其速度和半径的不同，臂架端部的切向和径向加速度值可在 $0.1\sim0.6\text{m/s}^2$ 之间选取，加（减）速时间在5～10s之间选取。物品所受风力单独计算，按最不利方向叠加。

臂架起重机回转和变幅机构启（制）动时的总起升质量产生的综合水平力［包括风力、变幅和回转启（制）动产生的惯性力和回转运动的离心力］，也可以用起重钢丝绳相对于铅垂线的偏摆角引起的水平分力来计算：用起重钢丝绳最大偏摆角 α_{II}（表3-5）计算结构、机构强度和起重机整机抗倾覆稳定性，用起重钢丝绳正常偏摆角 α_{I} 计算电动机功率［此时取 $\alpha_{\text{I}}=(0.25\sim0.3)\alpha_{\text{II}}$］和机械零件的疲劳及磨损［此时取 $\alpha_{\text{I}}=(0.3\sim0.4)\alpha_{\text{II}}$］。

表 3-5　α_{II} 的推荐值

起重机类型及回转速度	装卸用门座起重机		安装用门座起重机		轮胎式和汽车式起重机
	$n\geqslant2$r/min	$n<2$r/min	$n\geqslant0.33$r/min	$n<0.33$r/min	
臂架变幅平面内	12°	10°	4°	2°	3°～6°
垂直于臂架变幅平面内	14°	12°			

(8) 位移和变形引起的载荷

应考虑由位移和变形引起的载荷，如由预应力产生的结构件变形和位移引起的载荷，由结构本身或安全限制器允许的极限范围内的偏斜，以及起重机其他必要的补偿控制系统初始响应产生的位移引起的载荷等。

还要考虑由其他因素导致的起重机发生在规定极限范围内的位移或变形引起的载荷，如由于轨道的间距变化引起的载荷，或由于轨道及起重机支承结构发生不均匀沉陷引起的载荷等。

3.1.2 偶然载荷

偶然载荷是在起重机正常工作时不经常发生而只是偶然出现的载荷，包括由工作状态的风、雪、冰、温度变化及偏斜运行引起的载荷。在防疲劳失效的计算中通常不考虑这些载荷。

(1) 偏斜运行时的水平侧向载荷 P_S

起重机偏斜运行时的水平侧向载荷是指装有车轮的起重机或小车在作稳定状态的纵向运行或横向移动时，发生在它的导向装置（如导向滚轮或车轮的轮缘）上由于导向的反作用引起的一种偶然出现的载荷。

《起重机设计规范》(GB/T 3811—2008) 附录D给出了起重机偏斜运行时的水平侧向载荷的经验估算法，它是在把起重机械金属结构认为是刚性系统的假设基础上得出的。

(2) 坡道载荷

起重机的坡道载荷是指位于斜坡（道、轨）上的起重机自重载荷及其额定载荷沿斜坡（道、轨）面的分力，按下列规定计算：流动式起重机，需要计算时按路面或地面的实际情况考虑；轨道式起重机（含铁路起重机），当轨道坡度不超过0.5%时不考虑坡道载荷，否则按实际出现的实际坡度计算坡道载荷。

(3) 风载荷

对于露天工作的起重机应考虑风载荷的作用。假定风载荷是沿起重机最不利的水平方向的静力载荷，计算风压值按不同类型起重机及其工作地区选取。

① 风压计算　计算风压与阵风风速有关，可按式(3-4) 计算：

$$p=0.625v_s^2 \tag{3-4}$$

式中 p——工作状态计算风压，Pa；

v_s——计算风速，m/s。

计算风压按空旷地区离地 10m 高度处的阵风风速，即 3s 时距的平均瞬时风速。工作状态的阵风风速，其取值为 10min 时距平均风速的 1.5 倍。非工作状态的阵风风速，其取值为 10min 时距平均风速的 1.4 倍。计算风压 p、3s 时距平均瞬时风速 v_s、10min 时距平均风速 v_p 与风力等级的对应关系参见《起重机设计规范》(GB/T 3811—2008) 中附录 E 的表 E.1。

② 工作状态风载荷 $P_{W\text{II}}$　是指起重机在工作状态时应能承受的最大风力，工作状态风压沿起重机全高为定值，不考虑高度变化。为限制工作风速不超过极限值而采用风速测量装置时，通常将它安装在起重机的最高处。工作状态计算风压分为 p_I 和 p_II 两种，p_I 是起重机工作状态正常的计算风压，用于选择电动机功率的阻力计算及发热验算；p_II 是工作状态最大计算风压，用于计算机构零部件和金属结构强度、刚性及稳定性，验算驱动装置的过载能力以及起重机整机的抗倾覆稳定性、抗风防滑安全性等。

工作状态的计算风速与计算风压列于表 3-6 中。如果制造商采用不同于表列的风速和风压值，应在起重机设计和使用说明书中予以说明。

表 3-6 工作状态计算风速与计算风压

<table>
<tr><th colspan="2" rowspan="2">地 区</th><th colspan="2">计算风压 p/Pa</th><th rowspan="2">与 p_{II} 对应的计算风速 v_s/m·s^{-1}</th></tr>
<tr><th>p_{I}</th><th>p_{II}</th></tr>
<tr><td rowspan="2">在一般风力作用下工作的起重机</td><td>内陆</td><td rowspan="2">$0.6p_{\mathrm{II}}$</td><td>150</td><td>15.5</td></tr>
<tr><td>沿海、台湾省及南海诸岛</td><td>250</td><td>20</td></tr>
<tr><td colspan="2">在 8 级风中仍能工作的起重机</td><td></td><td>500</td><td>28.3</td></tr>
</table>

注：1. 沿海地区指大陆上离海岸线 100km 以内的陆地或海岛地区。

2. 特殊用途的起重机的工作状态风压允许作特殊规定。流动起重机（即汽车起重机、轮胎起重机和履带起重机）的工作状态计算风压，当起重机臂长小于 50m 时取为 125Pa；当臂长等于或大于 50m 时按使用要求决定。

③ 风载荷计算

a. 作用在起重机上的工作状态风载荷按以下两种情况计算。

ⅰ. 当风向与构件的纵轴线或构架表面垂直时，沿此风向的风载荷按式(3-5) 计算：

$$\left.\begin{aligned}P_{\mathrm{WI}}&=Cp_{\mathrm{I}}A\\P_{\mathrm{WII}}&=Cp_{\mathrm{II}}A\end{aligned}\right\}\tag{3-5}$$

式中 P_{WI}——作用在起重机上的工作状态下正常风载荷，N；

P_{WII}——作用在起重机上的工作状态下最大风载荷，N；

A——起重机构件垂直于风向的实体迎风面积，m^2，它等于构件迎风面积的外形轮廓面积 A_0 乘以结构迎风面充实率 φ，即 $A=A_0\varphi$，A_0 和 φ 见图 3-4(b)；

p_{I}，p_{II}——工作状态计算风压，根据计算内容不同选取表 3-6 中的 p_{I} 或 p_{II}，Pa；

C——风力系数；见表 3-7。

表 3-7 风力系数 C 值

<table>
<tr><th rowspan="2">类型</th><th colspan="2" rowspan="2">说 明</th><th colspan="6">空气动力长细比 l/b 或 l/D</th></tr>
<tr><th>≤5</th><th>10</th><th>20</th><th>30</th><th>40</th><th>50</th></tr>
<tr><td rowspan="4">单根构件</td><td colspan="2">轧制型钢、矩形型材、空心型材、钢板</td><td>1.30</td><td>1.35</td><td>1.60</td><td>1.65</td><td>1.70</td><td>1.90</td></tr>
<tr><td rowspan="2">圆形型钢构件</td><td>Dv_s<6m^2/s</td><td>0.75</td><td>0.80</td><td>0.90</td><td>0.95</td><td>1.00</td><td>1.10</td></tr>
<tr><td>Dv_s≥6m^2/s</td><td>0.60</td><td>0.65</td><td>0.70</td><td>0.70</td><td>0.75</td><td>0.80</td></tr>
<tr><td>箱形截面构件，大于 350mm×350mm 的正方形和 250mm×450mm 的矩形</td><td>截面尺寸比 b/d
2
1
0.5
0.25</td><td>
1.55
1.40
1.00
0.80</td><td>
1.75
1.55
1.20
0.90</td><td>
1.95
1.75
1.30
0.90</td><td>
2.10
1.85
1.35
1.00</td><td>
2.20
1.90
1.40
1.00</td><td></td></tr>
<tr><td rowspan="3">单片平面桁架</td><td colspan="2">直边型钢</td><td colspan="6">1.70</td></tr>
<tr><td rowspan="2">圆形型钢</td><td>Dv_s<6m^2/s</td><td colspan="6">1.20</td></tr>
<tr><td>Dv_s≥6m^2/s</td><td colspan="6">0.80</td></tr>
<tr><td rowspan="2">机器房等</td><td colspan="2">地面上或实体基础上的矩形外壳结构</td><td colspan="6">1.10</td></tr>
<tr><td colspan="2">空中悬置的机器房或平衡重</td><td colspan="6">1.20</td></tr>
</table>

注：1. 单片平面桁架式结构上的风载荷可按单根构件的风力系数逐根计算后相加，也可按整片方式选用直边型钢或圆形型钢桁架结构的风力系数进行计算；当桁架结构由直边型钢和圆形型钢混合制成时，宜根据每根构件的空气动力长细比和不同气流状态（Dv_s<6m^2/s 或 Dv_s≥6m^2/s），采用逐根计算后相加的方法。

2. 除了本表提供的数据之外，由风洞试验或者实物模型试验获得的风力系数值也可使用。

起重机结构上总的风载荷为其各组成部分风载荷的总和。

ⅱ. 当风向与构件的纵轴线或构架表面呈某一角度时，沿风向的风载荷由式(3-6)

计算：

$$\left.\begin{aligned}P_{W\text{I}}&=Cp_{\text{I}}A\sin^2\theta\\P_{W\text{II}}&=Cp_{\text{II}}A\sin^2\theta\end{aligned}\right\}\quad(3\text{-}6)$$

式中 A——构件平行于纵轴的正面迎风面积，m^2；

θ——风向与构件纵轴或构架表面的夹角（$\theta<90°$），(°)。

其余同式(3-5)。

b. 作用在起重机吊运的物品上的风载荷由式(3-7) 确定：

$$\left.\begin{aligned}P_{WQ\text{I}}&=1.2p_{\text{I}}A_Q\\P_{WQ\text{II}}&=1.2p_{\text{II}}A_Q\end{aligned}\right\}\quad(3\text{-}7)$$

式中 $P_{WQ\text{I}}$——作用在吊运物品上的工作状态下正常风载荷，N；

$P_{WQ\text{II}}$——作用在吊运物品上的工作状态下最大风载荷，N；

A_Q——吊运物品的最大迎风面积，m^2，如果起重机是吊运某些特定尺寸和形状的物品，则应根据该物品相应的尺寸和外形确定其迎风面积，当该面积不明确时，可按《起重机设计规范》(GB/T 3811—2008) 中附录 E 中的 E. 2 估算物品的迎风面积。

其余同式(3-5)。

④ 风力系数

a. 单根构件、单片平面桁架结构的风力系数　表 3-7 给出了单根构件、单片平面桁架结构和机器房的风力系数 C 值。单根构件的风力系数 C 值随构件的空气动力长细比（l/b 或 l/D）而变。对于大箱形截面构件，还要随截面尺寸比 b/d 而变。空气动力长细比和构件截面尺寸比等在风力系数计算中的定义如图 3-4 所示。

b. 正方形格构式塔架的风力系数　在计算正方形格构塔架正向迎风面的风载荷时，应将实体迎风面积乘以下列总风力系数。

ⅰ. 由直边型材构成的塔身：总风力系数为 $1.7(1+\eta)$。

ⅱ. 由圆形钢材构成的塔身：$Dv_s<6m^2/s$ 时为 $1.2(1+\eta)$；$Dv_s\geqslant 6m^2/s$ 时为 1.4。η 值按表 3-8 中的 $a/b=1$ 时相应的结构迎风面充实率 φ 查取。

表 3-8　挡风折减系数 η

间隔比 a/b	结构迎风面充实率 φ					
	0.1	0.2	0.3	0.4	0.5	≥0.6
0.5	0.75	0.40	0.32	0.21	0.15	0.10
1.0	0.92	0.75	0.59	0.43	0.25	0.10
2.0	0.95	0.80	0.63	0.50	0.33	0.20
4.0	1.00	0.88	0.76	0.66	0.55	0.45
5.0	1.00	0.95	0.88	0.81	0.75	0.68
6.0	1.00	1.00	1.00	1.00	1.00	1.00

注：其他结构的挡风折减系数 η 可参照《起重机设计规范》GB/T 3811—2008 附录 E 选取。

在正方形塔架中，当风沿塔身对角线方向作用时，风载荷最大，可取为正向迎风面风载荷的 1.2 倍。

⑤ 挡风折减系数　挡风折减系数的计算有以下两种情况。

a. 两片构件的挡风折减 当两片等高且形式相同的构件或构架平行布置相互遮挡时，迎风面的构件或构架上的风载荷仍用式(3-5)或式(3-6)进行计算；被前片构件遮挡的后片构件的风载荷计算，应考虑前片对后片的挡风折减作用，即用后片的迎风面积乘以挡风折减系数 η 来计算，η 值随图 3-4(b) 定义的结构迎风面充实率 φ 和图 3-4(c) 定义的间隔比 a/b 的值选取，见表 3-8。

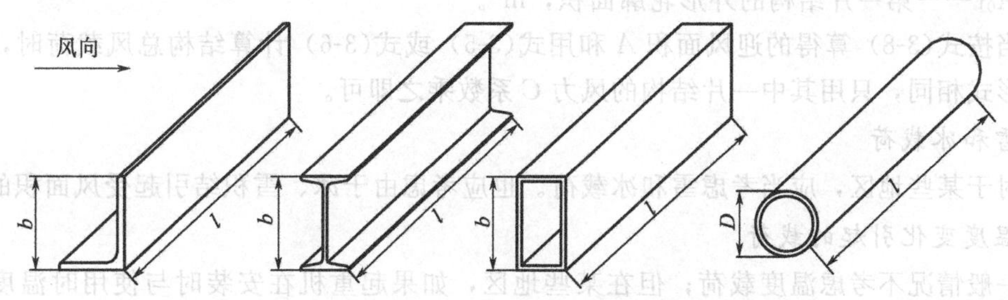

$$\text{空气动力长细比}\left(\frac{l}{b}\text{或}\frac{l}{D}\right)=\frac{\text{构件长度}}{\text{迎风面的截面宽度}}$$

在格构式结构中，单根杆件的长度l取为相邻节点的中心间距，参见图3-4(b)

(a)

$$\text{结构迎风面充实率}\varphi=\frac{\text{实体部分面积}}{\text{轮廓面积}}=\frac{A}{A_0}=\sum_{i=1}^{n}\frac{l_i b_i}{LB}=\frac{\sum_{i=1}^{n}l_i b_i}{LB}$$

(b)

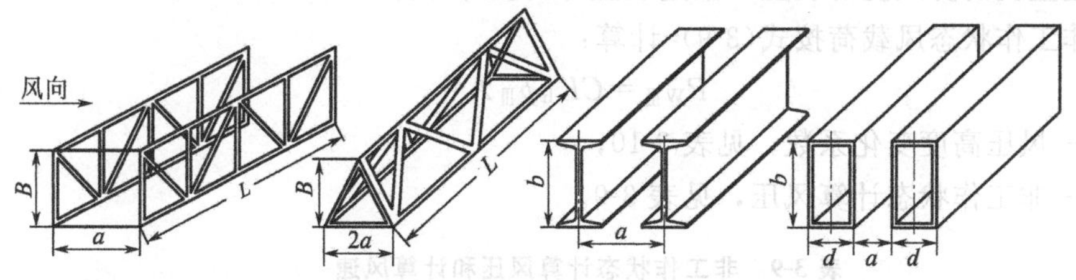

$$\text{间隔比}\left(\frac{a}{b}\text{或}\frac{a}{B}\right)=\frac{\text{两个相对面之间的距离}}{\text{构件迎风面的宽度}}(a\text{取构件外露表面几何形状中的最小可能值})$$

$$\text{截面尺寸比}\left(\frac{b}{d}\right)=\frac{\text{截面迎风面的宽度}}{\text{平行风向的截面深度}}(\text{对箱形截面})$$

(c)

图 3-4 风力系数计算中的定义

b. n 片构件的挡风折减 对于 n 片形式相同且彼此等间隔平行布置的结构或构件，在纵向风力作用下，应考虑前片结构对后片结构的重叠挡风折减作用，此时结构纵向的总迎风面积 A 按式(3-8)计算：

$$A=(1+\eta+\eta^2+\cdots+\eta^{n-1})\varphi A_{01}=\frac{1-\eta^n}{1-\eta}\varphi A_{01} \tag{3-8}$$

式中 A——结构纵向的总迎风面积；

η——挡风折减系数；

φ——第一片结构的迎风面充实率；

A_{01}——第一片结构的外形轮廓面积，m^2。

当按式(3-8) 算得的迎风面积 A 和用式(3-5) 或式(3-6) 计算结构总风载荷时，因各片结构形式相同，只用其中一片结构的风力 C 系数乘之即可。

(4) 雪和冰载荷

对于某些地区，应当考虑雪和冰载荷。也应考虑由于冰、雪积结引起受风面积的增大。

(5) 温度变化引起的载荷

一般情况不考虑温度载荷；但在某些地区，如果起重机在安装时与使用时温度差异很大，或者跨度很大的超静定结构（如跨度达 30m 以上的双刚性支腿的门式起重机），则应当考虑因温度变化引起结构件膨胀或收缩受到约束所产生的载荷。本项载荷的计算可根据用户提供的有关资料进行。

(6) 特殊载荷

特殊载荷是在起重机非正常工作时或不工作时的特殊情况下才发生的载荷，包括由起重机试验、受非工作状态风、缓冲器碰撞及起重机（或其一部分）发生倾翻、起重机意外停车、传动机构失效或起重机基础受到外部激励等引起的载荷。在防疲劳失效的计算中也不考虑这些载荷。

① 非工作状态风载荷　是起重机不在工作时能承受的最大风力作用。非工作状态计算风压和与之相应的计算风速列于表 3-9 中，计算非工作状态风载荷时，要用表 3-10 所列的风压高度变化系数来计及受风部位离地高度的影响。将此风载荷与起重机相应的自重载荷进行组合，用于验算非工作状态下起重机零部件及金属结构的强度、起重机整机抗倾覆稳定性，并进行起重机的防风抗滑装置、锚定装置等的设计计算。

起重机非工作状态风载荷按式(3-9) 计算：

$$P_{W\mathrm{III}}=CK_h p_{\mathrm{III}} A \tag{3-9}$$

式中 K_h——风压高度变化系数，见表 3-10；

p_{III}——非工作状态计算风压，见表 3-9。

表 3-9　非工作状态计算风压和计算风速

地　区	计算风压 $p_{\mathrm{III}}^{②}$/Pa	与 p_{III} 等效的计算风速 $v_s^{③}/\mathrm{m\cdot s^{-1}}$
内　陆①	500～600	28.3～31.0
沿　海①	600～1000	31.0～40.0
台湾省及南海诸岛	1500	49.0

① 非工作状态计算风压的取值，内陆的华北、华中和华南地区宜取小值，西北、西南、东北和长江下游等地区宜取大值；沿海以上海为界，上海可取 800Pa，上海以北取小值，以南取大值。在特定情况下，按用户要求，可根据当地气象资料提供的离地 10m 高处 50 年一遇 10min 时距年平均最大风速换算得到作为计算风速的 3s 时距的平均瞬时风速（但不大于 50m/s）和计算风压 p_{III}；若用户还要求此计算风速大于 50m/s 时，则可作为非标准产品进行特殊设计。

② 在海上航行的起重机，可取 $p_{\mathrm{III}}=1800$Pa，但不再考虑风压高度变化，即取 $K_h=1$。

③ 沿海地区、台湾省及南海诸岛港口大型起重机防风防滑系统、锚定装置的设计，所用的计算风速 v_s 应不小于 55m/s。

表 3-10 风压高度变化系数 K_h

离地(海)面高度 h/m	≤10	10～20	20～30	30～40	40～50	50～60	60～70	70～80	80～90	90～100	100～110	110～120	120～130	130～140	140～150
陆上 $\left(\frac{h}{10}\right)^{0.3}$	1.00	1.13	1.32	1.46	1.57	1.67	1.75	1.83	1.90	1.96	2.02	2.08	2.13	2.18	2.23
海上及海岛 $\left(\frac{h}{10}\right)^{0.2}$	1.00	1.08	1.20	1.28	1.35	1.40	1.45	1.49	1.53	1.56	1.60	1.63	1.65	1.68	1.70

注：计算非工作状态风载荷时，可沿高度划分成10m高的等风压段，以各段中点高度的系数 K_h（即表列数字）乘以计算风压；也可以取结构顶部的计算风压作为起重机全高的定值风压。

C 与 A 同式(3-5)。

在计算非工作状态风载荷时，应考虑从总起升质量 m 中卸除了有效起升质量 Δm 后还悬吊着的吊具质量 ηm 仍受到的非工作风力作用，系数为 $\eta=1-\Delta m/m$。

对臂架长度不大于 30m 且臂架不工作能方便地放倒在地上的流动式起重机、带伸缩臂的低位回转起重机和依靠自身机构在非工作时能够将塔身方便缩回的塔式起重机，只需按其低位置进行非工作状态风载荷验算。在这些起重机的使用说明书中都要写明，在不工作时要求将臂架和塔身固定好，以使其能抗御暴风的袭击。

② 碰撞载荷　起重机的碰撞载荷是指在同一运行轨道上两相邻起重机之间碰撞或起重机与其轨道端部缓冲止挡件碰撞时产生的载荷，起重机应设置减速缓冲装置以减小碰撞载荷。

a. 作用在缓冲器的连接部件上或止挡件上的缓冲碰撞力　对于桥式、门式、臂架式起重机，以额定运行速度计算缓冲器的连接与固定部件上和止挡件上的缓冲碰撞力。

b. 作用在起重机结构上的缓冲碰撞力　当水平运行速度 $v_y \leqslant 0.7$m/s 时，不必考虑此缓冲碰撞力。

当水平运行速度 $v_y > 0.7$m/s 时，应考虑以下情况的缓冲碰撞力。

ⅰ. 对装有终点行程限位开关及能可靠起减速作用的控制系统起重机，按减速后的实际碰撞速度（但不小于50%的额定运行速度）来计算各运动部分的动能，由此算出缓冲器吸收的动能，从而算出起重机金属结构上的缓冲碰撞力。

ⅱ. 对未装可靠的自动减速限位开关的起重机，碰撞时的计算速度：大车（起重机）取85%的额定速度，小车取额定运行速度，以此来计算缓冲器所吸收的动能，并按该动能来计算起重机金属结构上的缓冲碰撞力。

ⅲ. 在计算缓冲碰撞力时，对于物品被刚性吊挂或装有刚性导架以限制悬吊的物品水平移动的起重机，要将物品质量的动能考虑在内；对于悬吊的物品能自由摆动的起重机，则不考虑物品质量动能的影响。

ⅳ. 缓冲碰撞力在起重机上的分布，取决于起重机（对装有刚性导架限制悬吊物品摆动的起重机，还包括物品）质量分布情况。在计算时要考虑小车处在最不利位置，计算中不考虑起升冲击系数 ϕ_1、起升动载系数 ϕ_2 和运行冲击系数 ϕ_4。

c. 缓冲器碰撞弹性效应系数 ϕ_7　用 ϕ_7 与缓冲碰撞力相乘，来考虑用刚体模型分析所不能估算的弹性效应。ϕ_7 的取值与缓冲器的特性有关：对于具有线性特性的缓冲器（如弹簧缓冲器），ϕ_7 值应取为 1.25；对于具有矩形特性的缓冲器（如液压缓冲器），ϕ_7 值应取为 1.6；对其他特性的缓冲器（如橡胶、聚氨酯缓冲器等），ϕ_7 的值要通过试验或计算确定（图 3-5）。

$$\xi=\frac{1}{\hat{F}_x\hat{u}}\int_0^{\hat{u}}F_x\,du$$

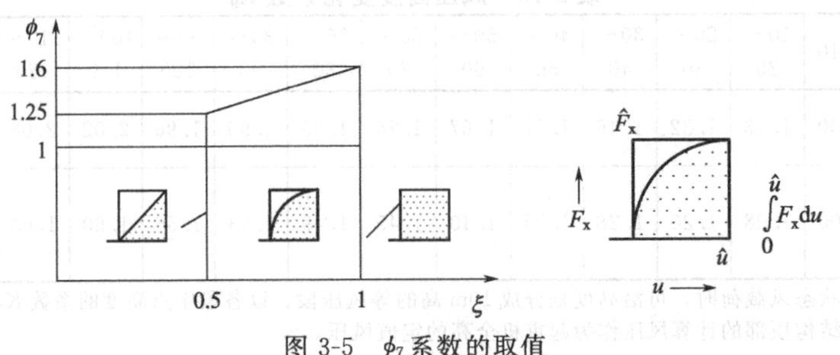

图 3-5　ϕ_7 系数的取值

ξ—相对缓冲能量，具有线性特性的缓冲器 $\xi=0.5$，具有矩形特性的缓冲器 $\xi=1$；$\hat{F}_x$—最大缓冲碰撞力；$\hat{u}$—最大缓冲行程；F_x—缓冲碰撞力；u—缓冲行程。ϕ_7 中间值的估算如下：

若 $0\leqslant\xi\leqslant0.5$，$\phi_7=1.25$；若 $0.5\leqslant\xi\leqslant1$，$\phi_7=1.25+0.7(\xi-0.5)$

d. 在刚性导架中升降的悬挂物品的缓冲碰撞力　对于物品沿刚性导架升降的起重机，要考虑该物品和固定障碍物碰撞引起的缓冲碰撞力。此力是作用在物品所在的高度上并力图使起重机小车车轮抬起的水平力，可参见倾翻水平力 P_{SL}。

③ 倾翻水平力 P_{SL}　对带有刚性升降导架的起重机，如果起重机在水平移动时受到水平方向的阻碍与限制，例如在起重机刚性导架中升降的悬吊物品、起重机的取物装置（吊具）或起重机刚性升降导架下端等与障碍物相碰撞，就会产生一个水平方向作用的、引起起重机（大车）或小车倾翻的力，即为倾翻水平力。

如果已有倾翻趋势的起重机能够自行回落到正常位置，还应考虑对支承结构垂直的撞击力。

无反滚轮的小车下端碰到障碍物后，使得小车被抬起［图 3-6(a)］，或者使大车主动车轮打滑，倾翻水平力的极限值取这两种情况中的较小者。

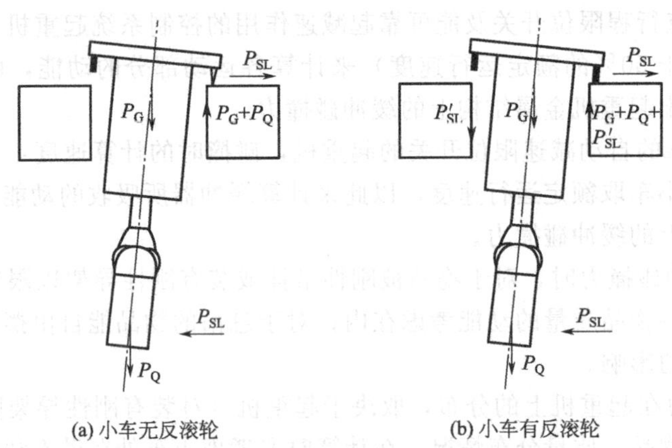

图 3-6　带刚性起升导架的起重机的倾翻

有反滚轮的小车，在下端碰到障碍物后［图 3-6(b)］，倾翻水平力仅由大车主动轮打滑条件所限制。

由于倾翻水平力 P_{SL} 的存在，使小车轮压发生变化。无反滚轮的小车在小车的一边被抬起时，对桥架主梁的影响最大，此时包括小车自重载荷、额定起升载荷及倾翻水平力 P_{SL} 在内的全部载荷均由另一侧的主梁承担；有反滚轮的小车除上述作用力外，还要考虑倾翻水平力 P_{SL} 对主梁的垂直附加载荷 P'_{SL} 的作用［图 3-6(b)］。

计算中不考虑起升、运行冲击系数和起升载荷动载系数，也不考虑运行惯性力，并假定P_{SL}力作用在吊重的最低位置上（有吊重时）或作用在吊具的最下端（无吊重时）。

④ 试验载荷 起重机投入使用前，应进行静载试验和动态试验。试验场地应坚实、平整，试验时风速应不大于 8.3m/s。

a. 静态试验载荷 试验时起重机静止不动，静载试验载荷作用于起重机最不利位置，且应平稳无冲击地加载。除订货合同有其他要求之外，静态试验载荷取为 1.25P。其中 P 定义为：对于流动式起重机，P 为有效起重量与可分及固定吊具质量总和的重力；对于其他起重机，P 为额定起重量的重力，此额定起重量不包括作为起重机固有部分任何吊具的质量。

b. 动态试验载荷 试验时起重机需完成的各种运动和组合运动，动态试验载荷应作用于起重机最不利位置。除订货合同有更高的要求之外，动态试验载荷取为 1.1P，P 定义同上。在验算时此项动态试验载荷应乘以由式(3-10) 给出的动载试验载荷起升动载系数 ϕ_6。

$$\phi_6 = 0.5(1+\phi_2) \tag{3-10}$$

式中 ϕ_6——动载试验载荷起升动载系数。

ϕ_2——同式(3-1)。

c. 特殊情况 有特殊要求的起重机，其试验载荷可以取与上述不同而更高的值，应在供货合同和有关的标准中规定。

如静态试验和动载试验载荷的数值高于上述的规定，则应按实际试验载荷验算起重机的承载能力。

⑤ 意外停机引起的载荷 应考虑意外停机瞬间的最不利驱动状态（即意外停机时的突然制动力或加速力与最不利载荷组合），按驱动机构（包括起升驱动机构）加速引起的载荷来估算意外停机引起的载荷，系数 ϕ_5 取值按表 3-3 选择。

⑥ 机构（或部件）失效引起的载荷 在各种特殊情况下都可用紧急制动作为对起重机有效保护的措施，因此机构或部件突然失效引起的载荷都可按出现了最不利的状况而采取紧急制动时的载荷来考虑。

当为了安全原因采用两套（双联）机构，若任一机构的任何部位出现失效，就应认为该机构发生了失效。

对上述两种情况，应按驱动机构（包括起升驱动机构）加速引起的载荷来估算此时所引起的载荷，并考虑力的传递过程中所产生的冲击效应。

⑦ 起重机基础受到外部激励引起的载荷 是指由于地震或其他震波迫使起重机基础发生振动而对起重机引起的载荷。

只有在它们会构成重大危险时（如对核电站起重机或其他特殊场合工作的很重要的起重机）才考虑由这类激励引起的载荷。

如果政府颁布的条例或特殊的技术规范对此提出了明确的要求，则应根据相应的法规或专门的规定来考虑这种载荷。起重机用户应向供应商提出此项要求，并提供当地相应的地震谱等信息以供设计使用。

⑧ 安装、拆卸和运输引起的载荷 应该考虑在安装、拆卸过程中的每一个阶段发生的作用在起重机上的各项载荷，其中包括由 8.3m/s 的风速或规定的更大风速引起的载荷。对一个构件或部件，在各种情况下都应进行在这项重要载荷作用下的承载能力验算。在某些情况下，还应考虑在运输过程中对起重机结构中产生的载荷。

3.1.3 其他载荷

其他载荷是指在某些特定情况下发生的载荷，包括工艺性载荷、作用在起重机的平台或通道上的载荷等。

(1) 工艺性载荷

工艺性载荷是指起重机在工作过程中为完成某些生产工艺要求或从事某些杂项工作时产生的载荷，由起重机用户或买方提出。一般将它作为偶然载荷或特殊载荷进行考虑。

(2) 走台、平台和其他通道上的载荷

这些载荷都是局部载荷，只作用在起重机结构的局部及直接支承它们的构件上。

这些载荷的大小与结构的用途和载荷的作用位置有关，例如在走台、平台、通道等处、应考虑下述载荷：在堆放物料处，3000N；在只作为走台或通道处，1500N。

各种类型的产品，工作条件、工作性质都不同，其动力系数也不相同，确定时需要大量的工程数据和经验。设计规范中将载荷的动力系数列于表中，如《起重机设计规范》GB/T 3811—2008 中附表 G.7“塔式起重机金属结构计算的载荷与动力系数的取值”。

3.2 载荷情况与载荷组合

3.2.1 载荷情况

在进行起重机械钢结构计算时，必须考虑三类不同的基本载荷情况：A——无风工作情况；B——有风工作情况；C——受到特殊载荷作用的工作或非工作情况。

在每种载荷情况中，与可能出现的实际使用情况相对应，又有若干个可能的具体载荷组合。

3.2.2 载荷组合

(1) 起重机无风工作情况的载荷组合

A1——起重机正常工作状态下，无约束地起升地面的物品，无工作状态风载荷及其他气候影响产生的载荷，此时只应与正常操作控制下的其他控制机构（不包括起升机构）引起的驱动加速力相组合。

A2——起重机在正常工作状态下，突然卸除部分起升质量，无工作状态风载荷及其他气候影响产生的载荷。此时按 A1 的驱动加速力组合。

A3——起重机在正常工作状态下，（空中）悬吊着物品，无工作状态风载荷及其他气候影响产生的载荷，此时应考虑悬吊物品及吊具的重力与正常操作控制的任何驱动机构（包括起升机构）在一连串运动状态中引起的加速力或减速力进行任何组合。

A4——在正常工作状态下，起重机在不平道路或轨道上运行，无工作状态风载荷及其他气候影响产生的载荷。此时按 A1 的驱动加速力组合。

(2) 有风工作情况的载荷组合

B1～B4 其载荷组合与 A1～A4 的载荷组合相同，但应考虑加上工作状态风载荷及其他气候影响产生的载荷。

B5——在正常工作状态下，起重机在带坡度的不平的轨道上以恒速偏斜运行，有工作状态风载荷及其他气候影响产生的载荷（其他机构不运动）。

当起重机的具体使用情况认为应该考虑坡道载荷及工艺性载荷时，可以将坡道载荷视作偶然载荷在起重机的无风工作情况下或有风工作情况下的载荷组合予以考虑，将工艺性载荷视作偶然载荷或特殊载荷予以考虑。

(3) 受到特殊载荷作用的情况或非工作情况下的载荷组合

C1——起重机在正常工作状态下，用最大的起升速度无约束地从地面提升地面的载荷，例如相当于电动机或发动机无约束的起升地面上松弛的钢丝绳，当载荷离地时起升速度达到最大值（使用导出的 $\phi_{2\max}$，其他机构不运动）。

C2——起重机在非工作状态下，有非工作状态风载荷及其他气候影响产生的载荷。

C3——起重机在动载试验状态下，提升动载试验载荷，并有试验状态风载荷，与载荷组合 A1 的驱动加速力组合。

C4——起重机带有额定起升载荷，与缓冲碰撞力产生的载荷相组合。

C5——起重机带有额定起升载荷，与倾翻力产生的载荷相组合。

C6——起重机带有额定起升载荷，与意外停机引起的载荷相组合。

C7——起重机带有额定起升载荷，与机构失效引起的载荷相组合。

C8——起重机带有额定起升载荷，与起重机基础外部激励产生载荷相组合。

C9——起重机在安装、拆卸或运输期间产生的载荷组合。

各种类型的产品，工作状态、工作性质都不同，计算的载荷和载荷组合，不同组合的安全系数、抗力系数及分项载荷系数等系数也不相同，确定时需要大量的工程数据和经验。设计规范中往往根据载荷的不同组合将安全系数（强度系数、高危险度系数）、抗力系数及分项载荷系数列于表中，如《起重机设计规范》GB/T 3811—2008 中附表 G.5、G.6 分别为“采用许用应力设计法设计时塔式起重机金属结构计算的载荷与载荷组合表”、“采用极限状态设计法设计时塔式起重机金属结构计算的载荷与载荷组合表”，表中给出了安全系数、抗力系数及分项载荷系数。

3.3 钢结构计算方法

结构计算通常是根据拟定的机构方案和构造，按所承受的载荷进行内力计算，确定各个构件的内力，再根据所用材料的特性，对整个结构和构件及其连接进行核算，看其是否符合经济、安全、适用等方面的要求。结构计算的目的是以最小的成本，确保结构在载荷作用下，安全可靠地工作。

从一些现场记录、调查数据和试验材料来看，计算载荷大小与实际承受载荷之间、材料力学性能的取值与材料的实际数值之间、材料的规格与实际尺寸之间、设计计算的截面尺寸与实际加工尺寸之间以及确定的计算简图与真实结构之间都可能存在一定的差异，计算结果不一定可靠，为了保证安全，结构的计算必须留有余地，需有一定的安全储备。有了安全储备，才能保证结构在各种不利条件下正常使用。安全储备量确定方法不同计算方法也就不同。

我国钢结构计算方法，在建国以来曾经有过四次变化，即建国初期到 1957 年，采用总安全系数的许用应力计算法；1957 年到 1974 年，采用三系数的极限状态计算法；1974 年到 1988 年，采用以结构的极限状态为依据，进行多系数分析，用单一安全系数的许用应力计算法；目前新钢结构设计规范，采用以概率论为基础的一次二阶矩极限状态设计法。下面分别加以阐述。

3.3.1 总安全系数的许用应力计算法

考虑到各种不利因素影响，用一个总安全系数 K 来解决，即将钢材可以使用的最大强度（如屈服强度）除以一个笼统的安全系数，作为结构计算时允许达到的最大应力——许用应力。这种计算方法称为许用应力计算法，表达式为

$$\sigma=\frac{N}{S}\leqslant\frac{\sigma_s}{K} \tag{3-11}$$

式中 N——构件内力；

S——构件几何特征；

σ_s——钢材屈服强度；

K——安全系数；

σ——构件计算应力。

这种总安全系数的许用应力计算法的优点是表达式简单、概念明确、应用方便。其缺点是由于采用了一个安全系数，将使各个构件的安全度各不相同，而整个结构的安全度取决于安全度最小的构件。

3.3.2 三系数的极限状态计算法

根据结构使用上的要求，在结构中规定两种极限状态，即承载能力极限状态和变形极限状态。承载能力极限状态是指结构或构件达到最大承载能力或达到不适于继续承载的变形的极限状态；变形极限状态是指结构或构件达到正常使用（变形或耐久性能）的某项规定的极限状态。同时引入三个系数：载荷系数、均质系数、工作条件系数，以载荷系数考虑载荷可能的变动，以均质系数考虑钢材性质的不一致，以工作条件系数考虑结构及构件的工作特点以及某些假定的计算模型与实际情况不完全相同等因素。这种方法比按许用应力计算法考虑得细致一些，但某些系数（如工作条件系数）的确定还缺乏客观依据和科学方法，同时它的表达式较为繁琐，其表达式为

$$\sum K_1' N_i\leqslant K_2' K_3' \sigma_s S \tag{3-12}$$

式中 K_1'——载荷系数；

K_2'——均质系数；

K_3'——工作条件系数；

N_i——载荷引起的内力；

S——构件几何特性；

σ_s——钢材屈服强度。

3.3.3 以结构极限状态为依据、多系数分析后用单一安全系数的许用应力计算法

1974 年我国正式编制的《钢结构设计规范》(TJ 17—74)，采用了这种计算方法。这种方法的表达式与许用应力计算方法相同，但在确定安全度方面与早期许用应力计算法有所不同。它是以结构的极限状态（强度、稳定、疲劳、变形）为依据，对影响结构安全度的诸因素以数理统计的方法，并结合新中国成立后 20 年来的工程实践经验进行多系数分析，求出单一的设计安全系数，以简单的许用应力形式表达，实际上是半概率半经验的极限状态计算

法。其按承载能力计算的一般表达式为

$$N_i=\frac{\sigma_s S}{K_1K_2K_3}\leqslant\frac{\sigma_s S}{K} \tag{3-13}$$

式中 N_i——根据标准载荷计算的内力；

σ_s——钢材屈服强度；

S——构件几何特性；

K_1——载荷系数；

K_2——材料系数；

K_3——调整系数，一般结构取 1.0。

载荷系数 K_1是用以考虑实际载荷可能有变动而给结构留有一定安全储备的系数。各种产品应该根据产品的统计资料予以确定。如《钢结构设计规范》（TJ 17—74）中，K_1的确定是根据对钢屋架、吊车梁的设计资料，按载荷统计资料，分析后得出的加权平均载荷系数。该加权平均载荷系数变动范围在 1.145～1.305 之间，为简化起见，采用 $K_1=1.23$。

材料系数 K_2是用以考虑材料强度变异的系数。按当时国家标准规定 3 号钢（现行标准的 Q235 材料）的屈服强度为 235MPa，低于此值者即为废品，在结构设计中即取此废品极限值作为 3 号钢的标准强度。但是，钢铁公司的产品质量是不均匀的，公司之间，同一公司内不同生产厂（或车间），甚至同一生产厂（或车间）内，产品的质量也存在差异，同时，各个生产厂对产品的验收又是采用抽样检验的方式，这就不可避免地会有屈服强度低于 2400kgf/cm^2（相当于 235N/mm^2）的钢材混杂其间，作为正式产品供应。《钢结构设计规范》（TJ 17—74）中，K_2的确定是根据对我国当时大、中、小有代表性的钢铁厂的钢材强度统计分析结果，并考虑到过去设计经验而定出的材料强度系数：对于 3 号钢，$K_2=1.143$，对于 16Mn 和 16Mnq，$K_2=1.175$。

在设计计算中，仅考虑单一的载荷系数和材料系数还是不够完备的。例如，对动载荷所占比重较大的构件，或施工条件较差的连接构件等都与一般条件等同看待，其安全度就显得偏低；不同结构和部件失效后产生的损失和影响不同，即重要度不同，要求的可靠度也自然不同。调整系数 K_3就是用以考虑这些特殊的变异因素（载荷的特殊变异、结构受力状况和工作条件）的系数。其数据主要是根据实践经验确定的，一般取 $K_3=1.0$。

K_1、K_2、K_3综合确定后的承载能力表达式为

$$\sigma=\frac{\sum N_i}{S}\leqslant[\sigma] \tag{3-14}$$

$$[\sigma]=\frac{\sigma_s}{K}=\frac{\sigma_s}{K_1K_2K_3} \tag{3-15}$$

式(3-15) 即为钢结构设计规范 TJ 17—74 采用的许用应力设计法的表达式。例如，3 号钢的 $\sigma_s=2400\text{kgf/cm}^2$，$K_1=1.23$、$K_2=1.143$、$K_3=1.0$，则 $K=1.41$，16Mn 的 $\sigma_s=3500\text{kgf/cm}^2$，$K_1=1.23$、$K_2=1.175$、$K_3=1.0$，则 $K=1.45$。

许用应力计算方法是结构设计的一个传统方法，现在保留其简单而明了的形式，并赋予了新的内容，概念明确，使用方便，多年来国内外的实践证明这是一个简单易行的计算方法。同时，因为疲劳强度的计算又只能用许用应力法进行，采用这种计算方法，不但可以减少工作量，也可以使整个结构设计在计算方法上得到形式上的统一，目前国内起重机设计采用这种方法进行。

在结构设计时，除了必须保证结构或构件的承载能力满足要求外，还应该满足正常使用

（变形）极限状态，即对结构或构件的变形有所限制，以免因变形过大，或因过于柔细而下垂、振动，甚至在运输和施工过程中受到损坏，难以保证正常使用。因此，还应验算结构、构件的变形或长细比。

$$f \leqslant [f] \tag{3-16}$$

$$\lambda \leqslant [\lambda] \tag{3-17}$$

式中 f——结构或构件在标准载荷作用下产生的最大挠度；

$[f]$——规范规定的许用挠度；

λ——结构或构件的长细比；

$[\lambda]$——规范规定的许用长细比。

这种计算方法也存在着一些缺点。因为各种载荷的变异性并不相同，各种构件承受载荷的情况也不相同，不同构件的几何尺寸变异也不完全一致，采用统一的安全系数，显然不可能获得相同的安全度。有的结构或构件过分安全，个别结构或构件则可能不够安全。

3.3.4 以概率论为基础的一次二阶矩极限状态设计法

极限状态的概率设计法是把各种参数（载荷效应、材料抗力）作为随机变量，运用概率分析法并考虑其变异性来确定设计采用值。这种把概率分析引入结构设计的方法显然比许用应力设计法先进。近年来各国逐渐采用此种方法。

设结构或构件的承载能力为 R，R 取决于材料的抗力和构件的几何特性。这些参数都是随机变量，根据它们各自的统计数据运用概率法来确定它们的设计值。设计值确定了，承载力 R 也就确定了。

载荷效应是指各种载荷、温度变化和地震等对结构或构件的作用产生的效应，亦即同时作用于结构或构件的若干种载荷分别在结构或构件中产生内力，这些内力的总和即载荷效应，用 S 表示。各种载荷也都是独立的随机变量。根据它们各自的统计数值，用概率法确定其设计值。这些载荷的设计值确定后，总的载荷效应 S 也就确定了。

当 $R>S$ 时为可靠，$R<S$ 时为不可靠，$R=S$ 时为结构或构件承载能力的极限状态。设计时应使 $R=S$ 的概率可靠度不低于某一特定数值。这就是极限状态概率设计法。

结构设计中采用概率设计法时，从结构的整体性出发，运用概率的观点，对结构的可靠度提出了明确的科学定义，即结构在规定时间内，在规定条件下，完成预定功能的概率，称为结构可靠度。

为此，不同产品的预定功能必须有明确的规定。钢结构应以适当的可靠度满足基本功能要求，四项基本功能如下。

① 能承受在正常使用和施工时可能出现的各种作用力。

② 在正常使用时具有良好的工作性能。

③ 具有足够的耐久性。

④ 在偶然事件发生时及发生后，能保持必需的整体稳定性。

第①、④两项是结构的安全性要求，第②项是结构适用性要求，第③项是结构耐久性要求。结构可靠性是上述四项基本功能所满足的结构安全、适用、耐久的总称。若以 P_s 表示结构可靠度，则

$$P_s = P\{(R-S) \geqslant 0\} \tag{3-18}$$

结构处于失效状态 $\{(R-S)<0\}$ 的概率为失效概率，以 P_f 表示，则

$$P_f = P\{(R-S) < 0\} \tag{3-19}$$

由于事件$\{(R-S)\geqslant 0\}$和事件$\{(R-S)<0\}$是对立的，所以结构可靠度P_s与结构失效概率P_f符合下式：

$$P_s+P_f=1 \tag{3-20}$$

因此，结构可靠度的计算可以转化为结构失效概率的计算。用概率的观念看结构设计是否可靠，就是说结构可靠度是否足够大或结构失效概率是否足够小到可以接受的预定程度。绝对可靠的结构，即$P_s=1$或$P_f=0$的结构是不存在的。

按照上述原理的设计过程是进行R和S的概率运算，得出结构或构件的失效概率P_f，确定是否小到可以接受的程度。但是，用公式$P_f=P\{(R-S)<0\}$进行概率运算非常复杂，一般是在上述方法的基础上进行分析、推导、简化，采用可靠度指标β作为衡量结构可靠度的统一尺度，并在表达式中引入简便易行的分项系数以供设计应用。我国《钢结构设计规范》GBJ 17—88及《钢结构设计规范》GB 50017—2003，便是以近似概率法为基础（疲劳强度除外），按照规定的失效概率的要求，校准各种随机变量的分项系数，提供了用分项系数表达的极限状态设计公式。

对于承载能力极限状态，应考虑载荷效应的基本组合，必要时还应考虑载荷效应的偶然组合。按载荷效应基本组合时，进行强度和稳定性设计时采用下列极限状态设计表达式：

$$\gamma_0(\sigma_{Gd}+\sigma_{Q1d}+\psi_c\sum_{i=2}^{n}\sigma_{Qid})\leqslant f \tag{3-21}$$

式中 γ_0——结构重要性系数，安全等级为一级取1.1，安全等级为二级取1.0，安全等级为三级取0.9；

σ_{Gd}——永久载荷的设计值G_d在结构件截面或连接中产生的应力，$G_d=\gamma_G G_k$；

G_k——永久载荷标准值；

γ_G——永久载荷的分项系数，一般采用1.2，当永久载荷效应对结构构件的承载能力有利时取1.0；

σ_{Q1d}——第一个（最大的）可变载荷的设计值Q_{1d}在结构件截面或连接中产生的应力，$Q_{1d}=\gamma_{Q1}Q_{1k}$；

σ_{Qid}——第i个（最大的）可变载荷的设计值Q_{id}在结构件截面或连接中产生的应力，$Q_{id}=\gamma_{Qi}Q_{ik}$；

γ_{Q1}，γ_{Qi}——第一个（最大的）和其他第i个可变载荷的分项系数，一般采用1.4；

Q_{1k}，Q_{ik}——第一个（最大的）和其他第i个可变载荷的标准值；

ψ_c——可变载荷组合系数；一般情况下，当有风载荷参加组合时取0.6，当无风载荷时取1.0；

f——结构构件连接强度的设计值，$f=f_k/\gamma_k$；

f_k——材料强度的标准值；

γ_k——抗力分项系数。

对于正常使用极限状态，结构或构件应按载荷的短期效应组合，用下式进行计算：

$$\omega=\omega_{Gk}+\omega_{Q1k}+\psi_c\sum_{i=2}^{n}\omega_{Qik}\leqslant[\omega] \tag{3-22}$$

式中 ω——结构或构件中产生的变形值；

ω_{Gk}——永久载荷的标准值在结构或构件中产生的变形值；

ω_{Q1k}——第一个（最大的）可变载荷标准值在结构或构件中产生的变形值；

ω_{Qik}——第i个可变载荷标准值在结构或构件中产生的变形值；

$[\omega]$——结构或构件许用变形值。

直接承受动力载荷的结构，还应按下列情况考虑动载系数：计算强度和稳定性时，动力载荷应乘以动力系数，计算变形时不乘以动力系数；计算厂房中吊车梁及制动结构的疲劳时，按作用在跨内起重量最大的一台吊车载荷的标准值进行计算，不乘以动力系数。

极限状态法采用分项系数来考虑结构的安全度，将载荷系数和调整系数归入了载荷项内，不仅适用于几何线性结构体系，还适用于几何非线性的结构体系。这种计算法显然能真实反映结构构件或连接的实际安全度，从而保证了设计的可靠性。

3.4 起重机械钢结构计算

3.4.1 起重机械钢结构计算方法

起重机械是一种短周期循环工作的机械，这一特点导致了机械实际载荷的多变性。机械工作时不仅在不同的循环中载荷不同，而且在同一循环过程中载荷也不相同，即使工作载荷不变，也有带载行程和空载行程的差别，再加之每一循环过程中的多次启动、制动所引起的动载荷以及载荷作用位置的移动或挡风面积的变化等，都会导致构件受载的改变。虽然许多载荷单独来看是确定的量，但它们的组合一般总是随机的。另外有一些载荷，如风载荷、道路不平导致的冲击载荷等，更是具有明显的随机性。

起重机械钢结构是起重机械的承载构件，受载过程随机且复杂，宜采用以概率论为基础的一次二阶矩极限状态设计法。但是由于起重机械载荷随机、复杂，研究还不太充分，缺乏适用于起重机械结构的各分项系数的可靠统计数据，故绝大多数国家至今尚未采用以概率论为基础的极限状态法来设计结构，仍采用半概率半经验的极限状态计算法，即以结构极限状态为依据，多系数分析后用单一安全系数的许用应力计算法。

起重机械各种产品的计算方法应随设计技术的发展而变化，如我国《起重机设计规范》(GB/T 3811—83) 规定：结构或结构件及连接的疲劳校核采用许用应力法，结构或结构件及连接的强度，结构或结构件的稳定性、刚度校核采用许用应力法。《起重机设计规范》(GB/T 3811—2008) 对《起重机设计规范》(GB/T 3811—83) 进行了修订，提出结构或结构件及连接的强度，结构或结构件的稳定性、刚度校核许用应力法和极限状态法都可以采用。但是，由于许用应力设计资料比较完整，且大多数起重机结构在外载荷作用下还可以认为在小变形范围内，许用应力法用得较多。《起重机设计规范》(GB/T 3811—2008) 中结构计算公式仍是按许用应力法给出的。但当结构在外载荷作用下发生了很大的变形，内力与载荷明显地呈非线性关系，用许用应力法将会带来较大的误差，规范建议采用极限状态法来计算大变形结构的承载能力，也为今后起重机的结构设计计算向概率极限状态法全面过渡打下基础。

(1) *许用应力法*

目前，起重机械钢结构采用的许用应力计算法是以结构的极限状态（强度、稳定、疲劳、变形）为依据，对影响结构安全度的诸因素以数理统计的方法，并结合我国的工程实践经验进行多系数分析，求出单一的设计安全系数，以简单的许用应力形式表达的半概率半经验的极限状态计算法。其承载能力计算的一般表达式为

$$\bar{\sigma}_1=\bar{\sigma}_{11}+\bar{\sigma}_{21}\leqslant[\sigma] \tag{3-23}$$

式中 $\bar{\sigma}_1$——在个别特定构件中的合成应力；

$\bar{\sigma}_{11}$——由载荷效应$\overline{S_k}$在个别特定构件1中产生的应力；

$\bar{\sigma}_{21}$——由局部效应（内力）在个别特定构件1中产生的应力；

$\overline{S_k}$——在构件或支承部件k截面中的载荷效应，例如由组合载荷$\overline{F_j}$引起的内力；

$\overline{F_j}$——组合载荷$\sum f_i$；

f_i——作用在构件或部件上的载荷i，必要时用适当的动力系数ϕ增大；

ϕ——动力系数；

$[\sigma]$——材料的许用应力，$[\sigma]=R/n$；

n——安全系数，$n=\gamma_n\gamma_f$；

γ_f——强度系数；

γ_n——高危险度系数；

R——材料、个别特定构件或连接件的规定强度或特性抗力，例如对应于钢材屈服点、弹性稳定极限及构件或连接的疲劳强度等各种极限应力。

其计算过程如下。

① 计算各个指定的载荷f_i，必要时用适当的动力系数ϕ增大。

② 根据结构实际工况确定载荷组合并将它们进行组合，组合载荷$\overline{F_j}=\sum f_i$。

③ 用组合载荷$\overline{F_j}$来计算合成载荷效应$\overline{S_k}$，也就是构件或连接件的内力。

④ 由作用在某个构件或部件上的载荷效应计算出应力$\bar{\sigma}_{11}$与由局部效应（内力）引起的局部应力$\bar{\sigma}_{21}$相组合，合成设计应力$\bar{\sigma}_1$。

⑤ 计算采纳的应力$[\sigma]$（许用应力）。

⑥ 将合成的设计应力$\bar{\sigma}_1$同可采纳的应力（即应力的适当许用值、许用应力）相比较。

许用应力法的典型流程如图3-7所示。

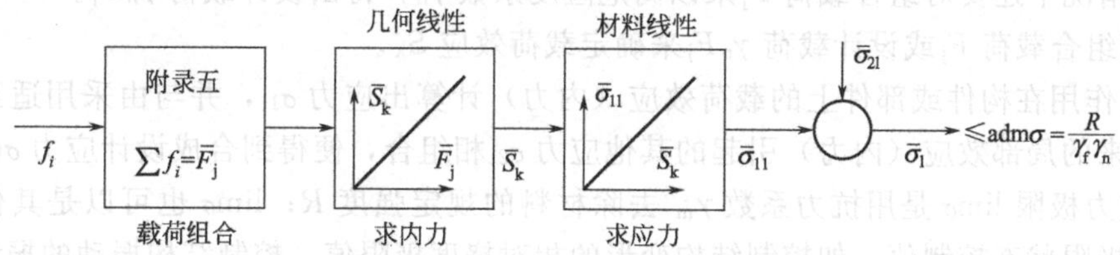

图3-7 用许用应力法进行设计的典型流程

在结构设计时，除了必须保证结构或构件的承载能力满足要求外，还应该满足正常使用（变形）极限状态，即对结构或构件的变形有所限制，以免因变形过大，或因过于柔细而下垂、振动，甚至在运输和施工过程中受到损坏，难以保证正常使用。由此，还应验算结构、构件的变形或长细比［式(3-16)、式(3-17)］。

采用这种计算方法，不但可以减少工作量，同时也与疲劳强度的计算方法统一，使整个结构设计在计算方法上得到形式上的统一，但也存在着一些缺点，因为各种载荷的变异性并不相同，各种构件承受载荷的情况也不相同，不同构件的几何尺寸变异也不完全一致，采用统一的安全系数，显然不可能获得相同的安全度。有的结构或构件过分安全，个别结构或构件则可能不够安全。内力对应产生它们的载荷呈非线性比例的情况，或者由一些产生相反符号应力的独立变载荷相组合引起应力临界值的情况，使用许用应力法应特别小心，以确保承载能力验算的有效。

(2) 极限状态法

我国《起重机设计规范》GB/T 3811—2008中规定，起重机械钢结构计算可以采用极限

状态设计法，其承载能力计算的一般表达式为

$$\sigma_l = \sigma_{11} + \sigma_{21} \leqslant \lim\sigma \tag{3-24}$$

式中 σ_l——在个别特定构件中的合成应力；

σ_{11}——由载荷效应 S_k 在个别特定构件 l 中产生的应力；

σ_{21}——由局部效应在个别特定构件 l 中产生的应力；

S_k——在构件或支承部件 k 截面中的载荷效应，如由组合载荷 F_j 或设计载荷 $\gamma_n F_j$ 引起的内力；

F_j——由载荷 f_i 乘以分项载荷系数后（必要时用适当的动力系数 ϕ 增大），构成的载荷组合 $F_j=\sum\gamma_{pi}f_i$；

$\gamma_n F_j$——在特定情况下，考虑了高危险度系数 γ_n 的设计载荷；

γ_n——高危险度系数；

f_i——作用在元件或部件上的载荷 i；

γ_{pi}——根据所考虑的载荷组合，用于各个载荷的分项载荷系数；

$\lim\sigma$——极限设计应力，$\lim\sigma=R/\gamma_m$；

R——材料、个别元件或连接件的规定强度或特征抗力，例如对应于钢材屈服点、弹性稳定极限及构件或连接的疲劳强度等各种极限状态应力；

γ_m——抗力系数。

其计算过程如下。

① 计算各个指定的载荷或特性载荷 f_i，必要时用适当的动力系数 ϕ 增大，并乘以相关载荷组合的该项计算载荷相应的分项载荷系数 γ_{pi}。

② 根据结构实际工况确定载荷组合并将它们进行组合，得出组合载荷 F_j；在有高度危险特定的情况下还要对组合载荷 F_j 乘以高危险度系数 γ_n，得出设计载荷 $\gamma_n F_j$。

③ 用组合载荷 F_j 或设计载荷 $\gamma_n F_j$ 来确定载荷效应 S_k。

④ 由作用在构件或部件上的载荷效应（内力）计算出应力 σ_{11}，并与由采用适当载荷系数计算出来的局部效应（内力）引起的其他应力 σ_{21} 相组合，便得到合成设计应力 σ_l。

⑤ 应力极限 $\lim\sigma$ 是用抗力系数 γ_m 去除材料的规定强度 R；$\lim\sigma$ 也可以是其他广义的可接受的极限状态控制值，如控制结构变形的相对挠度极限值，控制结构振动的振动衰减参数的极限状态值等。

⑥ 将合成的设计应力 σ_l 同规定的应力极限 $\lim\sigma$ 相比较。

极限状态设计法的流程如图 3-8 所示。

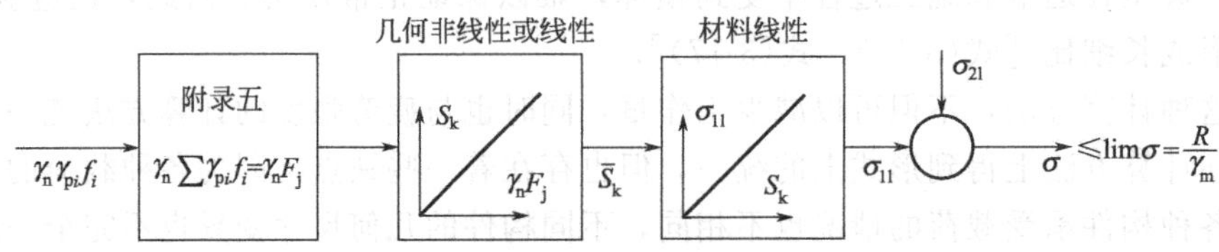

图 3-8 用极限状态法进行设计的典型流程

(3) 两种计算方法的算例比较

例 3-1 某门式起重机 A 的某危险截面上：自重载荷引起的应力为 $\sigma_G=120$MPa；起升载荷引起的应力为 $\sigma_Q=100$MPa；工作风载荷引起的应力为 $\sigma_W=40$MPa。采用厚度小于 16mm 的 Q345 钢板组焊。

例 3-2 另有一门式起重机 B 的某危险截面上：自重载荷引起的应力为 $\sigma_G=60$MPa；起升载荷引起的应力为 $\sigma_Q=160$MPa；工作风载荷引起的应力为 $\sigma_W=40$MPa。同样采用厚度小于 16mm 的 Q345 钢板组焊。

① 许用应力设计法算例

例 3-1 由于考虑了风载荷，属于载荷组合 B3，安全系数 $n=1.34$，所以许用应力 $[\sigma]=345/1.34=257$MPa。

$$\sum\sigma=120+100+40=260\text{MPa}\approx[\sigma]=257\text{MPa}$$

校核通过。

例 3-2 $\sum\sigma=60+160+40=260\text{MPa}\approx[\sigma]=257\text{MPa}$

校核通过。

② 极限状态设计法算例 根据《起重机设计规范》(GB/T 3811—2008)，附录七表 G.12 采用极限状态设计法设计时桥式和门式起重机起重机械钢结构计算的载荷与载荷组合表中查得：结构自重分项载荷系数 $\gamma_{pG}=1.05$，起升载荷分项系数 $\gamma_{pQ}=1.22$，风载载荷分项系数 $\gamma_{pW}=1.10$；抗力系数 $\gamma_m=1.10$。

例 3-1

$$\lim\sigma=\sigma_s/\gamma_m=345/1.1=313\text{N/mm}^2$$

$$\sum\gamma_{pi}\sigma_i=\gamma_{pG}\sigma_G+\gamma_{pQ}\sigma_Q+\gamma_{pW}\sigma_W=1.05\times120+1.22\times100+1.10\times40=292\text{MPa}<\lim\sigma$$

满足要求。

例 3-2

$$\sum\gamma_{pi}\sigma_i=\gamma_{pG}\sigma_G+\gamma_{pQ}\sigma_Q+\gamma_{pW}\sigma_W=1.05\times60+1.22\times160+1.10\times40=302\text{MPa}<\lim\sigma$$

满足要求。

③ 两种方法结论的比较

从这个算例可以看出，由于不同载荷的偏差量不同，据此确定的分项载荷系数也不同，组成总应力的各种载荷比例不同，其安全程度不同，但是许用应力设计法无法区别。

3.4.2 起重机械钢结构计算内容和注意事项

起重机械钢结构的计算是根据不同阶段、不同工况下各种载荷对起重机械钢结构构件、组成件及连接进行承受各种载荷的承载能力和变形（或刚度）的计算，确保其满足承载能力和正常使用的要求。

承载能力计算包括对结构构件、组成件及连接的强度、整体稳定性、局部稳定性及疲劳进行计算，确保结构和构件具有足够的承载能力和寿命。

变形（或刚度）计算是指对结构构件、组成件及连接的变形（或刚度）方面进行分析，确保结构及构件在承受各种载荷时，满足正常使用（极限状态）的要求。

在进行起重机的能力验算时，应考虑机械和结构系统的实际情况与理想几何形状间的差别带来的影响（例如由于制造装配公差或发生基础沉陷等产生这些差别），它们可能会使作用在起重机上的载荷引起的应力超过规定的极限值。

在计算载荷引起的内力时，应选择起重机适当的计算模型。对那些引起的载荷效应（内力）是随时间变化的各种载荷，均应根据经验、试验或计算，按等效静载荷进行计算。可以用刚体动力分析方法，但要用一些动力系数估算作模拟弹性系统响应时有关的各个力；也可以选择进行弹性动力分析或进行现场测试，但为了反映不同的操作平稳程度，都有必要考虑起重机司机实际操作情况的影响。

在结构设计或能力验算时，无论采用何种方法，在考虑稳定性和位移时，载荷、载荷组合、载荷系数、许用应力以及极限状态，都应以 GB/T 3811—2008 的有关的章节或附录来设定，或者在可能的情况下以试验或统计数据为基础来确定。

如果某个特殊载荷不可能出现（例如作用在室内起重机上的风载荷），则应在承载能力验算中略去。同样，对在下面几种情况出现的载荷，也应不予考虑：该起重机的说明书中禁止出现的；对起重机设计未作为特殊要求提出的；在该起重机的设计中已明确要防止或禁止的。

3.4.3 起重机械钢结构材料和材料许用应力

(1) 结构件材料

起重机械钢结构承载结构构件的钢材选择，应考虑结构的重要性、载荷特征、应力状态、连接方式和工作温度等因素。

① 对钢材种类的要求《起重机设计规范》(GB/T 3811—2008) 指出：主要承载结构的构件，在一般情况下宜采用符合 GB/T 700 的 Q235 钢，符合 GB/T 699 的 20 钢等材料，当结构需要采用高强度钢材时，可采用符合 GB/T 1591 的 Q345、Q390、Q420 钢等。所采用的钢材必须有质量合格证明材料。

下列起重机承重结构和构件不应采用沸腾钢。

a. 焊接结构

ⅰ. 直接承受动力载荷或振动载荷且需要验算疲劳的结构（如工作级别为 E6 及其以上的起重机主要结构件）。

ⅱ. 工作温度低于－20℃时的直接承受动力载荷或振动载荷但可以不验算疲劳的结构、承受静力载荷的受弯及受拉的重要承重结构。

ⅲ. 工作温度等于或低于－30℃的所有承重结构。

b. 非焊接结构　环境温度等于或低于－20℃的直接承受动力载荷且需要验算疲劳的结构。

② 对钢材冲击韧性的要求

a. 对需要验算疲劳的焊接结构的钢材，应具有常温冲击韧性的合格保证。当结构环境温度不高于 0℃但高于－20℃时：Q235 钢和 Q345 钢应具有 0℃冲击韧性的合格保证，Q390 钢和 Q420 钢应具有－20℃冲击韧性的合格保证；当结构环境温度不高于－20℃时：Q235 钢和 Q345 钢应具有－20℃冲击韧性的合格保证，Q390 钢和 Q420 钢应具有－40℃冲击韧性的合格保证。

b. 对需要验算疲劳的非焊接结构的钢材，也应具有常温冲击韧性的合格保证。当结构环境温度不高于－20℃时，Q235 钢和 Q345 钢应具有 0℃冲击韧性的合格保证，Q390 钢和 Q420 钢应具有－20℃冲击韧性的合格保证。

③ 对钢铸件的要求　钢铸件宜采用符合 GB/T 11352 或 GB/T 14408 规定的铸钢。

④ 对高强度钢的要求　高强度钢材宜选用符合 GB/T 1591 或 GB/T 16270 等标准规定的钢材。应慎用高强度钢材，在设计高强度钢材的结构件时，应特别注意选择合理的焊接工艺并进行相应试验，以减少其制造内应力，防止焊缝开裂及控制高强度钢材结构的变形。

⑤ 对钢材的质量组别的要求　为使所选的结构件材料具有足够的抗脆性破坏的安全性，必须根据影响脆性破坏的条件来选择钢材的质量组别，即应评价导致构件材料脆性破坏的各因素的影响（参见附录一）。

(2) 构件材料的许用应力

① 基本许用应力（即拉伸、压缩、弯曲的许用应力）$[\sigma]$

a. 对 $\sigma_s/\sigma_b<0.7$ 的钢材基本许应用力 $[\sigma]$ 为材料屈服极限应力 σ_s 除以规定的材料安全系数 n，见表 3-11。

b. 当 $\sigma_s/\sigma_b \geqslant 0.7$ 时，属高强度钢材。此时的基本许用应力 $[\sigma]$ 按式(3-25) 计算：

$$[\sigma]=\frac{0.5\sigma_s+0.35\sigma_b}{n} \tag{3-25}$$

式中　σ_b——材料的抗拉强度，MPa；

σ_s——材料的屈服极限，当材料无明显的屈服极限时，取 $\sigma_{0.2}$ 为 σ_s（$\sigma_{0.2}$ 为材料标准拉力试验残余应变达 0.2%时的试验应力），MPa；

n——与载荷组合类别相应的安全系数，见表 3-11。

表 3-11　安全系数 n 和基本许用应力 $[\sigma]$　MPa

载荷组合	A	B	C
安全系数 n	1.48	1.34	1.22
基本许用应力$[\sigma]$	$\sigma_s/1.48$	$\sigma_s/1.34$	$\sigma_s/1.22$

注：应根据材料厚度选取相应的 σ_s 值。

② 剪切许用应力，按式(3-26) 计算：

$$[\tau]=\frac{[\sigma]}{\sqrt{3}} \tag{3-26}$$

式中　$[\tau]$——剪切许用应力，MPa；

$[\sigma]$——与载荷组合类别相应的基本许用应力，MPa。

③ 端面承压许用应力，按式(3-27) 计算：

$$[\sigma_{cd}]=1.4[\sigma] \tag{3-27}$$

式中　$[\sigma_{cd}]$——承压许用应力，MPa；

$[\sigma]$——与载荷组合类别相应的基本许用应力，MPa。

思　考　题

3-1　起重机械钢结构上作用哪些载荷？可分成哪三大类？

3-2　起重机械钢结构的计算方法有哪两种？各自的特点是什么？

3-3　许用应力是如何确定的？安全系数 K 包括哪些内容？在设计中是否一定要考虑安全系数？为什么？

第4章 结构构件的强度、刚度及稳定性

起重机械钢结构作为主要承重结构，由许许多多构件连接而成，常见构件有轴心受力构件、受弯构件及偏心受压构件。承载能力计算包括强度、刚度和稳定计算。稳定问题包括整体稳定和局部稳定，在连续反复载荷作用下，还需要计算疲劳强度。本章介绍轴心受压构件、受弯构件及偏心受压构件的强度、刚度、整体稳定性及局部稳定性的计算。

4.1 轴心受力构件的强度、刚度及整体稳定

4.1.1 轴心受力构件的强度

轴心受力构件的强度按下式计算：

$$\sigma=\frac{N}{A_j}\leqslant[\sigma] \tag{4-1}$$

式中 A_j——构件净截面面积，mm^2；

N——轴心受力构件的载荷，N；

$[\sigma]$——材料的许用应力，MPa。

4.1.2 轴心受力构件的刚度

构件过长而细，在自重作用下会产生较大的挠度，运输和安装中会因刚度较差而弯扭变形，在动力载荷作用下也易产生较大幅度的振动。且对于轴心受压构件，刚性不足容易产生过大的初弯曲和自重等因素产生下垂挠度，对整体稳定性产生不利影响。为此，必须控制构件的长细比不超过规定的许用长细比 $[\lambda]$，构件的刚度按下式计算：

$$\lambda=\frac{l_0}{r}\leqslant[\lambda] \tag{4-2}$$

式中 l_0——构件的计算长度，mm；

$[\lambda]$——许用长细比，《起重机设计规范》GB/T 3811—2008 规定结构构件允许长细比见表 4-1；

r——构件截面的最小回转半径，mm。

$$r=\sqrt{\frac{I}{A}} \tag{4-3}$$

式中 A——构件毛截面面积，mm^2；

I——构件截面惯性矩，mm^4。

表 4-1　结构构件允许长细比

构　件　名　称		受拉构件	受压构件
主要承载结构件	对桁架弦杆	180	150
	对整个结构	200	180
次要承载结构件(主桁架的其他弦杆、辅助桁架的弦杆)		250	200
其他构件		350	300

4.1.3　轴心受压构件整体稳定性

(1) 理想轴心受压构件

轴心受压构件的截面形状和尺寸有种种变化，构件丧失整体稳定形式有三种可能：弯曲屈曲、弯扭屈曲和扭转屈曲。对于双轴对称的截面(如工字形)，易产生弯曲屈曲；对于单轴对称的截面(如槽形)，易产生弯扭屈曲；对于十字形截面，易产生扭转屈曲。

理想轴心受压构件是指构件是等截面、截面形心纵轴是直线、压力的作用线与形心纵轴重合、材料完全均匀。

早在 18 世纪欧拉对理想轴心压杆整体稳定进行了研究，得到了著名的欧拉临界力公式。

图 4-1 所示为轴心受压构件的计算简图，据此可以建立构件在微曲状态下的平衡微分方程：

$$EIy''+Ny=0 \tag{4-4}$$

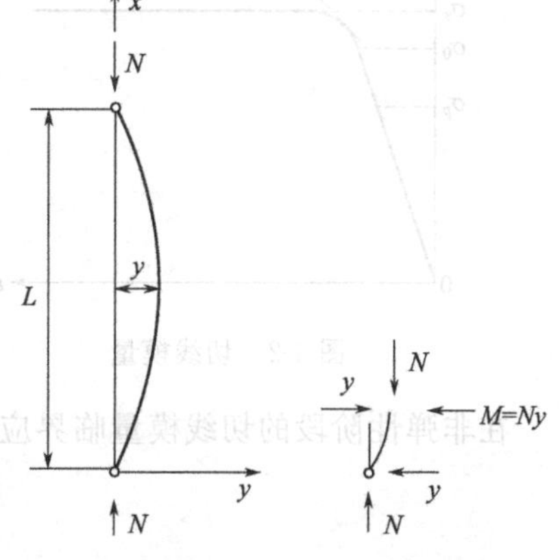

图 4-1　轴心受压构件的屈曲平衡

解此方程，可得到临界载荷 N_0，又称欧拉临界载荷 N_E：

$$N_0=N_E=\frac{\pi^2 EI}{l_0^2} \tag{4-5}$$

式中　l_0——压杆计算长度，当两端铰支时为实际长度 l，mm；

E——材料的弹性模量，MPa；

I——压杆的毛截面惯性矩，mm^4。

由式(4-5) 可得轴心受压构件的欧拉临界应力：

$$\sigma_0=\sigma_E=\frac{N_E}{A}=\frac{\pi^2 E}{\lambda^2} \tag{4-6}$$

式中　λ——轴心受压构件的长细比；

A——构件毛截面面积，mm^2。

当轴心压力 N 小于 N_E时，构件处于稳定的直线平衡状态，此时构件只产生均匀的压缩变形。当构件受到某种因素的干扰，如横向干扰力、载荷偏心等，构件发生弹性弯曲变形。干扰消除后，构件恢复到直线平衡状态。当外力继续增大至某一数值 N_E时，构件的平衡状态曲线呈分支现象，既可能在直线状态下平衡，也可能在微曲状态下平衡，此类具有平衡分支的稳定问题称为第一类问题。当外力再稍微增加，构件的弯曲变形就急剧增加，最终导致构件丧失了稳定，或称为压杆屈曲。此时的压力 N_E称为临界压力。

必须指出的是，欧拉临界应力公式的推导，是以压杆的材料为弹性的，且服从胡克定律为基础。也就是说只有对按式(4-6)算出的临界应力 σ_0 不超过压杆材料的比例极限 σ_p 的长细杆有效。但对于粗短的压杆，外载荷达到临界载荷之前，轴向应力将超过弹性极限，而处于非弹性阶段。这时弹性模量 E 不再保持常数，而是应力的函数，称切线模量。1947 年香莱(Shanley) 通过与欧拉公式相类似的推导，得到两端铰支的截面轴心压杆非弹性阶段的屈曲临界力，称为切线模量临界应力：

$$N_t=\frac{\pi^2 E_t I}{l_0^2} \tag{4-7}$$

切线模量 E_t 表示在钢材应力-应变曲线上的临界应力处的斜率（图 4-2）。

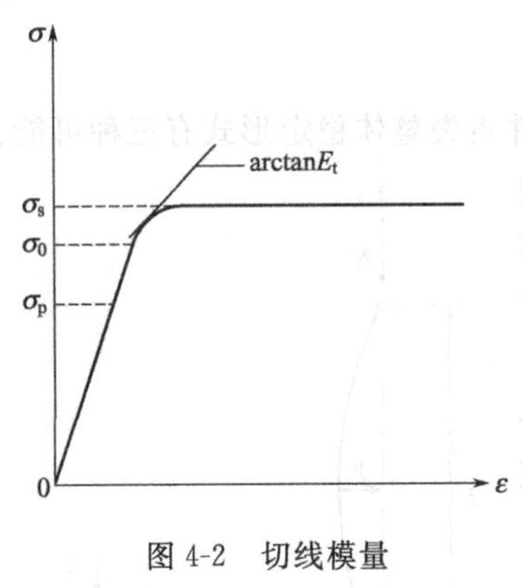

图 4-2 切线模量

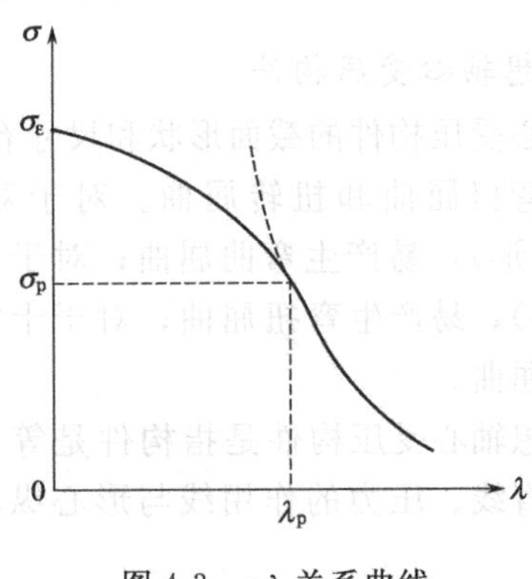

图 4-3 σ-λ 关系曲线

在非弹性阶段的切线模量临界应力：

$$\sigma_0=\frac{N_t}{A}=\frac{\pi^2 E_t}{\lambda^2} \tag{4-8}$$

由此可见，当 $\lambda \geqslant \lambda_p$，材料处于弹性阶段时，用式(4-6) 计算临界应力 σ_0；当 $\lambda < \lambda_p$，临界应力超过了比例极限，材料处于弹塑性阶段，用公式(4-8) 计算临界应力 σ_0，图 4-3 中虚曲线为欧拉临界应力延长线，已经不适用。

(2) 实际轴心受压构件

在起重机械结构中，理想构件是不存在的，构件或多或少存在初始缺陷，如初变形（包括初弯曲和初扭曲）、初偏心（压力作用点与截面形心存在偏离的情况）等。这些因素，都使轴心压杆在载荷一开始作用时就发生弯曲，不存在由直线平衡到曲线平衡的分支点。实际轴心压杆的工作情况犹如小偏心受压构件，其临界力要比理想轴心压杆低（图 4-4），当压力不断增加时，压杆的变形也不断增加，直至破坏。载荷和挠度的关系曲线由稳定平衡的上升段和不稳定平衡的下降段组成。在上升段 OA，增加载荷才能使挠度加大，内外力处于平衡状态；而在下降段 AB，由于截面上塑性的发展，挠度不断增加，为了保持内外力的平衡，必须减小载荷。因此，上升段是稳定的，下降段是不稳定的，上升段和下降段的分界点 A，就是压杆的临界点，所对应的载荷也是压杆稳定的极限承载力 N_u（即压溃力）。

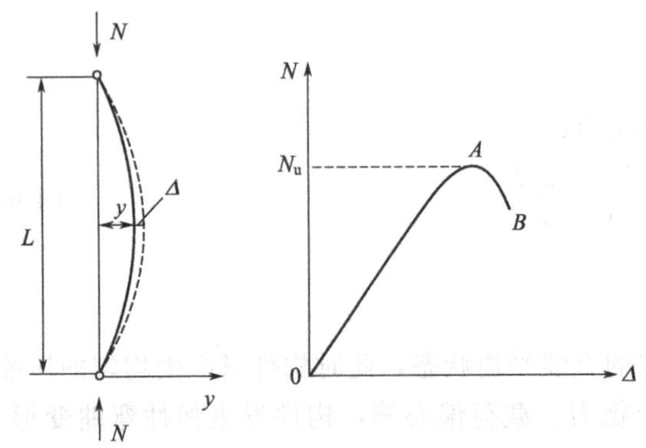

图 4-4 实际轴心受压构件的工作情况

另外，构件焊接后产生的残余应力（焊接应力），轧制型钢在轧制后，由于冷却速度不均匀，产生的残余应力对构件稳定性也有很大影响。这些残余应力由于本身自相平衡，所以对构件的强度承载能力没有影响，但对稳定承载能力则有影响。如图 4-5 所示，因为残余应力的压应力部分使该部分截面提前发展塑性，使轴心受压构件达到临界状态，截面由不同的两部分变形模量组成，塑性区的变形模量等于零，而弹性区的变形模量仍为 E，只有弹性区才能继续有效承载。可以按有效截面的惯性矩 I_e 近似计算两端铰接的等截面轴压构件的临界力和临界应力，即

$$N_0=\frac{\pi^2 EI_e}{l^2}=\left(\frac{\pi^2 EI}{l^2}\right)m$$

$$\sigma_0=\frac{N_0}{A}=\left(\frac{\pi^2 E}{\lambda^2}\right)m$$

其中 $$m=\frac{I_e}{I}$$

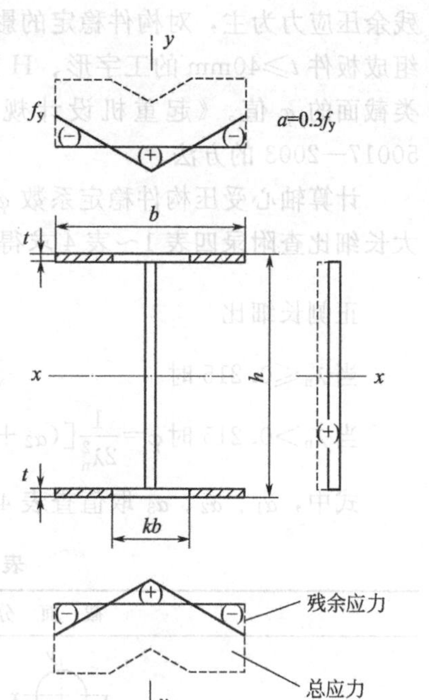

图 4-5 焊接工字形截面的残余应力

(3) 实腹式轴心压杆整体稳定计算

影响轴心压杆稳定极限承载力的主要因素有多种，如截面形状和尺寸、材料力学性能、残余应力的分布和大小、构件的初弯曲和初扭曲、载荷作用点的初偏心、在支承处可能存在的弹性约束、构件的失稳方向等。严格来说，每一根轴心压杆都有各自的稳定曲线，但在设计时，是不可能精确确定该压杆的稳定曲线的。因此，对实腹式轴心受压杆件整体稳定性计算公式采用一种简单的表达形式：

$$\sigma=\frac{N}{A}\leqslant\frac{\sigma_{cr}}{K}=\frac{\sigma_{cr}}{\sigma_s}\times\frac{\sigma_s}{K}=\frac{\sigma_{cr}}{\sigma_s}[\sigma]=\varphi[\sigma]$$

或写成一般形式：

$$\sigma=\frac{N}{\varphi A}\leqslant[\sigma] \tag{4-9}$$

式中 N——轴心受压构件的计算载荷，N；

A——构件的毛截面面积，mm^2；

K——强度安全系数；

φ——轴心受压构件稳定系数。

稳定系数 φ 的确定是轴心受压构件计算准确的关键因素之一，它是通过大量具有1/1000杆件长的初弯曲、不同截面形式和尺寸、不同的加工条件和相对应的残余应力的试件进行试验，按柱的最大强度理论，用数值的方法算出大量的 φ-λ 曲线（柱子曲线）归纳确定的。

在制定《钢结构设计规范》GB 50017—2003 时，是根据大量的数据和曲线，选择其常用的 96 条曲线作为确定 φ-λ 的依据。由于这 96 条曲线分布较为离散，采用一条曲线代表这些曲线显然不合理，所以进行了分类，把承载能力相近的截面及其弯曲失稳对应的轴合为一类，归纳为 a、b、c 三类。每类柱子曲线的平均值（即 50％分位值）作为代表曲线。当时的柱子曲线是针对组成板件厚度 $t<40$mm 的截面进行的，而组成板件厚度 $t\geqslant40$mm 的构件，残余应力不但沿板宽度方向变化，在板厚度方向的变化也比较显著。板件外表面往往以

残余压应力为主，对构件稳定的影响较大。在《钢结构设计规范》GB 50017—2003 中提出，组成板件 $t\geqslant 40$mm 的工字形、H 形截面和箱形截面的类别作出了专门的规定，并增加了 d 类截面的 φ 值。《起重机设计规范》GB/T 3811—2008 采用了《钢结构设计规范》GB 50017—2003 的方法。

计算轴心受压构件稳定系数 φ 时，首先按表 4-2 确定轴心受压构件截面类别；然后按最大长细比查附录四表 1～表 4 求得。也可以按下列方法计算求得：

正侧长细比
$$\lambda_n=\frac{\lambda}{\pi}\sqrt{\frac{\sigma_s}{E}}$$

当 $\lambda_n\leqslant 0.215$ 时
$$\varphi=1-\alpha_1\lambda_n^2 \tag{4-10}$$

当 $\lambda_n>0.215$ 时
$$\varphi=\frac{1}{2\lambda_n^2}\left[(\alpha_2+\alpha_3\lambda_n+\lambda_n^2)-\sqrt{(\alpha_2+\alpha_3\lambda_n+\lambda_n^2)^2-4\lambda_n^2}\right] \tag{4-11}$$

式中，α_1、α_2、α_3 取值查表 4-3。

表 4-2　轴心受压构件的截面类型

截面分类		对 x 轴	对 y 轴
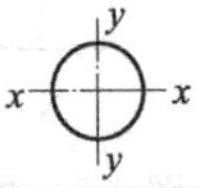 轧制	板厚 $t<40$mm	a类	a类
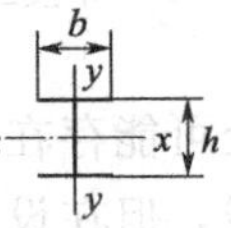 轧制 $b/h\leqslant 0.8$		a类	b类
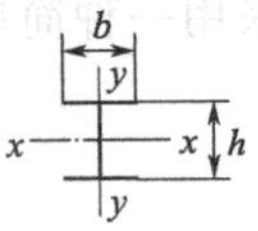 轧制 $b/h>0.8$；焊接；翼缘为焰切边；焊接；轧制、焊接（板件宽厚比>20） 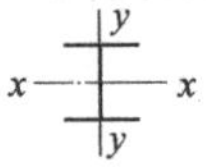 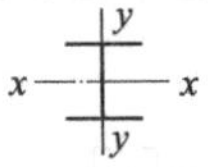 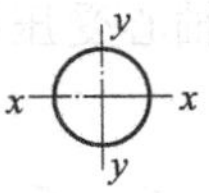 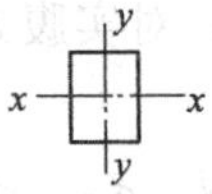		b类	b类
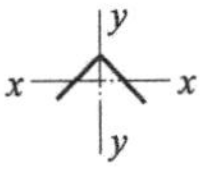 轧制；轧制等边角钢 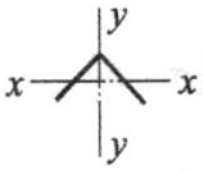		b类	b类
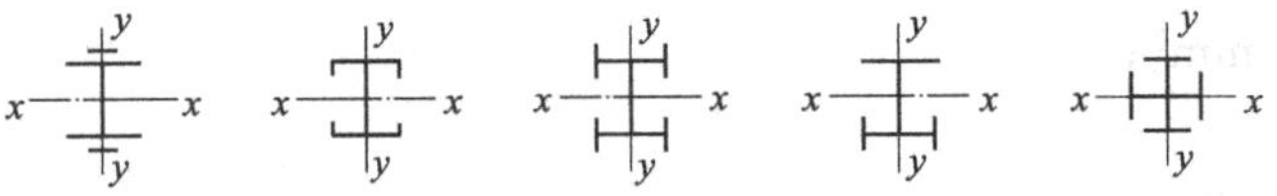 焊接		b类	b类
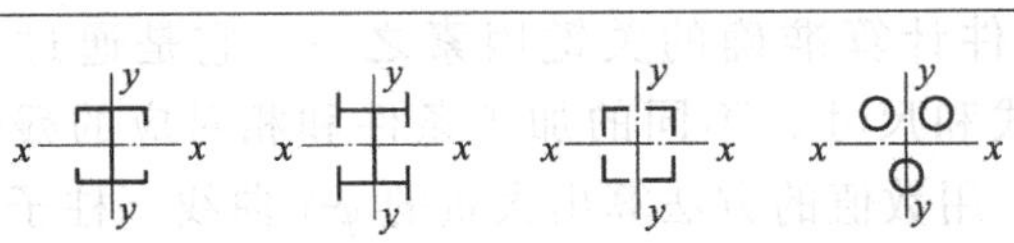 （格构式组合截面）		b类	b类
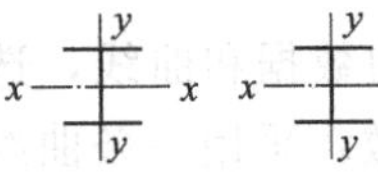 焊接；翼缘为轧制或剪切边；轧制、焊接 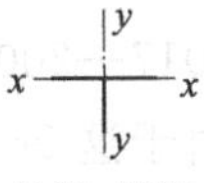		b类	c类
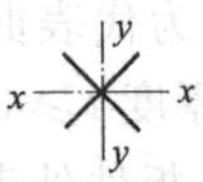 焊接；焊接 板件宽厚比≤20 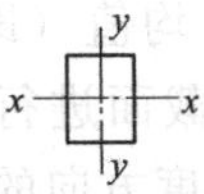		c类	c类

续表

截面分类		对 x 轴	对 y 轴
轧制工字形或 H 形截面	$40\text{mm} \leqslant t < 80\text{mm}$	b类	c类
	$t \geqslant 80\text{mm}$	c类	d类
焊接工字形截面，板厚 $t \geqslant 40\text{mm}$	翼缘为焰切边	b类	b类
	翼缘为轧制或剪切边	c类	d类
焊接箱形截面，板厚 $t \geqslant 40\text{mm}$	板件宽厚比>20	b类	b类
	板件宽厚比≤20	c类	c类

表 4-3　系数 α_1、α_2、α_3

截面类别		α_1	α_2	α_3
a类		0.41	0.986	0.152
b类		0.65	0.965	0.300
c类	$\lambda_n \leqslant 1.05$	0.73	0.906	0.595
	$\lambda_n > 1.05$		1.216	0.302
d类	$\lambda_n \leqslant 1.05$	1.35	0.868	0.915
	$\lambda_n > 1.05$		1.375	0.432

(4) 轴心受压格构式构件的整体稳定计算

起重机械钢结构中，存在大量轴心受压构件，压力不大，而长度大，所需要的截面积较小。为了取得较大的稳定承载力，尽可能使截面分开。经常采用格构式结构，以期取得较大的惯性矩，从而降低 λ 值。肢件的轴，称为虚轴。由于两个肢件之间不是连续的板连系而是用缀件每隔一定距离才有连系，失稳时剪力引起的变形要大些，而剪切变形对失稳变形的临界力有较大影响。

根据理论分析，两端铰接的等截面轴压构件，对虚轴的临界力和临界应力分别为

$$N_t = \frac{\pi^2 E I_y}{l^2} \times \frac{1}{1 + \dfrac{\pi^2 E I_y}{l^2}\gamma_1}$$

$$\sigma_{cr} = \frac{\pi^2 E}{\lambda_y^2} \times \frac{1}{1 + \dfrac{\pi^2 E}{\lambda_y^2}\gamma_1} = \frac{\pi^2 E}{\lambda_y^2 + \pi^2 E \gamma_1} = \frac{\pi^2 E}{\lambda_{hy}^2}$$

$$\lambda_{hy} = \sqrt{\lambda_y^2 + \pi^2 E \gamma_1}$$

式中　γ_1——单位剪切力作用下的剪切变形；

λ_y——两柱肢作为整体对虚轴 y-y 的长细比；

λ_{hy}——换算长细比。

对于不同形式的格构式构件的换算长细比的计算公式列于表 4-4 中。

表 4-4 格构式构件换算长细比 λ_h 计算公式

项次	构件截面形式	缀材类别	计算公式	符号意义
1		缀条	$\lambda_{hy}=\sqrt{\lambda_y^2+27\dfrac{A}{A_1}}$	λ_y—整个构件对虚轴的长细比 A_1—构件横截面所截各斜缀条的毛截面面积之和
2		缀板	$\lambda_{hy}=\sqrt{\lambda_y^2+\lambda_1^2}$	λ_1—单肢对 1-1 轴的长细比，其计算长度取缀板间的净距离
3		缀条	$\lambda_{hx}=\sqrt{\lambda_x^2+40\dfrac{A}{A_{1x}}}$ $\lambda_{hy}=\sqrt{\lambda_y^2+40\dfrac{A}{A_{1y}}}$	$A_{1x}(A_{1y})$—构件横截面所垂直于 x-x 轴（y-y 轴）的平面内各斜缀条的毛截面面积之和
4		缀板	$\lambda_{hx}=\sqrt{\lambda_x^2+\lambda_1^2}$	λ_1—单肢对最小刚度轴（1－1）的长细比，其计算长度取缀板间的净距离
5		缀条	$\lambda_{hx}=\sqrt{\lambda_x^2+\dfrac{42A}{A_1(1.5-\cos^2\theta)}}$ $\lambda_{hy}=\sqrt{\lambda_y^2+\dfrac{42A}{A_1\cos^2\theta}}$	θ—缀条所在平面和 x-x 轴的夹角

注：1. 斜腹杆与构件轴线间的倾角应保持在 40°～70°范围内。

2. 缀板组合构件的单肢长细比 λ_1 不应大于 40。

格构式轴心受压构件的稳定性公式和实腹式轴心受压杆件整体稳定性计算公式完全相同，但稳定系数的采用不完全相同，对实轴计算方法相同，对虚轴长细比要采用换算长细比，然后根据截面类别、钢号查表或计算取得。

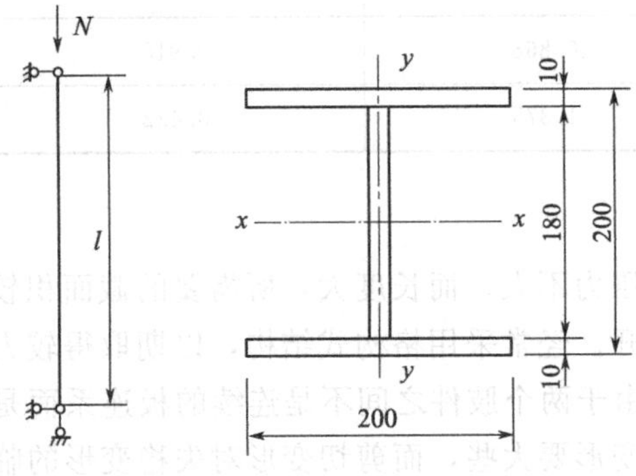

图 4-6 例 4-1 图

例 4-1 已知如图 4-6 所示工字形截面轴心压杆，翼缘 2-200×10，腹板 1-180×6，杆长 $l=4\text{m}$，两端铰支，按载荷组合 B 求得构件轴心压力 $N=600\text{kN}$，钢材为 Q235B 钢，焊条为 E43 型，试验算构件强度、刚度及整体稳定性。

解

(1) 截面几何特性

$$A=A_1+A_2=2\times20\times1+18\times0.6=50.8\text{cm}^2$$

$$I_x=\frac{1}{12}\times0.6\times18^3+2\times\frac{1}{12}\times20\times1^3+2\times(20\times1)\times\left(\frac{180+10}{2}\right)^2=291.6+3.3+361000$$

$$=361294.9\text{cm}^4$$

$$r_x=\sqrt{\frac{I_x}{A}}=\sqrt{\frac{361294.9}{50.8}}=84.3\text{cm}$$

$$I_y=2\times\frac{1}{12}\times1\times20^3+\frac{1}{12}\times18\times0.6^3=1330\text{cm}^4$$

$$r_y=\sqrt{\frac{I_y}{A}}=\sqrt{\frac{1330}{50.8}}=5.11\text{cm}$$

(2) 许用应力及许用长细比

查表 2-2，$t\leqslant16\text{mm}$ 的 $\sigma_s=235\text{MPa}$。

查表 3-11，载荷组合 B 的安全系数 $n=1.34$。

许用应力 $[\sigma]=235/1.34=175\text{MPa}$。

查表 4-1 得 $[\lambda]=150$。

（3）刚度校核

由于 $l_{0x}=l_{0y}$，而 $r_x>r_y$，故截面仅需对 y 轴作刚度和稳定控制。

$$\lambda_y=\frac{l_{0y}}{r_y}=\frac{400}{5.11}=78.3<[\lambda]=150$$

构件刚度满足要求。

（4）整体稳定性校核

查表 4-2 截面属于 b 类，由 λ_y 查附录四表 2 的稳定系数 $\varphi=0.696$。

$$\sigma=\frac{N}{\varphi A}=\frac{600\times10^3}{0.696\times50.8\times10^2}=169.7\text{MPa}<[\sigma]$$

构件整体稳定性满足要求。

由于构件没有截面削弱，强度必然满足要求。

（5）结论

构件的强度、刚度及整体稳定性满足要求。

例 4-2　如图 4-7 所示一两端铰支的缀条式轴心受压构件，杆长为 8m，主肢为⊏ 36b，主肢外边缘尺寸 360mm，缀条为∟ 50×4，缀条与水平成 45°。按载荷组合 A 计算压力 $N=1740\text{kN}$，$[\lambda]=120$，材料主肢和缀条均为 Q235B，试验算构件的整体稳定性。

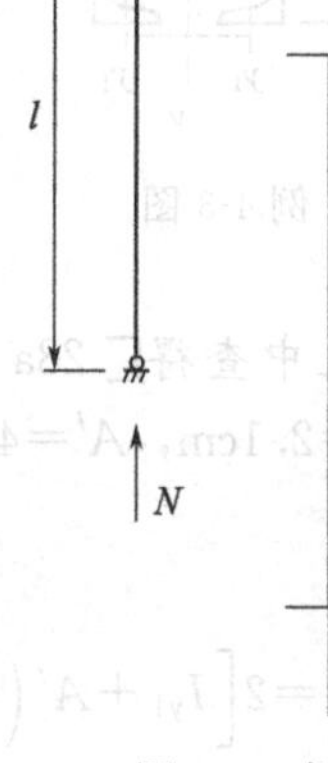

图 4-7　例 4-2 图

解

（1）截面特性

按型钢表查得：⊏ 36b 的截面特性为 $A_1=68.09\text{cm}^2$，$r_x=13.63\text{cm}$，$r_{y1}=2.7\text{cm}$，$Z_0=2.37\text{cm}$，$I_{y1}=496.7\text{cm}^4$；∟ 50×4 的截面特性为 $A'=3.897\text{cm}$，$r'=0.99\text{cm}$。

截面总面积 $A=2\times68.09=136.18\text{cm}^2$。

$$\lambda_x=\frac{l_{0x}}{r_x}=\frac{800}{13.63}=58.7<[\lambda]=120$$

$$I_y=2I_{y1}+2A'\left(\frac{b}{2}-Z_0\right)^2=2\times496.7+2\times68.09\times\left(\frac{35}{2}-2.37\right)^2=32167\text{cm}^4$$

$$r_y=\sqrt{\frac{I_y}{A}}=\sqrt{\frac{32167}{136.18}}=15.3\text{cm}$$

$$\lambda_y=\frac{l_{0y}}{r_y}=\frac{800}{15.3}=52.3$$

$$\lambda_{hy}=\sqrt{\lambda_y^2+27\frac{A_1}{A'}}=\sqrt{52.3^2+27\times\frac{68.09}{3.897}}=56.6$$

（2）许用应力

查表 2-2，$t\leqslant16\text{mm}$ 的 $\sigma_s=235\text{MPa}$。

查表 3-11，载荷组合 A 的安全系数为 1.48。

$$[\sigma]=\frac{\sigma_s}{n}=\frac{235}{1.48}=158\text{MPa}$$

(3) 稳定性校核

由于 $\lambda_{hy}<\lambda_x$，故只要按 λ_x 计算的稳定应力满足，按 λ_{hy} 计算的稳定应力也必定满足。

查表 4-2 截面属于 b 类，由 $\lambda_x=58.7$ 查附录四表 2，得 $\varphi=0.815$。

构件对实轴的整体稳定应力：

$$\sigma=\frac{N}{\varphi A}=\frac{1740\times10^3}{0.815\times136.18\times10^2}=156.8\text{MPa}<[\sigma]$$

(4) 结论

构件整体稳定性满足要求。

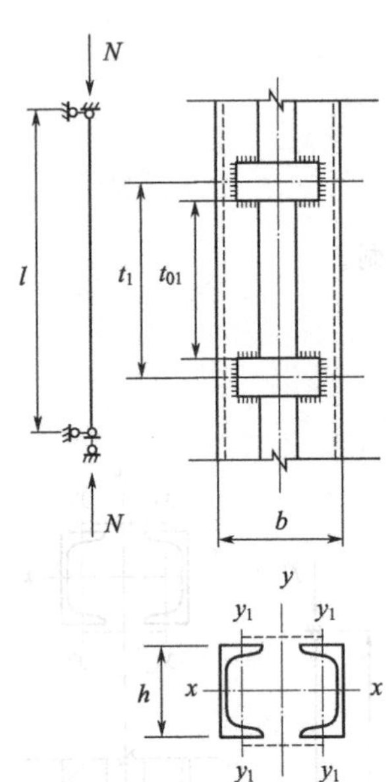

图 4-8　例 4-3 图

例 4-3　已知图 4-8 所示缀板式轴心受压构件，杆长 $l=7\text{m}$，两端铰支，按载荷组合 B 轴心压力 $N=1050\text{kN}$，钢材为 Q235B，试验算构件的整体稳定性。主肢为[28a 槽钢，双肢间距离 $b=32\text{cm}$。缀板间距 $t_1=113\text{cm}$，缀板净距 $t_{01}=93\text{cm}$，板厚为 1cm。

解

(1) 截面特性

从型钢表中查得[28a 数据：$h=28\text{cm}$，$b=8.2\text{cm}$，$r_x=10.91\text{cm}$，$r_{y1}=2.33\text{cm}$，$I_{y1}=218\text{cm}^4$，$Z_0=2.1\text{cm}$，$A'=40\text{cm}^2$。

$$\lambda_x=\frac{l_{0x}}{r_x}=\frac{700}{10.91}=64.2$$

$$I_y=2\left[I_{y1}+A'\left(\frac{b}{2}-Z_0\right)^2\right]=2\times\left[218+40\times\left(\frac{32}{2}-2.1\right)^2\right]=15890\text{cm}^4$$

$$r_y=\sqrt{\frac{I_y}{A}}=\sqrt{\frac{15890}{2\times40}}=14.1\text{cm}$$

$$\lambda_y=\frac{l_{0y}}{r_y}=\frac{700}{14.1}=49.6$$

$$\lambda_1=\frac{l_{0y}}{r_{y1}}=\frac{93}{2.33}=49.6$$

$$\lambda_{hy}=\sqrt{\lambda_y^2+\lambda_1^2}=\sqrt{49.6^2+40^2}=63.6$$

(2) 许用应力

查表 2-2，$t\leqslant16\text{mm}$ 的 $\sigma_s=235\text{MPa}$。

查表 3-11，载荷组合 B 的安全系数 $n=1.34$。

$$[\sigma]=\frac{\sigma_s}{n}=\frac{235}{1.34}=175\text{MPa}$$

(3) 稳定性校核

由于 $\lambda_{hy}<\lambda_x$，故只需按 λ_x 计算整体稳定性。

查表 4-2 截面属于 b 类，查附录四表 2 得 $\varphi_x=0.785$。

$$\sigma=\frac{N}{\varphi_x A}=\frac{1050\times10^3}{0.785\times2\times40\times10^2}=167\text{MPa}<[\sigma]$$

(4) 结论

构件整体稳定性满足要求。

4.2　梁的强度、刚度及整体稳定

主要承受横向载荷的构件称为受弯构件，实腹式受弯构件简称梁，格构式受弯构件简称桁架。桁架将在后续介绍，本节仅介绍实腹受弯构件的强度、刚度及整体稳定性。

4.2.1　梁的抗弯强度

梁的抗弯强度按下式计算：

单向弯曲

$$\sigma=\frac{M}{W_j}\leqslant[\sigma] \tag{4-12}$$

双向弯曲

$$\sigma=\frac{M_x}{W_{jx}}+\frac{M_y}{W_{jy}}\leqslant[\sigma] \tag{4-13}$$

式中　M_x，M_y——同一梁截面内对主轴 x 和 y 的弯矩，其中应包括梁自重产生的弯矩，N·mm；

W_{jx}，W_{jy}——对应的梁净截面对主轴 x 和 y 的抗弯模量，mm^3；

$[\sigma]$——钢材的许用应力，MPa。

4.2.2　梁的抗剪强度

梁的抗剪强度按下式计算：

$$\tau=\frac{QS}{I\delta}\leqslant[\tau] \tag{4-14}$$

式中　Q——根据梁的载荷、跨度和支承条件确定的梁的剪力，N；

S——与剪力对应的梁截面的面积矩，mm^3；

I——同一梁截面的惯性矩，mm^4；

δ——同一梁截面的腹板厚度，mm；

$[\tau]$——钢材的许用切应力，MPa。

4.2.3　梁的局部挤压强度

梁的翼缘上有时要承受沿腹板平面的集中载荷，如车轮沿梁长度方向移动集中载荷。梁在集中载荷作用下，除了梁的翼缘直接受力外，腹板也会承受局部挤压力。

图 4-9(b) 所示为局部挤压应力分布状态。显然，腹板边缘的压力最大，两边的压力逐渐减小。为计算简便，假定压力均匀分布在腹板边缘为 a 的长度上，并以 45°的角度向两边扩散，取压力分布长度为 $z=a+2h_y$ [图 4-9(a)]，则局部挤压应力 σ_j 的验算公式为

$$\sigma_j=\frac{P}{\delta z}=\frac{P}{\delta(a+2h_y)}\leqslant[\sigma] \tag{4-15}$$

式中　P——考虑动力系数 ϕ（一般对重级工作制吊车梁 $\phi=1.5$，轻、中级工作制的其他梁 $\phi=1.0\sim1.1$）的轮压等集中载荷，N；

δ——腹板厚度，mm；

z——压力分布长度，mm；

a——集中载荷作用长度，对轮压取 $a=50$mm；

h_y——集中载荷作用表面至腹板厚度开始变化处的垂直距离，mm；

$[\sigma]$——钢材许用应力，MPa。

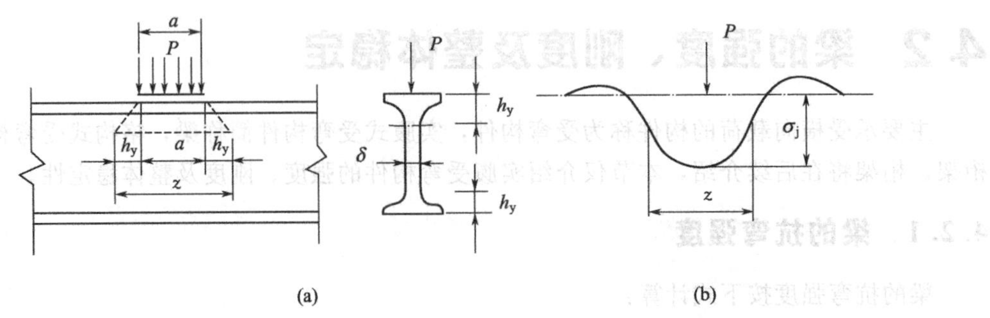

图 4-9 局部挤压应力

4.2.4 梁的复合应力

(1) 折算应力

当构件的同一计算点上同时承受较大正应力 σ_1、较大切应力 τ_1 和局部挤压应力 σ_j 时(图 4-10)，还必须验算折算应力 σ_{zs}：

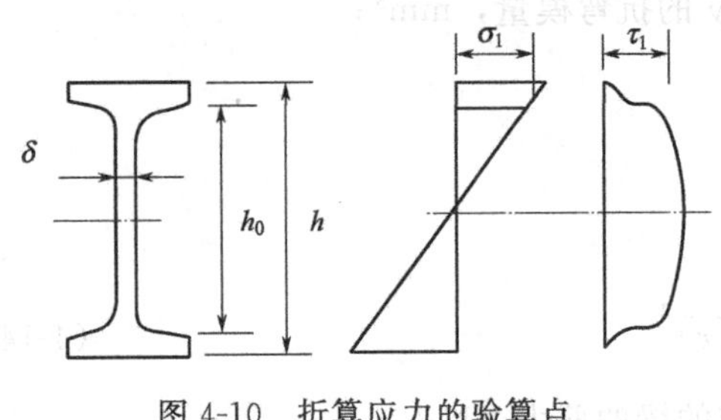

图 4-10 折算应力的验算点

$$\sigma_{zs}=\sqrt{\sigma_1^2+\sigma_j^2-\sigma_1\sigma_j+3\tau_1^2}\leqslant[\sigma] \quad (4\text{-}16)$$

式中 σ_1，σ_j，τ_1——验算点处的正应力、局部挤压应力和切应力，其中 σ_1、σ_j 需各带其正负号，即压应力取负号，拉应力取正号。

(2) 复合应力

当构件的同一计算点上虽没有受局部挤压应力，但受两个方向的正应力 σ_x、σ_y 和切应力 τ_{xy}时，该点的复合应力应按式(4-17) 计算：

$$\sigma_d=\sqrt{\sigma_x^2+\sigma_y^2-\sigma_x\sigma_y+3\tau_{xy}^2}\leqslant[\sigma] \quad (4\text{-}17)$$

式中 σ_x，σ_y——构件计算点上所受的两个方向的正应力（其中的每一个应力都应小于许用应力 $[\sigma]$)，N/mm^2；

τ_{xy}——构件计算点上所受的切应力，MPa。

① 式(4-17) 中的各项应力，是根据最不利的载荷组合对构件同一计算点算出的应力。使用式(4-17) 时，如果简单地把 σ_x、σ_y、τ_{xy}都取最大值计算，所得到的结果将偏于保守。如果要进行较为精确的计算，就必须确定实际上可能出现的最不利的应力组合，因此必须对以下三种情况分别核算其复合应力：σ_{xmax}和此时相应的 σ_y、σ_{xy}应力；σ_{ymax}和此时相应的 σ_x、σ_{xy}应力；σ_{xymax}和此时相应的 σ_x、σ_y应力。当三个应力中有两个的值接近相等，且大于许用应力的一半时，则此三个值的最不利组合可能不是发生在以上三种情况（即三个应力中有一个应力为最大值相对应的载荷情况）时，而是发生在与此不相同的其他载荷情况。

② 特殊情况：仅有拉（或压）应力 σ 和切应力 τ 时，按式(4-18) 计算复合应力：

$$\sigma_d=\sqrt{\sigma^2+3\tau^2}\leqslant[\sigma] \quad (4\text{-}18)$$

4.2.5 梁的刚度

一般以限制梁的最大挠度值来保证刚度条件，要求满足条件：

$$f \leqslant [f] \tag{4-19}$$

式中 f——梁的最大挠度，mm；

$[f]$——梁的许用挠度（按不同产品可查阅有关设计手册或规范，如《起重机设计规范》等），mm。

关于最大挠度的计算，可以根据虚功原理利用积分的方法或图乘的方法求得，也可以利用已知的简单受力梁的挠度公式，求得梁的挠度，而后根据叠加原理求得梁中间的最大挠度。当然，也可以利用成熟的有限元分析软件进行计算。对于简支梁，手工计算采用叠加原理方法较为简单，简支梁在集中载荷和均布载荷单独作用下的挠度计算公式如下。

对承受集中载荷 P 的简支梁，梁中间的最大挠度为

$$f=\frac{PL^3}{48EI} \tag{4-20}$$

式中 P——梁的集中载荷，不计动载系数，对移动载荷，由于小车轮距较小，可近似视为集中载荷考虑，N；

L——梁的跨度，mm；

E——钢材的弹性模量，MPa。

对承受均布载荷 q（如自重）的简支梁，梁中间的最大挠度为

$$f=\frac{5qL^4}{384EI} \tag{4-21}$$

4.2.6 梁的整体稳定性

截面对称的工字形梁，在最大刚度平面内受到载荷作用时，会产生弯曲。如果载荷较小，虽然由于外界各种因素会使梁产生朝侧向弯曲的倾向，但一旦外界影响消去，即能恢复原状，故梁处于平面弯曲平衡状态。如果载荷增大到某一数值后，梁的平衡状态变为不稳定时，就有可能离开最大刚度平面出现较大的侧向弯曲和扭转（图 4-11），即使外界因素消除后仍不能恢复原来的平衡状态，丧失了继续承受载荷的能力，此时，只要载荷稍微再增大就导致破坏。这种现象称为梁丧失整体稳定性。梁由平面弯曲的稳定平衡转为平面弯曲的不稳定平衡的过渡状态称为临界状态。此状态下外载荷称为临界载荷 P_0，梁的最大弯矩称为临界弯矩 M_0，梁最大弯矩截面内的最大压应力称为临界应力 σ_0。

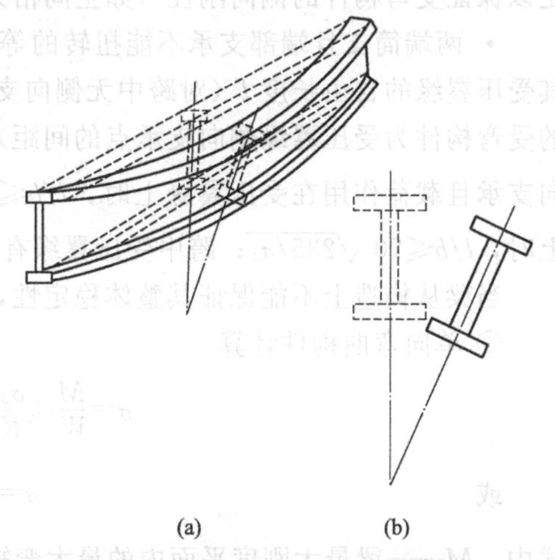

图 4-11 梁失去整体稳定性的情况

由于梁在钢材达到屈服点 σ_s 之前就可能出现整体失稳，而且整体失稳是突然发生的，无明显的预兆，因而比强度破坏更为危险，必须验算其整体稳定性。

(1) 梁的临界弯矩和临界应力

梁的临界弯矩可用弹性稳定理论求解。对于双轴对称工字形截面简支梁的临界弯矩 M_0 和临界应力 σ_0，用以下公式计算：

$$M_0=K\frac{\sqrt{EI_yGI_K}}{l} \tag{4-22}$$

$$\sigma=\frac{M_0}{W_x}=\frac{K\sqrt{EI_yGI_K}}{W_xl} \tag{4-23}$$

式中 l——梁受压翼缘的自由长度，mm；

I_y——梁对 y 轴的毛截面惯性矩，mm^4；

I_K——梁毛截面抗扭惯性矩，mm^4；

W_x——梁受压最大纤维的毛截面抗弯模量，mm^3；

E, G——钢材的弹性模量和切变模量，MPa；

K——梁的整体屈曲系数，与梁的支承条件、截面形式、跨度、载荷类型和作用位置有关。

由式(4-22) 可见，梁的临界弯矩 M_0 与梁的侧向抗弯刚度 EI_y、自由扭转刚度 GI_K 和受压翼缘侧向自由长度 l 等有关。增大惯性矩 I_y、I_K 或减小梁受压翼缘自由长度 l 均可提高临界弯矩，提高梁的整体稳定性。

(2) 梁整体稳定性计算

工程中往往采取一些措施来保证或提高受弯构件的整体稳定性。如在受弯构件的受压翼缘侧向增设支承点，或与其他结构相连，使受弯构件不可能产生侧向弯曲；将受弯构件的翼缘宽度适当加大，以增大截面的惯性矩 I_y 和 I_K，从而提高受弯构件的侧向抗弯和抗扭能力等。规范中规定，凡符合下列情况之一的受弯构件，可不计算整体稳定性。

• 有刚性较强的铺板（如走台板或加厚钢板）密铺在受弯构件的受压翼缘上并与其牢固相连，能抵抗截面的扭转和侧向弯曲。

• 箱形截面受弯构件，其截面高度 h 与两腹板间的宽度 b_0 的比值不大于 3，或其截面足以保证受弯构件的侧向刚性（如空间桁架结构）。

• 两端简支且端部支承不能扭转的等截面轧制 H 型钢或焊接工字形截面的受弯构件，其受压翼缘的自由长度 l（对跨中无侧向支承点的受弯构件为其跨度；对跨中有侧向支承点的受弯构件为受压翼缘侧向支承点的间距）与其受压翼缘宽度 b 的比值满足以下条件：无侧向支承且载荷作用在受压翼缘上时，$l/b\leqslant13\sqrt{235/\sigma_s}$；无侧向支承且载荷作用在受拉翼缘上时，$l/b\leqslant20\sqrt{235/\sigma_s}$；跨中受压翼缘有侧向支承时，$l/b\leqslant16\sqrt{235/\sigma_s}$。

当梁从构造上不能保证其整体稳定性，就必须进行整体稳定性的验算。

① 单向弯曲构件计算

$$\sigma=\frac{M}{W}\leqslant\frac{\sigma_0}{K}=\frac{\sigma_0}{\sigma_s}\times\frac{\sigma_s}{K}=\varphi_b[\sigma] \tag{4-24}$$

或

$$\sigma=\frac{M}{\varphi_bW}\leqslant[\sigma] \tag{4-25}$$

式中 M——梁最大刚度平面内的最大弯矩，N·mm；

W——梁受压最大纤维的毛截面抗弯模量，mm^3；

φ_b——梁的整体稳定系数。

$[\sigma]$——钢材的许用应力，MPa。

② 双向弯曲构件计算

$$\sigma=\frac{M_x}{\varphi_bW_x}+\frac{M_y}{W_y}\leqslant[\sigma] \tag{4-26}$$

式中 M_x，M_y——梁计算截面对强轴（x 轴）或弱轴（y 轴）的弯矩，N·mm；

W_x，W_y——梁计算截面对强轴（x 轴）或弱轴（y 轴）的抗弯模量，mm^3；

φ_b——梁的整体稳定系数；

$[\sigma]$——钢材的许用应力，MPa。

梁的整体稳定系数 φ_b 与梁的支承条件、截面形式、载荷类型和作用位置有关，计算方法如下。

a. 组合工字形截面的双轴对称悬臂梁和简支梁 对组合工字形截面的双轴对称悬臂梁和简支梁（无论是双轴对称或单轴对称截面）的整体稳定系数 φ_b 均按下式计算：

$$\varphi_b=\beta_b\frac{4320}{\lambda_y^2}\times\frac{Ah}{W_x}\left[k(2m-1)+\sqrt{1+\left(\frac{\lambda_y t}{4.4h}\right)^2}\right]\frac{235}{\sigma_s} \tag{4-27}$$

式中 β_b——简支梁受横向载荷的等效临界弯曲系数，见表 4-5；

λ_y——构件截面对弱轴（y 轴）的长细比；

A，h，t——构件截面的毛截面积、全高和受压翼缘厚度；

W_x——与确定计算长度相对应的截面按受压纤维确定的对强轴的抗弯模量；

k——截面对称系数，对双轴对称截面取为 1，对单轴对称截面取为 0.8；

m——受压翼缘对弱轴（y 轴）的惯性矩与全截面对弱轴（y 轴）的惯性矩之比，双轴对称为 0.5。

在不等截面的构件中，计算 λ_y、A、h、t 时截面应取与确定计算长度相对应的那个截面。

表 4-5 H 型钢和等截面工字形简支梁的整体稳定等效临界弯曲系数 β_b

项次	侧向支承	载荷		$\xi\leqslant2.0$	$\xi>2.0$	使用范围
1	跨中无侧向支承	均布载荷作用在	上翼缘	$0.69+0.13\xi$	0.95	双轴对称焊接工字形截面、加强受压翼缘的单轴对称焊接工字形截面、轧制 H 型钢截面
2			下翼缘	$1.73-0.20\xi$	1.33	
3		集中载荷作用在	上翼缘	$0.73+0.18\xi$	1.09	
4			下翼缘	$0.23-0.28\xi$	1.67	
5	跨中有一个侧向支承点	均布载荷作用在	上翼缘	1.15		双轴对称焊接工字形截面、加强受压翼缘的单轴对称焊接工字形截面、加强受拉翼缘的单轴对称焊接工字形截面、轧制 H 型钢截面
6			下翼缘	1.40		
7		集中载荷作用在截面高度任意位置上		1.75		
8	跨中有不少于两个等距离侧向支承点	任意载荷作用在	上翼缘	1.20		
9			下翼缘	1.40		
10	梁端有弯矩，但跨中无载荷作用			$1.75-1.05\left(\frac{M_2}{M_1}\right)+0.3\left(\frac{M_2}{M_1}\right)^2$ 但$\leqslant2.3$		

注：1. $\xi=\frac{tl_1}{b_1h}$，其中 l_1 为跨度或受压翼缘计算（自由）长度，b_1、t 分别为受压翼缘的宽度和厚度。

2. M_1、M_2 为梁的端弯矩，使梁产生同向曲率时 M_1、M_2 取同号，产生反向曲率时 M_1、M_2 取异号，$|M_1|\geqslant|M_2|$。

3. 项次 3、4 和 7 的集中载荷是指一个或少数几个集中载荷位于跨中附近的情况，对于其他情况的集中载荷，应按项次 1、2、5、6 的数字采用。

4. 项次 8、9 的 β_b，当集中载荷作用在侧向支承点处时，取 $\beta_b=1.20$。

5. 载荷作用在上翼缘是指作用点在上翼缘表面，方向指向截面形心；载荷作用在下翼缘是指作用点在下翼缘表面，方向背向截面形心。

6. I_1 和 I_2 分别为工字形截面受压和受拉翼缘对 y 轴的惯性矩，对 $m=\frac{I_1}{I_1+I_2}>0.8$ 的加强受压翼缘工字形截面，下列项次算出的 β_b 值应乘以相应的系数：项次 1 当 $\xi\leqslant1$ 时乘以 0.95；项次 3 当 $\xi\leqslant0.5$ 时乘以 0.90，当 $0.5<\xi\leqslant1.0$ 时乘以 0.95。

b. 轧制普通工字钢的简支梁 对轧制普通工字钢的简支梁的整体稳定系数 φ_b 按表 4-6

查取。但当查出的 φ_b 大于 0.8 时，应以式(4-28) 计算的 φ_b' 或从 φ_b 与 φ_b' 的换算关系表 4-7 中查得的 φ_b' 来代替 φ_b。

$$\varphi_b'=\frac{\varphi_b^2}{\varphi_b^2+0.16} \tag{4-28}$$

这是因为梁的临界应力求解公式是建立在弹性基础上，所以，只有当临界应力 σ_0 小于比例极限 σ_p 时，弹性模量 E 为常数，式(4-27) 才是适用的。但是实际上，临界应力 σ_0 可能较大，当超过比例极限 σ_p 时，钢材处在弹塑性状态，这时在考虑稳定问题时，临界应力在逐渐接近屈服点 σ_s 过程中，E 是不断下降的，从而将引起临界压力的降低。所以，当 $\varphi_b=\sigma_0/\sigma_s>0.8$ 时按上述方法，对稳定系数进行折减。

表 4-6 轧制普通工字钢两端简支梁构件的 φ_b 值

载荷情况			工字钢型号	自由长度 l/m 2	3	4	5	6	7	8	9	10
跨内无侧向支承点的构件	集中载荷作用于	上翼缘	10～20	2.00	1.30	0.99	0.80	0.68	0.58	0.53	0.48	0.43
			22～32	2.40	1.48	1.09	0.86	0.72	0.62	0.54	0.49	0.45
			36～63	2.80	1.60	1.07	0.83	0.68	0.56	0.50	0.45	0.40
		下翼缘	10～20	3.10	1.95	1.34	1.01	0.82	0.69	0.63	0.57	0.52
			22～40	5.50	2.80	1.84	1.37	1.07	0.86	0.73	0.64	0.56
			45～63	7.30	3.60	2.30	1.62	1.20	0.96	0.80	0.69	0.60
	均布载荷作用于	上翼缘	10～20	1.70	1.12	0.84	0.68	0.57	0.50	0.45	0.41	0.37
			22～40	2.10	1.30	0.93	0.73	0.60	0.51	0.45	0.40	0.36
			45～63	2.60	1.45	0.97	0.73	0.59	0.50	0.44	0.38	0.35
		下翼缘	10～20	2.50	1.55	1.08	0.83	0.68	0.56	0.52	0.47	0.42
			22～40	4.00	2.20	1.45	1.10	0.85	0.70	0.60	0.52	0.46
			45～63	5.60	2.80	1.80	1.25	0.95	0.78	0.65	0.55	0.49
跨内有侧向支承点的构件(不论载荷作用于截面高度上的位置)			10～20	3.20	1.39	1.01	0.79	0.66	0.57	0.52	0.47	0.42
			22～40	3.00	1.80	1.24	0.96	0.76	0.65	0.56	0.49	0.43
			45～63	4.00	2.20	1.38	1.01	0.80	0.66	0.56	0.49	0.43

注：1. 集中载荷指一个或少数几个集中载荷位于跨中附近的情况，对其他情况的载荷均按均布载荷考虑。

2. 载荷作用在上翼缘是指作用点在翼缘表面，方向指向截面形心；载荷作用在下翼缘也是指作用在翼缘表面，方向背向截面形心。

3. 本表只适用于 Q235 钢，当用其他钢号时，表中查的 φ_b 应乘以 $235/\sigma_s$（σ_s 以 MPa 计）。

4. φ_b 不小于 2.5 时不需再验算其侧向屈曲稳定性；表中大于 2.5 的 φ_b 值，为其他钢号换算查用。

表 4-7 整体稳定系数 φ_b' 值

φ_b	0.8	0.85	0.9	0.95	1.00	1.05	1.10	1.15	1.20	1.25	1.30
φ_b'	0.800	0.818	0.835	0.850	0.862	0.874	0.883	0.892	0.901	0.903	0.913
φ_b	1.35	1.40	1.45	1.50	1.55	1.60	1.80	2.00	2.20	2.40	≥2.50
φ_b'	0.919	0.925	0.930	0.934	0.938	0.941	0.953	0.961	0.968	0.973	1.000

从表 4-7 中数据可知，当 $\varphi_b\geqslant 2.5$（或 $\varphi_b'\geqslant 1$），说明梁在丧失强度承载能力之前，是不会丧失整体稳定的，所以也就不必验算梁的整体稳定。

c. 轧制槽钢的简支梁

$$\varphi_b=\frac{570bt}{lh}\times\frac{235}{\sigma_s} \tag{4-29}$$

式中 b，t，h——槽钢截面的翼缘宽度、厚度和截面高度，mm；

l——梁受压翼缘的自由长度，mm；

σ_s——钢材的屈服极限，MPa。

按式(4-29) 算得的 φ_b 值大于或等于1者，不需作整体稳定验算。

例 4-4 图 4-12 所示跨度为 12m 的简支梁，在受压翼缘的中点和两端均有侧向支承，材料为 Q235。梁自重为 $q=1.1\text{kN/m}$，在集中载荷 $P=130\text{kN}$ 作用下，试问梁能否保证其整体稳定性。

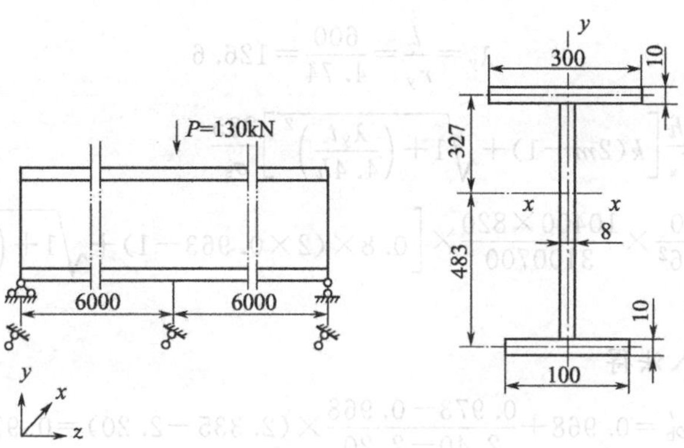

图 4-12 例 4-4 图

解

(1) 判断是否需要稳定性校核

梁的跨内有支承，不需要整体稳定性校核的最大 l/b_1 数值为 $16\sqrt{235/\sigma_s}=16$。

该结构自由计算长度与梁宽比 $l/b_1=6000/300=20$ 大于 16，所以必须进行整体稳定性校核。

(2) 载荷效应

$$M=\frac{1}{4}Pl+\frac{1}{8}ql^2=\frac{1}{4}\times130\times12+\frac{1}{8}\times1.1\times12^2=409.8\text{kN}\cdot\text{m}$$

(3) 许用应力

查表 2-2，$t\leqslant16\text{mm}$ 的 $\sigma_s=235\text{MPa}$。

由于没有考虑风载荷，按载荷组合 A 考虑，查表 3-11 载荷组合 A 的安全系数 $n=1.48$。

$$[\sigma]=\frac{\sigma_s}{n}=\frac{235}{1.48}=158.8\text{MPa}$$

(4) 校核整体稳定性

受压翼缘的惯性矩

$$I_{y1}=\frac{1}{12}\times1\times30^3=2250\text{cm}^4$$

全截面对弱轴的惯性矩

$$I_y=\frac{1}{12}\times1\times30^3+\frac{1}{12}\times1\times10^3+\frac{1}{12}\times(48.3+32.7-1)\times0.8^3=2336.75\text{cm}^4$$

$$m=\frac{I_{y1}}{I_y}=\frac{2250}{2336.75}=0.963;$$

截面属于单轴对称，$k=0.8$；跨中有一个侧向支承 $\beta_b=1.75$。

$$I_x = \frac{1}{12}\times30\times1^3 + 30\times1\times32.7^2 + \frac{1}{12}\times10\times1^3 + 10\times1\times48.3^2 + \frac{1}{12}\times1\times 80^3 + 80\times1\times(40.5-32.7)^2 = 102944.8\text{cm}^4$$

$$W_x = \frac{I_x}{32.7+0.5} = \frac{102944.8}{33.2} = 3100.7\text{cm}^3 = 3100700\text{mm}^3$$

$$A = 30\times1 + 10\times1 + 0.8\times80 = 104\text{cm}^2 = 10400\text{mm}^2$$

$$r_y = \sqrt{\frac{I_y}{A}} = \sqrt{\frac{2336.75}{104}} = 4.74\text{cm}$$

$$\lambda_y = \frac{l}{r_y} = \frac{600}{4.74} = 126.6$$

$$\varphi_b = \beta_b\frac{4320}{\lambda_y^2}\times\frac{Ah}{W_x}\left[k(2m-1)+\sqrt{1+\left(\frac{\lambda_y t}{4.4h}\right)^2}\right]\frac{235}{\sigma_s}$$

$$= 1.75\times\frac{4320}{126.6^2}\times\frac{10400\times820}{3100700}\times\left[0.8\times(2\times0.963-1)+\sqrt{1+\left(\frac{126.6\times10}{4.4\times820}\right)^2}\right]\times\frac{235}{235}$$

$$= 2.335 > 0.8$$

查表 4-7 并按插入法得

$$\varphi_b' = 0.968 + \frac{0.973-0.968}{2.40-2.20}\times(2.335-2.20) = 0.97$$

$$\sigma = \frac{M}{\varphi_b' W_x} = \frac{409.8\times10^6}{0.97\times3100700} = 136.3\text{MPa} < [\sigma] = 158.8\text{MPa}$$

所以该梁整体稳定性满足要求。

4.3 偏心受力构件强度、刚度和整体稳定

4.3.1 强度计算

(1) 单向偏心受力构件

单向偏心受力构件是指同时受到轴向力 N 和单向弯矩 M 作用的构件，其强度条件为

$$\sigma = \frac{N}{A_j} \pm \frac{M}{W_j} \leqslant [\sigma] \tag{4-30}$$

式中 N——轴心拉力，N；

M——横向力或偏心作用力对构件计算截面所产生的弯矩，N·mm；

A_j——构件计算截面的净截面面积，mm^2；

W_j——构件计算截面的净截面抗弯模量，mm^3；

$[\sigma]$——钢材的许用应力，MPa。

(2) 双向偏心受力构件

双向偏心受力构件是指同时受到轴心拉力 N 和双向弯矩 M_x、M_y 作用的构件，其强度条件为

$$\sigma = \frac{N}{A_j} \pm \frac{M_x}{W_{jx}} \pm \frac{M_y}{W_{jy}} \leqslant [\sigma] \tag{4-31}$$

式中 M_x，M_y——横向力或偏心力对构件截面 x 轴和 y 轴产生的弯矩（对于偏心受压构件，当构件的长细比 $\lambda > 100$ 时，必须考虑压力对构件产生非线性变形

的影响)，N·mm；

W_{jx}，W_{jy}——构件计算截面对 x 轴和 y 轴的净截面抗弯模量，mm^3。

4.3.2 刚度计算

偏心受力构件的刚度计算与轴心受力构件相同，是以构件的长细比 λ 来衡量构件的刚性，其刚性条件为

$$\lambda \leqslant [\lambda] \tag{4-32}$$

式中　λ——构件的最大长细比，计算方法见式(4-2)；

$[\lambda]$——许用长细比，按构件的作用在一定范围内取值，详见表 4-1。

例 4-5　试验算图 4-13 所示拉弯构件的强度和刚度。轴心拉力 $N=150kN$，跨中横向载荷 $P=18kN$，钢材为 Q235。跨中截面上螺栓孔径 $d=21.5mm$，跨中侧向设置支承。

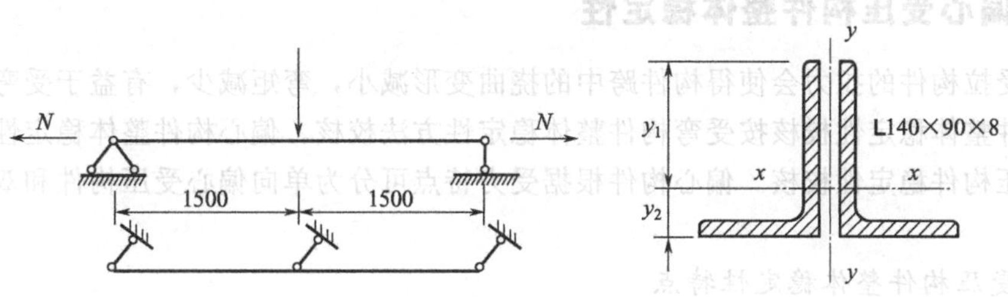

图 4-13　例 4-5 图

解

(1) 截面几何特性

① ∟140×90×8 的截面特性

由型钢表可查得：$A=18.038cm^2$，$I_x=365.64cm^4$，$r_x=4.5cm$，$Y_0=4.5cm$，$q=14.160kg/m$。

② 净截面面积

$$A_j=2\times(18.038-2.15\times0.8)=32.6cm^2$$

③ 净截面抗弯模量

肢背处：$W_j=\dfrac{I_j}{y_2}=\dfrac{2\times[365.64-2.15\times0.8\times(4.5-0.4)^2]}{4.5}=149.7cm^3$

肢尖处：$W_j=\dfrac{I_j}{y_1}=\dfrac{2\times[365.64-2.15\times0.8\times(4.5-0.4)^2]}{9.5}=70.9cm^3$

(2) 载荷效应（内力）计算

$$M=\frac{Pl}{4}+\frac{ql^2}{8}=\frac{18\times3}{4}+\frac{2\times14.16\times9.8\times3^2}{8\times10^3}=13.8kN\cdot m$$

(3) 许用应力

查表 2-2，$t\leqslant16mm$ 的 $\sigma_s=235MPa$。

由于没有考虑风载荷，按载荷组合 A 考虑，查表 3-11 载荷组合 A 的安全系数 $n=1.48$。

$$[\sigma]=\frac{235}{n}=\frac{235}{1.48}=158.8MPa$$

(4) 强度校核

由式(4-30) 分别验算肢背和肢尖处强度。

肢背处：$\sigma=\dfrac{N}{A_j}+\dfrac{M}{W_j}=\dfrac{150\times10^3}{32.6\times10^2}+\dfrac{13.8\times10^3\times10^3}{149.7\times10^3}=46.0+92.2$

$=138.2\text{MPa}<[\sigma]=158.8\text{MPa}$

肢尖处：$\sigma=\dfrac{N}{A_j}-\dfrac{M}{W_j}=\dfrac{150\times10^3}{32.6\times10^2}-\dfrac{13.8\times10^3\times10^3}{70.9\times10^3}=46.0-194.6$

$=-148.6\text{MPa}<[\sigma]=158.8\text{MPa}$

(5) 刚度验算

由于构件侧向设置支承，故仅需计算竖向平面长细比：

$$\lambda_x=\frac{l}{r_x}=\frac{3\times10^2}{4.5}=66.7<[\lambda]=150$$

该构件强度和刚度均满足要求。

4.3.3 偏心受压构件整体稳定性

偏心受拉构件的拉力会使得构件跨中的挠曲变形减小，弯矩减少，有益于受弯构件的稳定性，构件整体稳定性校核按受弯构件整体稳定性方法校核。偏心构件整体稳定性校核主要指偏心受压构件稳定性校核。偏心构件根据受力特点可分为单向偏心受压构件和双向偏心受压构件。

(1) 偏心受压构件整体稳定性特点

构件在偏心压力作用下，弯曲变形随载荷同时出现，其整体稳定性的破坏存在两种可能性：一是构件在弯矩作用平面内发生挠曲并持续发展，当挠曲达到一定数值时，构件就会在弯矩作用平面内发生弯曲失稳；二是构件在弯矩作用平面外发生挠曲，并伴随着扭转，直至出现弯扭状态而使得构件在弯矩作用平面外失稳。

① 弯矩作用平面内发生弯曲失稳特点　两端铰接的偏心受压构件在两端相同数值的偏心力作用下，挠度和偏心力之间呈现非线性曲线关系，如图 4-14 所示。当载荷不大时，挠度随载荷的增大而持续地增加，曲线是上升的，构件处于稳定平衡状态，直至截面边缘的最大压应力达到屈服点（A 点）。当外力继续增大，由于钢材是弹性材料，构件内屈服区域也将逐渐扩大，造成挠度加速增加，此时构件仍处于稳定平衡状态，直至到达曲线的最高点（B 点）。当过了 B 点，曲线开始下降，即使外力不再增长，构件挠性也急剧增大并很快被压溃，故 B 点之后的下降段为不稳定平衡状态。构件从稳定平衡状态转变到不稳定平衡状态的转折点（B 点）称为失稳的临界点。对应临界点的载荷 N_B 称为偏心受压构件的弹塑性压溃载荷。

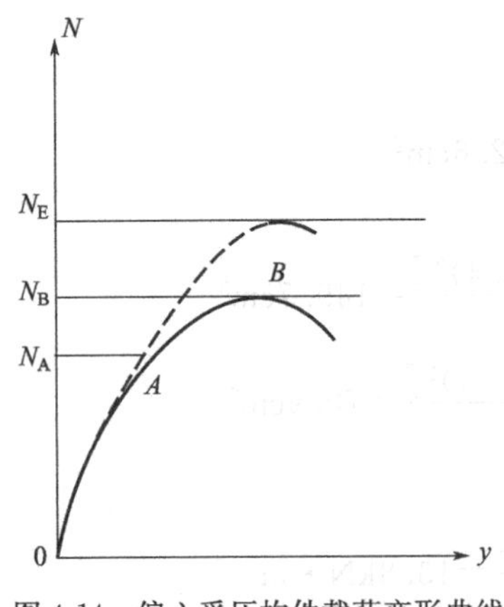

图 4-14　偏心受压构件载荷变形曲线

由此可见，偏心受压构件的稳定问题与轴心受压构件的稳定问题性质是不同的。轴心受压构件的平衡有直线平衡和弹性弯曲平衡两种状态，即稳定形式有了改变，出现分支点，且构件完全处于弹性范围内工作。而偏心受压构件的平衡曲线是连续的，渐变的，不发生分支现象。构件先处于弹性范围内工作，超过屈服点后截面部分纤维进入了塑性状态。为了区别这两类不同的稳定问题，把轴心受压构件的失稳现象称为第一类失稳，把偏心受压构件的失稳现象称为第二类失稳。

② 单向偏心受压构件在弯矩作用平面外的失稳特点 实腹式偏心受压构件在垂直于弯矩作用平面上并无弯矩，但若弯矩作用平面外的抗侧向弯扭屈曲能力小或由于另一平面的弯矩会使截面上部分纤维进入塑性，使截面的弹性区域范围减小，造成构件截面不对称现象，从而降低构件在弯矩作用平面外的临界载荷，可能发生像轴心受压构件那样绕弱轴的弯扭屈曲，或发生像工字梁那样的侧向弯扭屈曲。

(2) 单向偏心受压构件整体稳定性计算

起重机械钢结构是不考虑截面的塑性发展的，即结构的受力和变形都必须控制在弹性范围内。在这种弹性设计的前提下，偏心受压构件的整体稳定性计算的两个条件为：构件最大受力截面的边缘纤维不发生屈服破坏；构件不发生弹性范围的整体弯扭屈曲。

实际构件不可避免地存在初弯曲、初偏心、材质不匀、残余应力等初始缺陷，必然将轴心压力变为偏心压力，引起偏心受压构件偏心距的变化。在轴心受压构件的研究中，其稳定系数 φ 是根据实际构件通过试验统计出来的，可以说充分考虑了初弯曲、初偏心、残余应力等的影响。同样，确定偏心压杆的临界应力需要对不同形状构件的初弯曲、初偏心和残余应力等作统计分析，而目前缺乏这些统计数据。因此偏心受压构件中，只好借用轴心受压构件的 φ。对于偏心受压构件，其偏心弯矩必然引起构件变形，产生一定的挠度，而该挠度与压力必然产生二次弯矩，该二次弯矩随轴力和弯矩大小的变化而变化，有时影响较大不可忽视，必须对其予以修整。

下面将初始缺陷用当量偏心矩 e 来代替，研究当量偏心距 e 对偏心受压构件稳定性的影响，并同时考虑二次弯矩的影响，确定偏心受压构件的计算方法。

① 单向偏心受压构件边缘纤维不发生屈曲计算 设构件在临界压力 N_{cr} 的作用下产生的位移为 f，理想构件在欧拉临界力 N_E 作用下，保持微曲平衡状态的最大挠度为 f_{max}，当量偏心距 $e=f_{max}-f$。

由
$$\frac{f}{f_{max}}=\frac{N_{cr}}{N_E}$$

可以求得
$$f_{max}=\frac{e}{1-N_{cr}/N_E}$$

按纤维不发生屈服准则，轴心受压构件截面边缘应力不得达到屈服点，即

$$\frac{N_{cr}}{A}+\frac{N_{cr}f}{W}+\frac{N_{cr}e}{W}\leqslant\sigma_s \tag{4-33}$$

$$\frac{N_{cr}}{A}+\frac{1}{1-N_{cr}/N_E}\times\frac{N_{cr}e}{W}\leqslant\sigma_s \tag{4-34}$$

将 $N_{cr}/A=\sigma_{cr}$、$N_E/A=\sigma_E$ 代入公式(4-34) 可以求得

$$e\leqslant\left(\frac{\sigma_s}{\sigma_{cr}}-1\right)\left(1-\frac{\sigma_{cr}}{\sigma_E}\right)\frac{W}{A} \tag{4-35}$$

单向偏心受压构件可以看成是初始缺陷当量偏心矩较大的轴心受压构件，将弯矩 M 用轴向压力 N 乘以当量偏心距 e_1 来表示，初始缺陷当量弯矩用 Ne 来表示，该构件可以看成初始缺陷当量偏心 $e+e_1$ 的轴向受压构件。

设构件在轴力 N 的作用下达到临界状态时产生的挠度为 f_1，则

$$f_{max}=f_1+e+e_1$$

假定
$$\frac{f_1}{f_{max}}=\frac{N}{N_E}$$

可以求得
$$f_{max}=\frac{e+e_1}{1-N/N_E}$$

按纤维不发生屈服准则，单向偏心受压构件截面边缘应力不得达到屈服点，即

$$\frac{N}{A}+\frac{Nf_1+Ne}{W}+\frac{Ne_1}{W}\leqslant\sigma_s$$

化简整理得

$$\frac{N}{A}+\frac{1}{1-N/N_E}\times\frac{Ne}{W}+\frac{1}{1-N/N_E}\times\frac{M}{W}\leqslant\sigma_s$$

令 $N_E/A=\sigma_E$、$N/A=\sigma$，并将式(4-35) 代入上式可得

$$\frac{N}{A}+\frac{\sigma_E}{\sigma_E-\sigma}\times\frac{\sigma_E-\sigma_{cr}}{\sigma_{cr}}\times\frac{\sigma_s-\sigma_{cr}}{\sigma_E}\times\frac{N}{A}+\frac{1}{1-N/N_E}\times\frac{M}{W}\leqslant\sigma_s$$

$$\frac{N}{A}+\frac{\sigma_s-\sigma_{cr}}{\sigma_E-\sigma}\times\frac{\sigma_E-\sigma_{cr}}{\sigma_{cr}}\times\frac{N}{A}+\frac{1}{1-N/N_E}\times\frac{M}{W}\leqslant\sigma_s$$

已知 $\varphi=\sigma_{cr}/\sigma_s$，将上式整理后得

$$\frac{N}{A}+\frac{1-\varphi}{\sigma_E-\sigma}\times\frac{\sigma_E-\varphi\sigma_s}{\varphi}\times\frac{N}{A}+\frac{1}{1-N/N_E}\times\frac{M}{W}\leqslant\sigma_s$$

$$\frac{N}{A\varphi}\left(\frac{\varphi\sigma_E-\varphi\sigma+\sigma_E-\varphi\sigma_s-\varphi\sigma_E+\varphi\varphi\sigma_s}{\sigma_E-\sigma}\right)+\frac{1}{1-N/N_E}\times\frac{M}{W}\leqslant\sigma_s$$

$$\frac{N}{A\varphi}\left(-\frac{\varphi\sigma+\sigma_E-\varphi\sigma_s+\varphi\varphi\sigma_s}{\sigma_E-\sigma}\right)+\frac{1}{1-N/N_E}\times\frac{M}{W}\leqslant\sigma_s$$

$$\frac{N}{A\varphi}\left[\frac{\sigma_E-\sigma_{cr}+\varphi(\sigma_{cr}-\sigma)}{\sigma_E-\sigma}\right]+\frac{1}{1-N/N_E}\times\frac{M}{W}\leqslant\sigma_s$$

令

$$\psi=\frac{\sigma_E-\sigma}{\sigma_E-\sigma_{cr}+\varphi(\sigma_{cr}-\sigma)}=\frac{\sigma_E-\sigma}{\sigma_E-\varphi(\sigma+\sigma_s-\varphi\sigma_s)}$$

则

$$\frac{N}{A\varphi\psi}+\frac{1}{1-N/N_E}\times\frac{M}{W}\leqslant\sigma_s \tag{4-36}$$

式中，ψ 为修正系数，与 σ_s、φ、λ 和 N/N_E 有关。由于 $\varphi\leqslant1$ 时 $\psi\geqslant1$，所以《起重机设计规范》为简化计算，不计修正系数 ψ 的影响。

② 单向偏心受压构件的弯扭屈曲计算　由弹性稳定理论可得到双轴对称单向偏心受压构件的弯扭屈曲相近似公式：

$$\frac{N}{N_{0y}}+\frac{M_x}{M_{0x}}\leqslant1 \tag{4-37}$$

式中　N——杆端轴向力，N；

M_x——杆端弯矩，N·mm；

N_{0y}——纯轴心压力时弱轴的临界力，N；

M_{0x}——纯弯曲时构件的临界弯矩，N·mm。

由于 $\varphi=N_{0y}/A\sigma_s$、$\varphi_b=M_{0x}/W\sigma_s$，故式(4-37) 可改写为

$$\frac{N}{\varphi A}+\frac{M_x}{\varphi_b W_x}\leqslant\sigma_s \tag{4-38}$$

式中　φ——构件轴心受压时绕弱轴（y 轴）的稳定系数；

φ_b——构件纯弯时的整体稳定系数；

W_x——构件截面对 x 轴的抗弯模量，mm^3。

考虑偏心压杆的临界应力需要对不同形状构件的初弯曲、初偏心和残余应力及轴力在弯矩作用下构件产生的变形产生附加弯矩的影响。参照单向偏心受压构件的弯曲屈曲稳定公式，对轴心受压构件的 φ 用 ψ 进行修正，对弯矩利用弯矩增大系数进行修正，得到单向压弯

构件弯扭屈曲稳定性计算公式：

$$\frac{N}{A\varphi\psi}+\frac{1}{1-N/N_E}\times\frac{M}{\varphi_b W}\leqslant\sigma_s \tag{4-39}$$

式(4-38) 和式(4-39) 是在构件两端受等弯矩的情况下推得的，当构件两端的弯矩不等，同时受到由横向力作用在杆中引起的弯矩 M_{Hx}，式(4-38) 应改写为（原式中 M_x 改写为 M_{0x}）

$$\frac{N}{A\varphi\psi}+\frac{1}{1-N/N_{Ex}}\times\frac{C_{0x}M_{0x}+C_{Hx}M_{Hx}}{W_x}\leqslant\sigma_s$$

考虑起重机械钢结构的安全性，用许用应力法表述，其表达式为

$$\frac{N}{A\varphi\psi}+\frac{1}{1-N/N_{Ex}}\times\frac{C_{0x}M_{0x}+C_{Hx}M_{Hx}}{W_x}\leqslant[\sigma] \tag{4-40}$$

式(4-39) 应改写为（原式中 M_x 改写为 M_{0x}）

$$\frac{N}{A\varphi\psi}+\frac{1}{1-N/N_E}\times\frac{C_{0x}M_{0x}+C_{Hx}M_{Hx}}{\varphi_b W_x}\leqslant\sigma_s$$

如果用许用应力法表述，其表达式为

$$\frac{N}{A\varphi\psi}+\frac{1}{1-N/N_E}\times\frac{C_{0x}M_{0x}+C_{Hx}M_{Hx}}{\varphi_b W_x}\leqslant[\sigma] \tag{4-41}$$

(3) 双向偏心受压构件整体稳定性计算

构件在双向偏心压力的作用下，同样可能发生弯曲屈曲和弯扭屈曲。对于起重机械构件同样需要同时满足构件最大受力截面的边缘纤维不发生屈服和构件不发生弹性范围的整体弯扭屈曲破坏的两个条件，才能保证其安全工作，而不致整体失稳。

① 双向偏心受压构件截面的边缘纤维不发生屈曲计算　按纤维不发生屈服准则，构件在双向偏心压力作用下构件的应力不得大于屈服强度。若不考虑初始缺陷和二次弯矩可用下式表示：

$$\frac{N}{A}+\frac{M_x}{W_x}+\frac{M_y}{W_y}\leqslant\sigma_s \tag{4-42}$$

若要考虑初始缺陷和二次弯矩的影响，其计算方法的确定较为复杂。采取与单向偏心受压构件的同样方法，来确定双向压弯构件的计算方法。这里需要说明的是构件的初始缺陷引起的当量偏心距对应于弱轴，构件的承载能力最差。为确保产品构件的安全性，公式推导时假定构件中的当量偏心力矩作用于弱轴 y。

设初始缺陷的当量弯矩产生的当量偏心距为 e；弯矩 M_x、M_y 用 Ne_x 和 Ne_y 表示；构件在 N 力作用下产生的挠度分别为 f_x、f_y；理想构件在临界力 N_{Ex}、N_{Ey} 作用下保持微曲平衡状态的最大挠度分别为 f_{xmax}、f_{ymax}。则

$$f_{xmax}=f_x+e_x,\ f_{ymax}=f_y+e+e_y$$

$$\frac{f_x}{f_{xmax}}=\frac{N}{N_{Ex}},\ \frac{f_y}{f_{ymax}}=\frac{N}{N_{Ey}}$$

$$f_{xmax}=\frac{e_x}{1-N/N_{Ex}},\ f_{ymax}=\frac{e+e_y}{1-N/N_{Ey}}$$

双向偏心受压构件在单向弯矩作用下的稳定计算式为

$$\frac{N}{A}+\frac{Nf_{xmax}}{W_x}+\frac{Nf_{ymax}}{W_y}\leqslant\sigma_s$$

$$\frac{N}{A}+\frac{Ne_x}{(1-N/N_{Ex})W_x}+\frac{N(e+e_y)}{(1-N/N_{Ex})W_y}\leqslant\sigma_s$$

$$\frac{N}{A}+\frac{1}{1-N/N_{Ey}}\times\frac{Ne}{W_y}+\frac{1}{1-N/N_{Ex}}\times\frac{M_x}{W_x}+\frac{1}{1-N/N_{Ey}}\times\frac{M_y}{W_y}\leqslant\sigma_s \tag{4-43}$$

令 $N_E/A=\sigma_E$、$N/A=\sigma$，则

$$\frac{N}{A}+\frac{\sigma_{Ey}}{\sigma_{Ey}-\sigma}\times\frac{Ne}{W_y}+\frac{1}{1-N/N_{Ex}}\times\frac{M_x}{W_x}+\frac{1}{1-N/N_{Ey}}\times\frac{M_y}{W_y}\leqslant\sigma_s$$

将式(4-35) 代入式(4-43) 得

$$\frac{N}{A}\left[1+\frac{\sigma_{Ey}}{\sigma_{Ey}-\sigma}\left(\frac{\sigma_s}{\sigma_{cr}}-1\right)\left(1-\frac{\sigma_{cr}}{\sigma_{Ey}}\right)\right]+\frac{1}{1-N/N_{Ex}}\times\frac{M_x}{W_x}+\frac{1}{1-N/N_{Ey}}\times\frac{M_y}{W_y}\leqslant\sigma_s$$

令 $\sigma_{cr}=\varphi\sigma_s$、$\psi=\dfrac{\sigma_E-\sigma}{\sigma_E-\varphi(\sigma+\sigma_s-\varphi\sigma_s)}$并化简得

$$\frac{N}{A\varphi\psi}+\frac{1}{1-N/N_{Ex}}\times\frac{M_x}{W_x}+\frac{1}{1-N/N_{Ey}}\times\frac{M_y}{W_y}\leqslant\sigma_s \tag{4-44}$$

② 双向偏心受压构件弯扭屈曲的稳定计算　根据弹性稳定理论可推导出构件在轴向力和双向弯矩作用下发生弯扭屈曲状态的相关公式：

$$\left(\frac{M_x}{M_{0x}}\right)^2+\left(\frac{M_y}{M_{0y}}\right)^2=1 \tag{4-45}$$

式中　M_x，M_y——构件杆端弯矩，N·mm；

M_{0x}，M_{0y}——构件在单向偏心受压时的临界弯矩，N·mm。

式(4-45) 是个椭圆相关方程，曲线如图 4-15 中的 a 线所示。

如果将式(4-42) 写成等式，则在给定弯矩 M_x、M_y情况下，能画出在某个轴向力 N 作用下的一条相关曲线 b（图 4-15）。

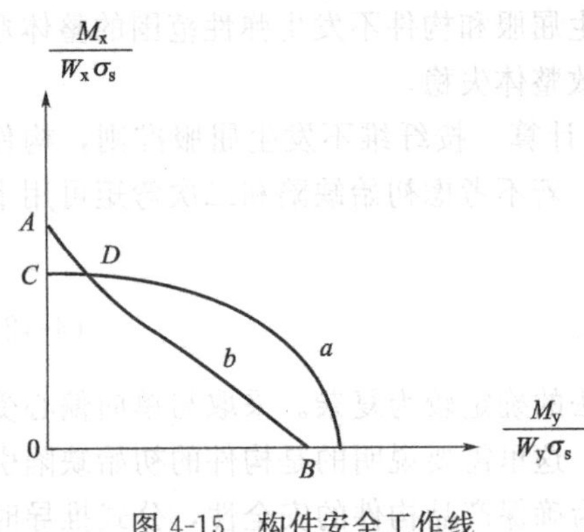

图 4-15　构件安全工作线

图 4-15 中 a 线为弯扭屈曲相关曲线，b 线为边缘屈服相关曲线，它们与两个坐标轴一起构成了构件安全工作区，其中 CDB 三点的折线称为构件安全工作线。显然，在安全工作区内的点既满足弹性弯扭屈曲条件又满足纤维屈服条件。

从图 4-15 中可见，两相关曲线有交点 D，安全工作线由 CD 和 DB 两段组成。CD 线控制弹性弯扭屈曲，BD 线控制边缘纤维屈服。由于 CD 线较平直，可近似为一水平直线，其对应的纵坐标等于单向偏心受压构件在弯矩作用平面外失稳时的临界载荷，于是，可将 CD 线近似地看作单向偏心受压构件在弯矩作用平面外不会失稳的安全工作线。经过这种近似处理，即把原来的双向偏心受压构件的空间弯扭屈曲问题，简化为单向偏心受压构件在弯矩作用平面外的弯扭屈曲问题了。因此，要保证双向受压构件的稳定性，只需要控制构件在单向偏心受压时不发生弯扭屈曲和满足纤维屈服条件就可以了。所以双向偏心受压构件弯曲屈曲的稳定计算公式可用单向偏心受压构件弯曲屈曲的稳定计算公式［式(4-41)］代替，即

$$\frac{N}{A\varphi\psi}+\frac{1}{1-N/N_E}\times\frac{C_{0x}M_{0x}+C_{Hx}M_{Hx}}{\varphi_b W_x}\leqslant[\sigma]$$

式(4-41) 是在构件两端受等弯矩的情况下推得的，当构件两端的弯矩不等，同时受到由横向力作用在杆中引起的弯矩 M_{Hx}，式(4-45) 应改写为

$$\frac{N}{A\varphi\psi}+\frac{1}{1-N/N_{Ex}}\times\frac{C_{0x}M_{0x}+C_{Hx}M_{Hx}}{W_x}+\frac{1}{1-N/N_{Ey}}\times\frac{C_{0y}M_{0y}+C_{Hy}M_{Hy}}{W_y}\leqslant\sigma_s$$

考虑起重机械钢结构的安全性，用许用应力法表述，其表达式为

$$\frac{N}{A\varphi\psi}+\frac{1}{1-N/N_{Ex}}\times\frac{C_{0x}M_{0x}+C_{Hx}M_{Hx}}{W_x}+\frac{1}{1-N/N_{Ey}}\times\frac{C_{0y}M_{0y}+C_{Hy}M_{Hy}}{W_y}\leqslant[\sigma] \quad (4\text{-}46)$$

式中 N——构件轴向压力，N；

A——构件毛截面面积，mm^2；

φ——轴心受压稳定系数，取 λ_x 和 λ_y 中较大者从附录四查得 φ_x 和 φ_y；

ψ——轴压稳定修正系数，$\psi_x=\dfrac{N_{Ex}-N}{N_{Ex}-\varphi_x[\sigma_s A(1-\varphi_x)+N]}$，$\psi_y=\dfrac{N_{Ey}-N}{N_{Ey}-\varphi_y[\sigma_s A(1-\varphi_y)+N]}$；

N_{Ex}，N_{Ey}——欧拉临界载荷，N，$N_{Ex}=\pi^2 EA/\lambda_x^2$，$N_{Ey}=\pi^2 EA/\lambda_y^2$；

$\psi\varphi$——轴心受压稳定系数与轴压稳定修正系数的乘积，有 $\psi_x\varphi_x$、$\psi_y\varphi_y$ 之分，取其小值；

M_{0x}，M_{0y}——构件的端部弯矩，N·mm；

M_{Hx}，M_{Hy}——由横向载荷在构件中引起的最大弯矩，N·mm，当 M_H 与 M_0 反向，且 $|C_H M_H|<2C_0 M_0$ 时，取 M_H 为零值；

W_x，W_y——构件截面对 x 轴和 y 轴受压最大纤维的截面弹性抗弯模量，mm^3；

C_{0x}，C_{0y}——不等端部弯矩的折减系数，$C_0=0.6+0.4K\geqslant0.4$，K 为杆两端弯矩之比值，同向挠曲取＋，反向挠曲取－；

C_{Hx}，C_{Hy}——横向载荷弯矩系数，$C_H=1-kN/N_E$，当横向载荷为集中力且两端简支或一端固接一端自由时 $k=0.2$，当为多个集中载荷或分布载荷且两端简支时 $k=0$，当为多个集中载荷或分布载荷一端固接一端自由时 $k=0.3$，无论何种载荷，一端固接一端简支时 $k=0.3$，无论何种载荷，两端固接时 $k=0.4$，N_{Ex}、N_{Ey} 相应于 C_{Hx}、C_{Hy} 无法判定时，取 $C_H=1$；

φ_b——构件纯弯时的整体稳定系数。

(4) 偏心受压构件稳定性简便计算

起重机械钢结构构件设计或校核时，应根据具体机械构件的结构与受力具体情况进行选用或简化。《起重机设计规范》GB/T 3811—2008 给出了简化计算方法。

① 双向压弯构件整体弯曲屈曲稳定性计算的简便方法

a. 当 N/N_{Ex} 和 N/N_{Ey} 均小于 0.1 时，按式(4-47) 计算：

$$\frac{N}{A\varphi}+\frac{M_x}{W_x}+\frac{M_y}{W_y}\leqslant[\sigma] \quad (4\text{-}47)$$

b. 当 N/N_{Ex} 和 N/N_{Ey} 均大于或等于 0.1 时，按式(4-48) 计算：

$$\frac{N}{A\varphi}+\frac{1}{1-N/N_{Ex}}\times\frac{M_x}{W_x}+\frac{1}{1-N/N_{Ey}}\times\frac{M_y}{W_y}\leqslant[\sigma] \quad (4\text{-}48)$$

② 压弯构件整体弯扭屈曲稳定性计算的简便方法 压弯构件整体弯扭屈曲稳定性计算方法采用式(4-49)。

$$\frac{N}{A\varphi}+\frac{1}{1-N/N_E}\times\frac{M_x}{\varphi_b W_x}\leqslant[\sigma] \quad (4\text{-}49)$$

a. 单向压弯构件整体稳定性计算，可将式(4-48) 删去后面一项使用。

b. 当使用式(4-48)、(4-49) 时，当 N/N_E 小于 0.1 时，可不计弯矩增大系数即 $\dfrac{1}{1-N/N_E}$。

c. 对两端在两个平面支承情况不同的等截面和变截面构件，一般可分别在两个平面选取两个或三个危险截面进行验算。

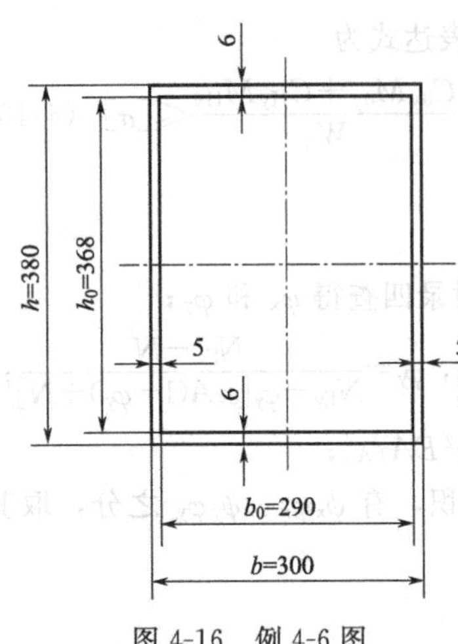

图 4-16　例 4-6 图

例 4-6　某汽车式起重机臂架的基本截面如图 4-16 所示。已知最危险截面最不利的内力组合（包括风载荷）为 $N=102\text{kN}$，$M_x=104\text{kN}\cdot\text{m}$，$M_y=46.1\text{kN}\cdot\text{m}$，计算长度 $l_{0x}=7.8\text{m}$，$l_{0y}=12.4\text{m}$，材料为 Q345，试验算其整体稳定性。

解

(1) 截面几何特性

$$A=2h_0\delta+2bt=2\times36.8\times0.5+2\times30\times0.6=73\text{cm}^2$$

$$I_x=2\left[\frac{1}{12}\delta h_0^3+A_0\left(\frac{h_0}{2}+\frac{t}{2}\right)^2\right]$$

$$=2\times\left[\frac{1}{12}\times0.5\times36.8^3+30\times0.6\times\left(\frac{36.8}{2}+\frac{0.6}{2}\right)^2\right]$$

$$=16740\text{cm}^4$$

$$I_y=2\left[\frac{1}{12}tb^3+A_f\left(\frac{b_0}{2}+\frac{\delta}{2}\right)^2\right]=2\times\left[\frac{1}{12}\times0.6\times30^3+36.8\times0.5\times\left(\frac{29}{2}+\frac{0.5}{2}\right)^2\right]=10700\text{cm}^4$$

$$W_x=\frac{2I_x}{h}=\frac{2\times16740}{38}=881\text{cm}^3$$

$$W_y=\frac{2I_y}{b}=\frac{2\times10700}{30}=713\text{cm}^3$$

$$r_x=\sqrt{\frac{I_x}{A}}=\sqrt{\frac{16740}{73}}=15.1\text{cm}$$

$$r_y=\sqrt{\frac{I_y}{A}}=\sqrt{\frac{10700}{73}}=12.1\text{cm}$$

(2) 许用应力

查表 2-2，$t\leqslant16\text{mm}$ 的 $\sigma_s=345\text{MPa}$。

按载荷组合 B 考虑，查表 3-11 安全系数 $n=1.34$。

$$[\sigma]=\frac{\sigma_s}{n}=\frac{345}{1.34}=257\text{MPa}$$

(3) 整体稳定性验算

由于箱形截面 $h/b<3$ 抗弯扭性比较好，所以只需按式(4-48) 验算稳定性。

$$\lambda_x=\frac{l_{0x}}{r_x}=\frac{780}{15.1}=51.7,\ \lambda_y=\frac{l_{0y}}{r_y}=\frac{1240}{12.1}=102.5$$

查表 4-2，截面属于 b 类，由 $\lambda_x=51.7$ 查附录四表 2，得 $\varphi_x=0.849$，由 $\lambda_y=102.5$ 查附录四表 2 得 $\varphi_y=0.539$。

$$N_{Ey}=\frac{\pi^2EA}{\lambda_y^2}=\frac{\pi^2\times2.1\times10^4\times73}{102.5^2}=1439\text{kN}$$

$$N_{Ex}=\frac{\pi^2EA}{\lambda_x^2}=\frac{\pi^2\times2.1\times10^4\times73}{51.7^2}=5655\text{kN}$$

代入式(4-48) 得

$$\sigma=\frac{N}{A\varphi}+\frac{1}{1-N/N_{Ex}}\times\frac{M_x}{W_x}+\frac{1}{1-N/N_{Ey}}\times\frac{M_y}{W_y}$$

$$=\frac{102\times10^3}{73\times10^{-2}\times0.539}+\frac{1}{1-102/5655}\times\frac{104\times10^6}{881\times10^3}+\frac{1}{1-102/1439}\times\frac{46.1\times10^6}{713\times10^3}$$

$=25.9+120.2+69.6=216\text{MPa}<[\sigma]=257\text{MPa}$

(4) 结论

构件的整体稳定性满足要求。

例 4-7 某格构式偏心受压构件截面如图 4-17 所示。构件计算长度 $l_{0x}=7.8\text{m}$，$l_{0y}=23.4\text{m}$，内力组合（包括风载荷）$N=1820\text{kN}$，$M_y=1350\text{kN}\cdot\text{m}$，材料为 Q235（$[\sigma]=175\text{MPa}$），构件截面无削弱，试验算其整体稳定性。

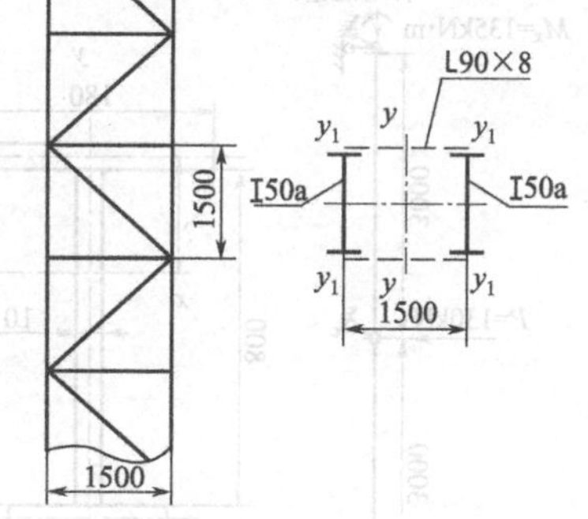

图 4-17 例 4-7 图

解

(1) 截面几何特性计算

查型钢表得工字钢 I 50a 的 $A_1=119\text{cm}^2$，$I_{x1}=46500\text{cm}^4$，$r_{x1}=19.7\text{cm}$，$I_{y1}=1120\text{cm}^4$，$r_{y1}=3.07\text{cm}$；角钢 ∟90×8的 $A_2=13.9\text{cm}^2$。

截面几何特征为

$$A=2A_1=2\times119=238\text{cm}^2$$

$$I_y=2\left[I_{y1}+A_1\left(\frac{a}{2}\right)^2\right]=2\times\left[1120+119\times\left(\frac{150}{2}\right)^2\right]=1341000\text{cm}^4$$

$$W_y=\frac{I_y}{a/2}=\frac{1341000}{150/2}=17880\text{cm}^3$$

$$r_y=\sqrt{\frac{I_y}{A}}=\sqrt{\frac{1341000}{238}}=75\text{cm}$$

$$\lambda_y=\frac{l_{0y}}{r_y}=\frac{2340}{75}=31.2$$

$$\lambda_{hy}=\sqrt{\lambda_y^2+27\left(\frac{A}{2A_2}\right)^2}=\sqrt{31.2^2+27\times\left(\frac{238}{2\times13.9}\right)}=34.7$$

$$\lambda_x=\frac{l_{0x}}{r_x}=\frac{l_{0x}}{r_{x1}}=\frac{780}{19.7}=39.6$$

(2) 许用应力

查表 2-2，$t\leqslant16\text{mm}$ 的 $\sigma_s=235\text{MPa}$。

按载荷组合 B 考虑，查表 3-11 安全系数 $n=1.34$。

$$[\sigma]=\frac{\sigma_s}{n}=\frac{235}{1.34}=175\text{MPa}$$

(3) 整体稳定性计算

本结构为承受单向偏心作用格构式结构，采用式(4-49) 计算：

$$\sigma=\frac{N}{A\varphi}+\frac{1}{1-N/N_{Ey}}\times\frac{M_y}{W_y}\leqslant[\sigma]$$

查表 4-2 截面属于 b 类。由于 $\lambda_{hy}<\lambda_x$，由 $\lambda_x=39.6$ 查附录四表 2 得 $\varphi=0.901$。

$$N_{Ey}=\frac{\pi^2EA}{\lambda_{hy}^2}=\frac{\pi^2\times2.1\times10^4\times238}{34.7^2}=4.1\times10^4\text{kN}$$

将上述计算参数代入简化式得

$$\begin{aligned}\sigma&=\frac{N}{A\varphi}+\frac{1}{1-N/N_{Ey}}\times\frac{M_y}{W_y}\\&=\frac{1820\times10^3}{238\times10^2\times0.901}+\frac{1}{1-1820/(4.1\times10^4)}\times\frac{1350\times10^6}{17880\times10^3}\end{aligned}$$

$$=84.87+79.01=163.88\text{MPa}<[\sigma]=175\text{MPa}$$

（4）结论

构件整体稳定性有保证。

例 4-8 某偏心受压构件截面如图 4-18 所示，风载荷 $q=1.1\text{kN/m}$，材料为 Q235，构件截面无削弱，试验算其整体稳定性。

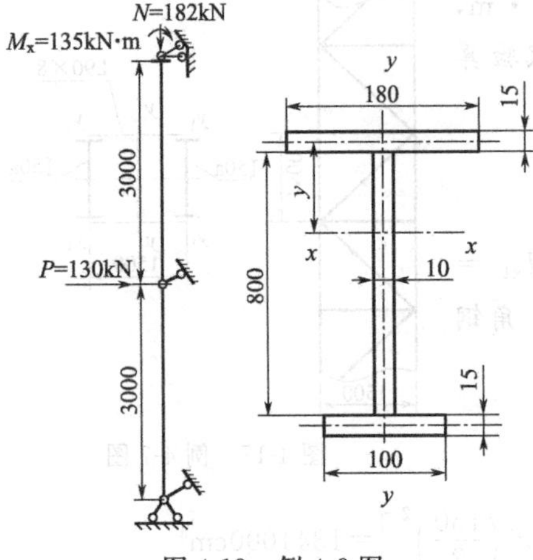

图 4-18 例 4-8 图

解

（1）载荷效应

$$M_{0x}=M_x=135\text{kN}\cdot\text{m}$$

$$M_{Hx}=\frac{1}{4}Pl+\frac{1}{8}ql^2=\frac{1}{4}\times130\times6+\frac{1}{8}\times1.1\times6^2=200\text{kN}\cdot\text{m}$$

（2）许用应力、许用长细比

查表 2-2，$t\leqslant16\text{mm}$ 的 $\sigma_s=235\text{MPa}$。

由于考虑风载荷，按载荷组合 B 考虑，查表 3-11 载荷组合 B 的安全系数 $n=1.34$。

$$[\sigma]=\frac{\sigma_s}{n}=\frac{235}{1.34}=175\text{MPa}$$

查表 4-1 得 $[\lambda]=150$。

（3）截面几何特性

受压翼缘的惯性矩 $I_{y1}=\frac{1}{12}\times1.5\times18^3=729\text{cm}^4$

$$I_y=\frac{1}{12}\times1.5\times18^3+\frac{1}{12}\times1.5\times10^3+\frac{1}{12}\times80\times1^3=861\text{cm}^4$$

$$A=18\times1.5+10\times1.5+1\times80=122\text{cm}^2$$

$$y=\frac{80\times1\times(80/2+1.5/2)+10\times1.5\times(1.5+80)}{122}=36.75\text{cm}$$

$$I_x=\frac{1}{12}\times18\times1.5^3+18\times1.5\times36.75^2+\frac{1}{12}\times10\times1.5^3+10\times1.5\times(81.5-36.75)^2+\frac{1}{12}\times1\times80^3+80\times1\times\left(\frac{81.5}{2}-36.75\right)^2=110458.2\text{cm}^4$$

$$W_x=\frac{I_x}{36.75+0.75}=\frac{110458.2}{37.5}=2945.6\text{cm}^3$$

$$r_x=\sqrt{\frac{I_x}{A}}=\sqrt{\frac{110458.2}{122}}=30.1\text{cm}$$

$$r_y=\sqrt{\frac{I_y}{A}}=\sqrt{\frac{861}{122}}=2.66\text{cm}$$

（4）整体稳定性计算

$$\lambda_x=\frac{l_{0x}}{r_x}=\frac{2l}{r_x}=\frac{2\times300}{30.1}=19.9$$

$$\lambda_y=\frac{l_{0y}}{r_y}=\frac{l}{r_y}=\frac{300}{2.66}=112.8$$

由表 4-2 查得属于 b 类截面。

由 λ_x 查附录表 2 得 $\varphi_x=0.971$。

由 λ_y 查附录表 2 得 $\varphi_y=0.476$。

$$N_{Ex}=\frac{\pi^2 EA}{\lambda_x^2}=\frac{\pi^2\times 2.1\times 10^4\times 122}{19.9^2}=6.38\times 10^4\text{kN}$$

$$N_{Ey}=\frac{\pi^2 EA}{\lambda_y^2}=\frac{\pi^2\times 2.1\times 10^4\times 122}{112.8^2}=1.99\times 10^3\text{kN}$$

修正系数

$$\psi_x=\frac{N_{Ex}-N}{N_{Ex}-\varphi_x[\sigma_s A(1-\varphi_x)+N]}=\frac{6.38\times 10^4-182}{6.38\times 10^4-0.971\times[0.235\times 12200\times(1-0.971)+182]}$$

$$=1.001$$

$$\psi_y=\frac{N_{Ey}-N}{N_{Ey}-\varphi_y[\sigma_s A(1-\varphi_y)+N]}=\frac{1.99\times 10^3-182}{1.99\times 10^3-0.476\times[0.235\times 12200\times(1-0.476)+182]}$$

$$=1.52$$

$$\varphi_x\psi_x=0.971\times 1.001=0.97$$

$$\varphi_y\psi_y=0.476\times 1.52=0.72$$

结构自由计算长度与梁宽比 $l/b_1=3000/180=16.7$ 大于 16，所以必须进行整体稳定性校核。

$$m=\frac{I_{y1}}{I_y}=\frac{729}{861}=0.8$$

截面属于单轴对称，$k=0.8$。

跨中有一个侧向支承，由表 4-5 查得 $\beta_b=1.75$。

$$\varphi_b=\beta_b\frac{4320}{\lambda_y^2}\times\frac{Ah}{W_x}\left[k(2m-1)+\sqrt{1+\left(\frac{\lambda_y t}{4.4h}\right)^2}\right]\frac{235}{\sigma_s}$$

$$=1.75\times\frac{4320}{112.8^2}\times\frac{122\times 83}{2945.6}\times\left[0.8\times(2\times 0.8-1)+\sqrt{1+\left(\frac{112.8\times 1.5}{4.4\times 83}\right)^2}\right]\times\frac{235}{235}$$

$$=3.23>0.8$$

由表 4-7 查得 $\varphi_b'=1$。

有一横向载荷产生的弯矩，$k=0.2$，$C_{Hx}=1-kN/N_E=1-0.2\times 182/63800=1-0.0006=0.9994$。

两端端弯矩比 K 值为 0，$C_{0x}=0.6+0.4K=0.6$。

由式(4-41) 得

$$\sigma=\frac{N}{A\varphi\psi}+\frac{1}{1-N/N_E}\times\frac{C_{0x}M_{0x}+C_{Hx}M_{Hx}}{\varphi_b W_x}$$

$$=\frac{182\times 10^3}{122\times 10^2\times 0.72}+\frac{1}{1-182/(6.38\times 10^4)}\times\frac{0.6\times 135\times 10^6+0.9994\times 200\times 10^6}{1\times 2945.6\times 10^3}$$

$$=20.7+95.6=116.3\text{MPa}<[\sigma]=175\text{MPa}$$

(5) 结论

构件整体稳定性满足要求。

4.4 薄板结构局部稳定性

薄板是指板厚 t 与宽度 b 之比在 $(1/80\sim 1/100)<t/b<(1/5\sim 1/8)$ 范围的钢板，厚宽比大于上限值称为厚板，此时板的剪切变形与弯曲变形同阶，故剪切变形必须予以考虑，而

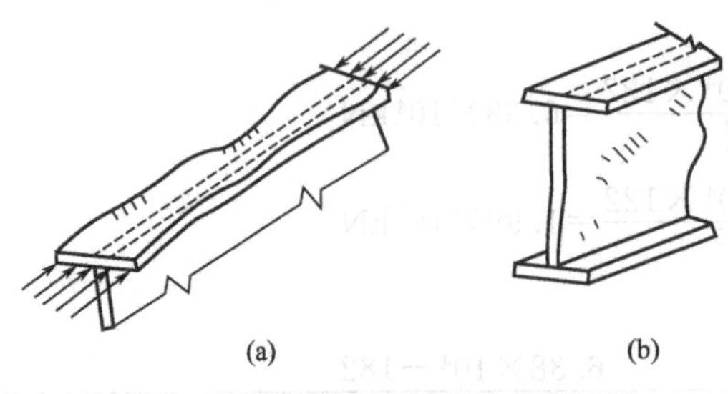

图 4-19 梁翼缘和腹板失稳变形情况

薄板的剪切变形可忽略不计，厚宽比小于下限值称为薄膜，基本上不具有抗弯刚度，而只能利用薄膜的张力承受横向载荷。

起重机械钢结构中的构件常采用薄钢板焊接而成，在截面面积一定的条件下，钢板被设计得高而薄，对构件的强度、刚度及整体稳定都有利。如受弯构件或受压构件经常采用的组合工字截面的翼缘和腹板，经常设计得宽而薄。但是，过薄如图 4-19 中工字钢的腹板和翼缘，有可能在梁达到强度破坏和整体失稳之前，薄板的局部区域会出现偏离平面位置的侧向波状鼓曲，如在单独受均匀压应力 σ_N 作用下，三边简支、一边自由的板失稳时屈曲成一系列的曲面波，波峰位于对称线上［图 4-20(a)］，半波长度取决于板的边长比 α，约为 $2b/3$ 长；在单独受弯曲应力 σ 作用下，板失稳时屈曲成一系列半波，波峰偏于压应力区域［图 4-20(b)］，曲面波长度也取决于边长比 α，约为 $0.7b\sim1.0b$；在单独受均匀切应力 τ 作用下，长板（$a\gg b$）屈服后形成一系列斜菱形曲面波，斜波倾角约为 55°，半波长约为 $1.2b$［图 4-20(c)］；在单独受局部挤压应力 σ_j 作用下，板的受压区域在失稳时屈曲成一个扁平的半波曲面，波峰偏于上方［图 4-20(d)］。这种薄板的局部区域由原来的平面状态变成鼓曲状态的现象称为局部失稳。薄板由平面转变为翘曲的过渡状态称为临界状态。此状态下板承受的应力称为临界应力。

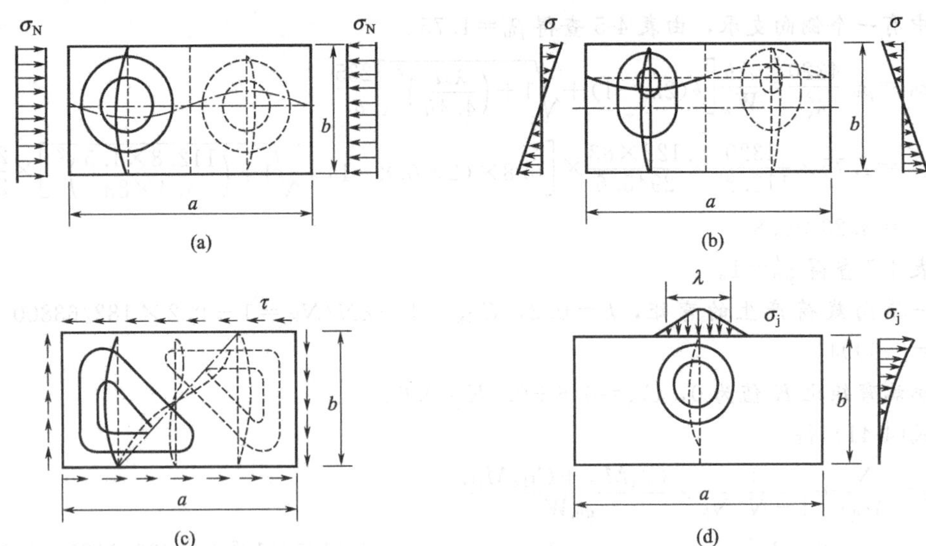

图 4-20 受各种应力作用的板

翼缘和腹板出现了局部失稳后，虽然不会像梁整体失稳那样使梁马上丧失承载能力，但是当局部失稳的这部分截面退出工作后，截面的有效承载部分减小了，梁截面就可能形成不对称而产生扭转，同时还将引起刚度减小，强度降低，从而促使梁提前丧失整体稳定性。因此，梁的局部稳定性必须得到保证，它也属于构件承载能力之一。

4.4.1 薄板局部稳定的临界应力

板与梁柱的稳定问题有极其相似之处，只是梁柱属于一维构件，板属于二维构件，所以板的性能是用偏微分方程描述，而柱子用常微分方程描述就够了，为了便于理解板与柱稳定研究的异同，表 4-8 给出了受轴心压力的直杆和两短边受均布压力作用的平板稳定问题的对照。

表 4-8　轴心压杆和短边均压薄板稳定计算对照

项　　目	柱	板
体系	一个方向远大于另外两个方向	两个方向远大于第三个方向
计算图形	两端铰支受到轴向力N（图：N，y，l）	四边简支　短边作用均布压力（图：N_x，a，b，x，y）
计算假定	材料均匀、理想直杆中心受压	材料均匀、理想平面中面受载
微分方程	$y''+k^2y=0$ 式中：$k=\sqrt{\frac{N}{EI}}$ EI——弯曲刚度 N——轴心压力 y——弯曲变形杆的挠度	$D\left(\frac{\partial^4 w}{\partial x^4}+2\frac{\partial^4 w}{\partial x^2\partial y^2}+\frac{\partial^4 w}{\partial y^4}\right)+N_x\frac{\partial^2 w}{\partial x^2}=0$ 式中 $D=\frac{Et^3}{12(1-\nu^2)}$ D——板刚度 t——板厚度 ν——泊松比 N_x——单位宽度上的作用力 w——板的挠度 E——弹性模量
位移函数	$y=A_m\sin\frac{m\pi x}{l}$	$w=\sum_{m=1}^{\infty}\sum_{n=1}^{\infty}A_{mn}\sin\frac{m\pi x}{a}\cdot\sin\frac{n\pi y}{b}$
边界条件	$x=0,x=l$ 时 $y=0$ $M=0(y''=0)$	$x=0,x=a,y=0,y=b$ 时 $w=0$ $M_x=0\left(\frac{\partial^2 w}{\partial x^2}=0\right)$ $M_y=0\left(\frac{\partial^2 w}{\partial y^2}=0\right)$
临界应力	$N_{cr}=\frac{\pi^2 EI}{l^2}m^2$ 取 $m=1$ 临界力最小 $N_{cr}=\frac{\pi^2 EI}{l^2}$	$\alpha=\frac{a}{b}$ $\sigma_{cr}=\frac{D\pi^2}{tb^2}\left(\frac{m}{\alpha}+\frac{n^2\alpha}{m}\right)^2$ 当 $n=1$ 时 $k=\left(\frac{m}{\alpha}+\frac{\alpha}{m}\right)^2$ $k=4$ 时临界应力最小 $\sigma_{cr}=k\frac{\pi^2 E}{12(1-\nu^2)}\left(\frac{t}{b}\right)^2$

板的临界应力为

$$\sigma_{cr}=k\frac{\pi^2 E}{12(1-\nu^2)}\left(\frac{t}{b}\right)^2 \tag{4-50}$$

k 为稳定系数，也称屈曲系数，由于$\frac{m}{\alpha}\times\frac{\alpha}{m}=1$，当且仅当$\frac{m}{\alpha}=\frac{\alpha}{m}$即 $\alpha=m$ 时，可得到屈

曲系数 k 的最小值 $k_{min}=4$。

当板的支承条件变化时，可用上述相同的方法求出临界载荷，其临界应力也可以用式(4-50) 表示，只是 k 值有所不同。板的局部稳定还需实际构件间的相互嵌固作用。《起重机设计规范》GB/T 3811—2008 中给出的局部稳定计算公式如下。

(1) 板在压缩应力 σ_1、剪切应力 τ 和局部压应力 σ_m 单独作用下的弹性临界应力

$$\sigma_{i,1cr}=\chi K_{\sigma}\sigma_E \tag{4-51}$$

$$\tau_{i,cr}=\chi K_{\tau}\sigma_E \tag{4-52}$$

$$\sigma_{i,mcr}=\chi K_{m}\sigma_E \tag{4-53}$$

式中 $\sigma_{i,1cr}$——临界压缩应力，MPa；

$\tau_{i,cr}$——临界剪切应力，MPa；

$\sigma_{i,mcr}$——临界局部压应力，MPa；

χ——板边弹性嵌固系数，弯曲应力作用时，对受压翼缘扭转无约束的单腹板工字梁的腹板可取 $\chi=1.38$，对受压翼缘扭转有约束的工字梁和箱形截面梁的腹板可取 $\chi=1.64$，剪切应力作用时，对上述梁的腹板均可取 $\chi=1.23$，对其他板和板区格，应参考专门文献加以确定，一般取 $\chi=1$；

K_{σ}，K_{τ}，K_m——四边简支板的屈曲系数，取决于板的边长比 $\alpha=a/b$ 和板边载荷（应力）情况，用加劲肋分隔的局部区格板的屈曲系数按表 4-9 求得，包括加劲肋在内的带肋板的屈曲系数按表 4-10 求得；

σ_E——四边简支单向均匀受压板的欧拉应力，MPa，按式(4-54) 计算。

$$\sigma_E=\frac{\pi^2 E}{12(1-\nu^2)}\left(\frac{t}{b}\right)^2=18.62\left(\frac{100t}{b}\right)^2 \tag{4-54}$$

式中 t——板厚，mm；

b——区格宽度或板的总宽（高）度，mm；

E——材料的弹性模量，MPa；

ν——泊松比（$\nu=0.3$）。

表 4-9 用加劲肋分格的局部区格简支板的屈曲系数 K

序号	载荷(应力)情况		$\alpha=a/b$	K
1	均压或不均匀压缩 $0\leqslant\psi\leqslant1$	σ_1 σ_1 b $\sigma_2=\psi\sigma_1$ $a=\alpha b$ $\sigma_2=\psi\sigma_1$	$\alpha\geqslant1$	$K_{\sigma}=\frac{8.4}{\psi+1.1}$
			$\alpha<1$	$K_{\sigma}=\left(\alpha+\frac{1}{\alpha}\right)^2\frac{2.1}{\psi+1.1}$
2	纯弯曲或以拉为主的弯曲 $\psi\leqslant-1$	σ_1 σ_1 b $\sigma_2=\psi\sigma_1$ $a=\alpha b$ $\sigma_2=\psi\sigma_1$	$\alpha\geqslant\frac{2}{3}$	$K_{\sigma}=23.9$
			$\alpha<\frac{2}{3}$	$K_{\sigma}=15.87+\frac{1.87}{\alpha^2}+8.6\alpha^2$
3	以压为主的弯曲 $-1<\psi<0$	σ_1 σ_1 b $\sigma_2=\psi\sigma_1$ $a=\alpha b$ $\sigma_2=\psi\sigma_1$		$K_{\sigma}=(1+\psi)K'_{\sigma}-\psi K''_{\sigma}+10\psi(1+\psi)$ K'_{σ}—$\psi=0$ 时的屈曲系数(序号 1) K''_{σ}—$\psi=-1$ 时的屈曲系数(序号 2)

续表

序号	载荷(应力)情况	$\alpha=a/b$	K
4	纯剪切	$\alpha\geqslant1$	$K_\tau=5.34+\frac{4}{\alpha^2}$
		$\alpha<1$	$K_\tau=4+\frac{5.34}{\alpha^2}$
5	单边局部压缩	$\alpha\leqslant1$	$K_m=\frac{2.86}{\alpha^{1.5}}+\frac{2.65}{\alpha^2\beta}$
		$1<\alpha\leqslant3$	$K_m=\left(2+\frac{0.7}{\alpha^2}\right)\left(\frac{1+\beta}{\alpha\beta}\right)$ 当 $\alpha>3$ 时，按 $a=3b$ 计算 α、β、K_m 值
6	双边局部压缩		$K_m=0.8K'_m$ K'_m—按序号 5 计算的 K_m 值

注：σ_1 为板边最大压应力，$\psi=\sigma_2/\sigma_1$ 为板边两端应力比；σ_1、σ_2 各带自己的正负号。

表 4-10　包括加劲肋在内的带简支肋板的屈曲系数 K

序号	载荷(应力)情况	K
1	压缩	$K_\sigma=\frac{(1+\alpha^2)^2+r\gamma_a}{\alpha^2(1+r\delta_a)}\times\frac{2}{1+\psi}$
2	纯剪切	K_τ 值（见下表） $m=2\sum_{i=1}^{r-1}\sin^2\left(\frac{\pi y_i}{b}\right)\gamma_a$，加劲肋等距离平分板宽时，$2\sum_{i=1}^{r-1}\sin^2\left(\frac{\pi y_i}{b}\right)=r$
3	局部挤压	$K_m=K'_m(1+\eta)$ K'_m—按表 4-9 中的序号 5 计算的 K_m 值 $\eta=\frac{\sum_{i=1}^{r-1}\left(\sin\frac{\pi y_i}{b}-\frac{1}{4}\sin\frac{2\pi y_i}{b}\right)^2}{\alpha^4+\frac{5}{4}\alpha^2+\frac{17}{32}}\gamma_a$

序号 2 的 K_τ 值：

m	5	10	20	30	40	50	60	70	80	90	100
K_τ	6.98	7.7	8.67	9.36	9.6	10.4	10.8	11.1	11.4	11.7	12

注：$\gamma_a=\frac{EI_s}{bD}$，$\delta_a=\frac{A_s}{bt}$

I_s—单根纵向加劲肋截面惯性矩，mm^4，当加劲肋在板两侧成对配置时，其截面惯性矩按板厚中心线为轴线计算；一侧配置时，按与板相连的加劲肋边缘为轴线计算；

A_s—单根纵向加劲肋截面面积，mm^2；

r—板被加劲肋的分隔数。

$D=\frac{Et^3}{12(1-\nu^2)}$

ν—材料的泊松比。

当按式(4-51)和(4-53)算出的临界应力或按式(4-52)算出的临界应力乘以$\sqrt{3}$的值超过$0.8\sigma_s$时，则应参照式(4-56)求得相应的折减临界应力，用它来替换原超过$0.8\sigma_s$的临界应力。

当加劲肋的构造尺寸符合规定时，只需要按局部区格计算稳定性，否则应同时计算局部区格和带肋板两种情况的稳定性。

用加劲肋分隔的局部区格简支板的局部压应力及其分布长度的计算：确定下区格局部压应力值$\sigma_m(y)$及其扩散区长度$c(y)$时，可参照局部压应力σ_m和分布长度c沿板宽方向的变化公式（图4-21）。

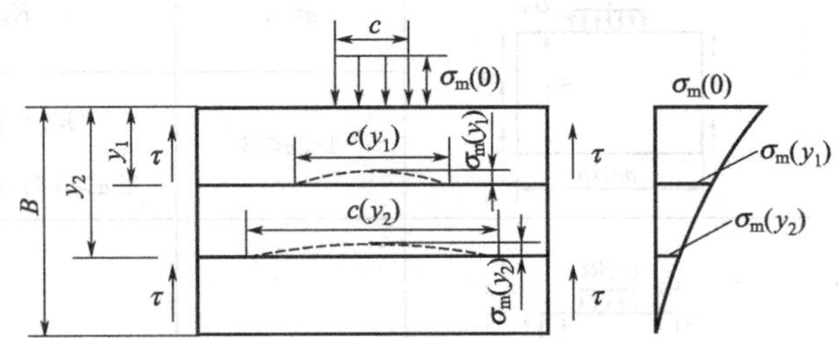

图4-21　加劲肋分隔的局部区格简支板

$$\sigma_m(y)=\frac{2\sigma_m}{\pi}\left[\arctan\frac{c}{y}-3\left(\frac{y}{B}\right)^2\left(1-\frac{2y}{3B}\right)\arctan\frac{c}{B}\right]$$

$$c(y)=c\,\frac{\sigma_m}{\sigma_m(y)}\left(1-\frac{y}{B}\right)$$

式中　$\sigma_m(y)$——局部压应力σ_m沿板宽方向变化到y处的值，MPa；

$c(y)$——局部压应力的宽度c沿板宽方向变化到y处的值，MPa；

y——以局部压应力作用边为原点向另一边方向的坐标，即板的上边缘至下区格上边缘的距离，mm；

B——腹板的总宽（高）度，mm。

$\arctan\frac{c}{y}$、$\arctan\frac{c}{B}$的单位为弧度。

(2) 板在压缩应力σ_1、剪切应力τ和局部挤压应力σ_m的共同作用下临界应力复合应力

$$\sigma_{i,ccr}=\frac{\sqrt{\sigma_1^2+\sigma_m^2-\sigma_1\sigma_m+3\tau^2}}{\frac{1+\psi}{4}\left(\frac{\sigma_1}{\sigma_{i,1cr}}\right)+\sqrt{\left(\frac{3-\psi}{4}\times\frac{\sigma_1}{\sigma_{i,1cr}}+\frac{\sigma_m}{\sigma_{i,mcr}}\right)^2+\left(\frac{\tau}{\tau_{i,cr}}\right)^2}}\tag{4-55}$$

其中，$\psi=\sigma_2/\sigma_1$，为板边两端应力比。

特殊情况：$\tau=0$，$\sigma_m=0$时，$\sigma_{i,ccr}=\sigma_{i,1cr}$；$\sigma_1=0$，$\sigma_m=0$时，$\sigma_{i,ccr}=\sqrt{3}\tau_{i,cr}$；$\tau=0$，$\sigma_1=0$时，$\sigma_{i,ccr}=\sigma_{i,mcr}$。

当局部压应力作用于板的受拉边缘时，σ_1与σ_m不相关，可分别取$\sigma_m=0$以及$\sigma_1=0$进行计算。

当临界复合应力$\sigma_{i,ccr}$（含特殊情况）超过$0.8\sigma_s$时，钢材进入非弹性阶段。此时，弹性模量E不再是常数，而是变量E_t。临界应力必须按式(4-56)求得相应的折减临界应力σ_{cr}，并用折减临界应力σ_{cr}替换超过$0.8\sigma_s$的临界复合应力$\sigma_{i,ccr}$。

$$\sigma_{cr}=\sigma_s\left(1-\frac{1}{1+6.25m^2}\right)=\sigma_s\left(\frac{6.25m^2}{1+6.25m^2}\right)=\sigma_s\rho\tag{4-56}$$

式中　σ_s——材料的屈服极限，MPa；

m——大于 $0.8\sigma_s$ 的临界复合应力（含特殊情况）与材料的屈服极限之比；$m=\sigma_{i,ccr}/\sigma_s$；

ρ——系数，可由表 4-11 查得。

表 4-11 m-ρ

m	0.8	0.9	1.0	1.1	1.2	1.3	1.4	1.5	1.6	1.9	2.0	2.1	2.3	2.5
ρ	0.80	0.84	0.86	0.88	0.90	0.91	0.93	0.93	0.94	0.96	0.96	0.97	0.97	0.98

4.4.2 薄板局部稳定性许用应力

薄板局部稳定性许用应力表达式如下。

当 $\sigma_{i,ccr}\leqslant 0.8\sigma_s$ 时
$$[\sigma_{cr}]=\frac{\sigma_{i,ccr}}{n} \tag{4-57}$$

当 $\sigma_{i,ccr}>0.8\sigma_s$ 时
$$[\sigma_{cr}]=\frac{\sigma_{cr}}{n} \tag{4-58}$$

式中 $[\sigma_{cr}]$——局部稳定性临界应力，MPa；

n——安全系数，取与强度安全系数一致。

4.4.3 薄板局部稳定性验算

应先根据腹板的受力状态预先布置加劲肋，把腹板分成区格，然后按该区格所受应力验算其稳定性。

局部稳定性计算公式：

$$\sigma_r=\sqrt{\sigma_1^2+\sigma_m^2-\sigma_1\sigma_m+3\tau^2}\leqslant[\sigma_{cr}] \tag{4-59}$$

式中 σ_r——复合应力，MPa；

σ_1——所验算板区格上的最大计算压缩应力，MPa；

τ——所验算板区格上的平均计算剪切应力，MPa；

σ_m——所验算板区格上的计算局部挤压应力，MPa。

按上式验算后，如不满足条件，必须调整加劲肋的间距重新计算。

例 4-9 图 4-22 所示跨度为 12m 的简支梁，在受压翼缘的中点和两端均有侧向支承，材料为 Q235。梁自重为 2.76kN/m，在移动载荷 $P=180$kN 作用下，已知加劲肋间距为 3m，共 5 件。试确定梁的局部稳定能否满足。

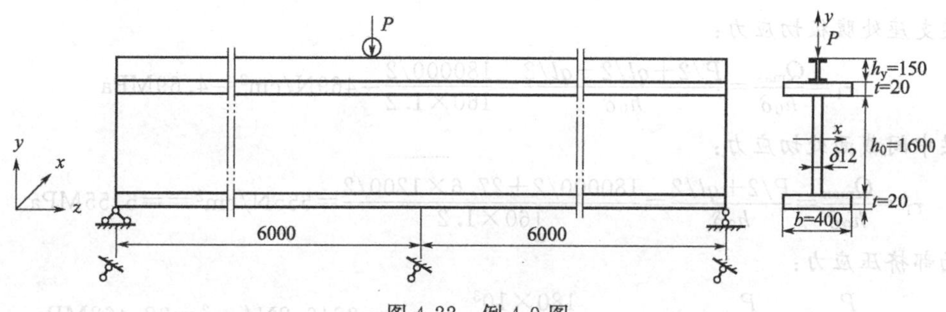

图 4-22 例 4-9 图

解

(1) 板在各种应力单独作用下的弹性临界应力

欧拉应力

$$\sigma_E=\frac{\pi^2 E}{12(1-\nu^2)}\left(\frac{\delta}{h_0}\right)^2\approx 19\left(\frac{100\delta}{h_0}\right)^2=19\times\left(\frac{100\times 12}{1600}\right)^2=10.69\text{MPa}$$

临界压缩应力：

由表 4-9 可知 $\alpha=3000/1600=1.87>2/3$，$K_\sigma=23.9$，由式(4-51) 说明可知 $\chi=1.38$，则

$$\sigma_{1cr}=\chi K_\sigma \sigma_E=1.38\times 23.9\times 10.69=352.6\text{MPa}$$

临界剪切应力：

由表 4-9 可知 $K_\tau=5.34+4/\alpha^2=5.34+4/2^2=6.34$，由式(4-52) 说明可知 $\chi=1.23$，则

$$\sigma_{cr}=\chi K_\tau \sigma_E=1.23\times 6.34\times 10.69=83.4\text{MPa}$$

临界局部挤压应力：

由式(4-53) 说明可知 $\chi=1$。

$$\beta=\frac{c}{a}=\frac{5+2\times(15+2)}{300}=\frac{39}{300}=0.13$$

由表 4-9 可知

$$K_m=\left(2+\frac{0.7}{2^2}\right)\left(\frac{1+\beta}{\alpha\beta}\right)=\left(2+\frac{0.7}{2^2}\right)\times\left(\frac{1+0.13}{1.87\times 0.13}\right)=10.11$$

$$\sigma_{mcr}=\chi K_m \sigma_E=1\times 10.11\times 10.69=108.08\text{MPa}$$

(2) 许用应力

查表 2-2，$t\leqslant 16$ 的 $\sigma_s=235\text{MPa}$

由于未考虑风载荷，按载荷组合 A 考虑，查表 3-11 载荷组合 A 的安全系数 $n=1.48$。

$$[\sigma]=\frac{\sigma_s}{n}=\frac{235}{1.48}=158.8\text{MPa}$$

(3) 计算截面几何特性和内应力

惯性矩：

$$I_x=\frac{\delta h_0^3}{12}+2tb\left(\frac{t}{2}+\frac{h_0}{2}\right)^2=\frac{1.2\times 160^3}{12}+2\times 2\times 40\times\left(\frac{2}{2}+\frac{160}{2}\right)^2=1459360\text{cm}^4$$

抗弯模量：

$$W_x=\frac{I_x}{t+h_0/2}=\frac{1459360}{2+160/2}=17797.07\text{cm}^3$$

梁支座处腹板切应力：

$$\tau_1=\frac{Q_{max}}{h_0\delta}=\frac{P/2+ql/2-ql/2}{h_0\delta}=\frac{180000/2}{160\times 1.2}=469\text{N/cm}^2=4.69\text{MPa}$$

梁中间截面处切应力：

$$\tau_1=\frac{Q_{max}}{h_0\delta}=\frac{P/2+ql/2}{h_0\delta}=\frac{180000/2+27.6\times 1200/2}{160\times 1.2}=555\text{N/cm}^2==5.55\text{MPa}$$

局部挤压应力：

$$\sigma_m=\frac{P}{\delta z}=\frac{P}{\delta(a+2h_y)}=\frac{180\times 10^3}{1.2\times[5+2\times(15+2)]}=3846.2\text{N/cm}^2=38.462\text{MPa}$$

正应力：

$$\sigma_1=\frac{M_{max}}{W_x}\times\frac{h_0}{h}=\frac{(p/2)\times(l/2)+ql^2/8}{W_x}\times\frac{h_0}{h}$$

$$=\frac{(180\times10^3/2)\times(1200/2)+27.6\times1200^2/8}{17797.07}\times\frac{160}{160+4}$$

$$=3232.6\text{N/cm}^2=32.326\text{MPa}$$

(4) 校核

临界应力复合应力计算公式：

$$\sigma_{i,ccr}=\frac{\sqrt{\sigma_1^2+\sigma_m^2-\sigma_1\sigma_m+3\tau^2}}{\frac{1+\psi}{4}\left(\frac{\sigma_1}{\sigma_{1cr}}\right)+\sqrt{\left[\frac{3-\psi}{4}\left(\frac{\sigma_1}{\sigma_{1cr}}\right)+\frac{\sigma_m}{\sigma_{mcr}}\right]^2+\left(\frac{\tau}{\tau_{cr}}\right)^2}}$$

局部稳定性计算公式：

$$\sigma_r=\sqrt{\sigma_1^2+\sigma_m^2-\sigma_1\sigma_m+3\tau^2}\leqslant[\sigma_{cr}]=\frac{\sigma_{i,ccr}}{n}$$

对以上两个公式合并：

$$\frac{1}{\frac{1+\psi}{4}\left(\frac{\sigma_1}{\sigma_{1cr}}\right)+\sqrt{\left[\frac{3-\psi}{4}\left(\frac{\sigma_1}{\sigma_{1cr}}\right)+\frac{\sigma_m}{\sigma_{mcr}}\right]^2+\left(\frac{\tau}{\tau_{cr}}\right)^2}}\geqslant n$$

对于支座处截面（$\sigma_1=0$）：

$$\frac{1}{\sqrt{\left(\frac{\sigma_m}{\sigma_{mcr}}\right)^2+\left(\frac{\tau}{\tau_{cr}}\right)^2}}=\frac{1}{\sqrt{\left(\frac{38.462}{108.08}\right)^2+\left(\frac{4.69}{83.4}\right)^2}}=2.78>n=1.34$$

对于梁中间截面：

$$\frac{1}{\frac{1-1}{4}\left(\frac{32.326}{352.6}\right)+\sqrt{\left[\frac{3-(-1)}{4}\times\frac{32.326}{352.6}+\frac{38.462}{108.08}\right]^2+\left(\frac{5.55}{83.4}\right)^2}}=2.21>n=1.34$$

(5) 结论

梁的局部稳定性能满足要求。

思　考　题

4-1　两端铰支轴心受压构件杆长 $l=2.6$m。试求：

① 采用 16 号工字钢，材料为 Q235，构件的临界载荷和允许承受的最大载荷。

② 同样采用 16 号工字钢，材料改为 Q345，能否提高构件的临界载荷和允许承受的最大载荷，并分析原因。

③ 若该构件需承受 250kN 载荷，该型号工字钢（材料 Q235）能否满足稳定要求？若不满足，能否从支承上采取措施使构件的稳定性满足？

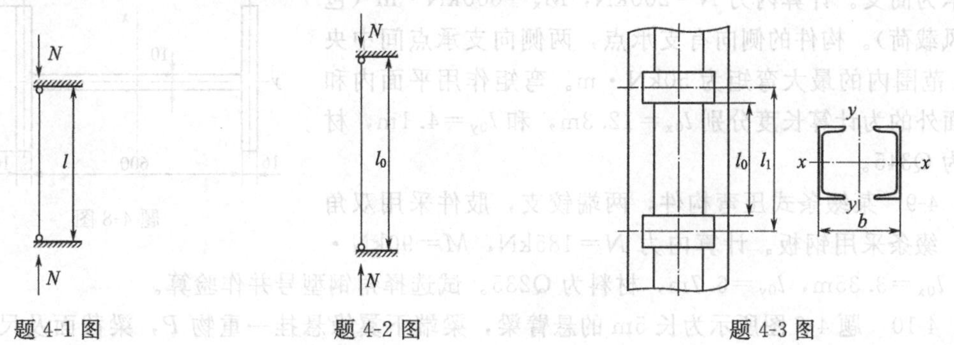

题 4-1 图　　题 4-2 图　　题 4-3 图

4-2 某轴心受压构件计算长度 $l_0=5.04\text{m}$，受轴心压力 $N=3000\text{kN}$，采用 Q345，试设计工字形的截面。

4-3 设计两端铰支的双肢缀板式轴心压杆，杆长 $l_0=6\text{m}$，材料 Q235，焊条 E43 型，承受轴心压力 $N=450\text{kN}$。

4-4 某压杆式塔机臂架采用四肢格构式变截面构件，两端铰支。材料为 Q345。肢件采用∟80×80×10 的角钢，缀条为∟63×63×4 的角钢。斜缀条与横缀条间的夹角 $\alpha=60°$。构件截面最小惯性矩 $I_{\min}=3\times10^3\text{cm}^4$，最大惯性矩 $I_{\max}=10\times10^3\text{cm}^4$，轴心压力 $N=300\text{kN}$。试验算该臂架（包括缀条）是否安全可靠？

4-5 某悬挂电动葫芦的工字形钢梁如图所示，跨度 $l=6\text{m}$，移动起重量 $P=30\text{kN}$（动载系数 $\phi=1$），葫芦自重 $G=6\text{kN}$，钢材为 Q235，梁允许挠度 $[f]=1/400$。试选择合适的工字钢的型号以满足整体稳定性、刚度和强度要求（考虑葫芦小车车轮对梁的磨损，梁的抗弯模量和惯性矩应乘以折减系数 0.9；计算时需考虑梁的自重）。

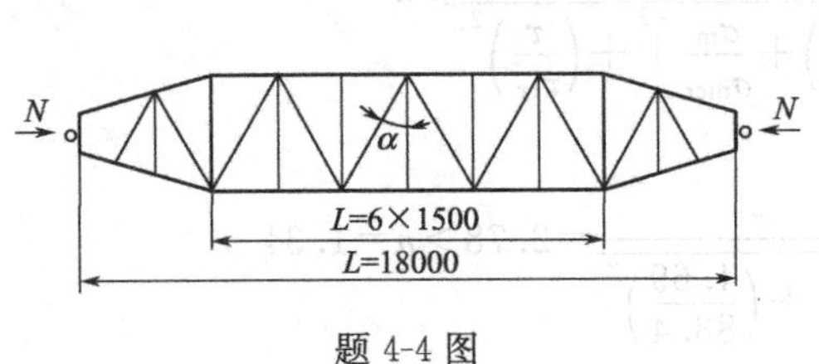

题 4-4 图

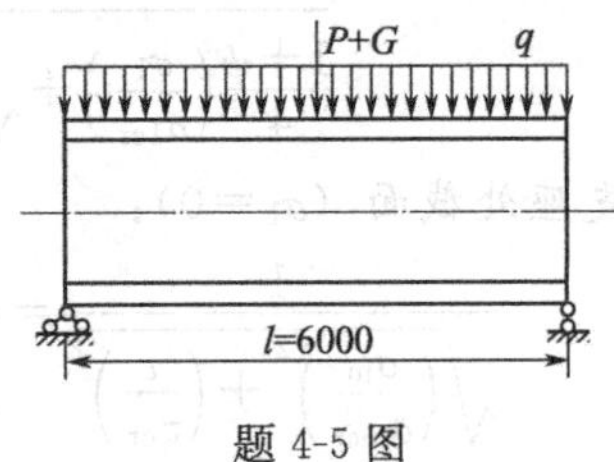

题 4-5 图

4-6 图示为长 5m 的悬臂梁，梁端下翼缘悬挂一重物 P。梁截面及尺寸如图所示，材料 Q345。要使梁不丧失整体稳定性，不计梁自重，试求重物 P 的最大允许值。

4-7 验算图示某汽车起重机臂架的基本臂的箱形截面尺寸。计算内力为 $N=2\text{kN}$，$M_x=100\text{kN}$，$Q_x=27\text{kN}$，臂长 $L=5.75\text{m}$，材料 Q235。

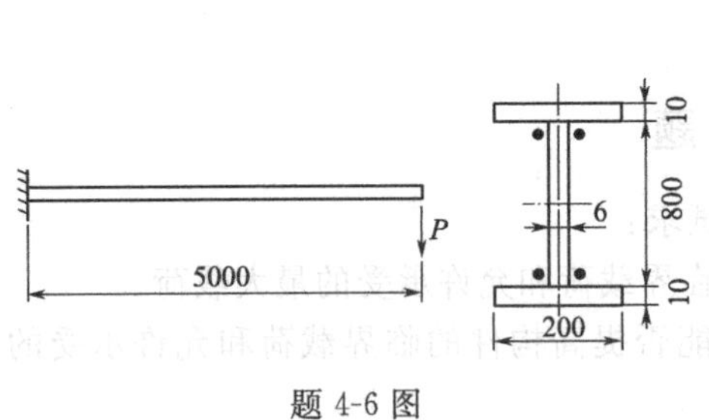

题 4-6 图

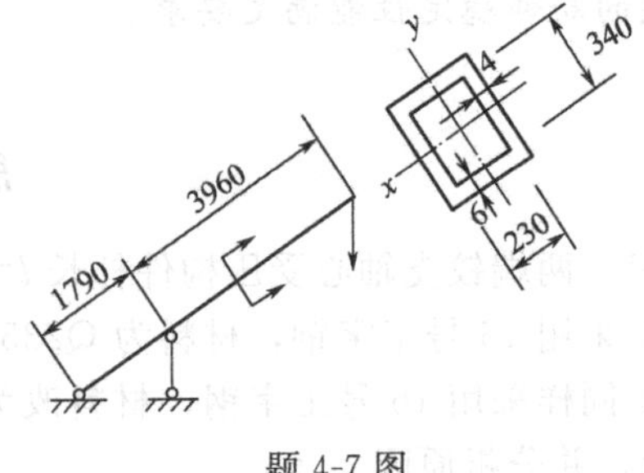

题 4-7 图

4-8 验算图示的工字形压弯构件。弯矩作用平面内的支承为悬臂，弯矩作用平面外的支承为简支。计算内力 $N=200\text{kN}$，$M_x=600\text{kN}\cdot\text{m}$（包括风载荷）。构件的侧向有支承点，两侧向支承点间中央 1/3 范围内的最大弯矩为 $50\text{kN}\cdot\text{m}$。弯矩作用平面内和平面外的为计算长度分别 $l_{0x}=12.3\text{m}$，和 $l_{0y}=4.1\text{m}$，材料为 Q345。

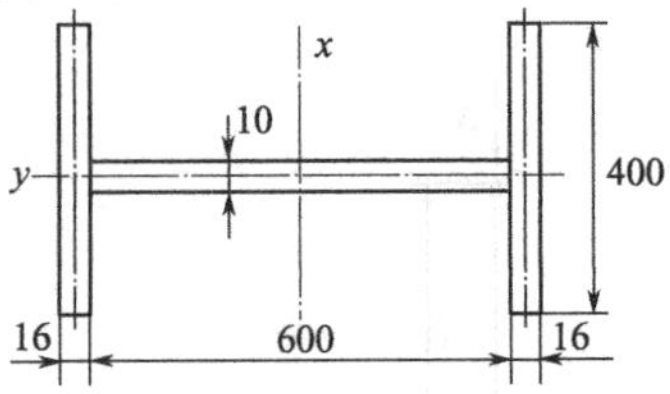

题 4-8 图

4-9 某缀条式压弯构件，两端铰支，肢件采用双角钢，缀条采用钢板。计算内力 $N=185\text{kN}$，$M=90\text{kN}\cdot\text{m}$。$l_{0x}=3.35\text{m}$，$l_{0y}=6.7\text{m}$，材料为 Q235。试选择角钢型号并作验算。

4-10 题 4-6 图所示为长 5m 的悬臂梁，梁端下翼缘悬挂一重物 P，梁截面及尺寸如图

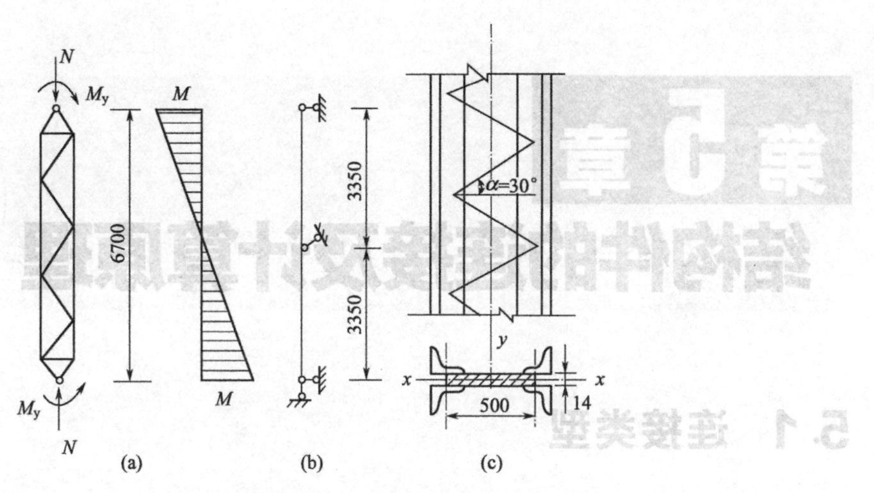

题 4-9 图

所示，材料 Q345，P＝8000N。不计梁自重，验算其局部稳定性。

4-11　验算焊接组合梁的翼缘和腹板的局部稳定性。如不满足则用加劲肋，且绘加劲肋的构造简图。梁的截面如图所示。梁上作用移动轮压 $P=230\text{kN}$，梁自重 $q=10\text{kN/m}$，钢材为 Q235，跨度 $l=30\text{m}$（$\phi=1$）。

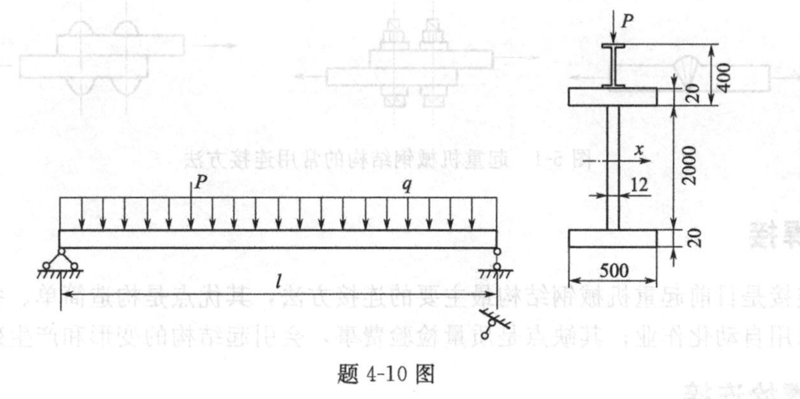

题 4-10 图

第5章 结构件的连接及计算原理

5.1 连接类型

起重机械钢结构是由若干钢材（钢板或型钢）通过焊缝、螺栓、铆钉（图5-1）等连接成基本构件（受弯构件、轴心受力构件、偏心受力构件等），再通过焊缝、螺栓或铆钉等把基本构件相互连接成能承载的结构件。工程实践证明，起重机械的不少事故发生在钢结构连接处。连接是起重机械钢结构的重要环节，且连接处的加固比构件的加固要困难，因此必须对连接设计予以足够的重视。

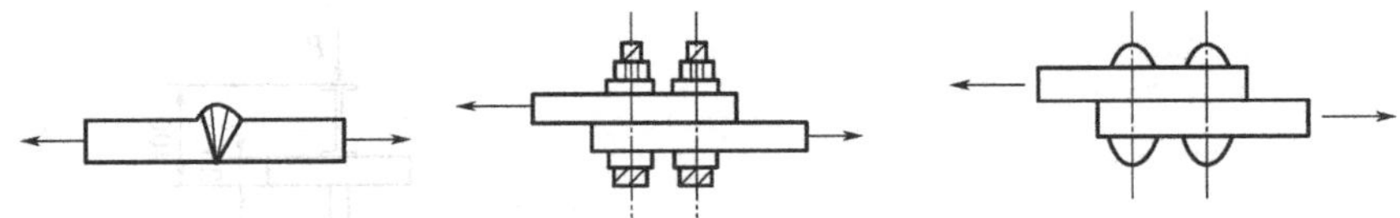

图5-1 起重机械钢结构的常用连接方法

5.1.1 焊接

焊接连接是目前起重机械钢结构最主要的连接方法，其优点是构造简单、省材料、易加工，并易采用自动化作业；其缺点是质量检验费事，会引起结构的变形和产生残余应力。

5.1.2 螺栓连接

螺栓连接也是一种较常用的连接方法，具有装配方便、迅速的优点，可用于结构安装连接或可拆卸式结构中。缺点是构件截面削弱，易松动。螺栓连接分为普通螺栓连接和高强度螺栓连接两种，普通螺栓又分为粗制螺栓和精制螺栓。由于高强度螺栓的接头承载能力比普通螺栓要高，还能减轻螺栓连接中钉孔对构件的削弱影响，因此已越来越得到广泛应用。

5.1.3 铆钉连接

铆钉连接是一种较古老的连接方法，由于它的塑性和韧性较好，便于质量检查，故经常用于承受动力载荷的结构中。但制造费工、用料多、钉孔削弱构件截面，因此目前在机械制造中已逐步由焊接所取代。

5.1.4 销轴连接

销轴连接是用于要求精度较高且经常拆卸的承受剪力的连接方式。

5.1.5 胶合连接

在起重机械钢结构中也有采用胶合连接的，胶合连接对构件的截面无削弱，也无残余应力和变形问题。在基础锚固和玻璃幕墙中应用较为广泛，在起重机械领域主要受力件的连接还属研究阶段，尚未推广应用。

5.2 焊缝连接

5.2.1 焊接接头的型式和焊缝种类

在起重机械钢结构中，焊接接头的型式主要有四种：平接、搭接、顶接和角接。

焊缝按构造分有对接焊缝、角焊缝、槽焊缝和电焊钉。在起重机械钢结构中，主要采用对接焊缝和角焊缝两种。按受力方向，对接焊缝又可分为直缝和斜缝；贴角缝又可分为与受力方向基本垂直的端缝和与受力方向基本平行的侧缝。

对接焊缝用于连接位于同一平面的构件［图 5-2(a)、(d)］，用料经济，传力均匀、平顺，没有显著的应力集中，适用于承受动力载荷，但对施焊要求较高，被焊构件应保持一定的间隙。对较厚的钢板，板边还需加工成坡口，施工不便。

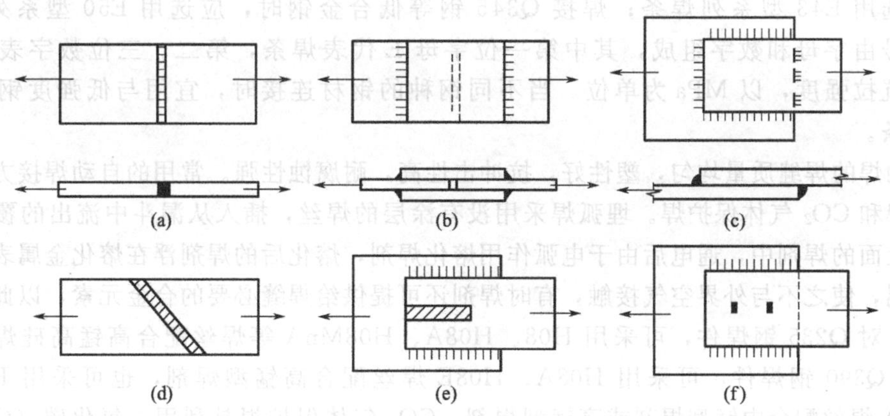

图 5-2 焊接接头和焊缝型式

角焊缝用作平接连接时，需用连接板［图 5-2(b)］，费料且截面有突变，易引起应力集中。用作搭接连接时［图 5-2(c)、(e)、(f)］，传力不均匀，费料，但施工简便，连接两板的间隙大小也无需严格控制。

采用槽缝［图 5-2(e)］或电焊钉［图 5-2(f)］，可以缩短钢材搭接的长度，并使连接紧凑、传力均匀，但增加制造工作量。

焊缝按长度的连贯性分为连续焊缝和断续焊缝两种（图 5-3）。连续焊缝用于主要构件的连接，能承受外力；断续焊缝用于受力较小或不受力的构造连接。

焊缝按施焊部位不同分为俯焊缝、横焊缝、竖焊缝和仰焊缝，分别如图 5-4 中 a～d 所示。其中俯焊缝施焊最方便，比其他几类易保证质量。因此，应尽量采取俯焊缝，或在焊接时，将结构翻转以采取这种施焊方式。

焊缝按工作性质不同分为强度焊缝和密度焊缝两种。前者能承受构件内力，后者除承受内力外，还需保证连接处不漏气体或液体，适用于储液或储气容器的焊接。

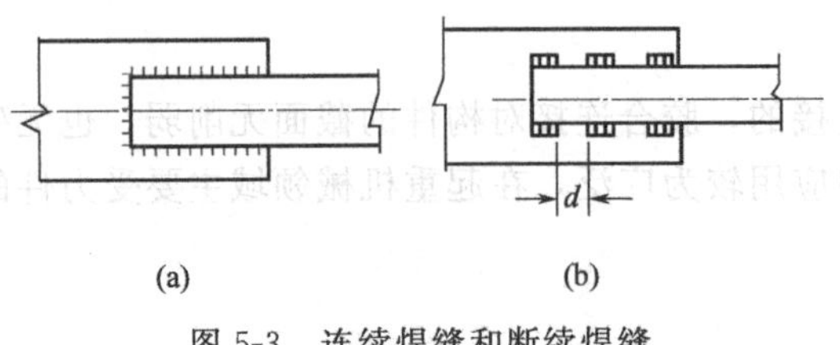

图 5-3 连续焊缝和断续焊缝

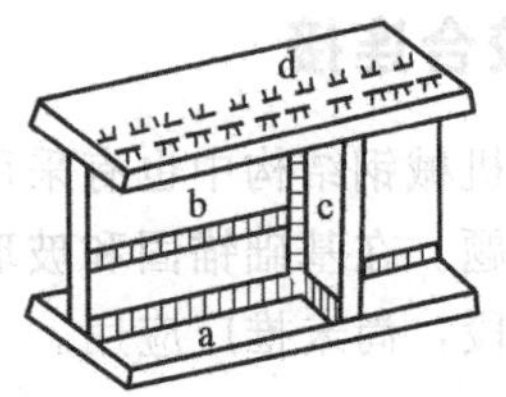

图 5-4 焊缝的施焊位置

5.2.2 焊接方法、材料

起重机械钢结构的焊接连接有电弧焊、气焊、电阻焊、电渣焊等方法。其中，电弧焊（电焊）是起重机械钢结构最常用的焊接方法，目前在我国手工电弧焊、CO_2 气体保护焊、埋弧焊是最常用的三种电弧焊方法。其焊接原理是以焊接电弧产生的热量使焊条和焊件熔化，从而凝固成牢固的接头。

手工焊操作灵活、使用设备简单，可以在任意场地进行俯、横、竖或仰焊缝的施焊，故为目前应用最广的一种焊接方式。但其生产率低，焊缝质量在很大程度上取决于焊工的技术，手工焊的焊材为电焊条。为使焊接接头与被焊构件达到等强度且有良好的综合力学性能，针对不同的构件材料，必须选用不同的焊接材料。焊接 Q235 钢等低碳钢时，应选用 E43 型系列焊条；焊接 Q345 钢等低合金钢时，应选用 E50 型系列焊条。焊条型号由字母和数字组成，其中第一位字母 E 代表焊条，第二、三位数字表示焊缝金属的抗拉强度，以 MPa 为单位。当不同钢种的钢材连接时，宜用与低强度钢材相适用的焊条。

自动焊的焊缝质量均匀，塑性好，抗冲击性高，耐腐蚀性强。常用的自动焊接方法主要是埋弧焊和 CO_2 气体保护焊。埋弧焊采用没有涂层的焊丝，插入从漏斗中流出的覆盖在被焊金属上面的焊剂中，通电后由于电弧作用熔化焊剂，熔化后的焊剂浮在熔化金属表面保护熔化金属，使之不与外界空气接触，有时焊剂还可提供给焊缝必要的合金元素，以此改善焊缝质量。对 Q235 钢焊件，可采用 H08、H08A、H08MnA 等焊丝配合高锰高硅焊剂；对 Q345 和 Q390 钢焊件，可采用 H08A、H08E 焊丝配合高锰型焊剂，也可采用 H08Mn、H08MnA 焊丝配合中锰型焊剂或高锰型焊剂。CO_2 气体保护焊是利用二氧化碳（CO_2）作保护气体的熔化极气体保护电弧焊。H08Mn2SiA 焊丝是目前 CO_2 焊中应用最广泛的一种焊丝。

焊接方法、焊接接头的基本型式和基本尺寸都必须在焊接结构施工图上标明。焊缝代号主要包括指引线、图形符号和辅助符号三部分。有关焊缝代号问题可参看 GB/T 324—2008、GB 12212—90。

5.2.3 焊缝的许用应力

在焊接连接的设计中，熔敷金属至少应具有与母材同等的综合力学性能。

焊缝承受纵向拉压应力时，许用应力不应超过表 5-1 中规定的焊缝拉压许用应力 $[\sigma_h]$。焊缝的剪切许用应力 $[\tau_h]$ 见表 5-1 的规定，按式(5-1) 计算：

$$[\tau_h]=\frac{[\sigma]}{2}\text{或}[\tau_h]=\frac{0.8[\sigma]}{\sqrt{2}} \tag{5-1}$$

根据焊接条件、焊接方法和焊缝质量分级，焊缝的许用应力 $[\sigma_h]$、$[\tau_h]$ 见表 5-1。

表 5-1　焊缝的许用应力①　　MPa

焊缝型式			拉、压许用应力$[\sigma_h]$④	剪切许用应力$[\tau_h]$
对接焊缝	质量分级②	B级	$[\sigma]$③	$[\sigma]/\sqrt{2}$
		C级		
		D级	$0.8[\sigma]$	$0.8[\sigma]/\sqrt{2}$
角焊缝	自动焊、手工焊		—	$[\sigma]/\sqrt{2}$

① 计算疲劳强度时的焊缝许用应力见第 6 章 6.3.5。

② 焊缝质量分级按 GB/T 19418 规定。

③ 表中 $[\sigma]$ 为母材的基本许用应力，见表 3-11。

④ 施工条件较差的焊缝或受横向载荷的焊缝，表中焊缝许用应力宜适当降低。

5.2.4　对接焊缝的构造和计算

(1) 对接焊缝的构造要求

为保证焊件熔透，当焊件厚度大于 8mm 时，需对焊件边缘进行加工，使其形成一定形状的坡口。坡口基本形式分为 I 形缝、单边 V 形缝、U 形缝、K 形缝和 X 形缝等［图 5-5(a)～(f)］。当只能在单面施焊时，还需设置衬垫施焊［图 5-5(g)～(i)］，以保证焊缝质量。具体的坡口形式和尺寸可参阅国家标准（GB 984—88）和（GB 984—88）。当用对接焊缝连接不同厚度或不同宽度的钢板时，为减少应力集中，应将板的一侧或两侧加工成坡度不大于 1∶4 的坡度（图 5-6），形成平缓过渡。在改变厚度时，焊缝的计算厚度取较薄板的厚度。

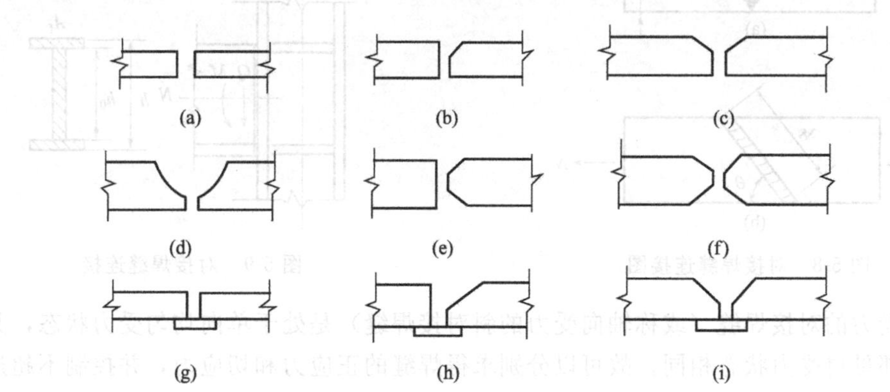

图 5-5　对接焊缝坡口形式

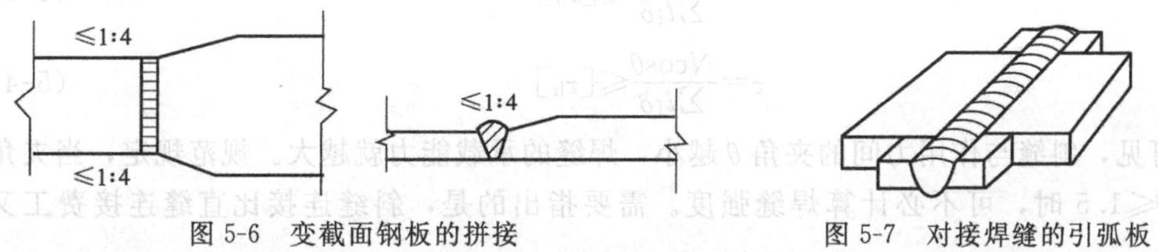

图 5-6　变截面钢板的拼接　　图 5-7　对接焊缝的引弧板

对接焊缝的表面凸出部分，易引起应力集中。因此，对受动载荷的重要构件，应顺受力方向将凸出部分加工平整，否则易降低构件疲劳强度。

焊缝的起弧和落弧点，常因不能熔透会形成凹形的焊口。为避免构件受力后产生裂纹和应力集中，焊接时可将焊缝的起点和终点延伸至引弧板上（图 5-7）。待焊完后再将引弧板切除。

(2) 对接焊缝的计算

根据载荷对焊缝作用的位置和方向，对接焊缝受到轴力、剪力和弯矩的作用。由于焊缝的应力状态基本上与构件的应力相同，故可用计算构件的方法来计算焊缝。

① 对接焊缝在轴心力 N 作用下的计算　当轴心力 N 垂直于对接直缝且通过焊缝截面的形心时［图 5-8(a)］，焊缝截面内的应力为均匀分布，其强度按下式计算：

$$\sigma=\frac{N}{\sum l_f\delta}\leqslant[\sigma_h] \tag{5-2}$$

式中　N——轴心力，N；

$\sum l_f$——焊缝计算总长度，mm，当未采用引弧板施焊时总长度中每条焊缝取实际长度减去连接中最薄的板厚，当采用引弧板时取焊缝的实际长度；

δ——连接构件中较薄的焊件厚度，mm；

$[\sigma_h]$——对接焊缝的许用拉（压）应力，MPa，由表 5-1 查取。

② 对接焊缝在斜向力 N 作用下的计算　受拉连接采用手工焊或半自动焊且用普通方法检查质量时，焊缝的许用应力低于构件的许用应力，直缝强度低于构件的强度，为提高连接的承载能力，可改用斜缝［图 5-8(b)］。

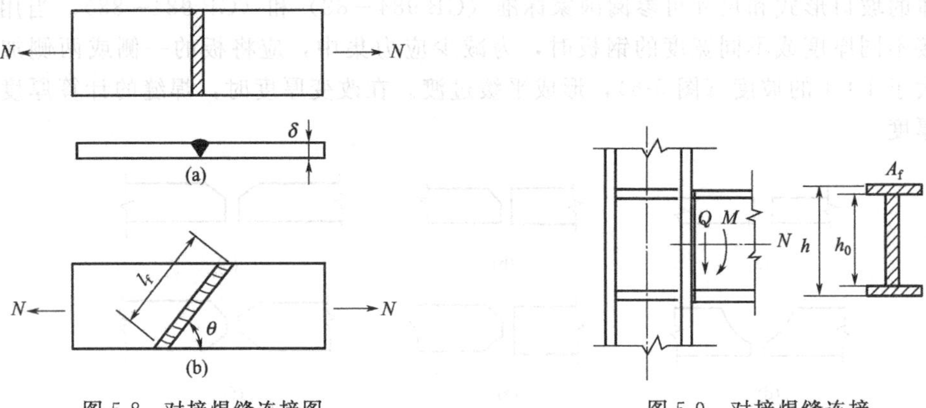

图 5-8　对接焊缝连接图　　图 5-9　对接焊缝连接

斜向受力的对接焊缝（或称轴向受力的斜对接焊缝）是处于单向均匀受力状态，其应力分布与相邻母材受力状态相同。故可以分别求得焊缝的正应力和切应力，并控制不超过各自的许用应力：

$$\sigma=\frac{N\sin\theta}{\sum l_f\delta}\leqslant[\sigma_h] \tag{5-3}$$

$$\tau=\frac{N\cos\theta}{\sum l_f\delta}\leqslant[\tau_h] \tag{5-4}$$

由此可见，斜缝与作用力间的夹角 θ 越小，焊缝的承载能力就越大。规范规定，当夹角 θ 符合 $\tan\theta\leqslant1.5$ 时，可不必计算焊缝强度。需要指出的是，斜缝连接比直缝连接费工又费料。

③ 对接焊缝在轴心力 N、剪力 Q 和弯矩 M 共同作用下的计算

最大正应力验算公式为

$$\sigma=\frac{N}{A}\pm\frac{M}{W_f}\leqslant[\sigma_h] \tag{5-5}$$

式中　A——焊缝的计算截面面积，mm^2；

W_f——焊缝的计算截面抗弯模量，mm^3。

最大切应力验算公式为

$$\tau_{max}=\frac{QS}{I\delta}\leqslant[\tau_h] \tag{5-6}$$

式中 S——焊缝截面中和轴以上部分对中和轴的静矩，mm^3；

I——焊缝截面对中和轴的惯性矩，mm^4；

δ——焊缝的厚度，mm。

对于矩形截面，按式(5-5) 和式(5-6) 分别计算即可；对于工字形截面和 T 形截面，在正应力和切应力都较大的地方，如图 5-9 中梁腹板与翼板连接处的对接焊缝，还应按下式验算焊缝的折算应力：

$$\sigma_{zs}=\sqrt{\sigma^2+3\tau^2}\leqslant 1.1[\sigma_h] \tag{5-7}$$

式中 σ，τ——腹板与翼缘板连接处的正应力与切应力，MPa；

1.1——考虑到最大折算应力仅在局部发生，该区域同时遇到材料最坏的概率是很小的，将许用应力进行适当提高的系数。

在《起重机设计规范》中，验算折算应力采取了与日本和德国等国家相同的验算公式：

$$\sigma_{zs}=\sqrt{\sigma^2+2\tau^2}\leqslant[\sigma_h] \tag{5-8}$$

当有双向正应力 σ_x、σ_y 及切应力 τ_{xy} 的复合作用时，应按下式验算复合应力：

$$\sigma_h=\sqrt{\sigma_x^2+\sigma_y^2-\sigma_x\sigma_y+2\tau_{xy}^2}\leqslant[\sigma_h] \tag{5-9}$$

④ 牛腿连接的对接焊缝在轴心力 N、剪力 Q 和弯矩 M 共同作用下的计算

梁的受弯受剪属于一般材料力学中的平面弯曲构件，其特点是梁计算的截面特性变化不大。但在牛腿连接中，连接件的截面特性发生了巨大变化，其应力-应变关系与材料力学中的平面弯曲结构不同，不属于一般的“梁”，而接近于所谓的“深梁”。在设计工作中，常采用一些假定而把计算简化。如图 5-9 所示结构，在剪力作用下，忽略梁的翼缘板受力，假定柱和梁的腹板为两个刚体，焊缝则是两个刚体中间的弹性体，焊缝在剪力作用下，腹板各点在垂直方向产生相等的位移，即各点所受的应力是相等的。在弯矩和轴力作用下，假定柱和梁为两个刚体，刚体在外力作用下只产生平移或以某一轴线（形心线）转动，这完全符合材料力学分析受拉和受弯构件时的平面假设，所以焊缝的应力分布和材料力学的梁应力分布相同。设 1、2、3、4、5 点分别为下翼缘外缘、腹板与下翼缘连接处、梁形心线处、腹板与上翼缘连接处、上翼缘外缘。其计算公式如下：

点 1 处
$$\sigma_1=\frac{N}{A}-\frac{My_1}{I}\leqslant[\sigma_h]$$

点 2 处
$$\sigma_2=\frac{N}{A}-\frac{My_2}{I}；\ \tau_2=\frac{Q}{A_f}$$
$$\sqrt{\sigma_2^2+3\tau_2^2}\leqslant 1.1[\sigma_h]$$

点 3 处
$$\sigma_3=\frac{N}{A}；\ \tau_3=\frac{Q}{A_f}$$
$$\sqrt{\sigma_3^2+3\tau_3^2}\leqslant 1.1[\sigma_h]$$

点 4 处
$$\sigma_4=\frac{N}{A}-\frac{My_4}{I}\leqslant[\sigma_h]；\ \tau_4=\frac{Q}{A_f}$$
$$\sqrt{\sigma_4^2+3\tau_4^2}\leqslant 1.1[\sigma_h]$$

点 5 处 $$\sigma_5=\frac{N}{A}-\frac{My_5}{I}\leqslant[\sigma_h]$$

式中 A_f——腹板焊缝的计算面积，mm^2；

y_1，y_2，y_4，y_5——1、2、4、5 点到中和轴的距离，mm。

例 5-1 计算三块 Q345B 钢板焊成工字形截面的对接焊缝，已知截面尺寸：上翼缘宽度 $b_1=120mm$、厚度 $t_1=12mm$，下翼缘宽度 $b_2=80mm$，厚度 $t_2=12mm$，腹板高度 $h_0=200mm$、厚度 $t_w=8mm$。根据载荷组合 B 得到焊缝处的载荷效应为：轴心力 $N=200kN$，弯矩 $M=33.6kN\cdot m$，剪力 $Q=208kN$。采用手工施焊，普通质量检验方法，施焊时用引弧板，采用的焊条为 E50 型（图 5-10）。

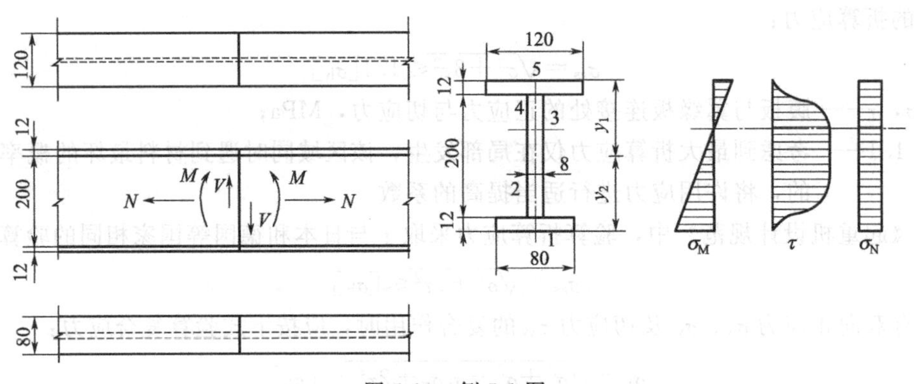

图 5-10 例 5-1 图

解

(1) 求许用应力

查表 5-1 得焊缝抗拉和抗压许用应力$[\sigma_h]=[\sigma]$，焊缝抗剪许用应力$[\tau_h]=[\sigma]/\sqrt{2}$。

按载荷组合 B，查表 3-11 得安全系数 $n=1.34$。

$$[\sigma]=\frac{\sigma_s}{n}=\frac{345}{1.34}=257MPa$$

焊缝抗拉和抗压许用应力$[\sigma_h]=[\sigma]=257MPa$。

焊缝抗剪许用应力$[\tau_h]=[\sigma]/\sqrt{2}=182MPa$。

(2) 焊缝截面特性计算

形心位置为

$$y_1=\frac{12\times1.2\times0.6+20\times0.8\times11.2+8\times1.2\times21.8}{12\times1.2+20\times0.8+8\times1.2}=9.928cm$$

$$y_2=22.4-9.928=12.472cm$$

$$I_w=\left[\frac{0.8\times20^3}{12}+20\times0.8\times(12.472-1.2-10)^2\right]$$
$$+\left[\frac{8\times1.2^3}{12}+8\times1.2\times\left(9.928-\frac{1.2}{2}\right)^2\right]+\left[\frac{12\times1.2^3}{12}+12\times1.2\times\left(12.472-\frac{1.2}{2}\right)^2\right]$$
$$=559.2+836.5+2031.3=3427cm^4$$

$$A_w=12\times1.2+20\times0.8+8\times1.2=40cm^2$$

设 1、2、3、4、5 点分别为下翼缘外缘、腹板与下翼缘连接处、梁形心线处、腹板与上翼缘连接处、上翼缘外缘。点 2、3、4 处的面积距分别为

$$S_{w2}=8\times1.2\times(12.472-1.2/2)=113.97cm^3$$

$$S_{\overline{w}3}=8\times1.2\times(12.472-1.2/2)+(12.472-1.2)\times0.8\times(12.472-1.2)/2$$
$$=164.79\text{cm}^3$$

$$S_{\overline{w}4}=12\times1.2\times(9.928-1.2/2)=134.32\text{cm}^3$$

(3) 各点的应力验算

点 1 处

$$\sigma_1=\frac{200000}{4000}+\frac{33600000\times124.72}{34270000}=172.3\text{MPa}<[\sigma_h]=257\text{MPa}$$

点 2 处

$$\sigma_2=\frac{200000}{4000}+\frac{33600000\times(124.72-12)}{34270000}=160.5\text{MPa}<[\sigma_h]=257\text{MPa}$$

$$\tau_2=\frac{QS_{\overline{w}2}}{I\delta}=\frac{208000\times113970}{34270000\times8}=86.5\text{MPa}<[\tau_h]=182\text{MPa}$$

$$\sigma_{zs}=\sqrt{\sigma_2^2+3\tau_2^2}=\sqrt{160.5^2+3\times86.5^2}=219.6\text{MPa}<1.1[\sigma_h]=283\text{MPa}$$

点 3 处

$$\sigma_3=\frac{200000}{4000}=50\text{MPa}$$

$$\tau_3=\frac{QS_{\overline{w}3}}{I\delta}=\frac{208000\times164790}{34270000\times8}=125\text{MPa}<[\tau_h]=182\text{MPa}$$

$$\sigma_{zs}=\sqrt{\sigma_3^2+3\tau_3^2}=\sqrt{50^2+3\times125^2}=222.2\text{MPa}<1.1[\sigma_h]=283\text{MPa}$$

点 4 处

$$\sigma_4=\frac{200000}{4000}-\frac{33600000\times(9.928\times10^{-12})}{34270000}=-35.6\text{MPa}<[\sigma_h]=257\text{MPa}$$

此点为弯曲压应力，且其值小于 σ_3，切应力也小于 τ_3，故不必再计算下去。同理，点 5 处也不必计算。

(4) 计算结果

各点应力和折算应力均小于焊缝强度计算值，故此焊缝安全。

例 5-2 计算材料为 Q345B 钢牛腿的对接焊缝（图 5-11），已知 T 形截面尺寸为：翼缘宽度 $b=120\text{mm}$，厚度 $t=12\text{mm}$，腹板高度 $h_0=200\text{mm}$，厚度 $t_\omega=10\text{mm}$。根据载荷组合 B 得到焊缝处的载荷效应为：焊缝承受一竖向力 $F=180\text{kN}$。偏心 $e=150\text{mm}$，采用 E50 型焊条，手工施焊，普通检验质量检验标准，施焊时不用引弧板。

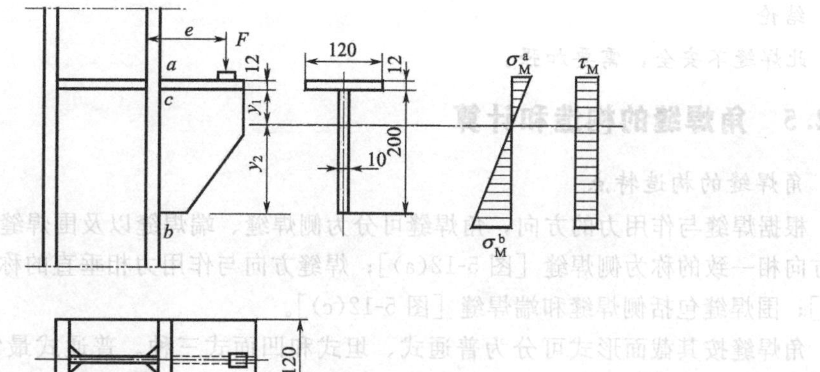

图 5-11　例 5-2 图

解

(1) 求许用应力

查表 5-1 得焊缝抗拉和抗压许用应力 $[\sigma_h]=[\sigma]$，焊缝抗剪许用应力 $[\tau_h]=\dfrac{[\sigma]}{\sqrt{2}}$。

按载荷组合 B，查表 3-11 得安全系数 $n=1.34$。

$$[\sigma]=\frac{\sigma_s}{n}=\frac{345}{1.34}=257\text{MPa}$$

焊缝抗拉和抗压许用应力 $[\sigma_h]=257\text{MPa}$。

焊缝抗剪许用应力 $[\tau_h]=[\sigma]/\sqrt{2}=182\text{MPa}$。

(2) 形心位置

$$y_1=\frac{(12-1.2)\times1.2\times0.6+(20-1)\times1.0\times(10+1.2)}{(12-1.2)\times1.2+(20-1)\times1.0}=6.9\text{cm}$$

$$y_2=1.2+20-\frac{1.0}{2}-6.9=13.8\text{cm}$$

$$\begin{aligned}I_w&=\frac{1.0\times(20-1/2)^3}{12}+\left(20-\frac{1.0}{2}\right)\times1.0\times\left(13.8-\frac{20-1.0/2}{2}\right)^2\\&+\frac{(12-1.2)\times1.2^3}{12}+(12-1.2)\times1.2\times\left(6.69-\frac{1.2}{2}\right)^2\\&=617.91+319.85+1.56+514.38=1453.7\text{cm}^4\end{aligned}$$

$$A'_w=(20-1.0/2)\times1.0=19.5\text{cm}^2$$

(3) 验算翼缘顶点 a、腹板上端点 c、腹板下端点 b 的焊缝应力。

$$\sigma_M^a=\frac{Fey_1}{I_w}=\frac{180000\times150\times69}{14537000}=128.16\text{MPa}<[\sigma_h]=257\text{MPa}$$

$$\sigma_M^c=\frac{180000\times150\times(69-12)}{14537000}=105.87\text{MPa}<[\sigma_h]=257\text{MPa}$$

$$\tau_c=\tau_{max}=\frac{F}{A'_w}=\frac{180000}{1950}=92.31\text{MPa}<[\tau_h]=182\text{MPa}$$

$$\sigma_{zs}=\sqrt{\sigma_M^{c2}+3\tau_c^2}=\sqrt{105.87^2+3\times92.31^2}=191.76\text{MPa}<1.1[\sigma_h]=283\text{MPa}$$

$$\sigma_M^b=\frac{180000\times150\times(140.3-10/2)}{14537000}=251.3\text{MPa}<[\sigma_h]=257\text{MPa}$$

$$\sigma_{zs}=\sqrt{\sigma_M^{b2}+3\tau_c^2}=\sqrt{251.3^2+3\times92.31^2}=297.85\text{MPa}>1.1[\sigma_h]=283\text{MPa}$$

(4) 结论

此焊缝不安全，需要加强。

5.2.5 角焊缝的构造和计算

(1) 角焊缝的构造特点

根据焊缝与作用力的方向，角焊缝可分为侧焊缝、端焊缝以及围焊缝。焊缝方向与作用力方向相一致的称为侧焊缝［图 5-12(a)］；焊缝方向与作用力相垂直的称为端焊缝［图5-12(b)］；围焊缝包括侧焊缝和端焊缝［图 5-12(c)］。

角焊缝按其截面形式可分为普通式、坦式和凹面式三种。普通式最常用，正三角形式［图 5-13(a)］，斜面的中部稍有凸出。由于这种截面形式的焊缝在端缝处力线转折厉害，易产生应力集中，故对于受动力载荷的构件，为使传力流畅，采用坦式或凹面式［图 5-13(b)、

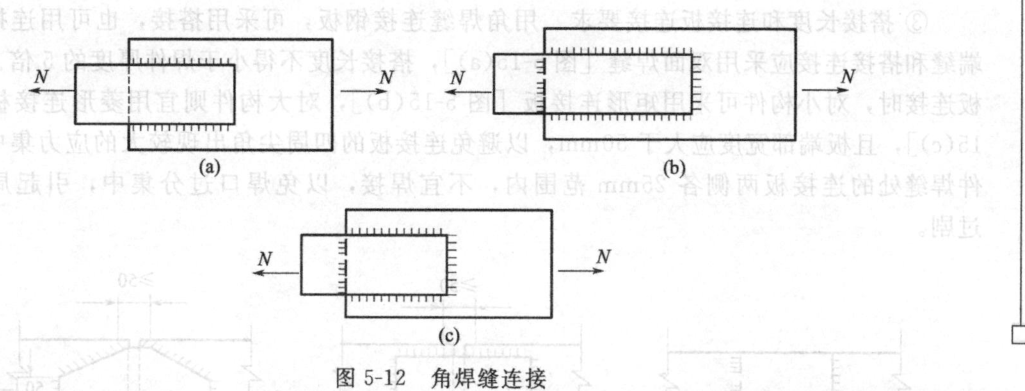

图 5-12　角焊缝连接

(c)]。其中坦式焊缝直角边的比为 1∶1.5（长边顺内力方向）。通常把角焊缝截面的直角较小边称为角焊缝的厚度，以 h_f 表示。

根据角焊缝的受力和工艺特点，为保证连接的质量，设计时应注意以下几个构造问题。

① 角焊缝厚度的限制　为防止焊接过热而引起焊件的过烧，造成材质变化塑性下降，规范中规定，角焊缝的厚度不允许超过较薄焊件厚度的 1.2 倍 [图 5-14(a)]。对于搭接头，即角焊缝焊在板的边缘时 [图 5-14(b)]，应符合下列要求：当 $\delta \leqslant 6$mm 时，$h_f \leqslant \delta$；当 $\delta >$ 6mm 时，$h_f = \delta - (1 \sim 2)$mm（其中 δ 为焊件边缘的厚度）。

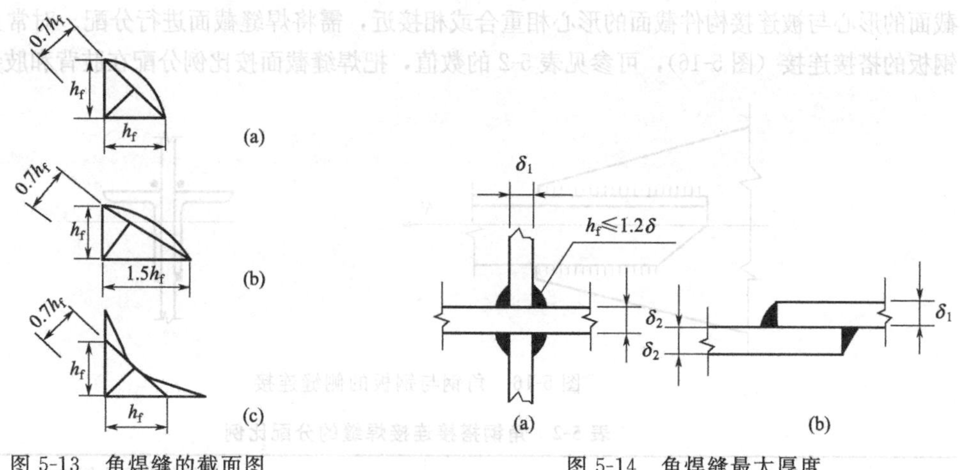

图 5-13　角焊缝的截面图　　　　图 5-14　角焊缝最大厚度

同样，为保证焊件承载能力，焊缝的厚度也不得太薄，否则不易焊透和焊牢。规范中规定，焊缝最小厚度不应小于 4mm，可按经验公式 $h_f \geqslant 0.3\delta + 1$mm（$\delta$ 为较厚焊件厚度）计算得到。当焊件厚度小于 4mm 时，则取焊件厚度。

② 角焊缝长度的限制　考虑到焊缝若长度过短，起弧落弧缺陷相距过近，易引起应力集中。另外，构件局部加热过剧，会使材质下降。因此，角焊缝的长度不得太小，规定最小计算长度不得小于 $8h_f$。

角焊缝采用侧缝形式时，沿长度方向的焊缝应力分布是不均匀的。而且长度与厚度之比越大，应力分布不均匀现象就越严重。对此，规范中对侧焊缝的最大计算长度作了规定：承受静力载荷时，不得大于 $60h_f$；承受动力载荷时，不得大于 $40h_f$。当实际焊缝长度大于上述数值时，其超出部分在计算中不予考虑。但是，当内力沿侧焊缝全长分布时，其计算长度则不受此限制。

③ 搭接长度和连接板连接要求　用角焊缝连接钢板，可采用搭接，也可用连接板。用端缝和搭接连接应采用双面焊缝［图 5-15(a)］，搭接长度不得小于焊件厚度的 5 倍。用连接板连接时，对小构件可采用矩形连接板［图 5-15(b)］，对大构件则宜用菱形连接板［图 5-15(c)］，且板端部宽度应大于 50mm，以避免连接板的四周尖角出现较大的应力集中。在构件焊缝处的连接板两侧各 25mm 范围内，不宜焊接，以免焊口过分集中，引起局部烧焊过剧。

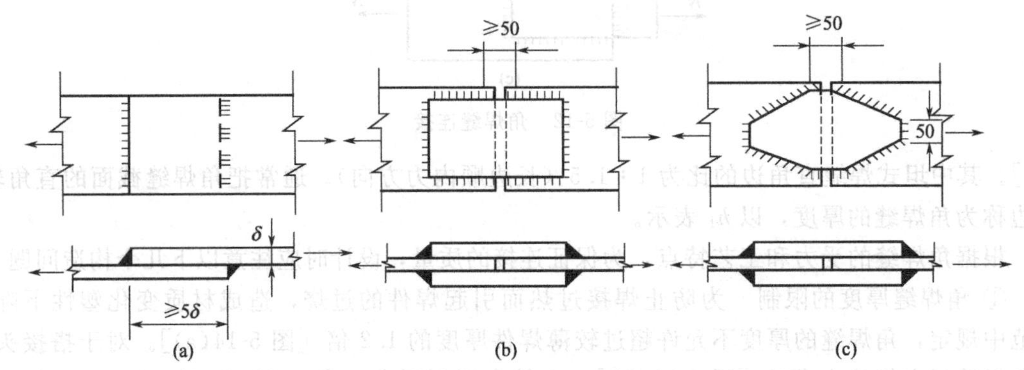

图 5-15　用角焊缝的钢板连接

④ 连接截面不对称构件侧缝的分布要求　在仅用侧缝连接截面不对称的构件时，为使焊缝截面的形心与被连接构件截面的形心相重合或相接近，需将焊缝截面进行分配。对常见的角钢与钢板的搭接连接（图 5-16），可参见表 5-2 的数值，把焊缝截面按比例分配在肢背和肢尖上。

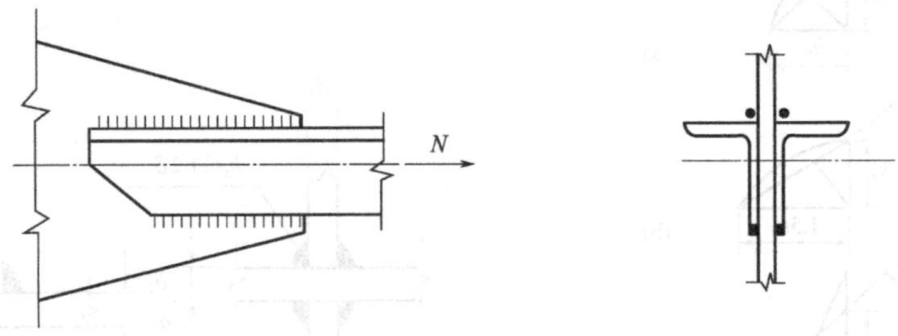

图 5-16　角钢与钢板的侧缝连接

表 5-2　角钢搭接连接焊缝的分配比例

角钢类型	角钢连接形式	焊缝的分配比例	
		在角钢肢背	在角钢肢尖
等肢角钢		0.70	0.30
不等肢角钢（短肢连接）		0.75	0.25
不等肢角钢（长肢连接）		0.65	0.35

⑤ 间断焊缝之间的静距　在受力较小的次要构件连接中，如按计算求得的焊缝厚度很小时，可采用间断焊缝［图 5-3(b)］。对间断焊缝之间的净距 d 有一定的限制，如净距 d 过大，易侵入潮气引起锈蚀，故要求对受压构件净距 d 不应大于 15δ，对受拉构件，d 不应大于 30δ。其中 δ 为较薄焊件的厚度。

(2) 角焊缝的计算

角焊缝的应力状态比较复杂，端焊缝与侧焊缝的破坏形式又是不一样的。侧焊缝的破坏，通常发生在焊缝截面的最小高度平面（即 $0.7h_f$ 所在平面），沿焊缝方向的应力分布是不均匀的，往往从两端开始破坏，承受静力载荷时，不得大于 $60h_f$，承受动力载荷时，不得大于 $40h_f$。计算时，则取焊缝截面的最小高度 $0.7h_f$ 作为焊缝工作截面的计算厚度［图 5-13(a)］。

端焊缝传递内力要比侧焊缝均匀，但由于内力从一个构件过渡到另一构件时，力线出现很大转折，因此端焊缝受力较复杂，实际上受轴向力、弯矩、剪力的共同作用，即存在着正应力和切应力。其破坏形式可能是拉断，也可能是剪断（图 5-17）。为了简化计算，根据试验结果，端焊缝可与侧焊缝一样，计算厚度取最小高度 $0.7h_f$。

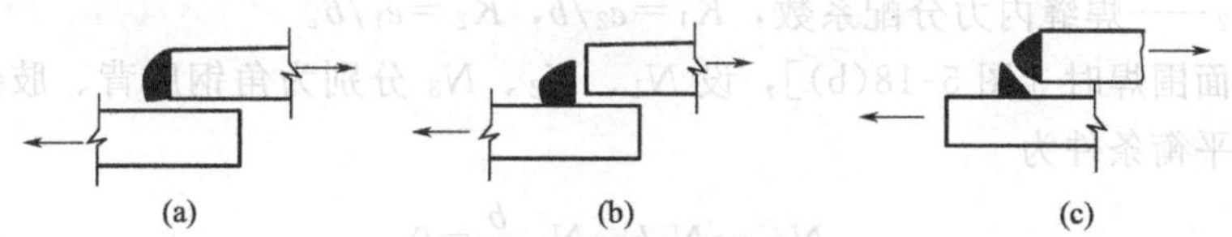

图 5-17　端焊缝的破坏形式

在现行的钢结构设计中对端焊缝承受静载荷或间接承受动载荷时，其强度设计值乘了一个 1.22 的提高系数来考虑；对于起重机械来说，多承受动载荷，因此无论是承受静载荷和承受动载荷都不考虑其承载能力的提高情况，在设计计算中角焊缝无论是侧焊缝还是端焊缝，也无论受哪种外力，焊缝中的应力都统一按受剪计算，计算厚度均取 $0.7h_f$。角焊缝的许用应力 $[\tau_t^h]$ 由表 5-1 查取。

① 角焊缝在轴心力 N 作用下的计算　当轴心力 N 垂直于角焊缝且通过焊缝的形心时，可认为焊缝的应力是均匀分布的。验算公式如下：

$$\tau_N=\frac{N}{A_f}=\frac{N}{0.7h_f\sum l_f}\leqslant[\tau_t^h] \tag{5-10}$$

式中　N——轴心力，N；

h_f——角焊缝的厚度，取截面直角的较小边，mm；

$\sum l_f$——接缝一侧的焊缝总计算长度，mm，其中，每条连接施焊的焊缝长度均应减去 $2h_f$（如连续缝或四周环缝则可不减，三面焊时三面总长减去 $2h_f$）；

$[\tau_t^h]$——角焊缝的许用应力，MPa，由表 5-1 查取。

② 角钢杆件与节点板连接的角焊缝的计算　角钢杆件与节点板连接的角焊缝，由于结构截面形心到肢背和肢尖的距离不相等，靠近其形心的肢背焊缝承受较大的内力，在焊缝设计时，为确保焊缝受力均匀，应根据具体结构的受力情况，进行受力分析，然后根据各个焊缝的受力大小按式(5-10) 进行设计。常见的角钢杆件与节点板连接的角焊缝的受力分析如下。

角钢用侧缝连接时［图 5-18(a)］，设 N_1、N_2 分别为角钢肢背和肢尖焊缝承担的内力，其平衡条件为

$$N_1+N_2=N$$

$$N_1e_1=N_2e_2$$

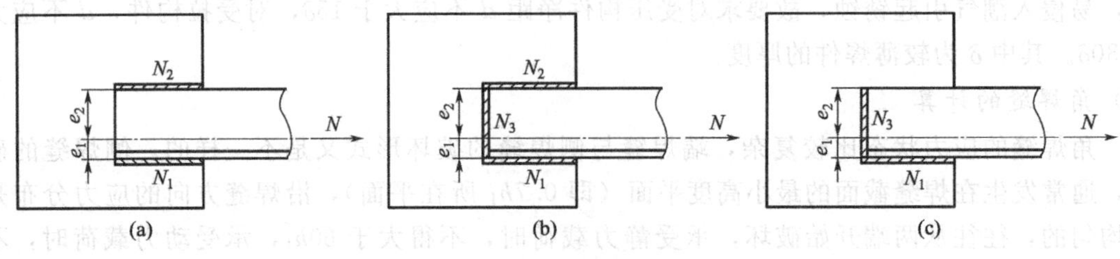

图 5-18 角焊缝

解联立方程得

$$N_1=\frac{e_2}{b}N=K_1N$$

$$N_2=\frac{e_1}{b}N=K_2N$$

式中 K_1，K_2——焊缝内力分配系数，$K_1=e_2/b$，$K_2=e_1/b$。

角钢用三面围焊时［图 5-18(b)］，设 N_1、N_2、N_3 分别为角钢肢背、肢尖和端焊缝承担的内力，其平衡条件为

$$Ne_2-N_1b-N_3\ \frac{b}{2}=0$$

$$Ne_1-N_2b-N_3\ \frac{b}{2}=0$$

解联立方程得

$$N_1=\frac{e_2}{b}N-\frac{N_3b}{2b}=K_1N-\frac{N_3}{2}$$

$$N_2=\frac{e_1}{b}N-\frac{N_3b}{2b}=K_2N-\frac{N_3}{2}$$

角钢采用 L 形围焊时［图 5-18(c)］，设 N_1、N_3 分别为角钢肢背和端焊缝承担的内力，其平衡条件为

$$N_3\ \frac{b}{2}-Ne_1=0$$

$$N_1+N_3=N$$

解联立方程得

$$N_3=2N\frac{e_1}{b}=2K_2N$$

$$N_1=N-N_3=(K_1+K_2)N-2K_2N=(K_1-K_2)N$$

③ 角焊缝在轴心力 N、剪力 Q 和弯矩 M 共同作用下的计算　按前面假定，角焊缝在各种外力作用下，焊缝都按对角线上截面受到剪切破坏验算其切应力。图 5-19 所示的连接，轴向力 N 和弯矩 M 产生的应力 τ_N、τ_M 的方向相同，为水平方向。剪力 Q 产生的应力 τ_Q 为垂直方向，并假定为均布切应力（即 Q 全部由腹板承受）。因此，可先分开验算，再作合成切应力验算。

$$\tau_N=\frac{N}{A_f}\leqslant[\tau_h],\ \tau_M=\frac{M}{W_f}\leqslant[\tau_h],\ \tau_Q=\frac{Q}{A_f'}\leqslant[\tau_h] \tag{5-11}$$

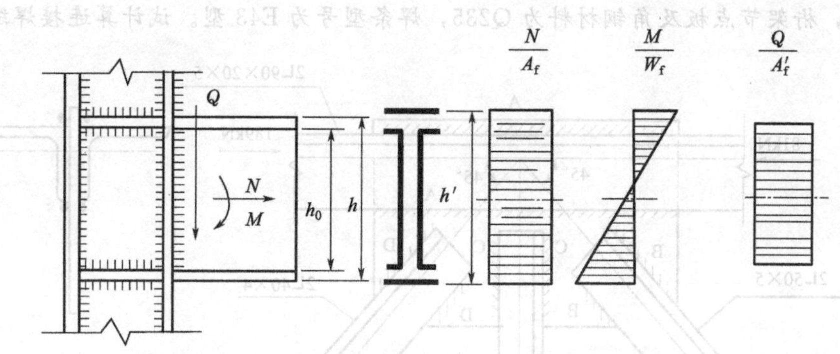

图 5-19　角焊缝连接在 N、Q、M 作用下的计算

对图 5-19 所示焊接，在水平焊缝与垂直焊缝交会处，应力较大，需验算其合成切应力：

$$\tau=\sqrt{(\tau_N+\tau_M)^2+\tau_Q^2}=\sqrt{\left(\frac{N}{A_f}+\frac{M}{W_f}\times\frac{h_0}{h}\right)^2+\left(\frac{Q}{A_f'}\right)^2}\leqslant[\tau_h] \tag{5-12}$$

式中　A_f——焊缝总计算面积，mm^2；

W_f——焊缝计算截面抗弯模量，mm^3；

A_f'——腹板焊缝计算面积，mm^2。

④ 角焊缝在扭矩 M_k 和剪力 Q 共同作用下的计算　在图 5-20 所示连接中，假定焊缝为弹性体，连接体为绝对刚性体，并假定焊缝上任一点的相对位移方向垂直于该点与 O 点的连线，其大小与此连线的长短成正比，在外力 P 作用下，焊缝受到 M_k（P 对焊缝形心的偏心矩$M_k=Pe$）和 Q（即为 P）的共同作用，这时可近似按下列公式验算。

在 A 点上由剪力 Q 产生的切应力：

$$\tau_Q=\frac{Q}{0.7h_f\sum l_f} \tag{5-13}$$

在 A 点上由扭矩 M_k 产生的切应力：

$$\tau_k=\frac{M_k r}{I_z} \tag{5-14}$$

式中　r——焊缝计算截面形心至所求最大应力点的距离，mm；

I_z——焊缝计算截面对 z 轴的惯性矩，mm^4，等于对 x 轴和 y 轴的惯性矩之和，即 $I_z=I_x+I_y$。

将 τ_k 分解到 x 轴和 y 轴上其分应力为

$$\tau_{kx}=\tau_k\frac{r_y}{r}=\frac{M_k r_y}{I_z}=\frac{M_k r_y}{I_x+I_y}$$

$$\tau_{ky}=\tau_k\frac{r_x}{r}=\frac{M_k r_x}{I_z}=\frac{M_k r_x}{I_x+I_y} \tag{5-15}$$

式中　r_x，r_y——r 在 x 轴及 y 轴上投影的长度，mm。

则 τ_Q 和 τ_{kx}、τ_{ky}在 A 点上的合成切应力为

$$\tau_A=\sqrt{(\tau_Q+\tau_{ky})^2+\tau_{kx}^2}\leqslant[\tau_h]$$

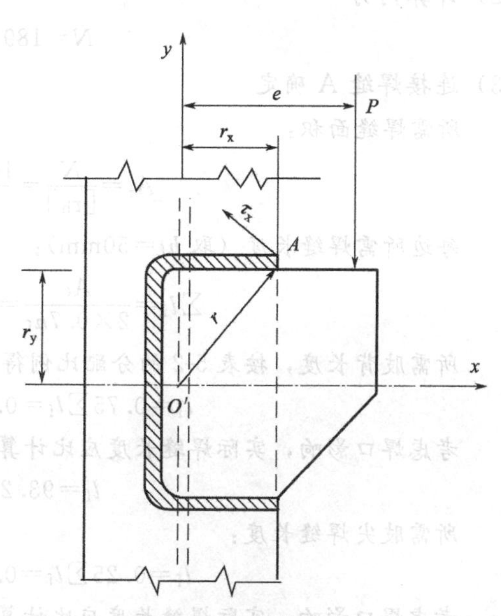

图 5-20　角焊缝在 M_k、Q 的作用下的计算

例 5-3　图 5-21 所示结构，按载荷组合 B 求

得载荷效应，桁架节点板及角钢材料为Q235，焊条型号为E43型。试计算连接焊缝。

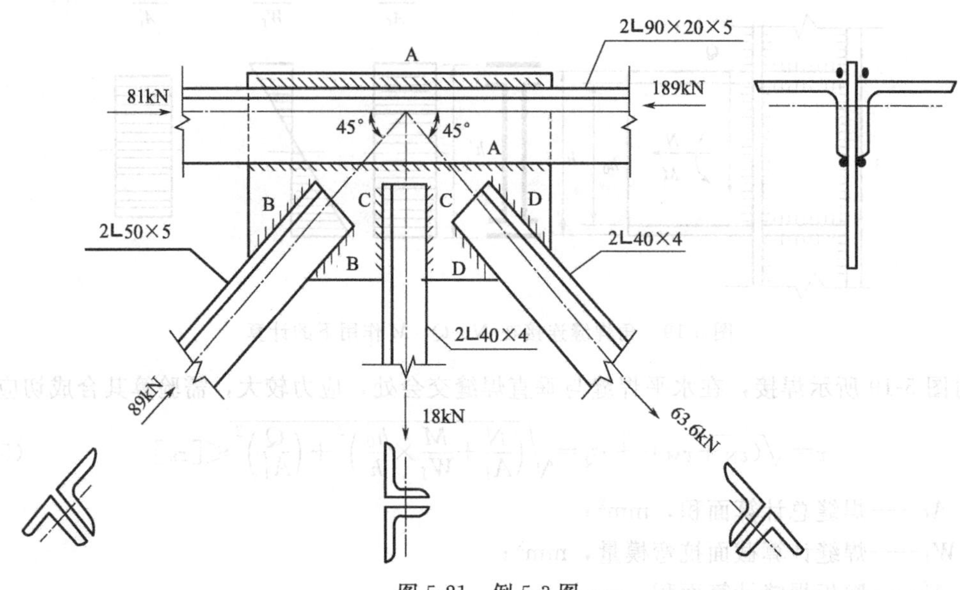

图 5-21 例 5-3 图

解

(1) 求许用应力

查表5-1得焊缝抗剪许用应力$[\tau_h]=[\sigma]/\sqrt{2}$。

按载荷组合B，查表3-11得安全系数$n=1.34$。

$$[\sigma]=\frac{\sigma_s}{n}=\frac{235}{1.34}=175\text{MPa}$$

焊缝抗剪许用应力$[\tau_h]=[\sigma]/\sqrt{2}=124\text{MPa}$。

(2) 计算内力

$$N=189-81=108\text{kN}$$

(3) 连接焊缝A确定

所需焊缝面积：

$$A_f=\frac{N}{[\tau_h]}=\frac{108\times10^3}{124}=870\text{mm}^2$$

每边所需焊缝长度（取$h_f=50\text{mm}$）：

$$\sum l_f=\frac{A_f}{2\times0.7h_f}=\frac{870}{2\times0.7\times5}=124.3\text{mm}$$

所需肢背长度，按表5-2的分配比例得（短肢连接）：

$$l_f=0.75\sum l_f=0.75\times124.3=93.2\text{mm}$$

考虑焊口影响，实际焊缝长度应比计算焊缝长度多10mm，并考虑到取整数，故取

$$l_f'=93.2+10\approx104\text{mm}$$

所需肢尖焊缝长度：

$$l_f=0.25\sum l_f=0.25\times124.3=31.1\text{mm}$$

考虑焊口影响，实际焊缝长度应比计算焊缝长度多10mm，并考虑到取整数，故取

$$l_f''=31.1+10\approx41.1\text{mm}$$

(4) 连接焊缝 B 确定

所需焊缝面积：

$$A_f=\frac{N}{[\tau_h]}=\frac{89\times10^3}{124}=717.7\text{mm}^2$$

每边所需焊缝总长度（取 $h_f=5\text{mm}$）：

$$\sum l_f=\frac{A_f}{2\times0.7h_f}=\frac{717.7}{2\times0.7\times5}=102.5\text{mm}$$

所需肢背焊缝长度（考虑焊口影响）：

$$l_f'=0.7\sum l_f=0.7\times102.5=71.8\text{mm（取 82mm）}$$

肢尖焊缝长度为（考虑焊口影响）：

$$l_f''=0.3\sum l_f=0.3\times102.5=30.75\text{mm（取 41mm）}$$

(5) 连接焊缝 C 确定

所需焊缝面积：

$$A_f=\frac{N}{[\tau_h]}=\frac{18\times10^3}{124}=145\text{mm}^2$$

每边所需焊缝总长度（取 $h_f=4\text{mm}$）：

$$\sum l_f=\frac{A_f}{2\times0.7h_f}=\frac{145}{2\times0.7\times4}=26\text{mm}$$

肢背焊缝长度 l_f' 和肢尖焊缝长度 l_f''：

$$l_f'=0.7\sum l_f=0.7\times26=18\text{mm（取 28mm）}$$

$$l_f''=0.3\sum l_f=0.3\times26=8.0\text{mm（取 18mm）}$$

(6) 连接焊缝 D 确定

所需焊缝面积：

$$A_f=\frac{N}{[\tau_h]}=\frac{63.6\times10^3}{124}=513\text{mm}^2$$

每边所需焊缝总长度（取 $h_f=4\text{mm}$）：

$$\sum l_f=\frac{A_f}{2\times0.7h_f}=\frac{513}{2\times0.7\times4}=91.6\text{mm}$$

肢背焊缝长度 l_f' 和肢尖焊缝长度 l_f''：

$$l_f'=0.7\sum l_f=0.7\times91.6=64.1\text{mm（取 75mm）}$$

$$l_f''=0.3\sum l_f=0.3\times91.6=27.5\text{mm（取 38mm）}$$

根据上述各焊缝长度并考虑制造要求，即可确定节点板的形状和尺寸。

例 5-4 图 5-22 所示结构按载荷组合 B 求得承受 150kN 载荷效应，柱与支托采用角焊缝连接，结构材料为 Q235，焊缝采用 E43 型焊条施焊。试验算其连接强度。

解

(1) 求许用应力

查表 5-1 得焊缝抗剪许用应力 $[\tau_h]=[\sigma]/\sqrt{2}$。

按载荷组合 B，查表 3-11 得安全系数 $n=1.34$。

$$[\sigma]=\frac{\sigma_s}{n}=\frac{235}{1.34}=175\text{MPa}$$

焊缝抗剪许用应力 $[\tau_h]=[\sigma]/\sqrt{2}=124\text{MPa}$。

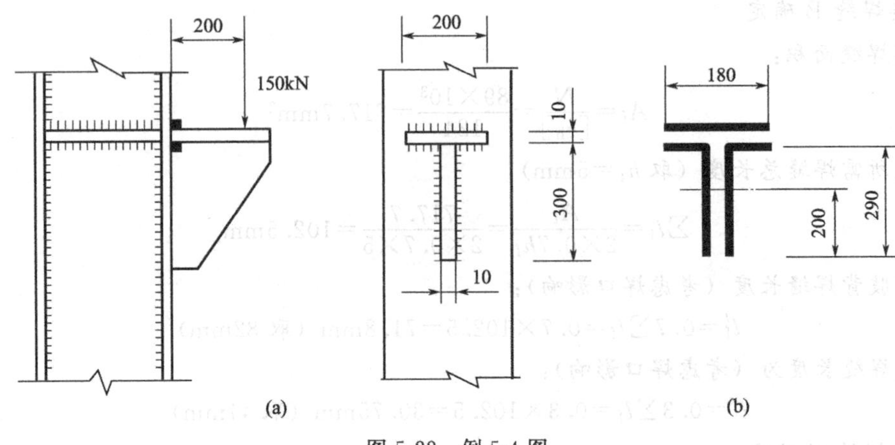

图 5-22　例 5-4 图

（2）计算内力

支托与柱的连接受剪力和弯矩的共同作用，剪力 $Q=150\text{kN}$，弯矩为

$$M=150\times 20=3000\text{kN}\cdot\text{cm}$$

（3）几何特性计算

取 $h_f=10\text{mm}$，其计算简图可近似地用图 5-22(b) 表示。

垂直焊缝的计算面积：

$$A_f''=0.7h_f\sum l_f=0.7\times 1\times 2\times(30-1)=40.6\text{cm}^2$$

水平焊缝的计算面积：

$$A_f'=0.7h_f\sum l_f=0.7\times 1\times(18+18-2)=23.8\text{cm}^2$$

焊缝的全部计算面积：

$$A_f=A_f'+A_f''=23.8+40.6=64.4\text{cm}^2$$

焊缝形心位置：

$$y=\frac{1}{64.4}\left(40.6\times\frac{29}{2}+23.8\times 29.5\right)=20\text{cm}$$

焊缝的惯性矩和最小抗弯模量：

$$I_f=\frac{1}{12}\times 2\times 0.7\times 1\times 29^3+40.6\times\left(20-\frac{29}{2}\right)^2+23.8\times\left(29-20+\frac{1}{2}\right)^2=6221\text{cm}^4$$

$$W_f=\frac{6221}{20}=311\text{cm}^3$$

（4）焊缝强度验算

弯矩由全部焊缝承受，由于支托翼缘的刚度较小，假定剪力仅由垂直焊缝承受，焊缝的最大应力位于下端点：

$$\tau_N=\frac{Q}{A_f}=\frac{150\times 10^3}{40.6}=3695\text{N/cm}^2$$

$$\tau_M=\frac{M}{W_f}=\frac{3000\times 10^3}{311}=9646\text{N/cm}^2$$

$$\tau_{max}=\sqrt{\tau_M^2+\tau_Q^2}=\sqrt{9646^2+3695^2}=10329\text{N/cm}^2=103.3\text{MPa}<[\tau_h]=124\text{MPa}$$

（5）结构

连接焊缝强度满足。

例 5-5　三面围焊缝布置及几何尺寸如图 5-23 所示，按载荷组合 B 求得，偏心载荷 $P=100\text{kN}$，角焊缝有效厚度 $0.7h_f=7\text{mm}$，试验算焊缝强度。结构材料采用 Q345。

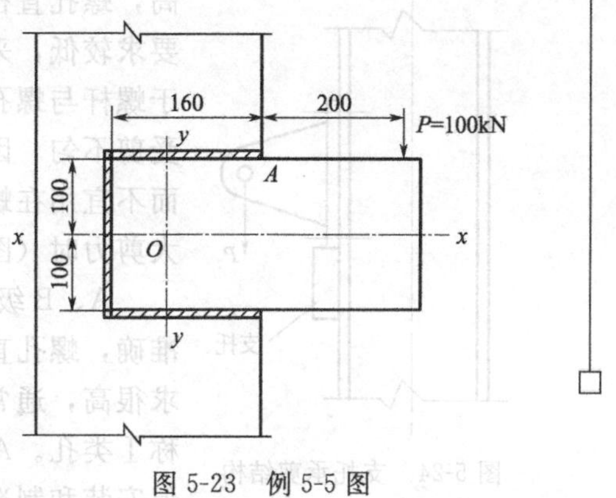

图 5-23　例 5-5 图

解

(1) 求许用应力

查表 5-1 得焊缝抗剪许用应力$[\tau_h]=[\sigma]/\sqrt{2}$。

按载荷组合 B，查表 3-11 得安全系数 $n=1.34$。

$$[\sigma]=\frac{\sigma_s}{n}=\frac{345}{1.34}=257\text{MPa}$$

焊缝抗剪许用应力$[\tau_h]=[\sigma]/\sqrt{2}=182\text{MPa}$

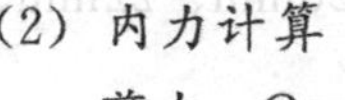

(2) 内力计算

剪力　$Q=P=100\text{kN}$

扭矩　$T=Pe=100\times(150-45+200)=30500\text{kN}\cdot\text{mm}$

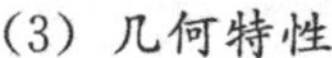

(3) 几何特性

$$y=\frac{2\times7\times(160-10)\times(160-10)/2}{2\times7\times(160-10)+7\times(100+100)}=45\text{mm}$$

$$I_x=\frac{1}{12}\times7\times200^3+2\times150\times7\times100^2=2570000\text{mm}^4$$

$$I_y=2\times\frac{1}{12}\times7\times150^3+2\times7\times150\times\left(\frac{150}{2}-45\right)^2+7\times200\times45^2=8660000\text{mm}^4$$

$$x_A=105\text{mm},\ y_A=100\text{mm}$$

(4) 焊缝强度的验算

距 O 点最远的焊缝的端点 A 受力最大。

在 Q 作用下：

$$\tau_{QA}=\frac{Q}{0.7h_f\sum l_f}=\frac{100\times10^3}{7\times(200+2\times150)}=28.6\text{MPa}$$

在扭矩 T 作用下：

$$\tau_{TAx}=\frac{Ty_A}{I_x+I_y}=\frac{30500\times10^3\times100}{25700000+8660000}=88.8\text{MPa}$$

$$\tau_{TAy}=\frac{Tx_A}{I_x+I_y}=\frac{30500\times10^3\times105}{25700000+8660000}=93\text{MPa}$$

A 点的应力：

$$\tau=\sqrt{(93+28.6)^2+88.8^2}=151\text{MPa}<[\tau_h]=182\text{MPa}$$

(5) 结论

焊缝强度满足要求。

5.3　普通螺栓连接

5.3.1　普通螺栓的种类和连接特点

普通螺栓分为 A、B 和 C 三级。C 级螺栓常用 Q235 热压制成，表面粗糙，尺寸精度不

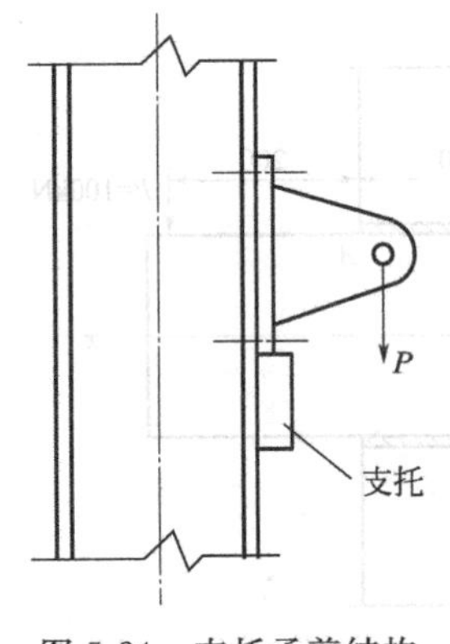

图 5-24　支托承剪结构

高，螺孔直径一般比螺栓直径大1～2mm，便于安装。对螺孔制作要求较低，采用Ⅱ类孔，即螺孔是一次冲成或不用钻模钻成。由于螺杆与螺孔有较大间隙，连接受载时易产生初始滑移，各螺柱受剪不匀。因此，C级螺栓一般只宜用在螺栓承受拉力的连接中，而不宜用在螺栓主要承受剪力的连接中。当在连接中同时承受较大剪力时（图 5-24），必须另设置焊接支托来专门承受剪力。

A、B级螺栓常采用 Q235 或 35 钢车制而成，表面光滑，尺寸准确，螺孔直径一般比螺杆直径仅大 0.2～0.3mm。对螺孔制作要求很高，通常用钻模钻成，或在装配好的构件上钻成或扩钻成，称Ⅰ类孔。A、B级螺栓连接的抗剪性好，也不会出现滑移变形，但安装和制造费工，成本较高。

工程机械钢结构中螺栓的常用等级为 4.8、5.8、6.8，直径为 18mm、20mm、22mm、24mm、30mm、33mm、36mm 的普通螺栓。

5.3.2　螺栓连接的形式和布置

（1）螺栓连接的形式

普通螺栓连接按其受力性质分为以下三种形式。

① 在外力作用下，构件接合面之间产生相对剪移，螺栓受剪，称为"剪力螺栓"连接。

② 在外力作用下，构件接合面之间产生相对脱开。螺栓受拉，称为"拉力螺栓"连接。

③ 同时承受剪力和拉力作用的螺栓连接，称为"拉剪螺栓"连接。在重要受力结构中，应尽可能避免这种连接，而采用由支托承剪的螺栓连接，如图 5-24 所示。

（2）螺栓布置方式

无论哪种螺栓连接，螺栓布置方式相同，都是根据构件的截面大小和受力特点，在满足连接构造要求、便于施工条件下进行。

螺栓布置方式有并列［图 5-25(a)］和错列［图 5-25(b)］两种。并列布置简单，应用较多；错列布置可减少构件截面的削弱使连接紧凑，通常在型钢上布置螺栓受到肢宽限制时采用。

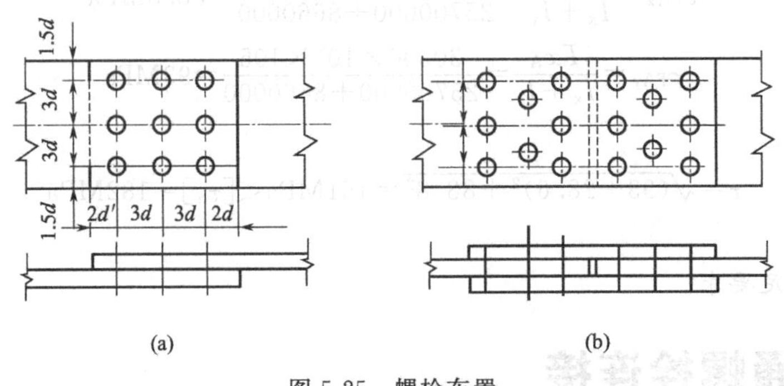

图 5-25　螺栓布置

规范对螺栓布置尺寸有一定的限制：螺栓行列间的间距和螺栓至板边的边距不得过大或过小。距离过大，被连接的板层贴合不紧密，易侵入潮气引起锈蚀；距离过小，会造成构件截面削弱过大，也不便拧紧螺母。螺栓布置的允许距离应符合表 5-3 的规定。

表 5-3　螺栓布置的极限尺寸

名称	布置与方向		最大允许距离（取以下两者中的小者）	最小允许距离
中间间距	外排		$8d$ 或 12δ	$3d$
	中间排	受压构件	$8b$ 或 18δ	
		受拉构件	$16d$ 或 24δ	
中心到构件边缘的距离	顺内力方向		$4d$ 或 8δ	$2d$
	垂直于内力方向	切割边		$1.5d$
		轧制边		$1.2d$

在角钢、槽钢及工字钢等型钢上布置螺栓时，还应注意型钢尺寸对螺栓布置和螺栓最大孔径的限制，详见表 5-4 和表 5-5。另外，对于重要结构，为使连接受力合理，应尽量使螺栓群形心与构件的形心重合，以避免出现附加力矩。

表 5-4　角钢上的线距　　mm

单行			双行错列				双行并列			
b	e	d_{max}	b	e_1	e_2	d_{max}	b	e_1	e_2	d_{max}
45	25	11	125	55	90	23.5	125	45	100	23.5
50	30	13	140	60	100	23.5	140	45	115	23.5
56	30	13	160	60	130	26	160	55	130	26
63	35	17	180	65	145	26	180	55	145	26
70	40	20	200	80	160	26	200	70	160	26
75	40	21.5								
80	45	21.5								
90	50	23.5								
100	55	23.5								
110	60	26								
125	70	26								

表 5-5　工字钢和槽钢上的线距　　mm

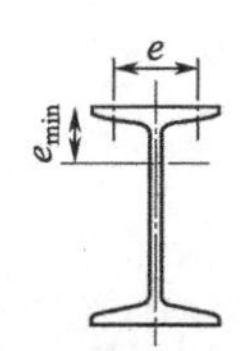

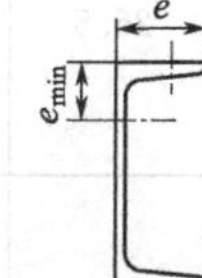

型钢号数	翼缘		腹板		型钢号数	翼缘		腹板	
	线距 e	最大孔径 d_{max}	最小线距 e_{min}	相应孔径 d		线距 e	最大孔径 d_{max}	最小线距 e_{min}	相应孔径 d
10	—	—	30	11	5	20	11	25	7
12.6	42	11	40	13	6.3	25	11	31.5	11
14	46	13	44	17	6	25	13	35	11
16	48	15	48	19.5	10	30	15	40	15
18	52	15	52	21.5	12.6	30	17	40	15

续表

型钢号数		翼缘 线距 e	翼缘 最大孔径 d_{max}	腹板 最小线距 e_{min}	腹板 相应孔径 d
20	a	58	17	60	25.5
	b				
22	a	60	19.5	62	25.5
	b				
25	a	64	21.5	64	25.5
	b				
28	a	70	21.5	66	25.5
	b				
32	a	74	21.5	68	25.5
	b	76			
	c	78			
36	a	76	25.5	70	25.5
	b	78			
	c	80			
45	a	86	25.5	78	25.5
	b	88			
	c	90			
50	a	92	25.5	80	25.5
	b	94			
	c	96			
56	a	98	25.5	80	25.5
	b	100			
	c	102			
63	a	104	28.5	90	25.5
	b	106			
	c	108			

型钢号数		翼缘 线距 e	翼缘 最大孔径 d_{max}	腹板 最小线距 e_{min}	腹板 相应孔径 d
14	a	35	17	45	17
	b				
16	a	35	19.5	50	17
18	a	40	21.5	55	21.5
20	a	45	21.5	60	25.5
22	a	45	23.5	65	25.5
25	a	45	23.5	65	25.5
	b				
	c				
36	a	60	25.5	74	25.5
	b				
	c				
40	a	60	25.5	78	25.5
	b				
	c				

5.3.3 螺栓、销轴连接的许用应力

螺栓的许用应力分别按 A、B 级螺栓连接和 C 级螺栓连接选取。

销轴主要承受剪切、挤压、弯曲应力，当销轴在工作中可能产生微动时，其承载能力宜适当降低。螺栓、销轴连接的许用应力见表 5-6。

表 5-6 螺栓、销轴连接的许用应力

接头种类	应力种类	连接件许用应力	被连接构件许用应力
A、B 级螺栓	拉伸	$0.8\sigma_{sp}/n$	—
	单剪切	$0.6\sigma_{sp}/n$	—
	双剪切	$0.8\sigma_{sp}/n$	—
	承压		$1.8[\sigma]$
C 级螺栓	拉伸	$0.8\sigma_{sp}/n$	—
	剪切	$0.6\sigma_{sp}/n$	—
	承压		$1.4[\sigma]$
销轴连接	弯曲	$[\sigma]$	—
	剪切	$0.6[\sigma]$	—
	承压	—	$1.4[\sigma]$

注：1. σ_{sp}—与螺栓性能等级相应的螺栓保证应力，按 GB/T3098.1 规定选取，其中性能等级为 4.8 的 σ_{sp} 为 310MPa，性能等级为 10.9 的 σ_{sp} 为 830MPa；n—安全系数，按表 3-11 确定；$[\sigma]$—相应材料的基本许用应力，见表 3-11。

2. 当销轴在工作中可能产生微动时，其承压许用应力宜适当降低。

5.3.4 剪力螺栓连接的计算

(1) 剪力螺栓连接的破坏形式

当作用在螺栓连接中的剪力较小时，板层之间靠螺栓拧紧力产生的摩擦阻力传递外力，此时连接处于弹性工作阶段，螺栓不受力。当外力增大，克服了摩擦阻力后，板层间出现相对滑移，螺杆接触孔壁，于是，由摩擦阻力、孔壁受压以及螺栓受剪共同传递连接件的外力，直至破坏。

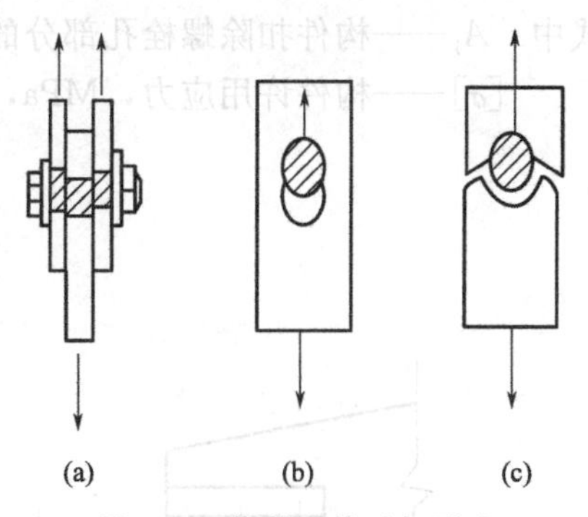

图 5-26 螺栓连接破坏形式

螺栓连接发生破坏时，有三种可能性：当螺栓杆直径较小，而构件厚度较大时，一般是因螺栓杆被剪断而破坏［图 5-26(a)］；当螺栓杆直径较大，构件厚度相对较薄时，则连接构件由于构件孔壁被螺栓杆挤压而产生破坏［图 5-26(b)］；当连接构件由于开孔后截面削弱过多则引起截面被拉断而破坏［图 5-26(c)］。因此，为使连接安全可靠，必须保证上述三方面的承载能力。当然最经济的设计，应该使三者的承载能力相等或相近。剪力螺栓连接的应力状态是比较复杂的，为简化计算，在实际计算中，常采用一些假定：连接构件为刚性的；不计构件之间的摩擦力；螺栓杆受剪时截面上受到均布切应力；孔壁上的承压应力认为是均布的、并作用在螺孔直径平面上，不考虑构件孔边的局部应力等。

(2) 单个剪力螺栓连接的承载能力计算

根据抗剪条件确定的单个剪力螺栓的许用承载力为

$$[N_j^l]=n_j[\tau^l]\frac{\pi d^2}{4} \tag{5-16}$$

式中 n_j——单个螺栓的受剪面数目，单剪螺栓 $n_j=1$，双剪螺栓 $n_j=2$；

d——螺栓杆的直径，mm；

$[\tau^l]$——螺栓杆的许用切应力，MPa，见表 5-6。

根据抗压条件确定的单个剪力螺栓的许用承载力为

$$[N_c^l]=d\sum\delta[\sigma_c^l] \tag{5-17}$$

式中 $\sum\delta$——在同一方向承压构件的较小总厚度，mm；

$[\sigma_c^l]$——螺栓孔壁承压许用应力，MPa，见表 5-6。

按照式(5-16) 和式(5-17) 计算，取两者中较小数值作为单个螺栓的许用承载力。

(3) 受轴心力作用的受剪螺栓连接计算

当轴心力 N 通过螺栓群中心时，假设各螺栓受力相等，即轴心力 N 由每个连接螺栓均匀承受，故验算公式为

$$N_{\max}=\frac{N}{n}\leqslant[N^l]_{\min} \tag{5-18}$$

式中 $[N^l]_{\min}$——按抗剪和抗压条件算得的 $[N_j^l]$ 和 $[N_c^l]$ 中的较小值。

对于不对称的搭接连接或用拼接板的单面连接，由于螺栓杆还受到因传力偏心引起的附加弯矩作用，因此螺栓的数目应按计算结果增加 10%。

当型钢（角钢或槽钢）上的螺栓布置不下时，可采用辅助短角钢与型钢的外伸肢相连(图 5-27)，在短角钢任一肢上的连接所用的螺栓数目，应按计算结果增加短角钢布置数目的 50%。

此外，考虑到在轴心力作用下，构件由于截面削弱遭到破坏，故还应按下式验算被接构件的净截面强度：

$$\sigma=\frac{N}{A_j}\leqslant[\sigma] \tag{5-19}$$

式中 A_j——构件扣除螺栓孔部分的净截面积，mm²；

$[\sigma]$——构件许用应力，MPa，按表 3-11 查得。

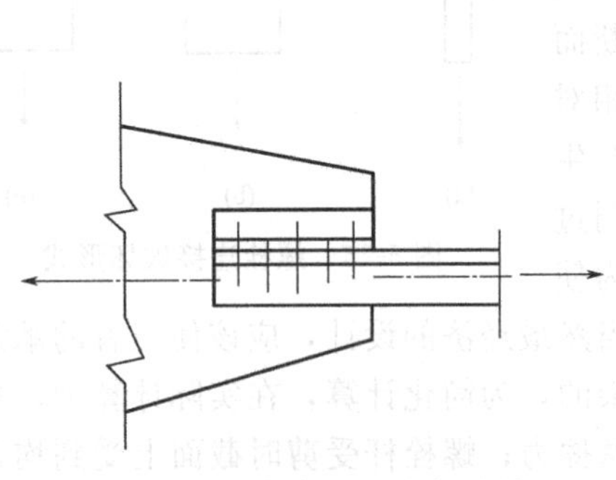

图 5-27 采用辅助短角钢连接

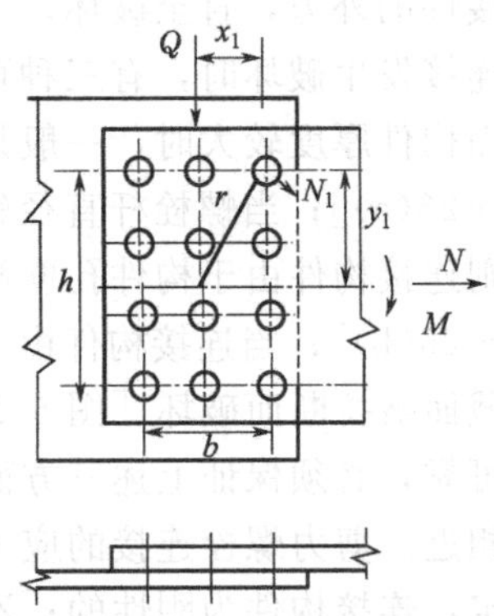

图 5-28 剪力螺栓群连接

(4) 受轴心力 N、剪力 Q 和力矩 M 作用下的受剪螺栓计算

当外力没有通过螺栓群中心时，螺栓连接处于偏心受力状态，即受到轴心力和偏心弯矩共同作用。图 5-28 所示连接就属于这种情况。

在轴心力 N 作用下，计算方法如前所述。在力矩 M（对连接而言承受扭转力矩）作用下，假定被连接构件是绝对刚性的，螺栓为弹性的，被连接的构件之间将绕螺栓群中心，产生相对转动而使螺栓受剪。在这种假定下，可认为每个螺栓所受剪力的大小与其到中心 O 的距离 r_i 成正比，方向垂直于 r_i，即

$$\frac{N_1}{r_1}=\frac{N_2}{r_2}=\cdots=\frac{N_3}{r_3}=\cdots$$

由平衡条件

$$N_1r_1+N_2r_2+\cdots+N_ir_i+\cdots=M$$

$$M=\sum N_ir_i=\frac{N_1}{r_1}\sum r_i^2$$

离螺栓群中心 O 最远的一个螺栓受力最大，其值为

$$N_{\max}=N_1=\frac{Mr_1}{\sum r_i^2}=\frac{M}{\sum x_i^2+\sum y_i^2}r_1$$

该螺栓的水平分力 N_1^x 和垂直分力 N_1^y 分别为

$$N_1^x=\frac{M}{\sum x_i^2+\sum y_i^2}y_1$$

$$N_1^y=\frac{M}{\sum x_i^2+\sum y_i^2}x_1$$

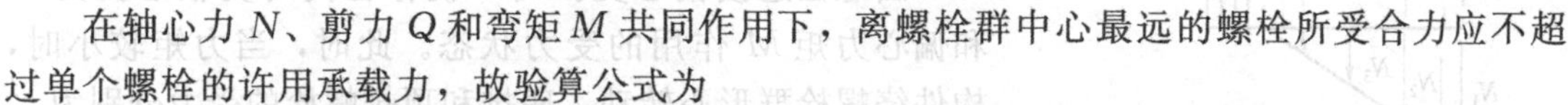

在轴心力 N、剪力 Q 和弯矩 M 共同作用下，离螺栓群中心最远的螺栓所受合力应不超过单个螺栓的许用承载力，故验算公式为

$$N_{\max}=\sqrt{\left(\frac{N}{n}+\frac{M}{\sum x_i^2+\sum y_i^2}y_1\right)^2+\left(\frac{Q}{n}+\frac{M}{\sum x_i^2+\sum y_i^2}x_1\right)^2}\leqslant[N^1]_{\min} \quad (5\text{-}20)$$

5.3.5　拉力螺栓连接的计算

拉力螺栓常用于法兰和 T 形连接，如图 5-29 所示。受力时，一般存在较大的偏心，构件将发生变形，使得螺栓杆除受外拉力 T，还受到附加拉力 Q。此外，杆颈螺纹处易产生应力集中。

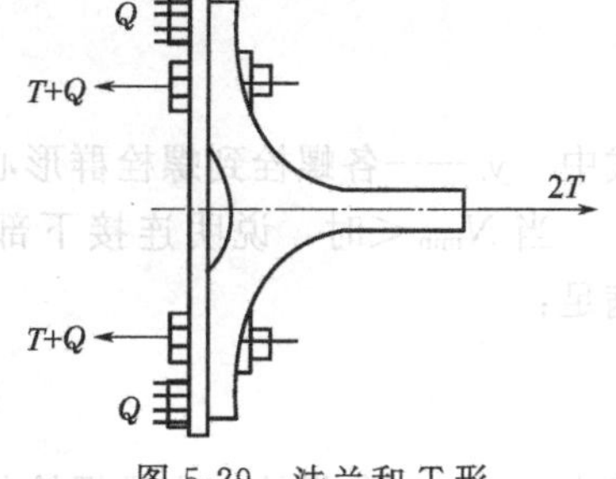

图 5-29　法兰和 T 形连接螺栓计算

由于螺栓杆内力的确定较难，因此常采用降低许用应力的办法，以考虑上述不利因素。

(1) 单个拉力螺栓连接的承载能力计算

单个拉力螺栓的许用承载力：

$$[N_1^1]=\frac{\pi d_0^2}{4}[\sigma_1^1] \quad (5\text{-}21)$$

式中　d_0——螺栓杆螺纹处的内径，mm；

$[\sigma_1^1]$——螺栓的抗拉许用应力，MPa，见表 5-6。

(2) 受轴心拉力作用的受拉螺栓连接计算

当轴心拉力 N 通过螺栓群中心时，可按轴心力平均分配于每个螺栓进行计算。因此，连接所需的螺栓数目按下式计算：

$$\frac{N}{n}\leqslant[N_1^1] \quad (5\text{-}22)$$

(3) 受力矩作用的受拉螺栓连接计算

当螺栓连接承受力矩时（图 5-30），构件之间将发生相对翻转，使一部分接触面逐渐趋向分离，另一部分接触面趋向压紧。由于螺栓只受拉，压力则被连接件的挤压面承受，而挤压面的刚度较大，因此通常假定将最边排螺栓的中心轴线作为螺栓连接的转动轴线。而且，假定各螺栓的拉力与螺栓至转动轴线之距成正比，即按直线规律分布。

在忽略连接件之间的挤压力对转动轴线力矩的情况下，力矩平衡条件为

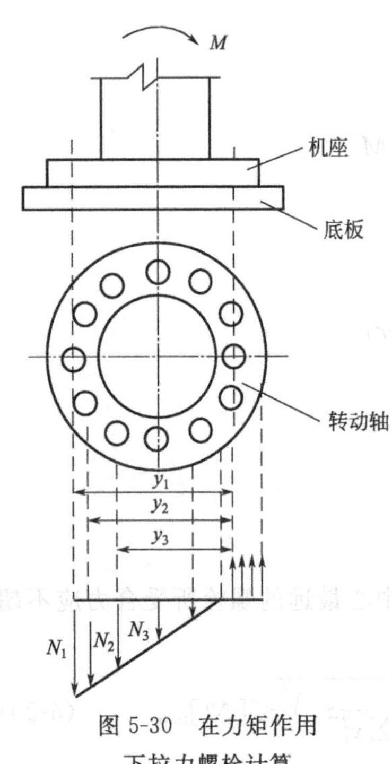

图 5-30 在力矩作用下拉力螺栓计算

$$M=N_1y_1+2N_2y_2+2N_3y_3+\cdots+2N_6y_6+\cdots$$

按假定其比例关系为

$$\frac{N_1}{y_1}=\frac{N_2}{y_2}=\cdots=\frac{N_i}{y_i}=\cdots$$

代入力矩平衡条件式得

$$M=\frac{N_1}{y_1}\left(y_1^2+2y_2^2+\cdots+2y_6^2+\cdots\right)=\frac{N_1}{y_i}\sum y_i^2$$

式中 y_i——各螺栓离转动轴的距离。

显然，离转动轴最远的一个螺栓受的拉力 N_1 最大。因此，在力矩作用下，拉力螺栓验算公式为

$$N_{\max}=N_1=\frac{My_1}{\sum y_i^2}\leqslant[N_1^l] \tag{5-23}$$

(4) 受轴心拉力和力矩同时作用的受拉螺栓连接计算

当螺栓连接偏心受拉时，就存在同时受轴心拉力 N 和偏心力矩 M 作用的受力状态。此时，当力矩较小时，构件绕螺栓群形心转动，底排和顶排螺栓的受力分别为

$$N_{\max}=\frac{N}{n}+\frac{My_1}{\sum y_i^2}$$

$$N_{\min}=\frac{N}{n}-\frac{My_1}{\sum y_i^2} \tag{5-24}$$

式中 y_i——各螺栓到螺栓群形心的距离。

当 $N_{\min}\geqslant0$ 时说明螺栓受拉，构件绕形心转动，应对螺栓群中心取距，必须满足：

$$N_{\max}=\frac{N}{n}+\frac{My_1}{\sum y_i^2}\leqslant[N_1^l] \tag{5-25}$$

式中 y_i——各螺栓到螺栓群形心的距离。

当 $N_{\min}<$时，说明连接下部受压，构件绕底排螺栓转动，应对底排螺栓取距，必须满足：

$$N_{\max}=\frac{(M+Ne)y_1'}{\sum y_i'^2}\leqslant[N_1^l] \tag{5-26}$$

式中 y_i'——各螺栓离底排螺栓的距离。

对于同时受剪又受拉的螺栓，目前国内还无统一的计算方法（设计时要避免剪力和拉力同时存在）。常见的方法有两种：一种方法是验算螺栓的折算应力；另一种方法是考虑到拉力的存在使得螺栓受剪减小，除了设置承受拉力的螺栓外，另外还设置螺栓或支托来承受剪力。

例 5-6 验算图 5-31 所示钢板的螺栓连接。钢板截面为 360mm×12mm，拼接钢板厚为 8mm。钢材为 Q235，根据载荷组合 B 得到焊缝处的载荷效应 $N=600$kN，采用的螺栓为强度等级 4.8 的 B 级螺栓，螺栓直径 $d=20$mm，孔径 $d'=20.3$mm。

解

(1) 求许用应力

查表 5-6 得螺栓双面受剪的剪切许用应力为 $0.8\sigma_{sp}/n$，被连接构件承压许用应力为 $1.8[\sigma]$，$\sigma_{sp}=310$MPa。

按载荷组合 B，查表 3-11 得安全系数 $n=1.34$。

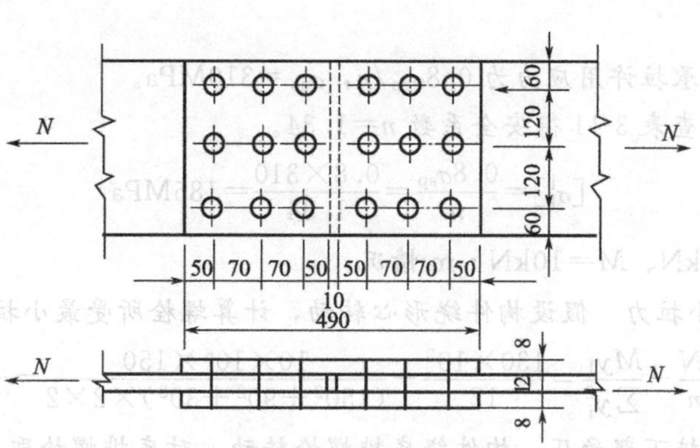

图 5-31 例 5-6 图

$$[\tau^l]=\frac{0.8\sigma_{sp}}{n}=\frac{0.8\times310}{1.34}=185\text{MPa}$$

$$[\sigma_c^l]=\frac{1.8\sigma_s}{n}=\frac{1.8\times235}{1.34}=315\text{MPa}$$

(2) 螺栓连接的验算

一个螺栓的抗剪许用承载力为

$$[N_j^l]=n_j\frac{\pi d^2}{4}[\tau^l]=2\times\frac{\pi\times20^2}{4}\times185=116180\text{N}$$

一个螺栓的承压许用承载力为

$$[N_c^l]=d\sum\delta[\sigma_c^l]=20\times12\times315=75600\text{N}$$

可见，较小承载力为

$$[N^l]_{\min}=75600\text{N}$$

构件一侧所需螺栓数目为

$$n=\frac{N}{[n^l]_{\min}}=\frac{600\times10^3}{75600}=7.9\text{ 个}$$

可见一边用 8 个螺栓足够，而图中用了 9 个，连接强度足够。

(3) 构件净截面强度验算

构件的净截面积为

$$A_j=A-n_1d'\delta=360\times12-3\times20.3\times12=3589\text{mm}^2$$

构件净截面强度验算为

$$\sigma=\frac{N}{A_j}=\frac{600\times10^3}{3589}=167\text{MPa}<[\sigma]=\frac{235}{1.34}=175\text{MPa}$$

(4) 结论

此连接的螺栓和构件的强度均满足要求。

例 5-7 有一结构如图 5-32 所示，采用强度等级为 4.8 的 B 级 M18 普通螺栓连接，螺栓内径 $d_0=15.66\text{mm}$，螺栓布置如图所示，分别计算校核按载荷组合 B 求得的载荷效应 $F=130\text{kN}$、$M=10\text{kN}\cdot\text{m}$ 和 $F=160\text{kN}$，$M=10\text{kN}\cdot\text{m}$ 两种载荷状态下的螺栓强度。

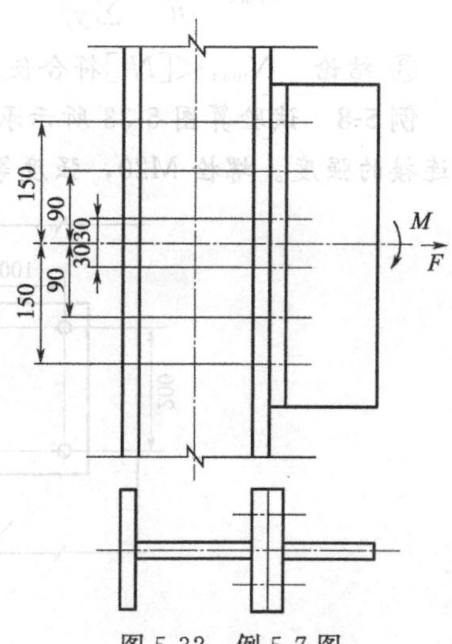

图 5-32 例 5-7 图

解

(1) 求许用应力

查表 5-6 得螺栓承拉许用应力为 $0.8\sigma_{sp}/n$，$\sigma_{sp}=310\text{MPa}$。

按载荷组合 B，查表 3-11 得安全系数 $n=1.34$。

$$[\sigma_1^l]=\frac{0.8\sigma_{sp}}{n}=\frac{0.8\times310}{1.34}=185\text{MPa}$$

(2) 载荷为 $F=130\text{kN}$、$M=10\text{kN}\cdot\text{m}$ 情况

① 计算螺栓最小拉力　假设构件绕形心转动，计算螺栓所受最小拉力

$$N_{min}=\frac{N}{n}-\frac{My_1}{\sum y_i^2}=\frac{130\times10^3}{12}-\frac{10\times10^6\times150}{(150^2+90^2+30^2)\times2\times2}=-1071\text{N}$$

$N_{min}<0$ 说明连接下部受压，构件绕底排螺栓转动，对底排螺栓取矩，按照单纯受力矩作用来计算。

② 计算最大螺栓拉力

$$N_{max}=\frac{M'y_1'}{\sum y_i'^2}$$

$$M'=M+Ny_1$$

$$N_{max}=\frac{(M+Ne)y_1'}{\sum y_{i'}^2}=\frac{(10\times10^6+130\times10^3\times150)\times300}{(300^2+240^2+180^2+120^2+60^2)\times2}=22348.5\text{N}$$

③ 计算 M18 普通螺栓的许用承载力

$$[N_1^l]=\frac{\pi d_0^2}{4}[\sigma_1^l]=\frac{\pi\times15.66^2}{4}\times185=35614\text{N}$$

④ 结论　$N_{max}<[N_1^l]$ 符合使用要求。

(3) 载荷为 $F=160\text{kN}$、$M=10\text{kN}\cdot\text{m}$ 情况

① 计算螺栓最小拉力

$$N_{min}=\frac{N}{n}-\frac{My_1}{\sum y_i^2}=\frac{160\times10^3}{12}-\frac{10\times10^6\times150}{(150^2+90^2+30^2)\times2\times2}=1428.6\text{N}$$

$N_{min}>0$，说明螺栓全部受拉，构件 B 绕形心转动。

② 计算最大螺栓拉力

$$N_{max}=\frac{N}{n}+\frac{My_1}{\sum y_i^2}=\frac{160\times10^3}{12}+\frac{10\times10^6\times150}{(150^2+90^2+30^2)\times2\times2}=25238\text{N}$$

③ 结论　$N_{max}<[N_1^l]$符合使用要求。

例 5-8　试验算图 5-33 所示承受斜拉力 $F=50\text{kN}$（按载荷组合 B 求得）的 B 级普通螺栓连接的强度。螺栓 M20，强度等级 4.8，被连接件材料 Q345。

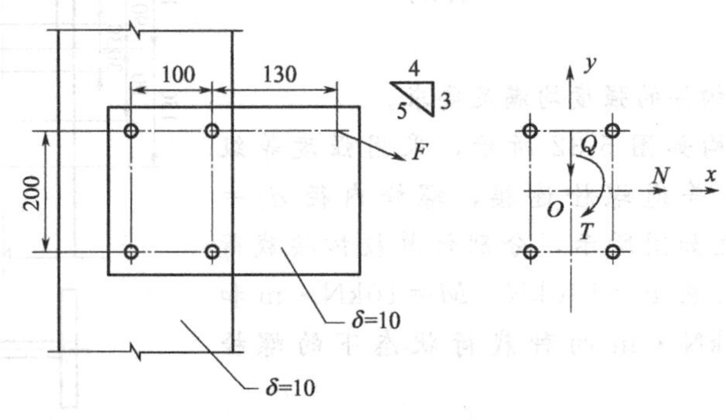

图 5-33　例 5-8 图

解

(1) 求许用应力

查表 5-6 得螺栓单面剪切许用应力为 $0.6\sigma_{sp}/n$，被连接构件承压许用应力为 $1.8[\sigma]$，$\sigma_{sp}=310\text{MPa}$。

按载荷组合 B，查表 3-11 得安全系数 $n=1.34$。

$$[\tau^l]=\frac{0.6\sigma_{sp}}{n}=\frac{0.6\times310}{1.34}=138\text{MPa}$$

$$[\sigma_c^l]=\frac{1.8\sigma_s}{n}=\frac{1.8\times345}{1.34}=463\text{MPa}$$

(2) 单个螺栓的许用承载力

根据抗剪条件：

$$[N_j^l]=n_j\frac{\pi d^2}{4}[\tau^l]=1\times\frac{\pi\times20^2}{4}\times138=43332\text{N}=43.3\text{kN}$$

根据承压条件：

$$[N_c^l]=d\sum\delta[\sigma_c^l]=20\times10\times463=92600\text{N}=92.6\text{kN}$$

所以 $[N^l]=43.3\text{kN}$

(3) 剪力螺栓受力

水平力 $N=F\times\frac{4}{5}=50\times\frac{4}{5}=40\text{kN}$

垂直力 $Q=F\times\frac{3}{5}=50\times\frac{3}{5}=30\text{kN}$

扭矩 $T=N\times100+Q\times(50+130)=40\times100+30\times180=9400\text{kN}\cdot\text{mm}$

$$N_N=\frac{N}{n}=\frac{40}{4}=10\text{kN}$$

$$N_Q=\frac{Q}{n}=\frac{30}{4}=7.5\text{kN}$$

$$N_{Tx}=\frac{Tr_y}{\sum r_i^2}=\frac{9400\times100}{(100^2+50^2)\times4}=18.8\text{kN}$$

$$N_{Ty}=\frac{Tr_x}{\sum r_i^2}=\frac{9400\times50}{(100^2+50^2)\times4}=9.4\text{kN}$$

$$N=\sqrt{(N_N+N_{Tx})^2+(N_Q+N_{Ty})^2}=\sqrt{(10+18.8)^2+(7.5+9.4)^2}$$
$$=33.4\text{kN}<[N^l]=43.3\text{kN}$$

(4) 结论

螺栓连接强度满足。

5.4 高强螺栓计算

5.4.1 高强螺栓连接的原理

高强螺栓连接是在 20 世纪 50 年代发展起来的一种新型连接形式，具有受力性能好、施工简单、装配方便、耐疲劳以及在动载作用下不易松动等优点，故得到越来越广泛的应用。

从力的传递方式来看，高强度螺栓连接可分为三种：摩擦连接（摩擦型），摩擦力、螺栓剪力和承压力三者共同作用的连接（承压型），以及螺栓轴向受拉的连接。其中摩擦型是主要采用的形式，其工作特点是利用高强度螺栓的强大预拉力将连接构件夹紧，依靠构件接触面间的摩擦阻力来传递构件的内力，而不是像普通螺栓那样靠螺栓杆的抗剪和承压传力。

工程机械钢结构常用高强螺栓有 8.8、10.9 和 12.9 级，常见规格有 M20、M22 和 M24 三种。常用的材料有 45 优质碳素结构钢（$\sigma_b \geqslant 850$MPa）、40B 合金钢（$\sigma_b \geqslant 1100$MPa）。螺母和垫圈均采用 35 钢或 45 钢，需进行热处理。

高强螺栓连接的形式、尺寸和布置要求与普通拉力螺栓相同，孔径比螺栓杆直径大 1～2mm。

5.4.2 高强螺栓连接的预拉力和摩擦因数

由于摩擦型高强螺栓连接的特点是靠构件接触面之间的摩擦力来阻止其相互滑移，以达到传递外力的目的，为此必须具备足够大的构件间的夹紧力和接触面间的摩擦因数。

构件间的夹紧力是靠对螺栓施加预拉力获得的。《起重机设计规范》中给出的高强螺栓的预拉力值列于表 5-7 中。

表 5-7 单个高强螺栓的预拉力 kN

螺栓等级	抗拉强度 σ_b/MPa	屈服极限 σ_{sl}/MPa	M16	M18	M20	M22	M24	M27	M30	M33	M36	M39
8.8	≥800	≥640	70	86	110	135	158	205	250	310	366	437
10.9	≥1000	≥900	99	120	155	190	223	290	354	437	515	615
12.9	≥1200	≥1080	119	145	185	229	267	347	424	525	618	738
螺栓有效截面积 A_l/mm²			157	192	245	303	353	459	561	694	817	976

注：表中预拉力值按 $0.7\sigma_{sl}A_l$ 计算，σ_b、σ_{sl}的单位为 MPa。

高强螺栓连接中，连接表面的摩擦因数大小对承载力有直接影响。试验表明，摩擦因数与构件的材质、接触面的粗糙程度、法向力大小有关。为提高摩擦因数，应将构件接触面进行喷砂、喷丸或酸洗除锈后再进行涂无机富锌漆防锈等特殊处理。摩擦因数 μ 见表 5-8。

表 5-8 摩擦因数 μ

在连接处接合面的处理方法	构件钢号	
	Q235	Q345 及其以上
喷砂	0.45	0.55
喷砂(酸洗)后涂无机富锌漆	0.35	0.40
喷砂后生赤锈	0.45	0.55
钢丝刷清浮锈或未经处理的干净轧制表面	0.30	0.35

5.4.3 高强螺栓连接的许用承载能力

该连接利用高强螺栓的预拉伸，使被连接构件之间相互压紧而产生静摩擦力来传递剪力。

(1) 在抗剪连接中单个摩擦型高强螺栓的许用承载能力

$$[P]=\frac{Z_m \mu P_g}{n} \tag{5-27}$$

式中 $[P]$——单个摩擦型高强螺栓的许用承载能力，kN；

Z_m——传力的摩擦面数；

μ——摩擦因数，按表 5-8 选取；

n——安全系数，按表 3-11 选取；

P_g——高强螺栓的预拉力，按表 5-7 选取，kN。

(2) 承受拉力作用时的许用承载力

在受拉连接中，单个摩擦型高强螺栓沿螺杆轴向的许用承载力 $[P_t]$ 按下式计算，且不宜大于 P_g：

$$[P_t]=\frac{0.2\sigma_{sl}A_l}{1000n\beta} \tag{5-28}$$

式中 σ_{sl}——高强螺栓钢材的屈服极限，有确切数据按值选取，也可按表 5-7 中最低值选取；

A_l——螺栓的有效面积，在表 5-7 中选取；

β——载荷分配系数，与连接板总厚度 L 和螺栓（公称）直径 d 有关，$L/d\geqslant 3$ 时 $\beta=(0.26-0.026L/d)+0.15$，$L/d<3$ 时 $\beta=(0.17-0.057L/d)+0.33$；

n——安全系数，按表 3-11 选取。

也就是说，外拉力在螺栓中引起的最大应力不得大于 $[P_t]$。

(3) 单个高强螺栓抗剪、抗拉的许用承载能力

当高强螺栓连接同时承受摩擦面间的剪力和螺栓轴线方向的外拉力时，显然，构件之间的夹紧力降低，即每个螺栓的许用承载力 $[N^l]$ 也随之降低。设每个高强螺栓在其轴线方向受的拉力为 P_t，则螺栓对构件的预压力将减少为 P_g-P_t。从理论上可以知道，当 $P_g=P_t$ 时，构件间的预压力为零，摩擦力也为零。但从试验结果可知，当 $P_g=0.7P_t$ 时，构件间的有效夹紧力已接近于零。这是因为随着预压力的减小，摩擦因数实际上也有相应降低。为简化计算公式，通常假定摩擦因数不变，以 $P_g-\beta P_t$ 取代 P_g-P_t 来考虑由于摩擦因数降低的影响。规范中规定 $\beta=1.25$。因此，当同时承受摩擦面间的剪力和螺栓轴线方向的外拉力时，每个高强螺栓的许用承载力为

$$[N^l]=\frac{Z_m\mu(P_g-1.25P_t)}{n} \tag{5-29}$$

式中 n——安全因数，按表 3-11 选取；

P_t——每个高强螺栓在其轴线方向所受的外拉力，N，此拉力应小于预应力 P_g 的 70%。

5.4.4 高强螺栓连接强度校核

(1) 承受弯矩作用时的计算

当高强螺栓群受到弯矩 M 时（作用方向使螺栓受拉，见图 5-34），由于高强螺栓的外拉力 N 必须小于预拉力 P_g，确保连接件在 M 作用下，其接触面始终保持紧密贴合，故可按中性轴位于螺栓群形心轴线上来计算，即每个螺栓受到的力 N 与螺栓到中性轴的距离 y 成正比：

$$\frac{N_1}{N_2}=\frac{y_1}{y_2},\ \frac{N_1}{N_3}=\frac{y_1}{y_3},\ \cdots,\ \frac{N_1}{N_i}=\frac{y_1}{y_i}$$

代入力矩平衡条件并考虑到有 m 列螺栓，则

$$M=m(N_1y_1+N_2y_2+\cdots+N_iy_i)=\frac{mN_1}{y_1}(y_1^2+y_2^2+\cdots+y_i^2)=\frac{mN_1}{y_1}\sum y_i^2$$

离中性轴最远的螺栓受力最大，其值为

$$N_1=\frac{My_1}{m\sum y_i^2}<[P_t] \tag{5-30}$$

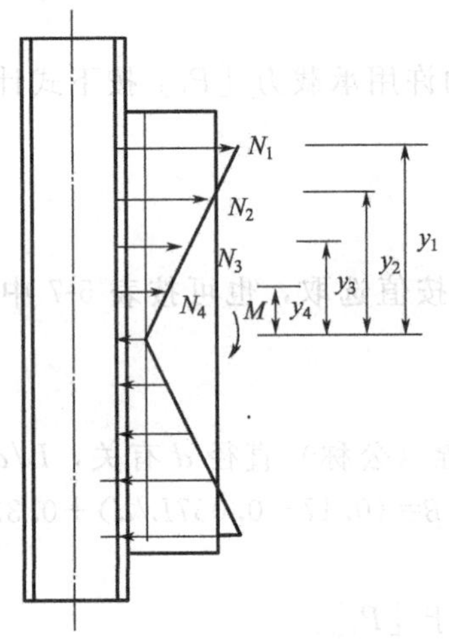

图 5-34　弯矩作用下的高强螺栓

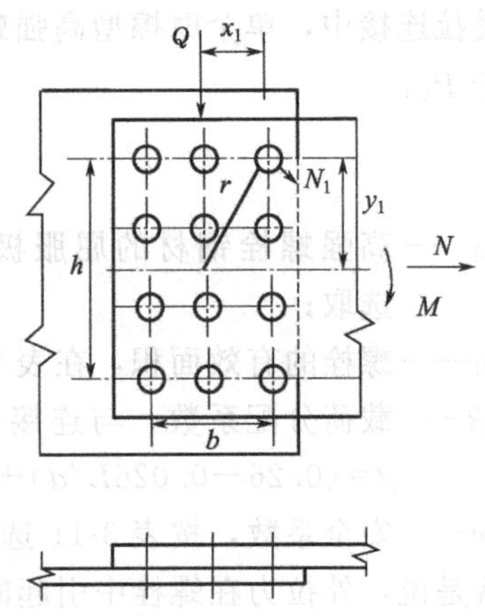

图 5-35　剪力和扭矩作用下的高强螺栓

(2) 承受剪力和扭矩作用时的计算

如图 5-35 所示，当高强螺栓群偏心受剪时，可转化为剪力（两个方向）和偏心弯矩（作用方向使螺栓受剪）作用。其计算方法与普通受剪螺栓相同，只是许用承载能力不同。计算公式为

$$N_1=\frac{Q}{n},\ N_2=\frac{N}{n},\ N_3=\frac{M}{\sum x_i^2+\sum y_i^2}r_1$$

螺栓受到的合力为 $\boldsymbol{N}_1$、$\boldsymbol{N}_2$、$\boldsymbol{N}_3$ 的矢量和 $\boldsymbol{N}$，即 $\boldsymbol{N}=\boldsymbol{N}_1+\boldsymbol{N}_2+\boldsymbol{N}_3$，并应满足条件：

$$N\leqslant[N^l] \tag{5-31}$$

(3) 受轴心拉力和力矩作用的受拉螺栓连接计算

当螺栓群偏心受拉即同时受轴心拉力 N 和偏心力矩 M 作用时，为确保连接的可靠性，在外拉力 N 和偏心力矩 M 共同作用下，螺栓承受的力必须小于预拉力 P_g，确保连接件接触面始终保持紧密贴合。

高强螺栓受力计算，按中性轴位于螺柱群形心轴线上来计算：

$$P_k=\frac{N}{m}\pm\frac{My_k}{\sum y_i}$$

$$P_{\max}=\frac{N}{m}\pm\frac{My_1}{\sum y_i}<[P_t]$$

式中　y_1——最外排螺栓到螺栓群形心的距离；

m——螺栓群的个数；

y_k——第 k 排螺栓到螺栓群形心的距离；

P_k——第 k 排螺栓承受的拉力。

(4) 承受剪力拉力和弯矩作用的螺栓连接计算

当螺栓群同时承受剪力 Q、拉力 N 和弯矩 M 同时作用时，为确保连接件接触面始终保

持紧密贴合及连接的可靠，应该满足两方面的要求：单个螺栓承受的最大轴向力小于许用承载力 $P_t<[P_t]$；螺栓群的摩擦力之和大于剪力。

当 $P_k\leqslant 0$ 取 $P_k=0$

$$[N_k^l]=\frac{Z_m\mu(P_g-1.25P_k)}{n}$$

当 $P_k\leqslant 0$ 且 $|P_k|>P_g$

$$[N_k^l]=\frac{Z_m\mu P_k}{n}$$

$$\sum[N_k^l]\geqslant Q$$

(5) *构件净截面强度计算*

高强螺栓连接中的构件净截面强度计算与普通螺栓连接不同。图 5-36 所示连接中，由于摩擦力分布在连接件的所有接触面上，因此两端最外列螺栓处被削弱的净截面上的内力，比同样情况下的普通螺栓连接要小些，这是因为该截面上每个螺栓所传的力的一部分，已由摩擦的作用在孔前传走。根据试验结果，孔前传力因数为 0.4，即每个高强螺栓所承担的内力中有 40%已在孔前摩擦面中传递，则构件净截面所受力为

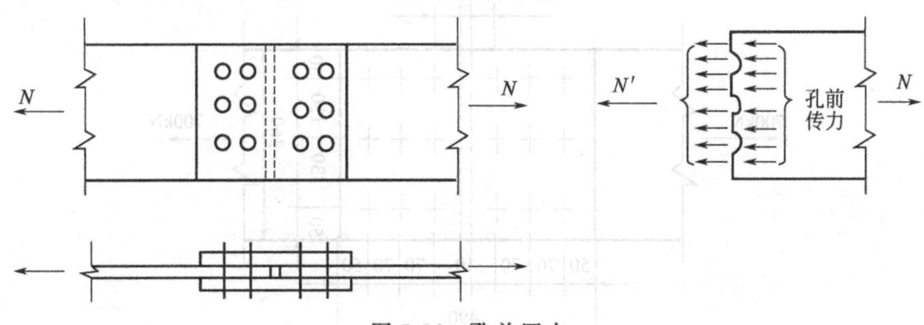

图 5-36 孔前压力

$$N'=N-0.4n_1\frac{N}{n}=N\left(1-0.4\frac{n_1}{n}\right) \tag{5-32}$$

式中 N——构件的轴心力，N；

n——构件连接一侧的螺栓数目；

n_1——最外列螺栓处的螺栓数目；

0.4——孔前传力因数。

因此，高强螺栓连接的轴心受拉或受压构件的强度应按下式计算：

$$\sigma=\frac{N'}{A_j}\leqslant[\sigma] \tag{5-33}$$

$$\sigma=\frac{N}{A}\leqslant[\sigma] \tag{5-34}$$

式中 A_j——构件最外列螺栓处的净截面积，mm^2；

A——构件毛截面积，mm^2；

$[\sigma]$——构件的许用应力，MPa，由表 3-11 查取。

5.4.5 高强度螺栓连接应施加的拧紧螺栓、螺母的扭矩

在高强螺栓连接中为使高强螺栓达到规定的预拉力，施加的拧紧螺栓、螺母的扭矩计算如下：

$$M=(0.11\sim0.2)dP_g \tag{5-35}$$

式中 M——拧紧力矩，kN·m；

d——螺栓中径，m；

P_g——拧紧力，即高强螺栓的预拉力，kN。

M的值视螺母与螺纹、垫圈的摩擦情况而异。同时必须满足下列要求，且不得使用硬度低于螺栓硬度的垫圈：高强度螺栓、螺母和垫圈材料应符合 GB/T 1231 或 GB/T 3633 的规定；大于 M24 的扭剪型高强螺栓副和大于 M30 的高强螺栓副，应符合 GB/T 3098.1、GB/T 3098.2 等的规定；各种规格的螺栓副除选用 GB/T 1231 规定的材料外，还可采用 GB/T 3077 规定的用于 8.8 级的 40Cr 和用于 10.9 级以上的 35CrMo、42CrMo 等钢材；主要承载连接销轴的材料，宜采用符合 GB/T 699 的 45 钢及符合 GB/T 3077 的 40Cr、35CrMo、42CrMo 等钢材，并进行必要的热处理。

例 5-9 构件钢板截面为 360mm×20mm，轴力为 700kN，构件材料为 Q235，采用高强螺栓 M20，等级 10.9，由 40B 钢制成，螺栓孔径 $d'=21.5$mm。构件接触面上进行喷砂后涂无机富锌漆处理。试设计双面用拼接板连接的高强螺栓连接接头。

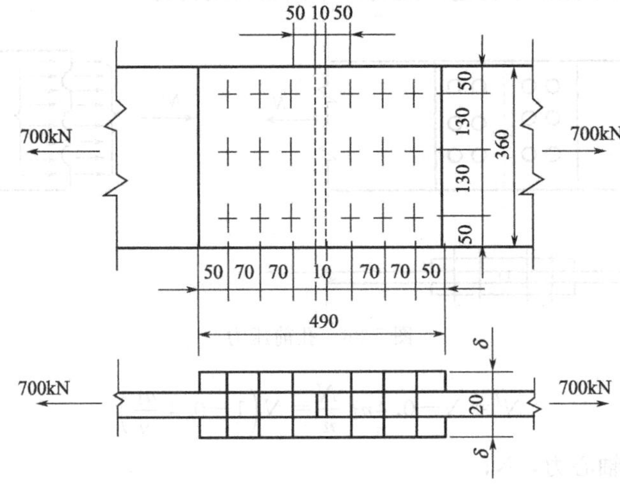

图 5-37 例 5-9 图

解 通常取两块拼接板厚度略大于被连接板件的厚度，则取 $2\delta=2\times12=24\text{mm}>20\text{mm}$。

(1) 单个螺栓承载力

$$[N^l]=\frac{Z_m\mu P_g}{n}=\frac{2\times0.35\times155}{1.34}=81\text{kN}$$

(2) 所需螺栓数目

$$n=\frac{N}{[N^l]}=\frac{700}{81}=8.64 \text{（取 } n=9\text{）}$$

(3) 螺栓布置

采用并列式，每侧三列各 3 个螺栓，尺寸布置满足规定要求，如图 5-37 所示。

(4) 构件截面强度验算

$$N'=N\left(1-0.4\frac{n_1}{n}\right)=700\times\left(1-0.4\times\frac{3}{9}\right)=606.7\text{kN}$$

$$A_j = A - n_1 d'\delta = 360\times20 - 3\times21.5\times20 = 5910\text{mm}^2$$

净截面强度验算：

$$\sigma = \frac{N'}{A_j} = \frac{606.7\times10^3}{5910} = 102.66\text{MPa} < [\sigma] = \frac{235}{1.34} = 175\text{MPa}$$

毛截面强度验算：

$$\sigma = \frac{N}{A} = \frac{700\times10^3}{360\times20} = 97.22\text{MPa} < [\sigma] = \frac{235}{1.34} = 175\text{MPa}$$

(5) 结论

该连接螺栓的构件强度满足要求。

例 5-10 图 5-38 所示的摩擦型高强螺栓连接中，被连接板件钢材为 Q235，螺栓为 M20，螺栓强度等级 10.9，螺栓杆长度 70mm，接触面采用喷砂处理，试验算此连接是否安全，荷载为按载荷组合 B 求得值。

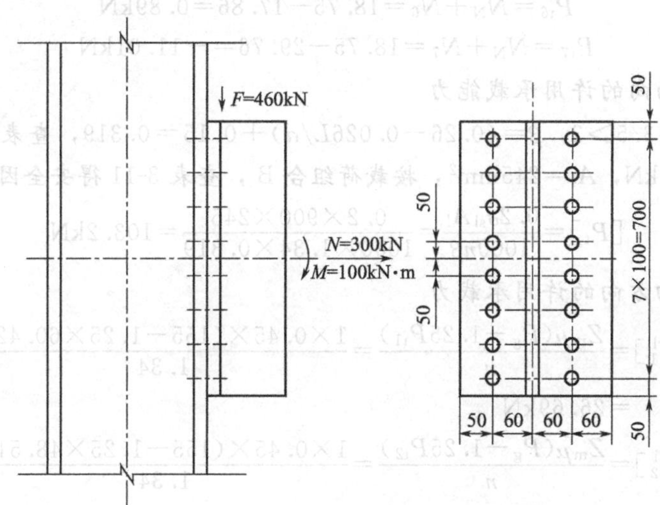

图 5-38 例 5-10 图

解

(1) 螺栓受力计算

在轴心力 N 作用下单个螺栓受力：

$$N_N = \frac{N}{m} = \frac{300}{16} = 18.75\text{kN}$$

在弯矩 M 作用下各排螺栓受力：

$$N_{max} = N_1 = \frac{My_1}{\sum y_i^2} = \frac{100\times10^3\times350}{2\times(50^2+150^2+250^2+350^2)\times2} = 41.67\text{kN}$$

$$N_2 = \frac{My_2}{\sum y_i^2} = \frac{100\times10^3\times250}{2\times(50^2+150^2+250^2+350^2)\times2} = 29.76\text{kN}$$

$$N_3 = \frac{My_3}{\sum y_i^2} = \frac{100\times10^3\times150}{2\times(50^2+150^2+250^2+350^2)\times2} = 17.86\text{kN}$$

$$N_4 = \frac{My_4}{\sum y_i^2} = \frac{100\times10^3\times50}{2\times(50^2+150^2+250^2+350^2)\times2} = 5.95\text{kN}$$

$$N_5 = \frac{My_5}{\sum y_i^2} = \frac{100\times10^3\times(-50)}{2\times(50^2+150^2+250^2+350^2)\times2} = -5.95\text{kN}$$

$$N_6=\frac{My_6}{\sum y_i^2}=\frac{100\times10^3\times(-150)}{2\times(50^2+150^2+250^2+350^2)\times2}=-17.86\text{kN}$$

$$N_7=\frac{My_7}{\sum y_i^2}=\frac{100\times10^3\times(-250)}{2\times(50^2+150^2+250^2+350^2)\times2}=-29.76\text{kN}$$

$$N_8=\frac{My_1}{\sum y_i^2}=\frac{100\times10^3\times(-350)}{2\times(50^2+150^2+250^2+350^2)\times2}=-41.67\text{kN}$$

则螺栓受到轴向拉力：

$$P_{t1}=P_{tmax}=N_N+N_1=18.75+41.67=60.42\text{kN}$$

$$P_{t2}=N_N+N_2=18.75+29.76=48.51\text{kN}$$

$$P_{t3}=N_N+N_3=18.75+17.86=36.61\text{kN}$$

$$P_{t4}=N_N+N_4=18.75+5.95=24.70\text{kN}$$

$$P_{t5}=N_N+N_5=18.75-5.95=12.80\text{kN}$$

$$P_{t6}=N_N+N_6=18.75-17.86=0.89\text{kN}$$

$$P_{t7}=N_N+N_7=18.75-29.76=-11.01\text{kN}$$

（2）单个螺栓沿轴向的许用承载能力

$L/d=70/20=3.5>3$，$\beta=(0.26-0.026L/d)+0.15=0.319$，查表 5-7 得螺栓 $\sigma_{sl}\geqslant$ 900MPa，$P_g=155\text{kN}$，$A_l=245\text{mm}^2$，按载荷组合 B，查表 3-11 得安全因数 $n=1.34$。

$$[P_t]=\frac{0.2\sigma_{sl}A_l}{1000n\beta}=\frac{0.2\times900\times245}{1000\times1.34\times0.319}=103.2\text{kN}$$

（3）单个螺栓剪切方向的许用承载力

$$[N_1^l]=\frac{Z_m\mu(P_g-1.25P_{t1})}{n}=\frac{1\times0.45\times(155-1.25\times60.42)}{1.34}$$
$$=26.69\text{kN}$$

$$[N_2^l]=\frac{Z_m\mu(P_g-1.25P_{t2})}{n}=\frac{1\times0.45\times(155-1.25\times48.51)}{1.34}$$
$$=31.69\text{kN}$$

$$[N_3^l]=\frac{Z_m\mu(P_g-1.25P_{t3})}{n}=\frac{1\times0.45\times(155-1.25\times36.61)}{1.34}$$
$$=36.69\text{kN}$$

$$[N_4^l]=\frac{Z_m\mu(P_g-1.25P_{t4})}{n}=\frac{1\times0.45\times(155-1.25\times24.7)}{1.34}$$
$$=41.68\text{kN}$$

$$[N_5^l]=\frac{Z_m\mu(P_g-1.25P_{t5})}{n}=\frac{1\times0.45\times(155-1.25\times12.8)}{1.34}$$
$$=46.68\text{kN}$$

$$[N_6^l]=\frac{Z_m\mu(P_g-1.25P_{t6})}{n}=\frac{1\times0.45\times(155-1.25\times0.89)}{1.34}$$
$$=51.68\text{kN}$$

因为 $P_{t7}\leqslant0$，取 $P_{t7}=P_{t8}=0$。

$$[N_7^l]=[N_8^l]=\frac{Z_m\mu P_g}{n}=\frac{1\times0.45\times155}{1.34}=52.05\text{kN}$$

$$\sum[N_k^l]=(26.69+31.69+36.69+41.68+46.68+51.68+52.05\times2)\times2$$
$$=677.3\text{kN}>F=460\text{kN}$$

(4) 结论

此连接安全。

思　考　题

5-1　两块截面为500mm×12mm的钢板通过焊缝平接。钢板为Q235，采用手工焊且用普通方法检查质量。焊条为E43型，不用引弧板，轴心力$N=1000$kN。试设计焊缝连接的各种方案，并绘简图。

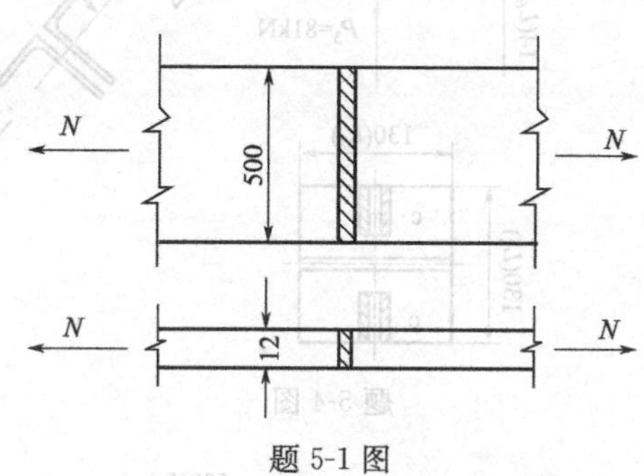

题5-1图

5-2　图示对接焊缝，施焊时不用引弧板。钢材为Q345钢，焊条为E50型。手工焊，用精确方法检查。试计算在三种受力情况下，各能承受拉力P的最大值。

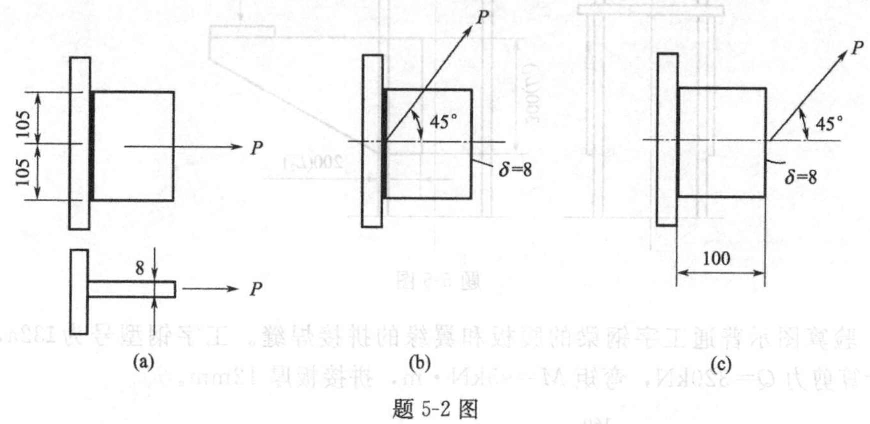

题5-2图

5-3　在题5-2连接中，若改用双面贴角焊缝，在各承受同样的力情况下，确定焊缝厚度。

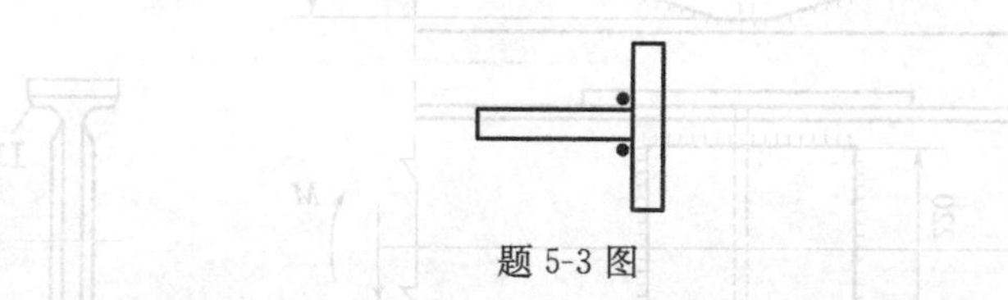

题5-3图

5-4　图示桁架节点板为Q235，焊缝为手工焊，焊条为E43型，用普通方法检查。受力情况如图所示。试设计连接焊缝a、b、c、d。

5-5　由钢板制成的托架与钢柱采用贴角焊缝连接，焊缝厚度10mm，钢材为Q235，焊条为E43型，施焊时无引弧板。托架承受力为100kN。试验算焊缝强度。

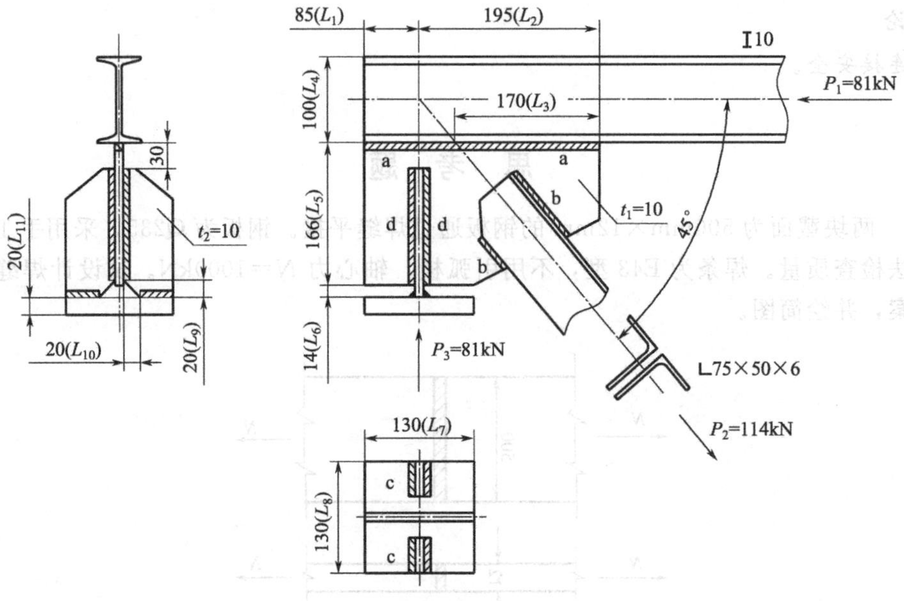

题 5-4 图

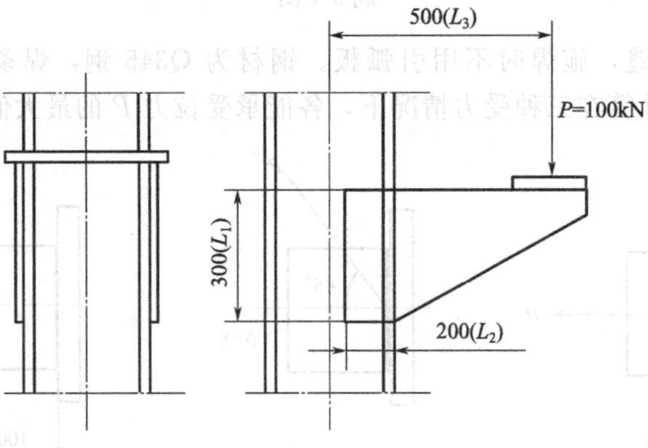

题 5-5 图

5-6　验算图示普通工字钢梁的腹板和翼缘的拼接焊缝。工字钢型号为I32a，材料为 Q235。计算剪力 $Q=320\text{kN}$，弯矩 $M=95\text{kN}\cdot\text{m}$，拼接板厚 12mm。

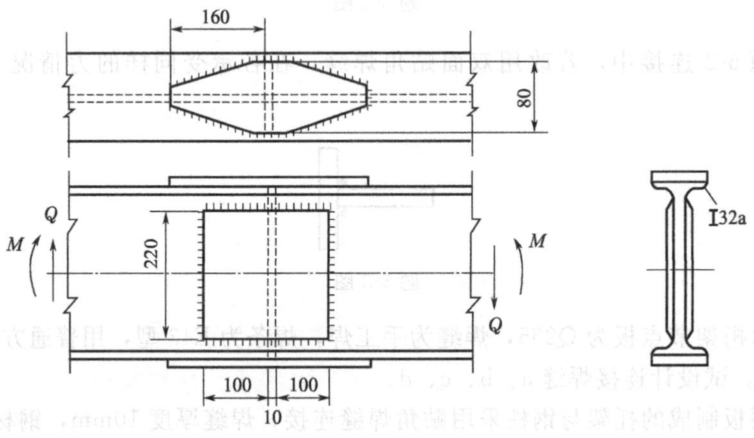

题 5-6 图

5-7　计算图示螺栓连接件能承受的最大力 P。钢材 Q345，精制螺栓 Q235，直径 $d=20$mm，孔径 $d'=20.3$mm（Ⅰ类孔），性能等级为 4.8。

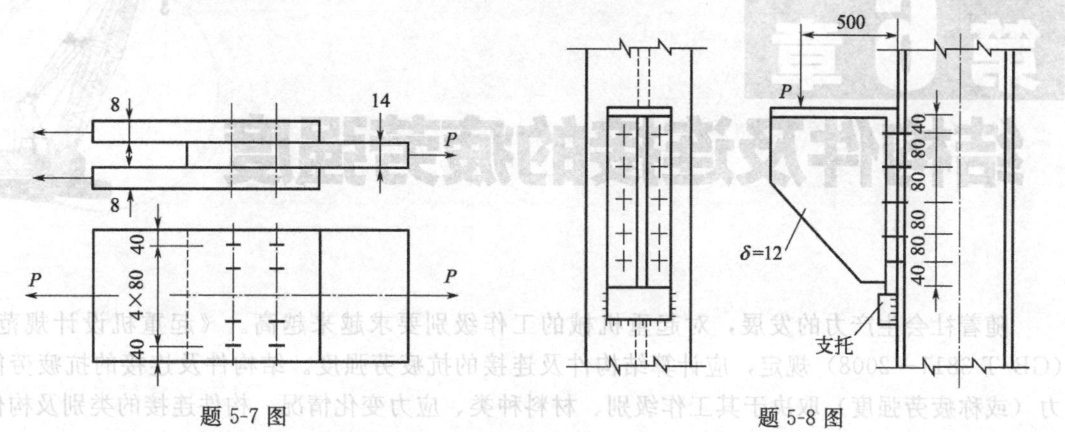

题 5-7 图　　　　题 5-8 图

5-8　图示为T形钢托架与钢柱用普通粗制螺栓连接，剪力由支托承受。螺栓小径 $d_0=17.294$mm，钢材和螺栓均用 Q235，性能等级为 4.8。试计算 T 形钢托架能承受的最大值 P。

5-9　若将题 5-7 图中的螺栓改为高强螺栓，材料为 40B 钢，直径 $d=20$mm，孔径 $d'=21.5$mm，性能等级为 10.9，连接接触面处喷砂后涂无机富锌漆，试验算高强螺栓强度和构件强度。

5-10　图示构件由 Q235 制成，采用高强螺栓连接，螺栓性能等级为 10.9，直径 $d=20$mm，连接处喷砂处理。斜拉杆受到 210kN 的拉力，拉力的水平分力对螺栓群中心的距离 $e=12$cm。试计算：

① 斜拉杆与节点板连接的高强螺栓数目。

② 连接板与柱连接的高强螺栓数目（可假定为 8 只，分两排布置）。

③ 斜拉杆强度是否满足（孔径为 21.5mm）。

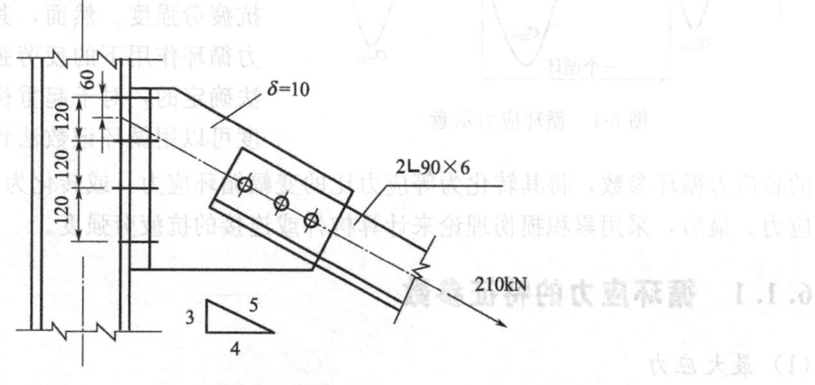

题 5-10 图

第6章 结构件及连接的疲劳强度

随着社会生产力的发展，对起重机械的工作级别要求越来越高。《起重机设计规范》（GB/T 3811—2008）规定，应计算结构件及连接的抗疲劳强度。结构件及连接的抗疲劳能力（或称疲劳强度）取决于其工作级别、材料种类、应力变化情况、构件连接的类别及构件的连接形式等。

对于结构疲劳强度的计算，常采用应力比法和应力幅法，本章仅介绍应力比法。

6.1 循环作用的载荷和应力

起重机的作业是循环往复的，其钢结构或连接必然承受循环交变作用的载荷，在结构或连接中产生的应力是循环应力，如图 6-1 所示。

图 6-1 循环应力示意

起重机的一个工作循环中，结构或连接中某点的循环应力是变幅循环应力，既不是等平均应力，也不是等应力比的。起重机工作过程中每个工作循环中应力的变化是随机的，难以用试验的方法确定其构件或连接的抗疲劳强度。然而，其结构或连接在等幅应力循环作用下的疲劳强度是可以用试验的方法确定的，对于起重机构件或连接的疲劳强度可以用循环记数法计算出整个循环应力中的各应力循环参数，将其转化为等应力比的变幅循环应力，或转化为等平均应力的等幅循环应力。最后，采用累积损伤理论来计算构件或连接的抗疲劳强度。

6.1.1 循环应力的特征参数

（1）最大应力

最大应力是一个循环中峰值和谷值两极值应力中绝对值最大的应力，用 σ_{max} 表示。

（2）最小应力

最小应力是一个循环中峰值和谷值两极值应力中绝对值最小的应力，用 σ_{min} 表示。

（3）整个工作循环中最大应力值

整个工作循环中最大应力值是构件或连接整个工作循环中最大应力的数值，用 $\hat{\sigma}_{max}$

表示。

(4) 应力循环特性值

应力循环特性值是一个循环中最小应力与最大应力的比值，用 $r=\sigma_{\min}/\sigma_{\max}$ 表示。

(5) 循环应力的应力幅

循环应力的应力幅是一个循环中最大的应力与最小的应力的差的绝对值，用 $\Delta\sigma$ 表示。

$$\Delta\sigma=|\sigma_{\max}-\sigma_{\min}|=(1-r)|\sigma_{\max}|$$

(6) 应力半幅

应力半幅是一个循环中最大的应力与最小的应力的差的绝对值的一半，用 σ_a 来表示。

$$\sigma_a=\frac{|\sigma_{\max}-\sigma_{\min}|}{2}$$

(7) 应力循环的平均值

应力循环的平均值是一个循环中最大的应力与最小的应力的和的平均值，用 σ_m 表示。

$$\sigma_m=\frac{\sigma_{\max}+\sigma_{\min}}{2}=\frac{(1+r)\sigma_{\max}}{2}$$

6.1.2　应力循环特性值的计算

构件或连接单独或同时承受正应力（σ_x、σ_y）和切应力（τ_{xy}）作用时，应力循环特性 r_x、r_y、r_{xy} 按式(6-1) 计算。

$$\left.\begin{aligned}r_x&=\frac{\sigma_{x\min}}{\sigma_{x\max}}\\r_y&=\frac{\sigma_{y\min}}{\sigma_{y\max}}\\r_{xy}&=\frac{\tau_{xy\min}}{\tau_{xy\max}}\end{aligned}\right\}\tag{6-1}$$

式中　r_x，r_y，r_{xy}——应力循环特性值；

$\sigma_{x\max}$，$\sigma_{y\max}$，$\tau_{xy\max}$——构件（或连接）在疲劳计算点上的绝对值最大正应力和绝对值最大切应力值，MPa；

$\sigma_{x\min}$，$\sigma_{y\min}$，$\tau_{xy\min}$——应力循环特性中与 $\sigma_{x\max}$，$\sigma_{y\max}$，$\tau_{xy\max}$ 相对应的同一疲劳计算点上的一组应力值，MPa。

$\sigma_{x\min}$，$\sigma_{y\min}$，$\tau_{xy\min}$ 是应力循环中与 $\sigma_{x\max}$，$\sigma_{y\max}$，$\tau_{xy\max}$ 相对应的同一组应力值（各带正负号），其差值的绝对值为最大。

计算应力循环特性 r（r_x、r_y、r_{xy}）时，最小应力和最大应力应带各自正负号，拉应力为正，压应力为负。切应力按变化约定；移动小车轮压产生的脉动局部压应力，其 r 值为 0。

6.1.3　疲劳强度许用应力

疲劳强度许用应力是通过标准试件的疲劳试验获取的。试验时，对一批标准试件施加不同量值的等幅循环载荷，得到各试件破坏时的对应循环数 N。以对称应力循环应力（疲劳应力循环特性 $r=-1$）的最大拉应力 $\sigma_{\max}$ 为纵坐标、破坏时循环数 N 为横坐标，将试验结果绘成 σ-N 曲线，或称 S-N 曲线，此曲线表示了材料的疲劳强度与寿命的关系。由曲线可知，随着最大拉应力 $\sigma_{\max}$ 减小，应力循环次数 N 增加。当减小到某一值时，N 可以无限增加。对于试件取 $N=2\times10^6$ 次时的应力作为材料疲劳极限。以 $r=-1$ 的对称应力循环试验得到的含有 90%可靠度的疲劳极限除以安全系数，得到疲劳强度许用应力值。

6.2 结构及其连接的工作级别

结构及其连接的工作级别是结构设计计算的重要依据，也作为一项技术参数提供给用户。用户可以按实际使用条件正确地选择或预定机械产品。一个好的设计应充分考虑使用条件，进行疲劳强度校核，在安全和寿命方面才有可能较为接近实际的要求。

结构的工作级别与结构的应力状态（名义应力谱系数）和使用等级（应力循环次数）有关。结构件的应力状态和使用等级是依据起重机械的载荷状态和工作循环次数确定的，但结构的工作级别与起重机械工作级别不一定相同，应视具体情况而定。

6.2.1 使用等级

结构件的使用时间，用该结构件的应力循环次数来表示。一个应力循环是指应力从通过 σ_m 时起至该应力同方向再次通过 σ_m 时为止的一个连续过程。图 6-1 表示的是应力循环的时间应力变化过程。

结构件总使用时间是指在其设计预期寿命期内，即从开始使用起到该结构件报废为止的期间内，该结构件发生的总的应力循环次数。结构中应力变化的频繁程度，以其在设计寿命期内达到的总应力循环次数 n 表征。结构件的使用等级按完成的总工作循环次数 n 的不同，分为 11 个使用等级，分别以代号 B0、B1、…、B10 表示，见表 6-1。

表 6-1 结构件的使用等级

代号	总应力循环数 n	代号	总应力循环数 n
B0	$n\leqslant1.6\times10^4$	B6	$5\times10^5<n\leqslant1\times10^6$
B1	$1.6\times10^4<n\leqslant3.2\times10^4$	B7	$1\times10^6<n\leqslant2\times10^6$
B2	$3.2\times10^4<n\leqslant6.3\times10^4$	B8	$2\times10^6<n\leqslant4\times10^6$
B3	$6.3\times10^4<n\leqslant1.25\times10^5$	B9	$4\times10^6<n\leqslant8\times10^6$
B4	$1.25\times10^5<n\leqslant2.5\times10^5$	B10	$8\times10^6<n$
B5	$2.5\times10^5<n\leqslant5\times10^5$		

6.2.2 应力状态

应力状态是用来表明结构件中应力或部分应力达到最大的情况。当结构件中应力或部分应力达到最大的情况不明时，应与用户协商，根据用途按表 6-2 确定应力状态。当载荷情况已知时，应按下式计算实际应力谱 K_s，再按表 6-2 选取接近且较大的名义应力谱系数值来确定载荷状态。

结构件的应力谱，是表明在总使用时间内在它上面发生的应力大小及这些应力循环次数的情况。每一个应力谱对应有一个应力谱系数 K_s。

$$K_s=\frac{n_i}{n_T}\left(\frac{\sigma_i}{\sigma_{\max}}\right)^c \tag{6-2}$$

式中 K_s——结构件应力谱的计算值；

n_i——该结构件发生的不同应力相应的应力循环数，$n_i=n_1$，n_2，n_3，…，n_n；

n_T——结构件总的应力循环数，$n_T=\sum_{i=1}^{n} n_i = n_1+n_2+\cdots+n_n$；

σ_i——该结构件在工作时间内发生的不同应力，$\sigma_i=\sigma_1, \sigma_2, \sigma_3, \cdots, \sigma_n$；

σ_{max}——应力 σ_1、σ_2、σ_3、…、σ_n 中的最大应力；

c——指数，与有关材料的性能、结构件的种类、形状和尺寸、表面粗糙度以及腐蚀程度等有关，由试验得出。

展开后，式(6-2) 变为

$$K_s=\frac{n_1}{n_T}\left(\frac{\sigma_1}{\sigma_{max}}\right)^c+\frac{n_2}{n_T}\left(\frac{\sigma_2}{\sigma_{max}}\right)^c+\frac{n_3}{n_T}\left(\frac{\sigma_3}{\sigma_{max}}\right)^c+\cdots+\frac{n_n}{n_T}\left(\frac{\sigma_n}{\sigma_{max}}\right)^c \tag{6-3}$$

然后按表 6-2 可以确定该结构件或机械零件的应力谱系数和相应的应力状态。

表 6-2 结构件应力状态和应力谱系数

应力状态	S1	S2	S3	S4
应力谱系数 K_s	$0<K_s\leqslant 0.125$	$0.125<K_s\leqslant 0.25$	$0.25<K_s\leqslant 0.5$	$0.5<K_s\leqslant 1$

注：确定应力谱系数所采用的应力是该结构件在工作期间内发生的各个不同峰值应力。

6.2.3 结构件的工作级别划分

根据结构件的使用等级和应力状态，结构件工作级别划分为 E1～E8 共八个级别，见表 6-3。

表 6-3 结构件的工作级别

应力状态级别	使用等级										
	B0	B1	B2	B3	B4	B5	B6	B7	B8	B9	B10
S1	E1	E1	E1	E1	E2	E3	E4	E5	E6	E7	E8
S2	E1	E1	E1	E2	E3	E4	E5	E6	E7	E8	E8
S3	E1	E1	E2	E3	E4	E5	E6	E7	E8	E8	E8
S4	E1	E2	E3	E4	E5	E6	E7	E8	E8	E8	E8

6.3 疲劳极限

6.3.1 等幅循环应力作用下的疲劳极限

对试件施加同一应力循环特性值 r、不同最大应力 $\sigma_{max,i}$ 的等幅循环应力，得出试件破坏时对应的应力循环数 N_i。这时的最大应力 $\sigma_{max,i}$ 称为疲劳强度，以 $\sigma_{r,i}$ 表示。通过足够数量的试验，可得到 $\sigma_{r,i}$-N_i 曲线（图 6-2）。

曲线的函数式为

$$\sigma_{r,i}^m N_i=C \tag{6-4}$$

式中 m——指数，焊接结构可取 3 或 5，非焊接结构可取 5 或 6；

N_i——应力作用的循环次数；

C——常数。

影响疲劳强度的因素很多：连接形式、尺寸大小、形状以及焊接过程、焊后处理等。以

$N_i=N_0=2\times10^6$ 为基本循环数，则对应的 $\sigma_{r,i}=\sigma_r$，称为疲劳极限。任一循环次 N_i 下的疲劳强度为

$$\sigma_{r,i}=\frac{\sigma_r}{\sqrt[m]{N_i/N_0}}=\frac{\sigma_r}{\sqrt[m]{K_N}}=\frac{\sigma_r}{k_N} \tag{6-5}$$

式中 k_N——寿命系数；

K_N——循环次数比，$K_N=N_i/N_0$。

当等幅循环应力为对称循环应力时，其应力比为 $r=-1$，则 $\sigma_{r,i}$表示为 $\sigma_{-1,i}$；当等幅循环应力为脉动循环应力时，应力比为 $r=0$，则 $\sigma_{r,i}$表示为 $\sigma_{0,i}$。

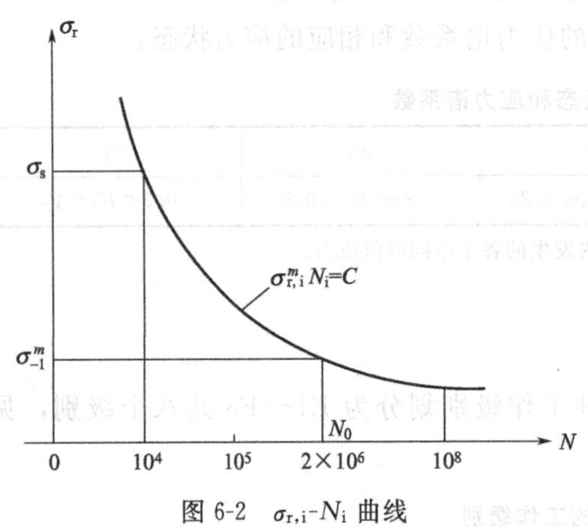

图 6-2 $\sigma_{r,i}$-N_i 曲线

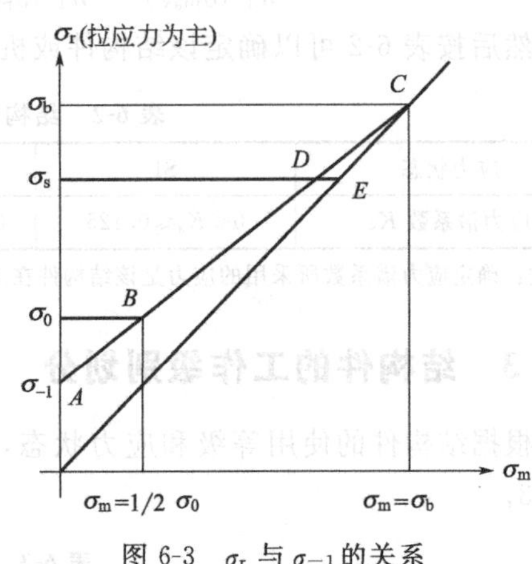

图 6-3 σ_r 与 σ_{-1}的关系

当 $r=-1$ 时，以 $N_i=N_0=2\times10^6$ 为基本循环数，则对应的 $\sigma_{-1,i}=\sigma_{-1}$，称为基本疲劳极限。而任一循环次数 N_i 下的疲劳强度为

$$\sigma_{-1,i}=\frac{\sigma_{-1}}{\sqrt[m]{N_i/N_0}}=\frac{\sigma_{-1}}{\sqrt[m]{K_N}}=\frac{\sigma_{-1}}{k_N} \tag{6-6}$$

试验通常就是用 $r=-1$ 和 $r=0$ 这两种应力比的等幅循环应力做的，其他应力比的等幅循环应力作用下的结果，可通过换算求得。在已知 σ_{-1} 和 σ_0（试验求得）前提下，在 σ_r 和 σ_m 的坐标上同时作出 σ_b（抗拉强度）的点 C（图 6-3）。连接 AB 线和 BC 线，又知静强度极限为钢材屈服点 σ_s，则确定 D 点，并连 DE 线。当在 $-1\leqslant r\leqslant0$ 的范围内，任一 σ_r 值可用插入法从 AB 线段上求得（可不必进行试验，当然是近似的）。

以拉力为主的疲劳极限：

$$\sigma_{rt}=\left(\frac{5}{3-2r}\right)\sigma_{-1}=\left(\frac{1}{1-2r/3}\right)\sigma_0\left(\text{此时 }\sigma_{0t}=\frac{5\sigma_{-1}}{3}\right) \tag{6-7}$$

当 $0\leqslant r\leqslant1$ 时，在 BD 线段上用插入法可求得：

$$\sigma_{rt}=\frac{\sigma_0}{1-(1-\sigma_0/\sigma_s)r}=\frac{5\sigma_{-1}/3}{1-(1-5\sigma_{-1}/3/\sigma_s)r} \tag{6-8}$$

同理，可写出受压应力为主的疲劳极限：

当 $-1\leqslant r\leqslant0$ 时

$$\sigma_{rc}=\frac{\sigma_0}{1-r}=\frac{2\sigma_{-1}}{1-r}\left(\text{此时 }\sigma_{0c}=2\sigma_{-1}\right) \tag{6-9}$$

当 $0\leqslant r\leqslant1$ 时（此时抗压强度 $\sigma_{sc}=1.2\sigma_s$）

$$\sigma_{rc}=\frac{\sigma_0}{1-[1-\sigma_0/(1.2\sigma_s)]r}=\frac{2\sigma_{-1}}{1-[1-2\sigma_{-1}/(1.2\sigma_s)]r} \tag{6-10}$$

核算疲劳强度时，用下式比较：

$$|\sigma_{\max}| \leqslant \frac{\sigma_{r,i}}{n_r(\gamma)},\ \frac{\sigma_{r,i}}{n_r} = [\sigma_{r,i}] \tag{6-11}$$

$$|\tau_{\max}| \leqslant \frac{\tau_{r,i}}{n_r(\gamma)},\ [\tau_{r,i}] = \frac{\sigma_{r,i}}{\sqrt{3}n_r} \text{或} [\tau_{r,i}] = \frac{[\sigma_{r,i}]}{\sqrt{2}} \tag{6-12}$$

式中　$\sigma_{\max}$——用绝对值，因为它有正负之分，而疲劳强度一般不带符号；

$\sigma_{r,i}$——由式(6-5) 算出来的$\sigma_{-1,i}$经式(6-6) 转换算得的；

n_r——疲劳强度的安全系数，取 1.34（许用应力法）；

γ——材料的疲劳抗力系数，取 1.25～1.35（极限状态法）。

6.3.2　不等幅循环应力作用下的疲劳极限

(1) 当量等幅循环应力的转换

在实际工程中，作用在起重机构件或连接上的循环应力都是不等幅、随机的、变化复杂的循环应力，还需采用一“样板”区段，经一些循环计数的统计方法的处理，来确定该循环应力的各特征数值及其频率数。然后，采用 Miner 线性累积损伤理论来判断是否出现疲劳破坏。也可将此循环应力转换为一单参数循环应力，即为等幅、等应力比的当量循环应力(σ_d) 来验算。

例如，某一构件或接头作用有 n 组已经处理过的循环应力，其各组循环应力 $\sigma_{\max}$ 以 σ_1，σ_2，…，σ_i，…，σ_n 表示，并一律以绝对值代入以下公式，相应的应力比以 r_1，r_2，…，r_i，…，r_n 表示，每组应力的作用次数以 n_1，n_2，…，n_i，…，n_n 表示（不考虑作用次序）。在各组循环应力作用下构件或接头得到不同的损伤度（d_i）。如在第 1 组循环应力（σ_1，r_1，n_1）作用下，在该构件或接头的 $r=r_1$ 试验曲线 σ_r-N 曲线上（图 6-4 ），可找到或推算得对应于 σ_1、r_1 的寿命次数 N_1：

$$N_1 = \left(\frac{\sigma_{r=r_1}}{\sigma_1}\right)^m N_0,\ N_i = \left(\frac{\sigma_{r=r_1}}{\sigma_i}\right)^m N_0 \tag{6-13}$$

式中，$m=3$，$N_0=2\times10^6$，σ_{ri}为 $r=r_i$ 时的疲劳极限。则其损伤度 $d_1=n_1/N_1$，$d_i=n_i/N_i$。同理可求得 d_2，d_3，…，d$_n$。其总损伤度 $D=\sum d_i$。

$$D=\sum d_i = \frac{n_1}{N_1}+\frac{n_2}{N_2}+\cdots+\frac{n_n}{N_n}=\sum_1^n \frac{n_i}{N_i} \tag{6-14}$$

当 $D>1$ 时，则该构件或接头将疲劳破坏。故不使其疲劳破坏的条件为 $D\leqslant1$。现将上式各项的分子分母各自乘上（σ_i）^{m}，则

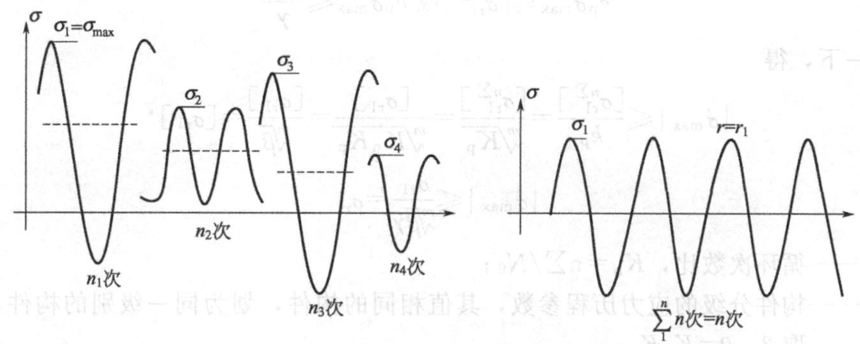

图 6-4　当量等幅循环应力的转换

$$D=\frac{n_1(\sigma_1)^m}{N_1(\sigma_1)^m}+\frac{n_2(\sigma_2)^m}{N_2(\sigma_2)^m}+\cdots+\frac{n_n(\sigma_n)^m}{N_n(\sigma_n)^m}=\sum_1^n\frac{n_i(\sigma_i)^m}{N_i(\sigma_i)^m} \tag{6-15}$$

式(6-15) 中的分母可写成 $N_i(\sigma_i)^m=C_i=n\Sigma(\sigma_{r=r_i}^{n\Sigma})^m$。式中，$\sigma_{r=r_i}^{n\Sigma}=\sigma_{ri}^{n\Sigma}$ 为该构件或接头在循环次数达 $n\Sigma$ 次、应力比 $r=r_i$ 时的疲劳强度。若已知该构件或接头在应力比为 $r=r_1$、循环次数达 $\Sigma n_i=n\Sigma$ 次时的疲劳强度（$\sigma_{r1}^{n\Sigma}$），令 $\alpha_i=\sigma_{ri}^{n\Sigma}/\sigma_{r1}^{n\Sigma}$，得 $\sigma_{ri}^{n\Sigma}=\alpha_i\sigma_{r1}^{n\Sigma}$。代入式(6-15)分母中得

$$D=\sum_1^n\frac{n_i(\sigma_i)^m}{N_i(\sigma_i)^m}=\Sigma\frac{n_i(\sigma_i)^m}{n\Sigma(\alpha_i)^m(\sigma_{r1}^{n\Sigma})^m}=\Sigma\frac{n_i(\sigma_i/\alpha_i)^m}{n\Sigma(\sigma_{r1}^{n\Sigma})^m}=\frac{\Sigma n_i(\sigma_i/\alpha_i)^m}{n\Sigma(\sigma_{r1}^{n\Sigma})^m}$$

此时上式中分母为常数。

疲劳强度的核算条件式是 $D\leqslant1$，即

$$\Sigma n_i(\sigma_i/\alpha_i)^m\leqslant n\Sigma(\sigma_{r1}^{n\Sigma})^m$$

$$\sqrt[m]{\frac{1}{n\Sigma}\Sigma\left[\left(\frac{\sigma_i}{\alpha_i}\right)^m n_i\right]}\leqslant\sigma_{r1}^{n\Sigma}$$

不等式左侧即为转换成等幅、等应力比（$r=r_1$）的当量循环应力（图 6-3）：

$$\sigma_d=\sqrt[m]{\frac{1}{n\Sigma}\Sigma\left[\left(\frac{\sigma_i}{\alpha_i}\right)^m n_i\right]} \tag{6-16}$$

(2) *疲劳强度的核算*

核算疲劳强度时应考虑疲劳安全系数 n_r(1.34) 或疲劳抗力系数 γ(1.25～1.35)，则核算公式可写为

$$\sigma_d\leqslant\frac{\sigma_{r1}^{n\Sigma}}{n_r(\gamma)}=[\sigma_{r1}^{n\Sigma}]$$

式中　$\sigma_{r1}^{n\Sigma}$——该构件或连接在应力比 $r=r_1$、循环次数达 $n\Sigma$ 次时的等幅疲劳强度，也可由 σ_{-1} 或 σ_0 的试验值推算获得，见式(6-5)、式(6-6)。

现将当量循环应力公式(6-16) 改写一下，引入整个工作循环中的最大应力值的绝对值 $\hat{\sigma}_{max}$，则

$$\sigma_d=\sqrt[m]{\frac{1}{n\Sigma}\Sigma[(\frac{\sigma_i}{\alpha_i\hat{\sigma}_{max}})^m n_i]}\hat{\sigma}_{max}=\sqrt[m]{K_p}\hat{\sigma}_{max}=k_p\hat{\sigma}_{max} \tag{6-17}$$

显然 $\sigma_d\leqslant\hat{\sigma}_{max}$，故系数 $\sqrt[m]{K_p}$ 必小于或等于 1。$K_p=\frac{1}{n\Sigma}\Sigma\left[\left(\frac{\sigma_i}{\alpha_i\hat{\sigma}_{max}}\right)^m n_i\right]$为应力谱系数。$k_p$ 为当量应力转换系数。代入核算公式，则

$$k_p\hat{\sigma}_{max}\leqslant[\sigma_{r1}^{n\Sigma}]\text{或 }k_p\hat{\sigma}_{max}\leqslant\frac{\sigma_{r1}^{n\Sigma}}{\gamma}$$

改写一下，得

$$|\hat{\sigma}_{max}|\leqslant\frac{[\sigma_{r1}^{n\Sigma}]}{k_p}=\frac{[\sigma_{r1}^{n\Sigma}]}{\sqrt[m]{K_p}}=\frac{[\sigma_{r1}]}{\sqrt[m]{K_nK_p}}=\frac{[\sigma_{r1}]}{\sqrt[m]{\beta}}=[\sigma_{r1}]^* \tag{6-18a}$$

或

$$|\hat{\sigma}_{max}|\leqslant\frac{\sigma_{r1}}{\sqrt[m]{\beta}\gamma}=\sigma_{r1}^* \tag{6-18b}$$

式中　K_n——循环次数比，$K_n=n\Sigma/N_0$；

β——构件分级的应力历程参数，其值相同的构件，划为同一级别的构件，此时 m 取 3，$\beta=K_nK_p$；

$[\sigma_{r1}]$——该构件或连接在应力比为 r、等幅循环应力作用 $N_0=2\times10^6$ 次下的许用疲劳

极限，可由 $[\sigma_{-1}]$ 或 $[\sigma_0]$ 推算得出；

σ_{r1}——该构件或连接在应力比为 r_1、等幅循环应力作用 $N_0=2\times10^6$ 次下的疲劳极限，可由基本疲劳极限 σ_{-1} 或 σ_0 推算求得；

γ——极限状态法中的材料疲劳抗力系数（1.25～1.35）；

$[\sigma_{r1}]^*$——考虑了应力历程参数后的许用疲劳强度（当应力比 $r=r_1$ 时）；

σ_{r1}^*——考虑了应力历程参数后的极限疲劳强度（当应力比 $r=r_1$ 时）。

6.3.3　不同构件和连接的疲劳极限

不同构件或连接的许用基本疲劳极限 $[\sigma_{-1}]$，由于其应力集中程度不同而异。在大量试验的基础上，将它们归纳为八类：W_0，W_1，W_2（构件）和 K_0，K_1，K_2，K_3、K_4（焊接连接）。试验结果经处理后见表 6-4 和表 6-5，表中之值为许用基本疲劳极限 $[\sigma_{-1}]=\sigma_{-1}/n_t$，$n_t=1.34$。需验算的构件或连接，可在起重机设计规范 GB/T 3811—2008 标准附录 O 表 0.2 的图表中找到其对应的类别。若找不到相应的类别，严格讲，应进行试验。也可按其相近的类别选取。若用极限状态法，则直接用 $\sigma_{-1}=[\sigma_{-1}]n_t$ 代入核算公式即可。

表 6-4　不同类别构件、连接的 $[\sigma_{-1}]$ 值　　MPa

应力集中类别	W_0	W_1	W_2	K_0	K_1	K_2	K_3	K_4
Q235	120	96	84	84	75	63	45	27
Q345	132	105	84	84	75	63	45	27

表 6-5　不同类别构件、连接的 $[\tau_{-1}]$ 值　　MPa

Q235	母材 69	焊缝 59
Q345	母材 76	焊缝 59

对于高强度钢材，应另外进行试验。但可以认为在焊接结构中的疲劳极限与钢材强度关系不大。而结构件母材的疲劳极限则随其材料的屈服点提高而增大，$\sigma_{-1}\approx0.25(\sigma_s+\sigma_b)$。

6.3.4　不同工作级别的构件和连接的疲劳极限

构件或连接按其使用等级（整个使用期的作用应力的循环次数 B_i）和应力状态（应力谱系数 K_p）分为八级：E1～E8。

此时，循环次数比 $K_n=B_i/(2\times10^6)$（$B_i=2^iB_0$，$B_0\leqslant1.6\times10^4$，$i=0\sim10$）；而应力谱系数 K_p 分为四挡，$K_{p1}\leqslant0.125$，$K_{p2}\leqslant0.25$，$K_{p3}\leqslant0.5$，$K_{p4}\leqslant1$。又知 $\beta=K_nK_p$，则 $\beta\leqslant0.008$ 时为 E1 级，当 $\beta\leqslant0.016$ 时为 E2 级，$\beta\leqslant0.032$ 时为 E3 级，依此类推，当 $\beta\geqslant1.0$ 时为 E8 级。

考虑到其应力历程参数的大小，其许用疲劳强度或极限疲劳强度的基本值，按级别可直接给出：

许用应力法
$$[\sigma_{-1}]^*=\frac{\sigma_{-1}}{\sqrt[m]{\beta}n_t}=\frac{[\sigma_{-1}]}{\sqrt[m]{\beta}}$$

极限状态法
$$\sigma_{-1}^*=\frac{\sigma_{-1}}{\sqrt[m]{\beta}\gamma}$$

剪切应力同样处理。

$\sigma_{-1}{}^*$ 和 $[\sigma_{-1}]^*$ 的取值各国规范略有不同，这是由于 m 取值不同（$m=3\sim6$）引起的。

取 $N=2\times10^6$ 次时的应力作为材料疲劳极限，以 $r=-1$ 的对称循环应力对标准试件进行试验得到的含有 90%可靠度的疲劳极限除以 1.34 安全系数，并考虑构件工作级别及具体的构件连接类别两个因素后的疲劳强度许用应力值见表 6-6。

表 6-6　许用疲劳强度的基本值 $[\sigma_{-1}]^*$ 值　　MPa

构件工作级别	非焊接件构件连接类别						焊接件构件连接类别				
	W_0		W_1		W_2		K_0	K_1	K_2	K_3	K_4
	Q235	Q345	Q235	Q345	Q235	Q345	Q235 或 Q345				
E1	249.1	298.0	211.7	253.3	174.4	208.6	[316.9]	[323.1]	271.4	193.9	116.0
E2	224.4	261.7	190.7	222.4	157.1	183.2	[293.8]	262.3	220.3	157.4	94.4
E3	202.2	229.8	171.8	195.3	141.5	160.8	238.4	212.9	178.8	127.7	76.6
E4	182.1	201.8	154.8	171.5	127.5	141.2	193.5	172.3	145.1	103.7	62.2
E5	164.1	177.2	139.5	150.6	124.2	124.0	157.1	140.3	117.8	84.2	50.5
E6	147.8	155.6	125.7	132.3	103.5	108.9	127.6	113.6	95.6	68.3	41.0
E7	133.2	136.6	113.2	116.2	93.2	95.7	103.5	92.0	77.6	55.4	33.3
E8	120.0	120.0	102.0	102.0	84.0	84.0	84.0	75.0	63.0	45.0	27.0

注：括号内的数值为大于 Q235 的 $0.75\sigma_b$ 的理论计算值，仅应用于复合应力校核中。

需要说明的是，表 6-6 中的 $[\sigma_{-1}]^*$ 即为拉伸和压缩疲劳许用应力的基本值，若用极限状态法，则 $\sigma_{-1}{}^*=[\sigma_{-1}]^* n_t/\gamma$。

严格而言，工作级别低而连接类别差的结构也可能发生疲劳破坏。针对一般起重机的制造工艺，通常规定 E4 级（含）以上的构件应校核疲劳强度（对整机而言，相当于 A5）。

6.3.5　疲劳强度许用应力计算

构件疲劳强度许用应力按表 6-7 列出的公式计算，连接件的疲劳强度许用应力按表 6-8 计算，表中 r 为应力循环特性。

表 6-7　构件疲劳强度许用应力

应力循环特性	疲劳许用应力计算公式		备注
$-1\leqslant r\leqslant0$	拉伸 t	$[\sigma_{rt}]=\dfrac{5}{3-2r}[\sigma_{-1}]$	x 方向的为$[\sigma_{xrt}]$ y 方向的为$[\sigma_{yrt}]$
	压缩 c	$[\sigma_{rc}]=\dfrac{2}{1-r}[\sigma_{-1}]$	x 方向的为$[\sigma_{xrc}]$ y 方向的为$[\sigma_{yrc}]$
$0<r\leqslant1$	拉伸 t	$[\sigma_{rt}]=\dfrac{1.67[\sigma_{-1}]}{1-\left(1-\dfrac{[\sigma_{-1}]}{0.45\sigma_b}\right)r}$	x 方向的为$[\sigma_{xrt}]$ y 方向的为$[\sigma_{yrt}]$
	压缩 c	$[\sigma_{rc}]=1.2[\sigma_{rt}]=\dfrac{2[\sigma_{-1}]}{1-\left(1-\dfrac{[\sigma_{-1}]}{0.45\sigma_b}\right)r}$	x 方向的为$[\sigma_{xrc}]$ y 方向的为$[\sigma_{yrc}]$
$-1\leqslant r\leqslant1$	剪切	$[\tau_{xyr}]=\dfrac{[\sigma_{rt}]}{\sqrt{3}}$	本行中的$[\sigma_{rt}]$根据剪切的 r 值计算相应于 W_0 的值

注：1. 计算出的 $[\sigma_{rt}]$ 不应大于 $0.75\sigma_b$，$[\sigma_{rc}]$ 不应大于 $0.9\sigma_b$，$[\tau_{xyr}]$ 不应大于 $0.75\sigma_b/\sqrt{3}$，若超过时，则 $[\sigma_{rt}]$ 取为 $0.75\sigma_b$，$[\sigma_{rc}]$ 取为 $0.9\sigma_b$，$[\tau_{xyr}]$ 取为 $0.75\sigma_b/\sqrt{3}$。

2. σ_b 为被连接件钢材的抗拉强度，Q235 的 $\sigma_b=370\text{MPa}$，Q345 的 $\sigma_b=490\text{MPa}$。

表 6-8 连接的疲劳许用应力

连接类型	疲劳许用应力计算公式		说明
焊缝	拉伸压缩	同构件疲劳许用应力计算公式	
	剪切	$[\tau_{xyr}]^{①}=\dfrac{[\sigma_{rt}]}{\sqrt{2}}$	本行中的$[\sigma_{rt}]$是根据焊缝剪切的 r 值计算相应于 K_0 的值
A、B级螺栓连接或铆钉连接	拉伸压缩	不必进行疲劳计算	尽量避免螺栓、铆钉在拉伸下工作
	单剪	$[\tau_{xyr}]=0.6[\sigma_{rt}]$， 但不应大于 $0.45\sigma_b$	本行中的$[\sigma_{rt}]$是根据螺栓或铆钉剪切的 r 值计算相应于 W_2 的值
	双剪	$[\tau_{xyr}]=0.8[\sigma_{rt}]$， 但不应大于 $0.6\sigma_b$	
	承压	$[\tau_{xyr}]=2.5[\tau_{xyr}]$	$[\tau_{xyr}]$为螺栓或铆钉的剪切疲劳许用应力

① 计算出的 $[\tau_{xyr}]$ 不应大于 $0.75\sigma_b/\sqrt{2}$，若超过时，则取 $0.75\sigma_b/\sqrt{2}$值代之，σ_b 为被连接件钢材的抗拉强度。

6.4 疲劳强度校核

6.4.1 构件（或连接）的最大应力

(1) 选定核算点

根据同类结构的经验或根据强度分析的结果（高应力、大应力幅处的点），也可选取若干点，计算其循环应力的各项特征值，并确定核算点。

(2) 计算最大应力

按载荷组合 A 中最不利工况计算构件（或连接）中的最大应力 σ_{xmax}、σ_{ymax}、σ_{xymax}；在计算疲劳核算点上的各个应力循环中，沿 x、y 轴线方向的绝对值最大计算正应力和 x、y 轴线形成的平面上绝对值最大计算切应力。

6.4.2 确定应力集中等级和其工作级别

根据构件连接类别和具体的接头型式按 GB/T 3811 附录 O 确定应力集中等级；根据结构件的使用等级和应力状态级别确定其工作级别。

6.4.3 确定许用疲劳强度

(1) 疲劳强度许用应力的基本值

根据构件工作级别及具体的构件连接类别，查对称应力循环拉伸和压缩疲劳强度许用应力的基本值 $[\sigma_{-1}]$，详见表 6-6。

(2) 计算疲劳强度许用应力

根据循环应力的各项特征值和疲劳强度许用应力的基本值 $[\sigma_{-1}]$，在等幅循环应力系中，根据实际作用的等幅循环应力的特征值（应力比），按表 6-7 列出的公式计算构件疲劳强度许用应力，按表 6-8 计算连接件疲劳强度许用应力；在不等幅循环应力系中，以最大应力 $\hat{\sigma}_{max}$的 r_1 为准，将其转换成 r_1 的许用疲劳强度 $[\sigma_{-1}]^*$。极限状态的疲劳强度可用许用疲劳强度 $[\sigma_{-1}]^*$ 换算得来。

6.4.4 核算

将作用在该点上的循环应力中的 $\hat{\sigma}_{max}$（等幅循环应力时即为 σ_{max}）与许用疲劳强度 $[\sigma_{-1}]^*$ 相比较即可。切应力与正应力一样处理。即

$$|\sigma_{xmax}| \leqslant \left\{\begin{matrix}[\sigma_{xrt}]\\ [\sigma_{xrc}]\end{matrix}\right. \tag{6-19}$$

$$|\sigma_{ymax}| \leqslant \left\{\begin{matrix}[\sigma_{yrt}]\\ [\sigma_{yrc}]\end{matrix}\right. \tag{6-20}$$

$$|\tau_{xymax}| \leqslant [\tau_{xyr}] \tag{6-21}$$

$$\left(\frac{\sigma_{xmax}}{[\sigma_{xr}]}\right)^2+\left(\frac{\sigma_{ymax}}{[\sigma_{yr}]}\right)^2-\frac{\sigma_{xmax}\sigma_{ymax}}{[\sigma_{xr}][\sigma_{yr}]}+\left(\frac{\tau_{xymax}}{[\tau_{xyr}]}\right)^2 \leqslant 1.1 \tag{6-22}$$

式中 $|\sigma_{xmax}|$——同式(6-1) 的 σ_{xmax}；

$|\sigma_{ymax}|$——同式(6-1) 的 σ_{ymax}；

$|\tau_{xymax}|$——同式(6-1) 的 τ_{xymax}；

$[\sigma_{xrt}]$——与 σ_{xmax} 相应的拉伸疲劳许用应力，MPa；

$[\sigma_{xrc}]$——与 σ_{xmax} 相应的压缩疲劳许用应力，MPa；

$[\sigma_{yrt}]$——与 σ_{ymax} 相应的拉伸疲劳许用应力，MPa；

$[\sigma_{yrc}]$——与 σ_{ymax} 相应的压缩疲劳许用应力，MPa；

$[\tau_{xyr}]$——与 τ_{xymax} 相应的剪切疲劳许用应力，MPa。

当 σ_{xmax}、σ_{ymax}、τ_{xymax} 三种应力中某一个最大应力在任何应力循环中均显著大于其他两个最大应力时，可以只用这一个最大应力校核疲劳强度，另两个最大应力可忽略不计。

通常起重机的结构件（或连接）在同一工况下进行疲劳强度校核，为确保安全，也可将同一工况或不同工况的 σ_{xmax}、σ_{ymax}、τ_{xymax} 组合在一起，根据最不利的 r 值计算的疲劳许用应力 $[\sigma_{xrt}]$、$[\sigma_{yrt}]$、$[\sigma_{xrc}]$、$[\sigma_{yrc}]$、$[\tau_{xyr}]$ 来进行校核。

式 (6-22) 中第三项分子中的 σ_{xmax} 和 σ_{ymax} 应带各自的正负号，分母中的 $[\sigma_{xr}]$ 和 $[\sigma_{yr}]$ 同是相应的疲劳许用应力。

工作级别 E1、E2、E3 对应的构件和连接类别 W_0、W_1、W_2、K_0、K_1、K_2 中的 $[\sigma_{-1}]$ 值有的大于构件静强度的基本许用应力值 $[\sigma]$，这说明对于 $[\sigma_{-1}]$ 值大于静强度许用应力值的那些工作级别和构件连接类别其疲劳验算已无实际意义，可以不必进行疲劳强度核算。

若 $[\sigma_{-1}]$ 值虽小于静强度基本许用应力值 $[\sigma]$，但计算出的 $[\sigma_r]$（$\geqslant [\sigma_{-1}]$）已大于静强度基本许用应力值 $[\sigma]$，则该构件或连接也不必进行疲劳强度核算。

6.5 疲劳验算算例

(1) 结构描述

图 6-5 所示为塔式起重机塔身结构节点，塔身为 ϕ114mm×8mm 的钢管组成的四弦杆 (1.4m×1.4m) 空间桁架焊接结构。钢管材料为 Q235。

(2) 主弦杆受力分析

塔机空载后倾力矩为 200kN·m，最大起重力矩为 726kN·m，垂直力为 260kN，主弦杆间距 1.4m。

为确定塔身的循环应力，下面分析塔式起重机一个工作循环的内力变化情况（图 6-6）。

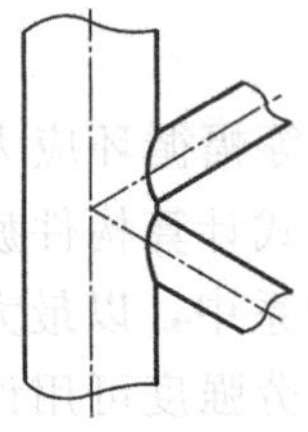

图 6-5 疲劳验算算例

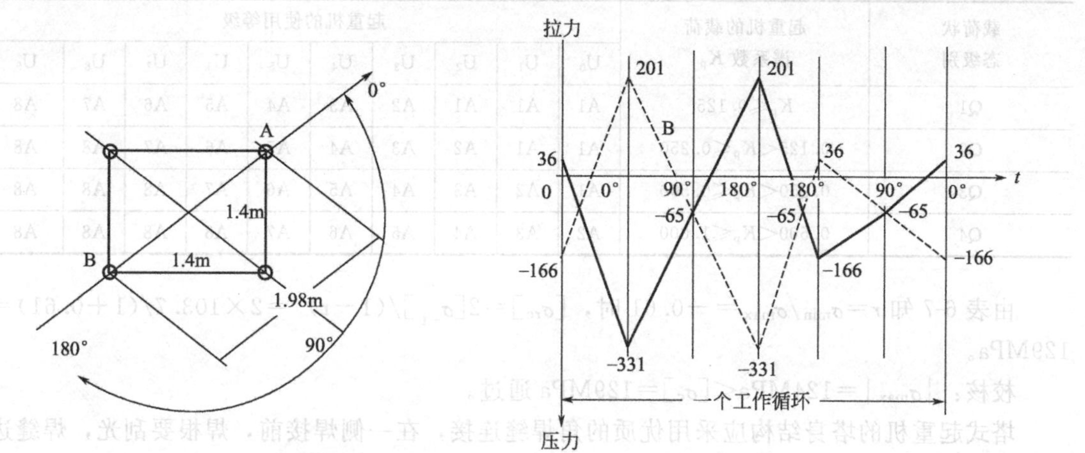

图 6-6 工作循环载荷分析图 (kN)

(3) 在0°处(图 6-6)装料前空载

A 主弦杆中受力为－260/4＋200/1.98＝36kN，

B 主弦杆中受力为－(260/4＋200/1.98)＝－166kN。

以此类推，可以计算出四根主弦杆在每一角度的载荷（表 6-9）。

表 6-9 主弦杆载荷 kN

工况	0° 空载	0° 满载	90° 满载	180° 满载	180° 空载	90° 空载	0° 空载
主弦杆 A	36	－331	－65	201	－166	－65	36
主弦杆 B	－166	201	－65	－331	36	－65	－166

此工作循环可能在塔身结构中引起最大的循环应力，其他工况的循环应力按标准建议的构件级别来确定。

(4) 疲劳验算

从图 6-6 上可知：塔式起重机一个工作循环在塔身主弦杆中的力变化两次，即其应力反复两次，一次大些，一次小些。现以大的一次为准（偏安全），即 $F_{min}=201$kN，$F_{max}=-331$kN。

主弦杆钢管截面积为 $A=2664\text{mm}^2$，则其应力为 $\sigma_{min}=201000/2664=75$MPa，$\sigma_{max}=-331000/2664=-124$MPa，循环特征值（应力比）$r=\dfrac{\sigma_{min}}{\sigma_{max}}=\dfrac{75}{-124}=-0.61$。循环应力以压应力为主，K 形节点，用普通质量（O.Q）的角焊缝连接，其应力集中情况等级为 K_4（见《起重机设计规范》GB/T 3811—2008 附录表 0.2）。该建筑塔式起重机的工作级别为 U3（Q3），见表 6-10。其塔身结构的应力反复次数为塔式起重机工作循环次数的两倍，故其结构件的工作级别为 E4（B4，S3），见表 6-3。

查表 6-6 得 $[\sigma_{-1}]$ ＝62.2MPa。

由表 6-7 知 $r=-0.61$ 时，$[\sigma_{rc}]=2[\sigma_{-1}]/(1-r)=2\times62.2/(1+0.61)=77.3$MPa。

校核：$|\sigma_{max}|=124\text{MPa}>[\sigma_{rc}]=77.3$MPa 不通过。

改用优质焊接（S.Q），则其应力集中情况等级为 K_3，查表 6-6 得 $[\sigma_{-1}]=103.7$MPa。

表 6-10 起重机整机的工作级别

载荷状态级别	起重机的载荷谱系数 K_p	起重机的使用等级									
		U_0	U_1	U_2	U_3	U_4	U_5	U_3	U_7	U_8	U_9
Q1	$K_p \leqslant 0.125$	A1	A1	A1	A2	A3	A4	A5	A6	A7	A8
Q2	$0.125 < K_p \leqslant 0.250$	A1	A1	A2	A3	A4	A5	A6	A7	A8	A8
Q3	$0.250 < K_p \leqslant 0.500$	A1	A2	A3	A4	A5	A6	A7	A8	A8	A8
Q4	$0.500 < K_p \leqslant 1.000$	A2	A3	A4	A5	A6	A7	A8	A8	A8	A8

由表 6-7 知 $r=\sigma_{\min}/\sigma_{\max}=-0.61$ 时，$[\sigma_{rc}]=2[\sigma_{-1}]/(1-r)=2\times103.7/(1+0.61)=129\text{MPa}$。

校核：$|\sigma_{\max}|=124\text{MPa}<[\sigma_c]=129\text{MPa}$ 通过。

塔式起重机的塔身结构应采用优质的角焊缝连接，在一侧焊接前，焊根要刮光，焊缝边缘无咬边，必要时打磨。

第7章 轴心受力构件的结构及设计

7.1 构件的类型和截面形式

轴心受力构件是工程机械金属结构基本构件之一，应用极为广泛。为更好地选择构件结构形式和截面形式，应该了解轴心受压构件的分类和常用的截面形式。

轴心受力构件按其受力性质不同，可分为轴心受拉构件（或称拉杆）和轴心受压构件（或称压杆）；按其沿杆件的全长截面变化情况，可分为等截面构件和变截面构件；按截面组成是否连续情况，可分为实腹式受力构件和格构式受力构件。

轴心受力构件一般由轧制型钢制成，常采用角钢、工字钢、T形钢、圆钢管、方钢管等［图7-1(a)］。对受力较大的轴心受压构件，可用轧制型钢或钢板焊接成工字形、箱形等组合截面［图7-1(b)］。

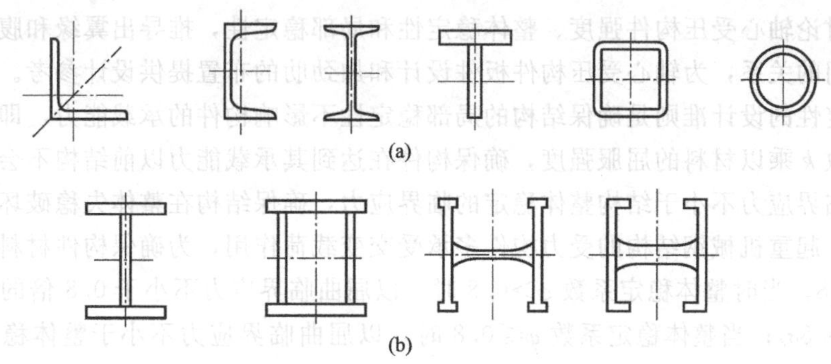

图7-1　实腹式轴心受力构件的截面形式

起重机械钢结构中，存在大量压力不大，而所需长度较大的轴心受压构件，即构件所需要的截面积较小，长度较大。为使构件取得较大的稳定承载力，应尽可能使截面分开，采用格构式结构。格构式构件的截面组成部分是分离的，常以角钢、槽钢、工字钢作为肢件，肢件间由缀材相连（图7-2）。通常把穿过肢件腹板的截面主轴称为实轴，穿过缀材的截面主轴称为虚轴。根据肢件数目，又可分为双肢式［图7-2(a)、(b)］、四肢式［图7-2(c)］和三肢式［图7-2(d)］。其中双肢式外观平整，易连接，多用于大型桁架的拉、压杆或受压柱；四肢式由于在两个主轴方向能达到等强度、等刚度和等稳定性，广泛用于履带起重机的塔身、轮胎起重机的臂架等，以减轻重量。根据缀材形式不同，分为缀条式和缀板式。缀条采用角钢或钢管，在大型构件上用槽钢；缀板采用钢板。

对于小型桁架的拉、压构件，有时采用由垫板连接的双角钢或双槽钢组合截面形式（图

7-3)。这种构件的角钢或槽钢之间用钢垫板将型钢连接成一个整体，相当于间距很小的缀板式双肢构件，因此视为缀板式格构式构件，为了使构件较好地整体工作，垫板的距离 l_1 不宜过大。

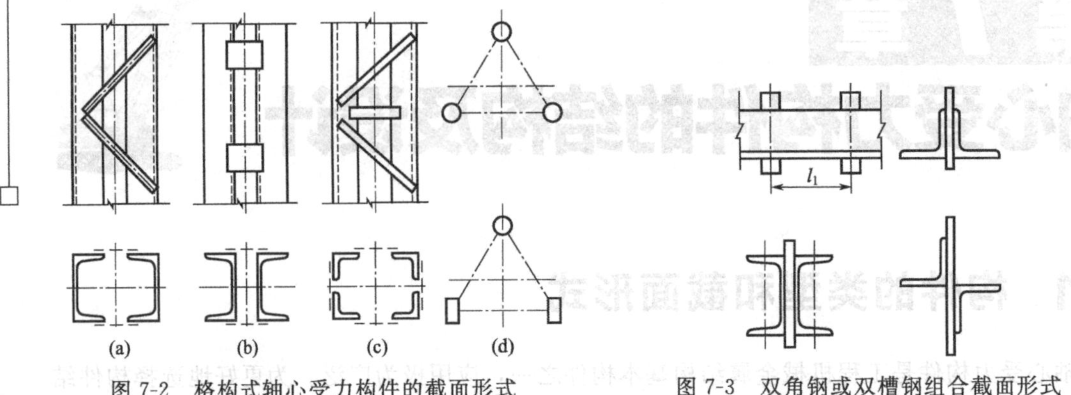

图 7-2　格构式轴心受力构件的截面形式

图 7-3　双角钢或双槽钢组合截面形式

7.2　实腹式轴心受压构件设计

构件满足正常使用和承载能力的要求是设计的基本要求，高性价比是设计追求的目标。在轴心受压构件的设计时，通过强度公式可以容易求出构件所需要的截面面积；为获得相同截面面积有较大的刚性和稳定性，轴心受压构件截面的面积分布尽可能远离轴线即板的宽厚比尽可能大；而板的宽厚比过大，构件的局部容易失去其稳定，设计时要综合考虑。为方便设计，下面讨论轴心受压构件强度、整体稳定性和局部稳定性，推导出翼缘和腹板的高厚比与长细比之间的关系，为轴心受压构件板件设计和加劲肋的布置提供设计参考。

局部稳定性的设计准则是确保结构的局部稳定性不影响构件的承载能力，即屈曲临界应力不小于系数 k 乘以材料的屈服强度，确保构件在达到其承载能力以前结构不会失去局部稳定性；屈曲临界应力不小于结构整体稳定的临界应力，确保结构在整体失稳破坏前不会失去局部稳定性。起重机械钢结构的受力构件多承受交变载荷作用，为确保构件材料处于弹性阶段，取 $k=0.8$。当时整体稳定系数 $\varphi>0.8$ 时，以屈曲临界应力不小于 0.8 倍的屈服强度为原则即 $\sigma_{cr}\geqslant 0.8\sigma_s$；当整体稳定系数 $\varphi\leqslant 0.8$ 时，以屈曲临界应力不小于整体稳定临界应力为原则即 $\sigma_{cr}\geqslant\varphi\sigma_s$。

7.2.1　翼缘板宽

(1) 三边简支、一边自由翼缘板的宽厚比

工字形及箱形构件的外伸翼缘可视为三边简支、一边自由、受均匀压应力作用的薄板[图 4-20(a)]，其临界应力按式(4-51) 计算，式中屈曲系数：

$$K_\sigma=0.425+\left(\frac{b_e}{a}\right)^2$$

式中　b_e——受压翼缘的外伸宽度，mm；

a——当无构造措施时，为翼缘长度，mm。

$$\sigma_E=\frac{\pi^2 E}{12(1-\nu^2)}\left(\frac{\delta}{b_e}\right)^2=18.62\left(\frac{100\delta}{b_e}\right)^2$$

式中 δ——受压翼缘的厚度，mm；

由于翼缘外伸部分 $a \gg b_e$，故屈曲系数 $K_\sigma \approx 0.425$。又由于翼缘板边无嵌固，嵌固系数无需考虑，$\chi=1$，代入公式得：

$$\sigma_{i,lcr}=\chi K_\sigma \sigma_E=1\times 0.425\times 18.62\left(\frac{100\delta}{b_e}\right)^2=7.9135\left(\frac{100\delta}{b_e}\right)^2$$

当临界应力 $\sigma_{i,lcr}$ 超过 $0.8\sigma_s$ 时，采用下述公式计算其临界应力：

$$\sigma_{cr}=\sqrt{\eta}\sigma_{i,lcr}$$

式中 η——弹性模量折减系数，根据《钢结构设计规范》(GB 50017—2003) 轴心受压构件局部稳定性试验资料 $\eta=0.1013\lambda^2(1-0.0248\lambda^2 f_y/E)f_y/E_0$，可知弹性模量折减系数与构件的长细比相关。

《钢结构设计规范》(GB 50017—2003) 中，利用屈曲临界应力不小于结构整体稳定的临界应力 $\sigma_{cr}=\varphi f_y$ 的原则，推出了《钢结构设计规范》(GB 50017—2003) 局部稳定性轴心受压构件的规定：

$$\frac{b_e}{\delta}\leqslant(10+0.1\lambda)\sqrt{\frac{235}{f_y}}$$

式中 λ——构件最大长细比，当 $\lambda<30$ 时取 $\lambda=30$，当 $\lambda>100$ 时取 $\lambda=100$；

f_y——材料屈服强度，MPa。

下面参照《起重机设计规范》(GB/T 3811—2008) 局部稳定性轴心受压构件的计算方法，推导并确定三边简支、一边自由、均匀受压的翼缘板宽厚比的控制条件。

根据表 4-2 焊接工字钢为 b 或 c 类，查附录四表 2、表 3 中对应的表求得：$\lambda=30$ 时 $\varphi=0.94$，$\varphi=0.90$；整体稳定的临界应力 $\sigma_{cr}=0.94\sigma_s$，$\sigma_{cr}=0.90\sigma_s$。

屈曲临界应力 $\sigma_{cr}=\sigma_s\left(1-\frac{1}{1+6.25m^2}\right)=0.94\sigma_s$ 时：

$$m=\frac{\sigma_{i,lcr}}{\sigma_s}=1.6$$

$$\sigma_{i,lcr}=\chi K_\sigma \sigma_E=7.9135\left(\frac{100\delta}{b_e}\right)^2=1.6\sigma_s$$

$$\frac{b_e}{\delta}=14.5\sqrt{\frac{235}{\sigma_s}}$$

根据表 4-2 焊接工字钢为 b 或 c 类，查附录四表 1～表 4 中对应的表可知：$\lambda=100$ 时 $\varphi=0.56$，$\varphi=0.46$；翼缘板宽厚比应使翼缘板的屈曲临界应力不小于 0.8 倍的屈服强度即 $\sigma_{cr}\geqslant 0.8\sigma_s$。

屈曲临界应力 $\sigma_{cr}=\sigma_s\left(1-\frac{1}{1+6.25m^2}\right)=0.8\sigma_s$ 时：

$$m=\frac{\sigma_{i,lcr}}{\sigma_s}=0.81$$

$$\sigma_{i,lcr}=\chi K_\sigma \sigma_E=7.9135\left(\frac{100\delta}{b_e}\right)^2=0.81\sigma_s$$

$$\frac{b_e}{\delta}=20.5\sqrt{\frac{235}{\sigma_s}}$$

参照《钢结构设计规范》(GB 50017—2003) 局部稳定性轴心受压构件的规定方法，为简化计算，采用直线公式给出三边简支、一边自由、均匀受压的翼缘板宽厚比的控制条件：

$$\frac{b_e}{\delta} \leqslant (12+0.08\lambda)\sqrt{\frac{235}{\sigma_s}} \tag{7-1}$$

式中　λ——构件最大长细比，当$\lambda<30$时取$\lambda=30$；当$\lambda>100$时，取$\lambda=100$。

(2) 四边简支翼缘板的宽厚比

箱形截面构件两腹板中间的翼缘板，可视为四边简支的均匀受压板。对于一块长度为a，宽度为b的板，其宽度b方向屈曲时有一个半波出现，在长度a方向可能有m个半波，其屈曲系数为

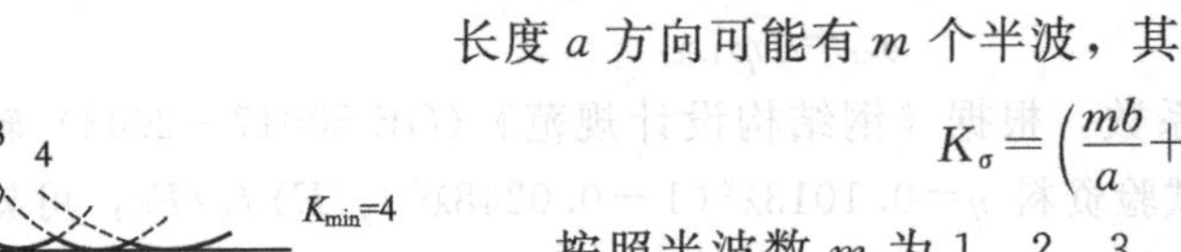

$$K_\sigma = \left(\frac{mb}{a}+\frac{a}{mb}\right)^2$$

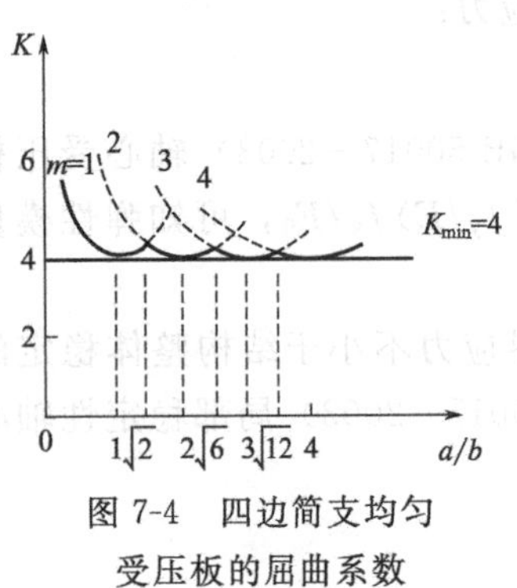

图 7-4　四边简支均匀受压板的屈曲系数

按照半波数m为1、2、3、4等可画成一组如图7-4所示的K与a/b的关系曲线，各条曲线都在$a/b=m$为整数值处出现最低点，几条曲线的较低部分组成了图中的实线，表示在$a/b \gg 1$之后，屈曲系数变化很小，趋于常数，最小值$K_{min}=4$。由于箱形截面在两腹板之间的受压翼缘的长度远大于宽度，故屈曲系数$K_\sigma=4$，令$\delta=t$、$b=b_0$，嵌固系数$\chi=1.0$：

$$\sigma_{i,lcr}=\chi K_\sigma \sigma_E = 1.0\times 4\times 18.62\left(\frac{100t}{b_0}\right)^2 = 74.48\left(\frac{100t}{b_0}\right)^2$$

当临界应力$\sigma_{i,lcr}$超过$0.8\sigma_s$时，按式(4-56) 计算。

根据表4-2焊接工字钢为b或c类，查附录四表1～表4中对应的表可知：$\lambda=30$时$\varphi=0.94$，$\varphi=0.90$；整体稳定的临界应力$\sigma_{cr}=0.94\sigma_s$，$\sigma_{cr}=0.90\sigma_s$。

屈曲临界应力$\sigma_{cr}=\sigma_s\left(1-\frac{1}{1+6.25m^2}\right)=0.94\sigma_s$时：

$$m=\frac{\sigma_{i,lcr}}{\sigma_s}=1.6$$

$$\sigma_{i,lcr}=\chi K_\sigma \sigma_E = 1.0\times 4\times 18.62\left(\frac{100t}{b_0}\right)^2 = 74.48\left(\frac{100t}{b_0}\right)^2 = 1.6\sigma_s$$

$$\frac{b_0}{t}=44.5\sqrt{\frac{235}{\sigma_s}}$$

式中　b_0——腹板之间的距离；

　　　t——翼缘板的厚度。

根据表4-2焊接工字钢为b或c类，查附录四表1～表4中对应的表可知：$\lambda=100$时$\varphi=0.56$，$\varphi=0.46$；翼缘板宽厚比应使翼缘板的屈曲临界应力不小于0.8倍的屈服强度即$\sigma_{cr}\geqslant 0.8\sigma_s$。

屈曲临界应力$\sigma_{cr}=\sigma_s\left(1-\frac{1}{1+6.25m^2}\right)=0.8\sigma_s$时：

$$m=\frac{\sigma_{i,lcr}}{\sigma_s}=0.81$$

$$\sigma_{i,lcr}=\chi K_\sigma \sigma_E = 74.48\left(\frac{100t}{b_0}\right)^2 = 0.81\sigma_s$$

$$\frac{b_0}{t}=62.5\sqrt{\frac{235}{\sigma_s}}$$

参照《起重机设计规范》(GB/T 3811—2008) 中轴心受压构件局部稳定性的规定：工

字形截面构件的受压翼缘自由外伸宽度与其厚度之比不大于 15 $\sqrt{235/\sigma_s}$时，或箱形截面腹板之间的、或满足要求的纵向加劲肋之间的受压翼缘宽厚比不大于 60 $\sqrt{235/\sigma_s}$时，且板中压缩应力不大于 0.8[σ] 时，可不必验算受压翼缘板的局部稳定性。给出四边简支的均匀受压板的宽厚比的控制条件：

$$\frac{b_0}{t}\leqslant(33+0.27\lambda)\sqrt{\frac{235}{\sigma_s}} \tag{7-2}$$

式中　λ——构件最大长细比，当 $\lambda<30$ 时取 $\lambda=30$，当 $\lambda>100$ 时取 $\lambda=100$。

7.2.2 腹板高厚比

工字形、箱形截面构件腹板，可视为四边简支的均匀受压板。对于一块长度为 a，宽度为 b 的板，其宽度 b 方向屈曲时有一个半波出现，在长度 a 方向可能有 m 个半波，其屈曲系数为

$$K_\sigma=\left(\frac{mb}{a}+\frac{a}{mb}\right)^2$$

按照半波数 m 为 1、2、3、4 等可画成一组如图 7-4 所示的 K 与 a/b 的关系曲线，各条曲线都在 $a/b=m$ 为整数值处出现最低点，几条曲线的较低部分组成了图中的实线，表示在 $a/b\gg1$ 之后，屈曲系数变化很小，趋于常数，最小值 $K_{\min}=4$。由于无加劲肋的腹板长度远大于高度，故屈曲系数 $K_\sigma=4$，令 $\delta=t$、$b=h_0$，较小的嵌固系数 $\chi=1.38$：

$$\sigma_{i,lcr}=\chi K_\sigma\sigma_E=1.38\times4\times18.62\left(\frac{100t}{h_0}\right)^2=102.78\left(\frac{100t}{h_0}\right)^2$$

当临界应力 $\sigma_{i,lcr}$超过 0.8σ_s时，按式(4-56) 计算。

根据表 4-2 焊接工字钢为 b 或 c 类，查附录四表 1～表 4 中对应的表可知：$\lambda=30$ 时 $\varphi=0.94$，$\varphi=0.90$；整体稳定的临界应力 $\sigma_{cr}=0.94\sigma_s$，$\sigma_{cr}=0.90\sigma_s$。

屈曲临界应力 $\sigma_{cr}=\sigma_s\left(1-\dfrac{1}{1+6.25m^2}\right)=0.94\sigma_s$时：

$$m=\frac{\sigma_{i,lcr}}{\sigma_s}=1.6$$

$$\sigma_{i,lcr}=\chi K_\sigma\sigma_E=102.78\left(\frac{100t}{h_0}\right)^2=1.6\sigma_s$$

$$\frac{h_0}{t}=52.5\sqrt{\frac{235}{\sigma_s}}$$

根据表 4-2 焊接工字钢为 b 或 c 类，查附录四表 1～表 4 中对应的表可知：$\lambda=100$ 时 $\varphi=0.56$，$\varphi=0.46$；翼缘板宽厚比应使翼缘板的屈曲临界应力不小于 0.8 倍的屈服强度即 $\sigma_{cr}\geqslant0.8\sigma_s$。

屈曲临界应力 $\sigma_{cr}=\sigma_s\left(1-\dfrac{1}{1+6.25m^2}\right)=0.8\sigma_s$时：

$$m=\frac{\sigma_{i,lcr}}{\sigma_s}=0.81$$

$$\sigma_{i,lcr}=\chi K_\sigma\sigma_E=102.78\left(\frac{100t}{b_0}\right)^2=0.81\sigma_s$$

$$\frac{h_0}{t}=73.5\sqrt{\frac{235}{\sigma_s}}$$

参照《钢结构设计规范》(GB 50017—2003) 轴心受压构件工字形腹板的局部稳定性规定：$\frac{h_0}{t}\leqslant(25+0.5\lambda)\sqrt{\frac{235}{f_y}}$，给出四边简支的均匀受压腹板的高厚比的控制条件为

$$\frac{h_0}{t}\leqslant(43+0.3\lambda)\sqrt{\frac{235}{\sigma_s}} \tag{7-3}$$

式中 λ——构件最大长细比，当 $\lambda<30$ 时取 $\lambda=30$，当 $\lambda>100$ 时取 $\lambda=100$。

7.2.3 截面设计

当轴心受压构件的翼缘宽厚比或腹板高厚比不满足相应的控制条件时，则必须采取措施予以保证。

① 增加板厚，以减小板的宽厚比或高厚比。但由于增加板厚会增大重量，故一般仅用于工字形受压构件的翼缘上。

② 加置纵向加劲肋，以减小翼缘或腹板的计算宽度，使板的宽厚比或高厚比减小。对工字形截面的腹板和箱形截面的腹板、翼缘均可采用此方法。纵向加劲肋对于工字形截面应成对地均匀布置在腹板两侧，对于箱形截面应布置在翼缘或腹板的内侧。

为了保证纵向加劲肋自身稳定和增加抗扭刚度，受压构件每隔 $(2.5\sim3)h_0$ 间距应布置横向加劲肋（图 7-5)。横向加劲肋的单边外伸宽度取 $b_1\geqslant\frac{h_0}{30}+40$，厚度取 $\delta_1\geqslant\frac{b_1}{15}\sqrt{\frac{\sigma_s}{235}}$。

③ 采用有效截面计算，腹板截面面积仅考虑两侧宽度各为 $20\delta\sqrt{\frac{235}{\sigma_s}}$（从腹板计算高度边缘算起）的部分（图 7-6)，其余腹板部分不计。

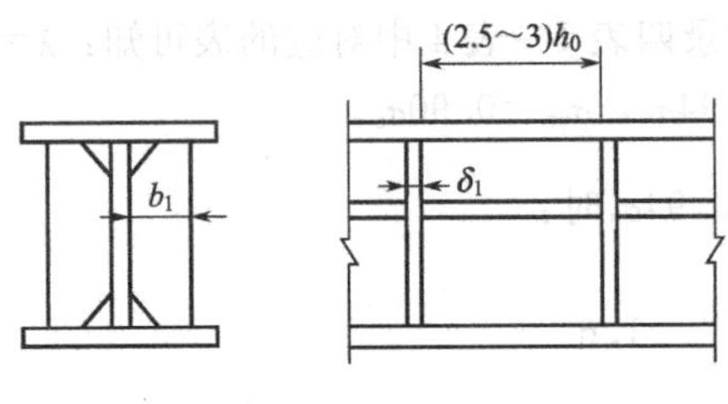

图 7-5 腹板加劲肋

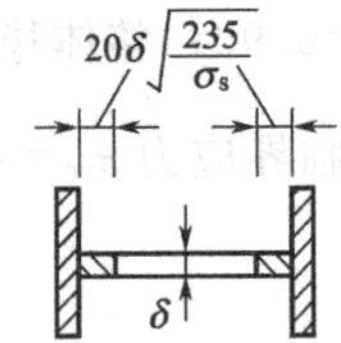

图 7-6 腹板有效面积

7.2.4 实腹式轴心受压构件截面设计

实腹式轴心受压构件截面设计不仅要满足承载能力极限状态、正常使用的极限状态，而且要综合考虑产品的经济性，结构件应该具有良好的技术经济指标。由于产品标准的刚度要求比较明确，截面设计时往往参照标准的刚度要求和设计经验，首先假设构件的长细比 λ，然后根据承受载荷的情况，逐步推算出设定的截面。具体步骤如下。

(1) 假定轴心受压构件的长细比 λ

轴心受压构件的长细比与构件的整体稳定性密切相关，对长细杆来说，往往是轴心受压构件的主要控制参数。轴心受压构件的长细比选择是否合理，决定结构的性价比。根据强度理论，最大应力应小于 $0.8\sigma_s$，结构件在弹性工作阶段；在保证构件局部稳定性的情况下，稳定系数应控制在 0.8。根据经验一般轴心受压构件的长细比在 60～100 范围之内，力大件短时，长细比取小值，反之取大值。

(2) *计算所需截面面积 A*

根据假定轴心受压构件的长细比 λ，查得轴心受压构件的稳定系数 φ，然后根据轴向力 N 和材料的许用应力 $[\sigma]$，按 $A=\dfrac{N}{\varphi[\sigma]}$求得所需截面面积 A。

(3) *计算两个主轴方向所需的回转半径 r_x、r_y*

根据两个方向的计算长度 l_{0x}、l_{0y}和假设的 λ，按 $r_x=\dfrac{l_{0x}}{\lambda}$、$r_y=\dfrac{l_{0y}}{\lambda}$求得两个主轴方向所需的回转半径 r_x、r_y。

(4) *计算截面轮廓尺寸 h、b*

根据附录三查得系数 α_1、α_2 及回转半径 r_x、r_y，按 $h=\dfrac{r_x}{\alpha_1}$、$b=\dfrac{r_y}{\alpha_2}$，求得截面轮廓尺寸 h、b。

(5) *初步确定截面形式和确定实际尺寸*

根据求得的 A、h、b 及结构的局部稳定、构造要求和钢材规格等条件结合工程设计经验，确定截面形式和实际尺寸。

(6) *构件强度、刚度及稳定性校核*

按照第 4 章的内容对结构件强度、刚度、局部稳定性和整体稳定性进行校核，并对计算结论进行分析，适当调整截面参数，并重新进行校核，在确保结构安全的基础上提高结构的性价比。

7.3　格构式轴心受压构件设计

起重机械钢结构中，存在大量压力不大而长度很大的轴心受压构件，由于受力小，所需要的截面积小，为了取得较大的稳定承载力，应尽可能使截面分开，由于实腹式构件受局部稳定性的限制，所以采用格构式结构，以期提高构件的刚度、结构的整体稳定性。由分析可知随着主肢距离的增加，主肢、缀材内力不变，主肢用材量不变，缀材用量将随着增加。因此，轴心受压构件截面的外形尺寸也并不是越大越好，应在满足结构刚度要求的前提下，根据柱子曲线对结构进行优化，用材越少越好。下面介绍试算法确定截面的步骤。

格构式轴心受压构件的缀材包括缀条和缀板两类，是连接肢件成为整体构件的连系元件。从理论上说，轴心压杆的缀材是不受力的。而实际上由于制造、安装和运输等原因，构件不免出现初弯曲，或由于压力难以实现轴心作用出现初偏心，使轴心压杆成为偏心压杆。因此，在设计格构式压杆的缀材时，是以偏心压杆性质来考虑的。

7.3.1　构件的剪力

轴心压杆在临界状态时，构件发生挠曲，截面上产生沿杆轴变化的弯矩和剪力。通常是根据压杆处于临界状态下，绕虚轴发生屈曲时所产生的横向剪力来作为计算缀条和缀板的内力。

根据理论分析，剪力的大小取决于构件的截面积、长细比以及材料等因素。为简化计算，实际计算中不计长细比的影响，取剪力 Q 为偏于安全的固定值。规范在考虑了安全系数后，对格构式压杆的剪力按下述规定计算：

$$Q=\frac{A[\sigma]}{85}\sqrt{\frac{\sigma_s}{235}} \text{或} Q=\frac{N}{85\varphi}\sqrt{\frac{\sigma_s}{235}} \tag{7-4}$$

式中　Q——剪力，N；

A——构件全部肢件的毛截面面积，mm^2。

φ——轴心受压构件稳定系数。

剪力 Q 值可认为沿构件全长不变，并由有关缀材面承受。剪力在各缀材平面内的分配情况如图 7-7 所示。

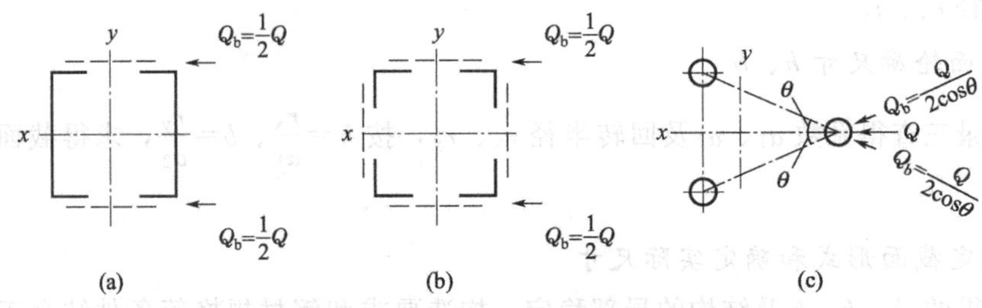

图 7-7　剪力在各缀材平面内的分配

7.3.2　缀条和缀板的设计

(1) 缀条设计

缀条的内力无论横缀条或斜缀条均按轴心受力杆设计。

对于单缀条式［三角形缀条体系，图 7-8(a)］，其内力为

$$D_d=\frac{Q_b}{\cos\alpha} \tag{7-5}$$

对于交叉缀条式［十字交叉形缀条体系，图 7-8(b)］，其内力为

$$D_d=\frac{Q_b}{2\cos\alpha} \tag{7-6}$$

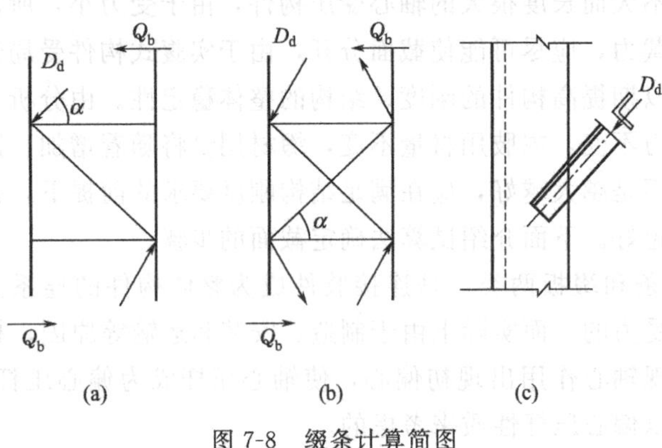

图 7-8　缀条计算简图

式中　Q_b——分配在一个缀条面上的剪力，N；

α——斜缀条与水平线间的夹角，一般取 35°～45°。

缀条一般采用单角钢，在内力 D_d 作用下，可按轴心受压构件计算。但由于单角钢与肢件连接有偏心［图 7-8(c)］，考虑到这一不利影响，在验算压杆稳定性时，将许用应力进行降低调整处理：当 $\lambda\leqslant100$ 时，降低为 0.7[σ]；当 $100<\lambda\leqslant200$ 时，在 0.7[σ] 和 [σ] 之间线性插入；当 $\lambda>200$ 时，仍取为 [σ]。此 λ 是按两端铰支缀条的最小回转半径计算的长细比。

缀条除应满足强度和稳定性要求外，还应符合刚度条件：

单缀条　　$\lambda\leqslant[\lambda]=150$

交叉缀条　　$\lambda\leqslant[\lambda]=200$

有时，为减少单肢件的计算长度，采用设置横缀条方法。横缀条的截面可与斜缀条取得

相同或稍小些，按刚度条件来控制截面。

缀条与肢件采用贴角三面围焊，承受缀条传来的轴心力 D_d。按 $\tau_f=\frac{T}{A_f}\leqslant[\tau]$ 校核缀条与肢件的贴角三面围焊。

(2) 缀板设计

缀板可视为多层刚架体系的一部分［图 7-9(a)］，且认为肢杆弯曲变形的反弯点处在各杆的中点［图 7-9(b)］。对三肢式压杆，假定在 $\frac{1}{3}C$ 处。若取出分离体［图 7-9(c)］，则缀板所受内力为

双肢或四肢式压杆

$$T=\frac{Q_b l_1}{C} \tag{7-7}$$

$$M=T\frac{C}{2}=\frac{Q_b l_1}{2} \tag{7-8}$$

三肢式压杆

$$T=\frac{Q_b l_1}{C} \tag{7-9}$$

$$M=T\frac{2C}{3}=\frac{2Q_b l_1}{3} \tag{7-10}$$

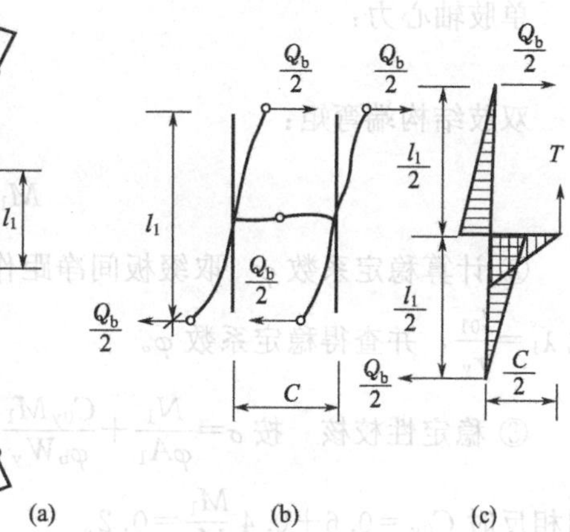

图 7-9　缀板的计算简图

式中　Q_b——分配在一个缀板面上的剪力，N；

C——肢件轴线间的距离，mm；

l_1——两缀板中心间距，即节间距离，mm。

由于缀板的内力一般不大，故缀板截面尺寸常由构造要求直接确定。为保证缀板与肢件的连接具有一定刚度，要求缀板沿压杆纵向的宽度不应小于肢件轴线间距 C 的 $\frac{2}{3}$，厚度 δ 不小于 $\frac{C}{40}$，且不小于 6mm。

缀板与肢件采用贴角焊缝连接，焊缝强度按缀板的剪力 T 和弯矩 M 计算。由于焊缝许用应力等于或小于钢材的许用应力，因此若焊缝强度满足，则缀板的强度也不必计算。

缀板与肢件连接采用角焊缝，为减小横焊缝对主肢的影响，横焊缝焊角尺寸往往较小，忽略其承载能力。由竖焊缝承受剪力 T 和弯矩 M；并按 $\sigma_f=\frac{M}{W}\leqslant[\tau]$、$\tau_f=\frac{T}{A_f}\leqslant[\tau]$、$\sqrt{\sigma_f^2+3\tau_f^2}\leqslant[\tau]$ 校核缀板、缀条与肢件焊缝强度。

(3) 横隔设计

为保证格构式压杆的空心截面不致产生扭转失稳，应设置横隔，以增强压杆的抗扭刚性。横隔可制成钢板式［图 7-10(a)］或交叉杆式［图 7-10(b)］，钢板厚度不应小于 6mm，交叉杆的刚性也不应低于缀条的刚性。

横隔的布置要求为沿构件长度方向每隔 4～6m 设置一道，且每个运送单元不得小于两个横隔。

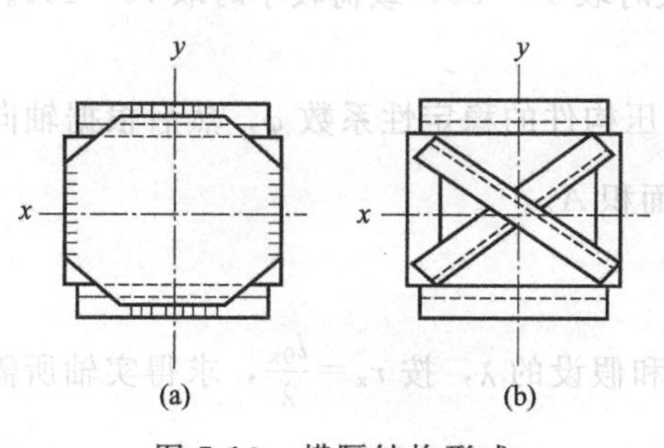

图 7-10　横隔结构形式

7.3.3 轴心受压构件单肢稳定性

缀材的种类和布置与结构单肢稳定性密切相关，下面分别介绍。

（1）缀板式双肢轴心受压构件

缀板式双肢轴心受压构件的单肢属于偏心压弯构件，计算过程如下。

① 计算单肢内力

单肢轴心力：

$$N_1=0.5N$$

双肢结构端弯矩：

$$M_1=\frac{Nl_1}{340\varphi}\sqrt{\frac{\sigma_s}{235}}$$

② 计算稳定系数 φ　取缀板间净距作为构件的计算长度 l_{01}，求得单肢结构单肢的长细比 $\lambda_1=\frac{l_{01}}{r_y}$，并查得稳定系数 φ。

③ 稳定性校核　按 $\sigma=\frac{N_1}{\varphi A_1}+\frac{C_{0y}M_1}{\varphi_b W_y}\leqslant[\sigma]$ 对构件单肢稳定性校核构件两端弯矩相等方向相反时 $C_{0y}=0.6+0.4\frac{M_1}{M_2}=0.2$。

由此可见，轴心受压构件剪力产生的弯矩对单肢稳定性影响较小，稳定性校核时可以按轴心受压构件计算，构件计算长度取缀板间净距。

（2）缀条式轴心受压构件

缀条式轴心受压构件的单肢属于轴心受压构件，构件计算长度取节点间距。按 $\sigma=\frac{N}{\varphi A}\leqslant[\sigma]$ 校核单肢稳定性。

从理论上讲，设计时只要控制单肢的计算长度即节点间距，确保单肢的长细比不大于构件整体的长细比即 $\lambda_1\leqslant\lambda_{max}$，便可以确保单肢的稳定性，但是考虑到实际结构节点弯矩的影响和结构的安全性，设计中通常取缀条式 $\lambda_1\leqslant 0.7\lambda_{max}$，缀板式 $\lambda_1\leqslant 0.5\lambda_{max}$。

7.3.4 格构式轴心受压构件截面设计

（1）假定轴心受压构件的长细比 λ

同实腹式轴心受压构件一样，构件的长细比与构件的整体稳定性密切相关，轴心受压构件的长细比选择是否合理，决定结构的性价比。与实腹结构不同的构件的局部稳定性取决于缀材结构、参数和节点间距，而不是板的高（宽）厚比，容易实现稳定系数应控制在0.8左右。根据经验一般轴心受压构件的长细比，载荷较大时取50～80，载荷较小时取70～100。

（2）计算所需截面面积 A

根据假定轴心受压构件的长细比 λ，查得轴心受压构件的稳定性系数 φ，然后根据轴向力 N 和材料的许用应力，按 $A=\frac{N}{\varphi[\sigma]}$ 求得所需截面面积 A。

（3）计算 x 主轴方向所需的回转半径 r_x

根据 x 轴（双肢结构实轴）方向的计算长度 l_{0x} 和假设的 λ，按 $r_x=\frac{l_{0x}}{\lambda}$，求得实轴所需的回转半径。

(4) 计算截面轮廓尺寸 h

根据附录三查得系数 α_1、α_2 及回转半径 r_x 按 $h=\dfrac{r_x}{\alpha_1}$ 求得 h。

(5) 初步确定截面形式、型钢型号及其参数

根据求得的 A、h 及构造要求、钢材规格和构造要求，结合工程设计经验，确定主肢截面形式和型钢型号及其参数。

(6) 缀条和缀板的设计

① 根据单肢稳定性不低于整体稳定性的要求确定单肢长细比 λ_1 或根据缀条倾斜角 α(35°～45°)，最终确定节点间距 $l_1=\lambda_1 r_y$，$l_1=h\sin\alpha$（缀板结构 $\lambda_1\leqslant 0.5\lambda_{max}$ 且 $\lambda_1\leqslant 40$，缀条结构 $\lambda_1\leqslant 0.7\lambda_{max}$）。

② 初步确定缀板和缀条尺寸或型号。缀板与肢件的连接具有一定刚度要求，缀板沿压杆纵向的宽度不应小于肢件轴线间距 C 的 $\dfrac{2}{3}$，厚度 δ 不小于 $\dfrac{C}{40}$，且不小于 6mm。

(7) 确定 y 方向截面参数

① 根据选定的结构形式，按表 4-4 中的公式计算换算长细比 λ_{hx}（双肢结构取用 λ_x）。

② 按照等稳定性原则 $\lambda_{hx}=\lambda_{hy}$。

③ 按 $r_y=\dfrac{l_{0y}}{\lambda_{hy}}$ 计算 y 主轴方向所需的回转半径 r_y。

④ 按 $b=\dfrac{r_y}{\alpha_2}$ 计算截面轮廓尺寸 b。

(8) 强度、刚度及稳定性校核

按照第 4 章讲述的相关内容，对确定的截面结构和参数，进行强度、刚度及缀材、单肢和整体稳定性校核计算，并对计算结论进行分析，适当调整截面参数，并重新进行校核，在确保结构安全的基础上提高结构的性价比。

例 7-1　如图 7-11 所示，有一两端铰支的轴心受压构件，杆长为 8m，按载荷组合 B 得轴心压力 $N=1740\text{kN}$，$[\lambda]=120$，材料为 Q235B，试确定双肢缀条式构件截面。

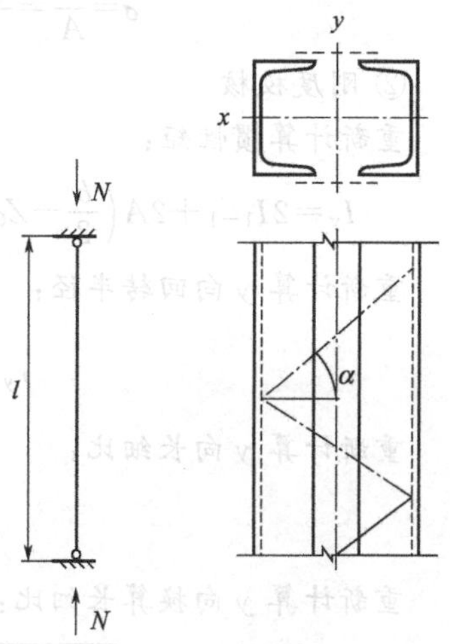

图 7-11　例 7-1 图

解　安全系数 $n=1.34$，$[\sigma]=235/1.34=175\text{MPa}$。

(1) 假定长细比

假定构件对实轴的长细比 $\lambda_x=80$，查附录四表 2，得 $\varphi=0.688$。

(2) 所需构件截面积

$$A=\frac{N}{\varphi[\sigma]}=\frac{1740\times10^3}{0.688\times175}=14452\text{mm}^2=145\text{cm}^2$$

(3) 回转半径

$$r_x=\frac{l_{0x}}{\lambda_x}=\frac{800}{80}=10\text{cm}$$

(4) 计算截面轮廓尺寸 h

查附录三 $\alpha_1=0.38$、$\alpha_2=0.44$。

$$h=\frac{r_x}{\alpha_1}=\frac{10}{0.38}=26.3\text{cm}$$

(5) 初步确定截面形式、型钢型号

由型钢表中选槽钢［36c，其截面特性为 $A=75.29\text{cm}^2$，$r_x=13.36\text{cm}$，$Z_0=2.34\text{cm}$，$r_{1-1}=2.67\text{cm}$，$I_{1-1}=536.4\text{cm}^4$。

构件实际长细比为

$$\lambda_x=\frac{l_{0x}}{r_x}=\frac{800}{13.63}=59.9<[\lambda]=120$$

(6) 缀条的设计

根据单肢稳定性不低于整体稳定性的要求确定单肢长细比 λ_1 或根据缀条倾斜角 $\alpha(35°\sim45°)$，最终确定节点间距（缀板结构 $\lambda_1\leqslant0.5\lambda_{max}$ 且 $\lambda_1\leqslant40$，缀条结构 $\lambda_1\leqslant0.7\lambda_{max}$）。

$$\lambda_1\leqslant0.7\lambda_{max}=0.7\lambda_x=0.7\times59.9=41.93$$

令 $\lambda_1=41$，所以节点间距 $l_1\leqslant\lambda_1 i_{1-1}=41\times26.7=1095\text{mm}$

试选∟50×4 为缀条，材料为 Q235B，单缀条式，倾角为 45°，查型钢表截面特性为 $A_1=3.897\text{cm}^2$，$r_1=0.99\text{cm}$。

(7) 确定 y 方向截面参数

① 根据选定的结构形式，按表 4-4 中的公式计算换算长细比 λ_{hx}（双肢结构取用 λ_x），对于双肢构件，$\lambda_{hx}=\lambda_x=59.9$。

② 按等强度原则 $\lambda_{hx}=\lambda_{hy}$。

③ 计算 y 主轴方向所需的回转半径 r_y：

$$r_y=\frac{l_{0y}}{\lambda_{hy}}=\frac{8000}{59.9}=13.63\text{cm}$$

④ 计算截面轮廓尺寸 b：

$$b=\frac{r_y}{\alpha_2}=\frac{136.3}{0.44}=309\text{mm}\ (\text{取 } b=310\text{mm})$$

(8) 格构式轴心受压构件强度、刚度及稳定的验算

① 强度校核

$$\sigma=\frac{N}{A}=\frac{1740\times1000}{2\times7529}=115.6\text{MPa}<[\sigma]=175\text{MPa}$$

② 刚度校核

重新计算惯性矩：

$$I_y=2I_{1-1}+2A\left(\frac{b}{2}-Z_0\right)^2=2\times536.4+2\times75.29\times\left(\frac{31}{2}-2.34\right)^2=27151\text{cm}^4$$

重新计算 y 向回转半径：

$$r_y=\sqrt{\frac{I_y}{2A}}=\sqrt{\frac{27151}{2\times75.29}}=13.43\text{cm}$$

重新计算 y 向长细比：

$$\lambda_y=\frac{l_{0y}}{r_y}=\frac{800}{13.43}=59.57$$

重新计算 y 向换算长细比：

$$\lambda_{hy}=\sqrt{\lambda_y^2+27\frac{A}{A_1}}=\sqrt{59.57^2+27\times\frac{75.29}{3.897}}=63.8<[\lambda]=120$$

(9) 整体稳定校核

由表 4-2 得截面属于 b 类，查附录四表 2 并用插值法：

$$\varphi=0.791+\frac{0.786-0.791}{64-63}\times(63.8-63)=0.787$$

$$\sigma=\frac{N}{\varphi A}=\frac{1740\times1000}{0.787\times2\times7529}=146.8\text{MPa}<[\sigma]=175\text{MPa}$$

(10) 缀板或缀条校核

① 剪力计算

$$Q=\frac{2A[\sigma]}{85}\sqrt{\frac{\sigma_s}{235}}=\frac{2\times7529\times175}{85}=31002\text{N}$$

② 缀条的校核计算

缀条的内力无论横缀条或斜缀条均按轴心受力杆设计。其内力为

$$D_d=\frac{Q_b}{n\cos\alpha}=\frac{Q/2}{\cos\alpha}=\frac{31002/2}{\cos45^\circ}=21925\text{N}$$

节点间距：

$$l_1=b\tan45^\circ=310\text{mm}<1095\text{mm}$$

所以缀条长度：

$$l_2=\sqrt{l_1^2+b^2}=310\sqrt{2}=438\text{mm}<465.3\text{mm}$$

所以缀条长细比：

$$\lambda_2=\frac{l_2}{r_1}=\frac{438}{9.9}=44.3<[\lambda]=150$$

由表4-2得截面属于b类，由附录四表2查得：

$$\varphi=0.882+\frac{0.878-0.882}{44-43}\times(44.3-44)=0.88$$

$$\sigma=\frac{D_d}{\varphi A}=\frac{Q/2}{\varphi A}=\frac{31002/2}{0.88\times389.7}=45.2\text{MPa}$$

缀条满足强度、刚度和稳定性要求。

(11) 单肢稳定性校核

① 计算结构内力：单肢轴心力 $N_1=0.5N=\frac{1740}{2}=870\text{kN}$。

② 单肢计算长度 $l_{01}=l_1=310\text{mm}$，求得单肢结构单肢的长细比：

$$\lambda_1=\frac{l_{01}}{r_{1-1}}=\frac{310}{26.7}=11.6$$

由表4-2得截面属于b类，查附录四表2并用插值法得：

$$\varphi=0.991+\frac{0.989-0.991}{12-11}\times(11.6-11)=0.99$$

③ 校核稳定性：

$$\sigma=\frac{N}{\varphi A}=\frac{1740\times1000}{0.99\times2\times7529}=116.7\text{MPa}<[\sigma]=175\text{MPa}$$

7.4 构件的计算长度

前面讨论的轴心受压构件，基本上都是两端铰支的等截面构件。而实际构件的支承情况往往不只是铰支，构件的截面也不只是等截面。如何确定不同截面形式、不同支承及约束的轴心受压构件计算长度成为确定轴心受压构件稳定性的前提。本节专题讨论构件的计算长度

的确定方法。

7.4.1 等截面构件的计算长度

计算长度 l_0 通常是以两端铰支压杆作为基本情况来讨论的，此时，计算长度即为压杆的实际长度。当杆端为其他约束情况时，可以用不同杆端约束情况下压杆的挠曲线近似方程和挠曲线的边界条件推导，也可以利用两端铰支压杆的临界载荷公式(式 7-11) 来得到。这时因为两端铰支压杆的临界载荷公式是与压杆的挠曲形状有联系的，若两压杆的挠曲线形状相同，则两者的临界载荷公式也相同。根据这个关系。就可利用式(7-11) 得到其他杆端约束情况下压杆的临界载荷公式。统一表达为

$$N_0=\frac{\pi^2 EI}{(\mu l)^2}=\frac{\pi^2 EI}{l_0^2} \tag{7-11}$$

$$l_0=\mu l \tag{7-12}$$

式中 l——压杆的实际长度，mm；

μ——计算长度系数。

对于图 7-12(a) 所示两端铰支压杆，$\mu=1$，即 $l_0=l$。

对于一端固定另一端自由的压杆［图 7-12(b)］，其挠曲线形状和长为 $2l$ 的两端铰支压杆挠曲线的上半段形状相同，即长为 l 的一端固定、另一端自由的压杆临界载荷和长为 $2l$ 的两端铰支压杆的临界载荷相同，故 $\mu=2$，即 $l_0=2l$。

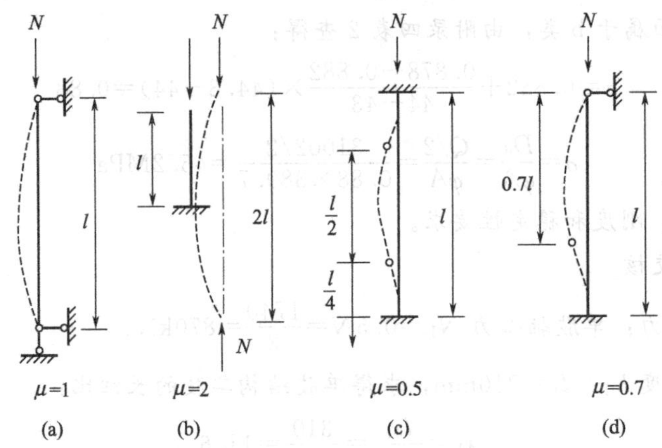

图 7-12 等截面压杆的长度系数

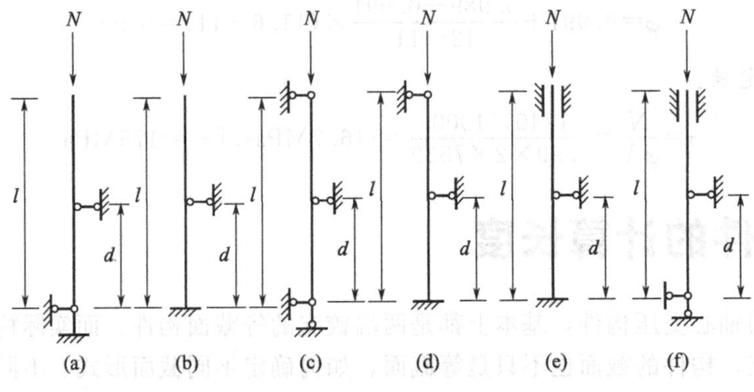

图 7-13 带中间支承的等截面压杆简图

同样，以这种变形相同方法，可以得到两端固定的压杆［图 7-12(c)］的计算长度系数 $\mu=0.5$，即 $l_0=0.5l$；一端铰支另一端固定的压杆［图 7-12(d)］的计算长度系数 $\mu=0.7$，即 $l_0=0.7l$。

对于带中间支承的等截面受压构件（图 7-13)，其计算长度系数 μ 列于表 7-1 中，按照中间支承点至下端距离 d 与压杆实际长度 l 的比值查取。

表 7-1 带中间支承的等截面压杆的计算长度系数 μ

d/l 简图序号	0.0	0.1	0.2	0.3	0.4	0.5	0.6	0.7	0.8	0.9	1.0
图 7-13(a)	2.00	1.87	1.73	1.60	1.47	1.35	1.23	1.13	1.06	1.01	1.00
图 7-13(b)	2.00	1.85	1.70	1.55	1.40	1.26	1.11	0.98	0.85	0.76	0.70
图 7-13(c)	0.70	0.65	0.60	0.56	0.52	0.50	0.52	0.56	0.60	0.65	0.70
图 7-13(d)	0.70	0.65	0.59	0.54	0.49	0.44	0.41	0.41	0.44	0.47	0.50
图 7-13(e)	0.50	0.46	0.43	0.39	0.36	0.35	0.36	0.39	0.43	0.46	0.50
图 7-13(f)	0.50	0.47	0.44	0.41	0.41	0.44	0.49	0.54	0.59	0.65	0.70

对于格构式压杆中缀条，其计算长度确定规则如下。

单缀条：无论在缀条平面内或缀条平面外，均取几何长度。

交叉缀条：在缀条平面内，l_{0x} 为节点中心到交叉点的距离；在缀条平面外，l_{0y} 的确定与缀条的受力性质及交叉点的构造有关，可按表 7-2 查取，表中 l_0 指节点距离（交叉点不作为节点处理）。当两杆都为压杆时，两杆都不宜中断。

表 7-2 交叉缀条在构件缀条平面外的计算长度 l_{0y}

杆件	交叉节点情况及示意图	另一杆件受力情况 受拉	受压	不受力
压杆	相交两杆均不中断	$0.5l_0$	l_0	$0.7l_0$
压杆	计算杆与另一相交杆用节点反连接，但另一杆中断	$0.7l_0$	l_0	l_0
拉杆			l_0	

7.4.2 具有非保向力构件的计算长度

起重机的臂架结构，在臂端轴向压力作用下，可能在起升平面内失稳，也可能在回转平面内失稳。当验算臂架结构整体稳定性时，需先分别确定其计算长度。从支承构造看，在起升平面内的臂架两端均可视为铰支承，即 $l_0=l$；在回转平面内，近似认为平面固定，臂端自由，即 $l_0=2l$。而实际上，当臂架端部在回转平面内发生屈曲变形时，臂架内力的方向会由于变幅钢丝绳的位置变化而发生改变。这种方向变化的轴心压力称为非保向力，从而使臂

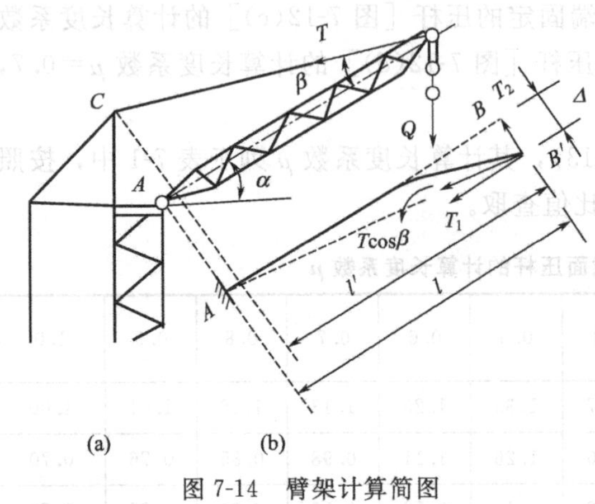

图 7-14 臂架计算简图

架端部不可能完全自由屈曲。因此，取 $\mu=2$ 显然是不合理的。图 7-14(a) 所示为某压杆式塔式起重机臂架结构简图。在吊重 Q 和变幅钢丝绳拉力 T 作用下，臂架端部受到压力 N：

$$N=Q\sin\alpha+T\cos\beta$$

式中 α——臂架轴线与水平线的夹角，(°)；

β——变幅钢丝绳与臂架轴线的夹角，(°)。

在臂架俯视图［7-14(b)］中，由于压力 N 中 $T\cos\beta$ 项为方向不定的压力，故属非保向力，设图中 A、B、C 三点为臂架尚未变形时的位置，若臂架端部变形后产生了位移 Δ，则 B 点移至 B' 点。此时，钢丝绳拉力 T 的作用方向将处在 $B'C$ 连线的垂直平面内，其中非保向力 $T\cos\beta$ 可分解为两个分力 T_1 和 T_2。T_1 为臂架轴向压力 N，使臂架屈曲。T_2 则具有使其恢复原状的趋势，所以有利于臂架稳定。

在了解臂架非保向力概念的基础上，进一步讨论一般结构的非保向力以及计算长度系数的确定。

设图 7-15 所示压杆承受的总压力为 N，其中 KN 为非保向力，$(1-K)N$ 为保向力，K 为小于 1 的系数。将非保向力 KN 分解为两个分力 $KN\cos\theta$ 和 $KN\sin\theta$。在压杆任意截面处，根据在弯曲平衡状态下力的平衡条件可得

$$-EIy''=M=[(1-K)N+KN\cos\theta]y-KN\sin\theta x$$

由于压杆屈曲时的变形 Δ 较小，近似取 $\cos\theta=1$，$\sin\theta=\tan\theta=\dfrac{\Delta}{l'}$，则上式变为

$$-EIy''=Ny-KN\frac{\Delta}{l'}x \tag{7-13}$$

求解方程，并代入边界条件后得

$$\frac{\sqrt{\dfrac{N}{EI}}l}{\tan\left(\sqrt{\dfrac{N}{EI}}l\right)}=\frac{K\dfrac{l}{l'}}{1-K\dfrac{l}{l'}} \tag{7-14}$$

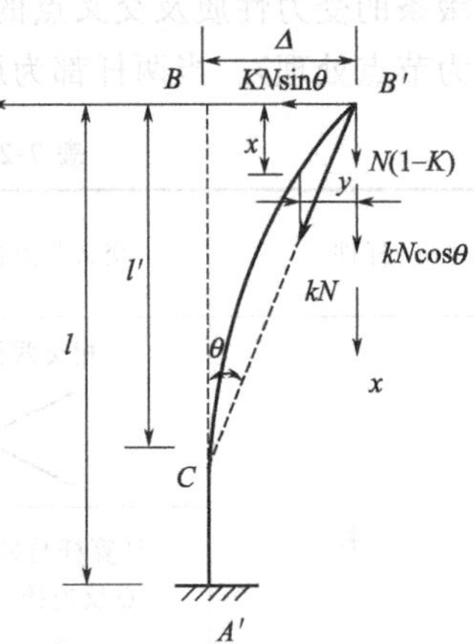

图 7-15 计算长度分析

由于

$$N=\frac{\pi^2EI}{l_0^2}=\frac{\pi^2EI}{\mu^2l^2} \quad 或 \quad \sqrt{\frac{N}{EI}}l=\frac{\pi}{\mu}$$

代入式(7-14) 得

$$\frac{\dfrac{\pi}{\mu}}{\tan\dfrac{\pi}{\mu}}=\frac{K\dfrac{l}{l'}}{1-K\dfrac{l}{l'}} \tag{7-15}$$

由式(7-15) 可见，计算长度系数 μ 是 $K\dfrac{l}{l'}$ 的函数。两者的关系列于表 7-3 中。

表 7-3 由非保向力作用的压杆计算长度系数 μ 值

$K\frac{l}{l'}$	0	0.1	0.2	0.3	0.4	0.5	0.6	0.7	0.8	0.9	1.0	1.1	1.2	1.5	2.0	∞
μ	2.00	1.92	0.83	1.75	1.65	1.55	1.44	1.34	1.21	1.11	1.00	0.90	0.85	0.77	0.745	0.70

表 7-3 中，当 $l'=\infty$，即 $K\frac{l}{l'}=0$ 时，压力 N 的方向保持不变，相当于一端固定一端自由的支承情况，故 $\mu=2$；当 $l'=0$，即 $K\frac{l}{l'}=\infty$时，压杆的自由端将转变为铰支承，故 $\mu=0.7$。

以上讨论的是理想的构造情况，即把支承抽象成铰支承或固定端处理。但在实际结构中，总存在一些构造间隙、节点位移等现象。例如臂架根部端，由于销轴与轴承之间存在间隙，则不能视为完全理想的固定端。又如变幅钢丝绳在撑杆上的连接点也会由于撑杆或塔身变形而产生横向位移，即不能作为理想的固定铰支承处理。因此，在起重机臂架设计时，通常把表 7-3 中系数 μ 值适当增大 10%～20%，以补偿上述不利因素。

7.4.3 变截面构件的计算长度

轴心受压构件在发生屈曲失稳时，构件截面将受到弯矩和剪力。若是偏心受压，由于压力的偏心作用或有横向载荷时，也受到弯矩和剪力。对于图 7-16(a) 所示的两端铰支压杆，所受的弯矩是随着位移 y 值而变化的，中间截面弯矩最大，铰支端弯矩为零。显然，压杆最合理截面应该与其受力状态相适应，故对这种两端铰支压杆，通常采用中间截面大、向两端对称缩小的对称变截面形式［图 7-16(b)］。图 7-17 所示为一端固定一端自由的压杆，其弯矩 M 也是随位移变化的。y 值在自由端最小，在固定端力最大。因此，为获得最合理的截面，可按弯矩变化情况，采用自由端小，且向根部逐渐增大的非对称变截面形式。

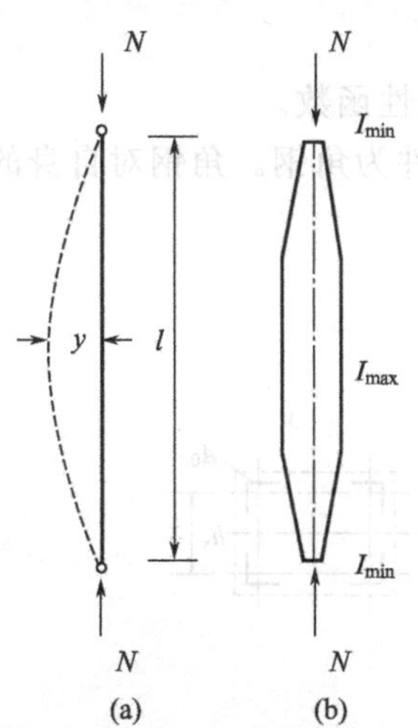

图 7-16 两端铰支的变截面压杆

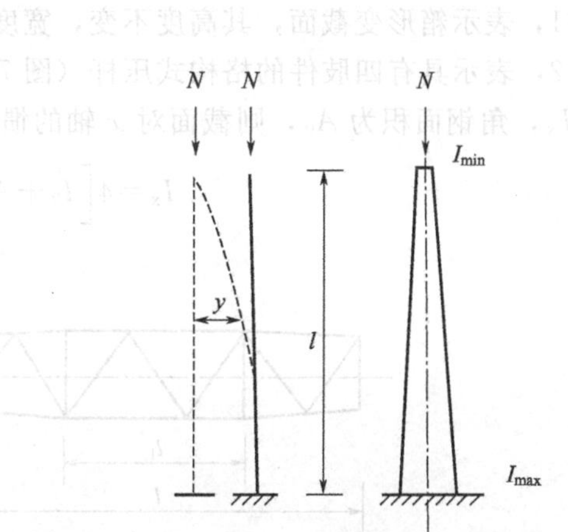

图 7-17 悬臂的变截面压杆

显然，变截面构件能够减轻自重，合理使用材料，因此在轴心受压和偏心受压构件中广泛采用，例如轮式起重机的臂架、塔式起重机的臂架、龙门起重机的支腿等。

变截面压杆在弯矩作用下，就强度而言，是趋近等强度的。但从稳定性来看，比全长均为最大截面的等截面压杆要差，其临界载荷比具有最大截面的等截面压杆要小，只有当全长均为最大截面的等截面压杆的长度增加到某一数值（图 7-18）或者压杆长度不变，而截面惯性矩介于变截面压杆的最大和最小惯性矩之间某一换算值时，这两种压杆才能与原来的变截面压杆具有相同的临界载荷。因此，通常对变截面压杆的临界载荷计算采用一个等效的等截面压杆来取代。等效的方法可以是惯性矩换算法，也可用长度换算法。此处介绍较常用的长度换算法。

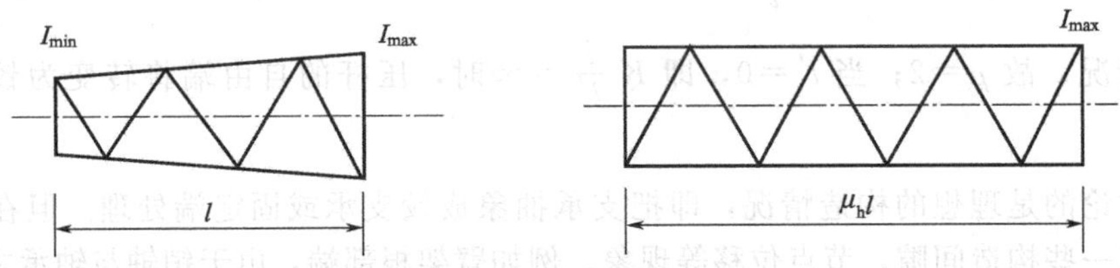

图 7-18　变截面压杆的长度换算

取两端支承的等效等截面构件的计算长度为

$$l_0=\mu_h l \tag{7-16}$$

式中　l——变截面压杆的实际长度，mm；

μ_h——变截面压杆的长度换算系数，与压杆的截面惯性矩的变化规律和比值$\frac{I_{min}}{I_{max}}$有关，可从表 7-4（对称变化）或表 7-5（非对称变化）中查取。

表 7-4 中的图表示为变截面压杆，截面最小和最大惯性矩分别以 I_{min} 和 I_{max} 表示，将该杆的渐变端延长，交于 O 点。令 x 轴通过杆截面几何中心，则距 O 点为 x 的截面惯性矩可表示为

$$I_x=I_{max}\left(\frac{x}{x_1}\right)^n \tag{7-17}$$

式中 n 值与截面的形状及其变化规律有关。表 7-4 和表 7-5 的图列出了 $n=1\sim4$ 的变截面形式。

$n=1$，表示箱形变截面，其高度不变，宽度为 x 的线性函数。

$n=2$，表示具有四肢件的格构式压杆（图 7-19），肢件为角钢。角钢对自身的 x 轴的惯性矩为 I_x，角钢面积为 A_0，则截面对 x 轴的惯性矩为

$$I_x=4\left[I_0+A_0\left(\frac{h_x}{2}\right)^2\right]$$

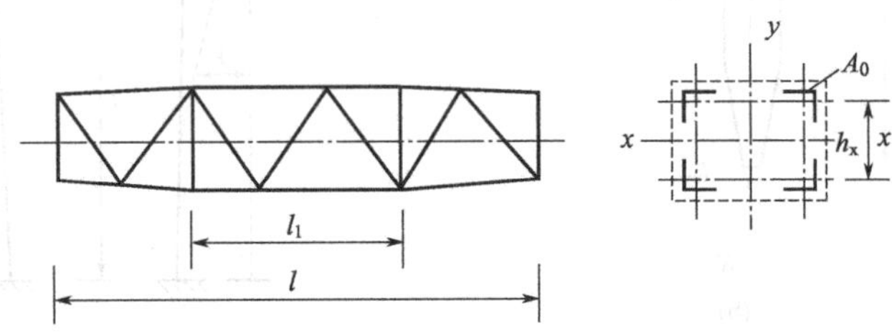

图 7-19　四肢件格构式变截面压杆

由于 I_0 较小，可忽略不计，则 I_x 与 h_x 的平方成正比，而 h_x 是 x 的线性函数，故 $n=2$。

$n=3$，表示宽度及高度均发生变化的箱形变截面构件（图 7-20），其截面惯性矩为

$$I_x\approx2\left[b_x\delta\left(\frac{h_x}{2}\right)^2+\frac{1}{12}\delta h_x^3\right]$$

式中忽略了翼缘板对自身主轴的惯性矩。由于 b_x 和 h_x 均为 x 的线性函数，故 I_x 随 x^3 而变化。$n=3$，也表示锥形管的截面变化规律，锥形管的截面惯性矩为

$$I_x \approx \frac{1}{8}\pi\delta D_x^3$$

管的直径 D_x 是 x 的线性函数，故 $n=3$。

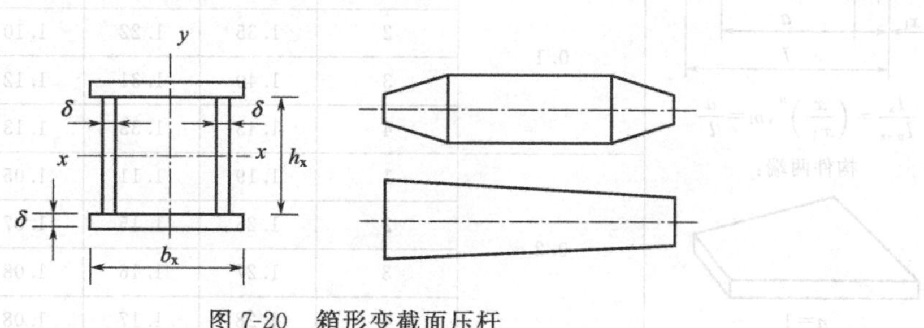

图 7-20　箱形变截面压杆

$n=4$，表示实心的矩形或圆形截面随 x 的变化规律，矩形截面的宽度和高度分别为 x 的线性函数，因为 $I_x=\frac{1}{12}b_x h_x^3$，故 I_x 随 x^4 而变化。

对于起重机箱形伸缩臂架的变截面长度换算系数 μ_h，可查阅《起重机设计规范》相关规定。

一旦确定了变截面压杆的计算长度，其稳定性验算与等截面压杆的计算方法相同。若求两端铰支的变截面轴心受压构件的临界载荷和临界应力，表达式分别为

$$N_0=\frac{\pi^2 E I_{max}}{(\mu_h l)^2} \tag{7-18}$$

$$\sigma_0=\frac{\pi^2 E}{(\mu_h l)^2/r_{max}^2} \tag{7-19}$$

必须指出的是，表 7-4、表 7-5 仅给出了只适用于两端铰支的变截面压杆的长度换算系数，对于其他支承情况的变截面压杆，可从有关结构稳定手册或文献中直接查取各自的临界载荷。

变截面压杆的计算，应注意验算内力最大的和削弱最多的截面，或者验算最小截面。

表 7-4　两端铰支非对称变化构件的变截面长度系数 μ_h

变截面形式	I_{min}/I_{max}	μ_h
I_x呈线性变化　$n=1$	0.1	1.45
	0.2	1.35
	0.4	1.21
	0.6	1.13
	0.8	1.06
I_x呈抛物线变化　$n=2$	0.1	1.66
	0.2	1.45
	0.4	1.24
	0.6	1.13
	0.8	1.05

表 7-5　两端铰支对称变化构件的变截面长度系数 μ_h

变截面形式	μ_h						
	I_{min}/I_{max}	n	m				
			0	0.2	0.4	0.6	0.8
I_x　I_{max}　I_{min}　x　x_1　a　l	0.1	1	1.23	1.14	1.07	1.02	1.00
		2	1.35	1.22	1.10	1.03	1.00
$\frac{I_x}{I_{max}}=\left(\frac{x}{x_1}\right)^n, m=\frac{a}{l}$		3	1.40	1.31	1.12	1.04	1.00
构件两端:		4	1.43	1.33	1.13	1.04	1.00
	0.2	1	1.19	1.11	1.05	1.01	1.00
		2	1.25	1.15	1.07	1.02	1.00
		3	1.27	1.16	1.08	1.03	1.00
$n=1$		4	1.28	1.17	1.08	1.03	1.00
	0.4	1	1.12	1.07	1.04	1.01	1.00
		2	1.14	1.08	1.04	1.01	1.00
$n=2$		3	1.15	1.09	1.04	1.01	1.00
		4	1.15	1.09	1.04	1.01	1.00
	0.6	1	1.07	1.04	1.02	1.01	1.00
		2	1.08	1.05	1.02	1.01	1.00
$n=3$		3	1.08	1.05	1.02	1.01	1.00
		4	1.08	1.05	1.02	1.01	1.00
	0.8	1	1.03	1.02	1.01	1.00	1.00
		2	1.03	1.02	1.01	1.00	1.00
		3	1.03	1.02	1.01	1.00	1.00
$n=4$		4	1.03	1.02	1.01	1.00	1.00

第 8 章 实腹受弯构件结构及设计

8.1 实腹受弯构件的类型和截面形式

实腹受弯构件简称梁，对于跨度及载荷较小的结构，通常采用型钢，简称型钢梁，如图 8-1(a) 所示。对于跨度较大的重载结构，一方面型钢梁难以满足承载能力和使用要求，另一方面为降低产品成本、提高产品的性价比，通常采用钢板或型钢焊接而成的焊接组合梁。焊接组合梁按截面构成可分为：由钢板焊接而成的钢板组合梁，简称组合梁，如图 8-1(b) 所示，用型钢焊接而成的型钢组合梁，如图 8-1(c) 所示；用板和型钢焊接而成的混合组合梁，如图 8-1(d) 所示。按截面的对称性受弯构件可分为单轴对称截面梁和双轴对称截面梁。按构件长度方向截面的变化可分为等截面梁和变截面梁。

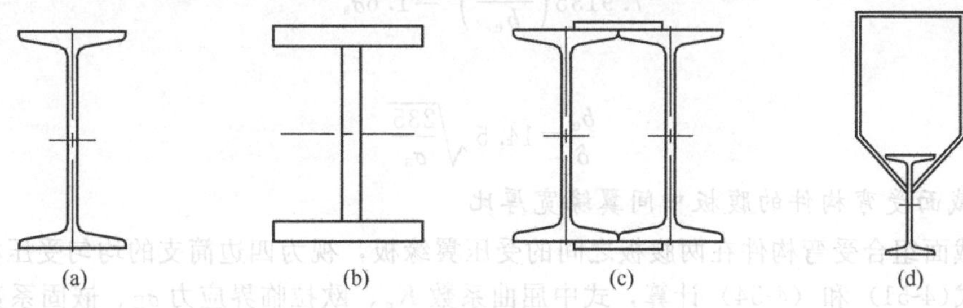

图 8-1　梁的截面形式

8.2 组合梁截面设计

起重机械钢结构中常用组合梁，其截面形式多为工字形或箱形，如图 8-2 所示。组合梁的截面设计包括两方面内容：一是选择截面，确定截面尺寸；二是对跨度较大的梁进行变截面确定。本章以最常见的工字形组合梁为例说明组合梁截面设计的方法，其他组合梁的截面设计与工字形组合梁截面设计相类似。

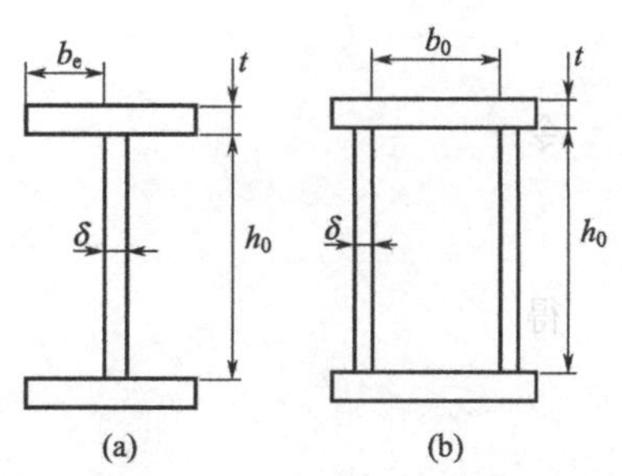

图 8-2　组合梁截面形式

8.2.1 翼缘的宽厚比

翼缘远离受弯构件截面的形心，材料的承载能力一般能够得到比较充分的利用。但若局部失稳出现局部翘曲，将很快导致受弯构件丧失承载能力，设计中通过限制翼缘宽厚比的方法保证构件的局部稳定性，其设计原则与轴心受压构件相同。但由于受弯构件整体稳定系数与诸多因素有关，翼缘临界应力 $\sigma_{i,1cr}$ 超过 $0.8\sigma_s$ 的计算公式中，弹性模量折减系数 η 不同，要通过屈曲临界应力不小于结构整体稳定的临界应力的原则直接确定构件的翼缘板的宽厚比非常困难，下面采用屈曲临界应力不小于系数 k 乘以材料的屈服强度（强度原则），利用《起重机设计规范》（GB/T 3811—2008）给出的方法推导出翼缘板不需要局部稳定性校核的宽厚比。

(1) 受弯构件的自由外伸翼缘宽厚比

受弯构件的自由外伸翼缘可视为三边简支、一边自由、受均匀压应力作用的薄板，其临界应力按式(4-51) 和式(4-54) 计算，式中屈曲系数 K_σ、欧拉临界应力 σ_E、嵌固系数 χ 与轴心受力构件相同。

$$\sigma_{i,1cr}=\chi K_\sigma \sigma_E=1\times 0.425\times 18.62\left(\frac{100\delta}{b_e}\right)^2=7.9135\left(\frac{100\delta}{b_e}\right)^2$$

取 $\sigma_{cr}=0.94\sigma_s$，由

$$\sigma_{cr}=\sigma_s\left(1-\frac{1}{1+6.25m^2}\right)=0.94\sigma_s$$

求得

$$m=\frac{\sigma_{i,1cr}}{\sigma_s}=1.6$$

令

$$7.9135\left(\frac{100\delta}{b_e}\right)^2=1.6\sigma_s$$

得

$$\frac{b_e}{\delta}=14.5\sqrt{\frac{235}{\sigma_s}}$$

(2) 箱形截面受弯构件的腹板中间翼缘宽厚比

箱形截面组合受弯构件在两腹板之间的受压翼缘板，视为四边简支的均匀受压板，其临界应力按式(4-51) 和 (4-54) 计算，式中屈曲系数 K_σ、欧拉临界应力 σ_E、嵌固系数 χ 与轴心受力构件相同，令 $\delta=t$、$b=b_0$ 得

$$\sigma_{i,1cr}=\chi K_\sigma \sigma_E=1.0\times 4\times 18.62\left(\frac{100t}{b_0}\right)^2=74.48\left(\frac{100t}{b_0}\right)^2$$

取 $\sigma_{cr}=0.94\sigma_s$，由

$$\sigma_{cr}=\sigma_s\left(1-\frac{1}{1+6.25m^2}\right)=0.94\sigma_s$$

求得

$$m=\frac{\sigma_{i,1cr}}{\sigma_s}=1.6$$

令

$$74.48\left(\frac{100t}{b_0}\right)^2=1.6\sigma_s$$

得

$$\frac{b_0}{t}=45\sqrt{\frac{235}{\sigma_s}}$$

取 $\sigma_{cr}=0.801\sigma_s$，由

$$\sigma_{cr}=\sigma_s\left(1-\frac{1}{1+6.25m^2}\right)=0.801\sigma_s$$

求得

$$m=\frac{\sigma_{i,1cr}}{\sigma_s}=0.802$$

令

$$74.48\left(\frac{100t}{b_0}\right)^2=0.802\sigma_s$$

得

$$\frac{b_0}{t}=63\sqrt{\frac{235}{\sigma_s}}$$

式中 b_0——箱形截面两腹板之间的受压翼缘板的宽度，mm；

δ——箱形截面两腹板之间的受压翼缘板的厚度，mm。

《钢结构设计规范》(GB 50017—2003) 中规定：受弯构件的自由外伸翼缘局部稳定性不需计算的宽厚比确定为 $b_e/\delta\leqslant 15\sqrt{235/f_y}$；箱形截面受弯构件两腹板之间受压翼缘板局部稳定性不需计算的宽厚比确定为 $b_0/t\leqslant 40\sqrt{235/f_y}$。

《起重机设计规范》(GB/T 3811—2008) 中规定：工字形截面构件的受压翼缘自由外伸宽度与其厚度之比不大于 $15\sqrt{235/\sigma_s}$时，或箱形截面腹板之间的、或满足要求的纵向加劲肋之间的受压翼缘宽厚比不大于时 $60\sqrt{235/\sigma_s}$，且板中压缩应力不大于 0.8 $[\sigma]$ 时，可不必验算受压翼缘板的局部稳定性。

对于起重机械钢结构受压翼缘板的初始设计，无法确定板中的具体应力情况，参照《起重机设计规范》(GB/T 3811—2008) 和《钢结构设计规范》(GB 50017—2003) 中规定，受压翼缘板不需计算的宽厚比确定如下。

受弯构件的自由外伸翼缘局部稳定性不需计算的宽厚比确定为

$$b_e/\delta=15\sqrt{\frac{235}{\sigma_s}} \tag{8-1}$$

箱形截面受弯构件两腹板之间受压翼缘板局部稳定性不需计算的宽厚比确定为

$$b_0/t=45\sqrt{\frac{235}{\sigma_s}} \tag{8-2}$$

可以看出，如果起重机械钢结构不考虑塑性设计，要求材料处于比例极限范围内即强度设计临界应力为 $\sigma_p\approx 0.8\sigma_s$，上述翼缘局部稳定性不需计算的宽厚比存在冗余。在具体产品设计时，应根据具体受力情况和整体稳定情况进行调整。

8.2.2 腹板的高厚比

无论是工字形截面受弯构件，还是箱形截面受弯构件，其腹板可视为两边受翼缘板嵌固的四边简支薄板，在纯弯曲应力 σ、剪切应力 τ 和局部挤压应力 σ_j 作用下，都可能发生局部失稳。为此，必须求出腹板在各种应力状态下的临界应力，从而确定出腹板的极限高厚比。

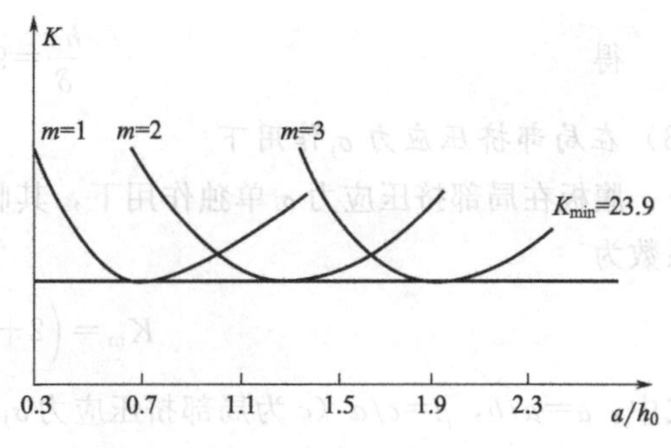

图 8-3 四边简支受纯弯曲板的屈曲系数

(1) 在弯曲应力 σ 作用下

腹板在弯曲应力 σ 单独作用下，其临界应力仍可用式(4-51) 和式 (4-54) 表示，式中板宽 b 以腹板高度 h_0 代替，屈曲系数的曲线如图 8-3 所示。可见 $K_{\min}=23.9$。考虑到翼缘对腹板有弹性嵌固作用，对受压翼缘扭转无约束的单腹板工字梁的腹板，取 $\chi=1.38$；对受压翼缘扭转有约束的工字梁和箱形截面梁的腹板，取 $\chi=1.64$，则

$$\sigma_{\mathrm{i,1cr}}=\chi K_{\sigma}\sigma_{\mathrm{E}}=1.38\times23.9\times18.62\left(\frac{100\delta}{h_0}\right)^2=614.12\left(\frac{100\delta}{h_0}\right)^2$$

$$\sigma_{\mathrm{i,1cr}}=\chi K_{\sigma}\sigma_{\mathrm{E}}=1.64\times23.9\times18.62\left(\frac{100\delta}{h_0}\right)^2=729.83\left(\frac{100\delta}{h_0}\right)^2$$

取 $\sigma_{\mathrm{cr}}=0.85\sigma_{\mathrm{s}}$，得 $m=0.95$。

由
$$\sigma_{\mathrm{i,1cr}}=614.12\left(\frac{100\delta}{h_0}\right)^2=0.95\sigma_{\mathrm{s}}$$

得
$$h_0/\delta=166\sqrt{\frac{235}{\sigma_{\mathrm{s}}}}$$

由
$$\sigma_{\mathrm{i,1cr}}=729.83\left(\frac{100\delta}{h_0}\right)^2=0.95\sigma_{\mathrm{s}}$$

得
$$h_0/\delta=181\sqrt{\frac{235}{\sigma_{\mathrm{s}}}}$$

(2) 在剪切应力 τ 作用下

腹板在剪切应力 τ 单独作用下，其临界应力可用式(4-52) 和式(4-54) 表示，屈曲系数为

$$K_{\tau}=5.34+4\left(\frac{b}{a}\right)^2$$

由于腹板的长度 $a\gg b$，则 $K_{\tau}=5.34$。嵌固系数 $\chi=1.23$，则由条件

$$\tau_{\mathrm{i,cr}}=\chi K_{\tau}\sigma_{\mathrm{E}}=1.23\times5.34\times18.62\left(\frac{100\delta}{h_0}\right)^2=122.3\left(\frac{100\delta}{h_0}\right)^2$$

取 $\sqrt{3}\tau_{\mathrm{i,cr}}=0.85\sigma_{\mathrm{s}}$，根据

$$\sigma_{\mathrm{cr}}=\sqrt{3}\tau_{\mathrm{i,cr}}=\sigma_{\mathrm{s}}\left(1-\frac{1}{1+6.25m^2}\right)=0.85\sigma_{\mathrm{s}}$$

得 $m=0.95$，由

$$\sqrt{3}\tau_{\mathrm{i,cr}}=\sqrt{3}\times122.3\left(\frac{100\delta}{h_0}\right)^2=0.95\sigma_{\mathrm{s}}$$

得
$$\frac{h_0}{\delta}=97\sqrt{\frac{235}{\sigma_{\mathrm{s}}}}$$

(3) 在局部挤压应力 σ_{j} 作用下

腹板在局部挤压应力 σ_{j} 单独作用下，其临界应力可用式(4-53) 和式(4-54) 表示，屈曲系数为

$$K_{\mathrm{m}}=\left(2+\frac{0.7}{\alpha^2}\right)\left(\frac{1+\beta}{\alpha\beta}\right)$$

式中，$\alpha=a/b$，$\beta=c/a$ (c 为局部挤压应力 σ_{j} 的作用宽度)。

通常取 $\alpha=2$，$\beta=0.15$，则嵌固系数 $K_{\mathrm{m}}\approx8.3$，则由条件

$$\sigma_{i,mcr}=\chi K_m\sigma_E=1\times8.3\times18.62\left(\frac{100\delta}{h_0}\right)^2=154.55\left(\frac{100\delta}{h_0}\right)^2$$

取 $\sigma_{cr}=0.85\sigma_s$，根据

$$\sigma_{cr}=\sigma_s\left(1-\frac{1}{1+6.25m^2}\right)=0.85\sigma_s$$

得 $m=0.95$，由

$$\sigma_{i,mcr}=154.55\left(\frac{100\delta}{h_0}\right)^2=0.95\sigma_s$$

得
$$\frac{h_0}{\delta}=83\sqrt{\frac{235}{\sigma_s}}$$

在复合应力作用下腹板在压缩应力 σ_1、剪切应力 τ 和局部挤压应力 σ_j 的共同作用下，临界复合应力表达式为

$$\sqrt{\left[\frac{3-\psi}{4}\left(\frac{\sigma_1}{\sigma_{i,1cr}}\right)+\frac{\sigma_m}{\sigma_{i,mcr}}\right]^2+\left(\frac{\tau}{\tau_{i,cr}}\right)^2}\leqslant1 \tag{8-3}$$

式中，$\psi=\sigma_2/\sigma_1$ 为板边两端应力比。

考虑嵌固系数等诸多不确定因素，结合《钢结构设计规范》(GB 50017—2003)，组合工字形截面受弯构件腹板加劲肋配置参照下列要求进行，如不符合要求需要通过局部稳定性验算确认。

① 当 $h_0/\delta\leqslant80\sqrt{235/\sigma_s}$ 时，对有局部压应力（$\sigma_j\neq0$）的受弯构件，应按构造配置加劲肋，对无局部压应力（$\sigma_c=0$）的受弯构件，可不配置加劲肋。

② 当 $80\sqrt{235/\sigma_s}\leqslant h_0/\delta\leqslant180\sqrt{235/\sigma_s}$（受压翼缘扭转受到约束）时，或当 $80\sqrt{235/\sigma_s}\leqslant h_0/\delta\leqslant160\sqrt{235/\sigma_s}$（受压翼缘扭转未受到约束）时，应配置横向加劲肋。

③ 当 $h_0/\delta\geqslant180\sqrt{235/\sigma_s}$（受压翼缘扭转受到约束）时，或当 $h_0/\delta\geqslant160\sqrt{235/\sigma_s}$（受压翼缘扭转未受到约束）时，或在计算需要时，除配置横向加劲肋外，还应在弯曲应力较大区格的受压区，增加配置纵向加劲肋。局部压应力很大的受弯构件，必要时还应在受压区配置短加劲肋。

④ 受弯构件的支座和上翼缘受较大固定集中载荷处，宜设置支承加劲肋。

由上述分析可知，受弯构件钢板的厚度确定采用强度原则即屈曲临界应力不小于系数 k 乘以材料的屈服强度。这种方法可以确保结构的局部稳定性不影响结构的承载能力，但往往构件的整体稳定性承载能力小于强度的承载能力，根据结构的整体稳定性确定其钢板的局部稳定性是比较合理的。但是，由于影响结构的整体稳定性的因素很多，难以用简单的参数表达。因此，局部稳定性的承载能力可能存在冗余，应在结构设计确定后，根据结构的校核结论进行调整。

8.2.3 组合梁的截面选择

起重机械钢结构截面设计方法常见的有两种：类比设计即通过已经了解的类似成功工程的结构件截面，初步设计出结构所需构件截面；根据结构的承载能力（强度和稳定性）、正常使用及结构的经济性的要求或经验公式，初步设计结构所需构件截面。然后，进行校核计算并调整截面，最后通过校核并确定截面。下面以工字形梁为例介绍第二种设计方法。

常用工字形梁一般为两块翼缘板和一块腹板焊接成的双轴对称截面（图 8-4)。对这种

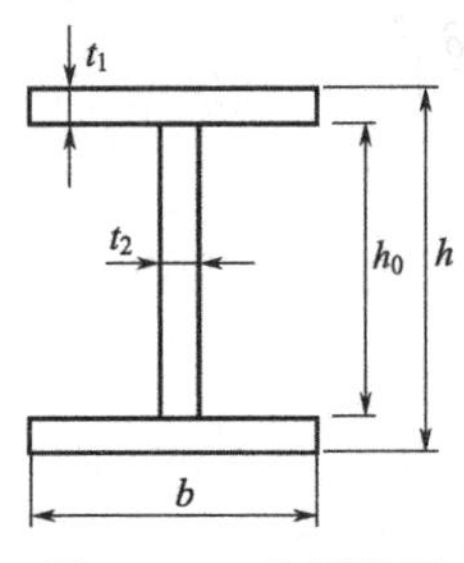

图 8-4　工字形截面

截面的选择，梁高是关键尺寸。

(1) 梁高的确定

确定梁高时应综合考虑产品总体设计要求、梁的刚度要求和经济性要求，由此定出在总体设计给出的可能范围内，满足设计目标的合理梁高。

① 梁的最大高度 h_{max}　梁的最大高度应满足总体布置的要求，一般在产品总体设计时给定。如果没有给定，则梁的最大高度不受限制。

② 梁的最小高度 h_{min}　梁的最小高度应满足结构刚度条件。梁的静挠度大小与载荷截面尺寸和跨度有关。受集中载荷 P 或受均布载荷 q 作用下跨度为 l 的简支梁，根据式(8-4)或式(8-5)，可分别得到既满足静刚度条件，又充分发挥钢材强度的梁高：

集中载荷作用
$$h_{min}=\frac{l^2[\sigma]}{6E[f]} \tag{8-4}$$

均布载荷作用
$$h_{min}=\frac{5l^2[\sigma]}{24E[f]} \tag{8-5}$$

当需要考虑动刚度条件时，可参阅相关产品的设计规范。如按《起重机设计规范》规定，按动刚度确定的最小梁高为

$$h_{min}=\frac{l}{18} \tag{8-6}$$

③ 梁的经济高度 h_f　一般而言，在截面积一定的条件下，选用较大的梁高，可减少翼缘的重量 G_e，但腹板的重量 G_f 却要增加。而选用较小的梁高，则结果相反。按经济条件确定的截面高度应使梁的翼缘和腹板总重量 G 为最小。

设对称工字形梁单位长度的总重为

$$G=G_f+G_e$$

由于梁高与腹板高度相差不大，可令 $h_0=h$，则腹板的重量为

$$G_f=h\psi\delta\gamma$$

式中　γ——钢的重度；

ψ——考虑到腹板上有拼接、加筋板等附加重量而设置的大于 1 的构造系数。

翼缘板的重量 G_e 等于上下两块翼缘重量之和，即

$$G_e=2Ae\gamma$$

下面以梁的抗弯强度条件来分析等截面梁单位长度的总重量 G。梁所需的截面抗弯模量为

$$W=\frac{M}{[\sigma]}$$

梁的惯性矩为

$$I=I_f+I_e=\frac{\delta h^3}{12}+2A_e\frac{h^2}{4}$$

由此式得

$$A_e=\frac{2I}{h^2}-\frac{\delta h}{6}=\frac{W}{h}-\frac{\delta h}{6}$$

可得梁单位长度总重为

$$G=\gamma\left(\frac{2W}{h}-\frac{\delta h}{3}+\psi\delta h\right)$$

可见，梁重是梁高的函数，为了确定最小重量的梁高，使总重量最轻，可对 h 求导数并令 $\mathrm{d}G/\mathrm{d}h$，即

$$\frac{\mathrm{d}G}{\mathrm{d}h}=\gamma\left(-\frac{2W}{h^2}-\frac{\delta}{3}+\psi\delta\right)=0$$

从而求得经济梁高为

$$h_f=\sqrt{\frac{2W}{\delta\left(\psi-\frac{1}{3}\right)}}$$

或简化为

$$h_f=K\sqrt{\frac{W}{\delta}} \tag{8-7}$$

式中 W——由梁的最大弯矩算得所需的截面抗弯模量，mm^3；

K——与构造有关的系数，$K=\sqrt{\frac{2}{\psi-1/3}}$，一般可取 1.15；

δ——腹板厚度，mm。

用式(8-7) 计算经济高度时，需先假定腹板厚度 δ，但 δ 又与梁的高度 h 有关，这就需要设计者根据梁设计方案中加劲肋的布置情况，初步确定。一般 $\delta=(1/100\sim1/240)h$。

为了使用方便，经济梁高也可用经验公式来计算：

$$h_f=7\sqrt[3]{W}-30\text{cm} \tag{8-8}$$

实际选用梁的高度 h 时，应满足上述三方面要求，即小于最大梁高 h_{max}，大于最小梁高 h_{min}，并尽可能等于或略小于经济高度 h_f：

$$\begin{cases}h_{min}\leqslant h\leqslant h_{max}\\ h\approx h_f\end{cases}$$

据统计，采用的梁高 h 与经济高度 h_f 相差 20%时，重量影响很少，仅增加 2.2%。因此，在确定梁高 h 时，可以根据钢板局部稳定性的要求适当调整。

(2) 腹板尺寸的确定

腹板的高度 h_0 稍小于梁高 h，并应符合钢板规格，取 5mm 或 10mm 的倍数。梁腹板的重量约占梁总重量的 40%～50%以上，其中腹板厚度的增加对梁截面的惯性矩影响不显著，但却会使整条梁的耗钢量明显增大，此外，腹板承受弯矩很小，主要承受剪力，而梁的剪力一般不大。因此，腹板厚度应尽可能取得小一些，以减轻梁的自重。通常，应满足受剪强度和局部稳定性的要求，采用经验公式计算：

工字形梁
$$\delta=6+\frac{2h}{1000} \tag{8-9}$$

箱形梁
$$\delta=4+\frac{2h}{1000} \tag{8-10}$$

式中 h——梁高，mm；

δ——腹板厚度，mm，按防锈蚀和耐久性要求 $\delta\geqslant 6$mm，太薄易变形，常取 6～18mm。

(3) 翼缘尺寸的确定

确定腹板尺寸后，可从梁截面所需惯性矩 I_u 中，扣除腹板部分的惯性矩 I_f，求得翼缘所需的惯性矩 I_e：

$$I_e = I_u - I_f$$

式中　I_u——梁截面所需惯性矩，mm^4，在强度条件下 $I_u = W\dfrac{h}{2}$；

I_f——腹板的惯性矩，mm^4，$I_f = \dfrac{1}{12}\delta h_0^3$。

由翼缘惯性矩的近似公式 $I_e \approx 2bt\left(\dfrac{h_0}{2}\right)^2$，可得翼缘所需截面积 $A_e = bt \approx \dfrac{2(I_u - I_f)}{h_0^2}$，$b$、$t$ 分别为翼缘的宽度和厚度，当定出其中任一值，就可确定另一数值。

一般，翼缘宽度 b 不得太小，也不得太大。太小不利于梁的整体稳定，太大则翼缘中应力分布不均程度增大，因此需满足整体稳定性和局部稳定性的条件。

按整体稳定性条件，工字形梁的翼缘宽度 b 常取梁高 h 的 $\dfrac{1}{2.5}\sim\dfrac{1}{5}$，即 $b=\left(\dfrac{1}{2.5}\sim\dfrac{1}{5}\right)h$；箱形梁两腹板间的宽度 b_0 应控制在 $b_0 \leqslant \dfrac{1}{3}h$ 范围内。

按局部稳定性条件，工字形梁翼缘的宽厚比 b/t 不应大于 $15\sqrt{235/\sigma_s}$；箱形梁翼缘伸出腹板外的宽度 b_e 不应大于 $15\sqrt{235/\sigma_s}\,t$；两腹板间的宽度 b_0 不应大于 $45\sqrt{235/\sigma_s}\,t$。如果计算应力小于 $0.8[\sigma]$，两腹板间的宽度 b_0 不应大于 $60\sqrt{235/\sigma_s}\,t$。

同样，翼缘也不宜过厚，过厚将不易保证板材力学性能和焊接质量。

最终确定的翼缘宽度和厚度应化整为钢材的规格尺寸，其中翼缘宽度宜取为 10mm 的倍数，厚度以 2mm 为间隔。

工字形梁和箱形梁的截面尺寸如图 8-5 所示。

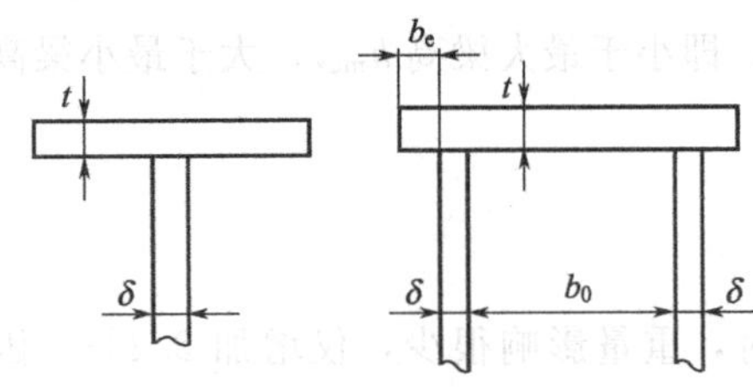

图 8-5　梁截面尺寸确定

8.2.4　组合梁的变截面设计

从梁的截面选择可知，截面尺寸是按梁的最大弯矩设计的。从强度观点看，除了最大弯矩所在截面外，其他截面尺寸显然过大，因为无论在移动集中载荷或固定载荷作用下，梁的弯矩总是沿着梁长度而改变。例如对受均匀载荷的简支梁，其跨中弯矩最大，向梁的两端弯矩逐渐递减。可见，梁大部分截面未能充分发挥材料作用。为了减轻结构自重，节省钢材，可以根据强度条件将梁设计成变截面梁。最理想的梁，其截面是随弯矩而变化的，即将截面抗弯模量按抛物线图形变化，做成下翼缘为曲线的鱼腹式等强度梁。但实际上，梁同时还受剪力作用，并且做成曲线形状很费工费时，因此通常采用如下两种改变截面尺寸的方法：一是改变梁高，即改变腹板高度；二是改变翼缘尺寸。无论哪种方法都应避免截面出现突变而引起应力集中，尽量使截面平缓过渡。

(1) 改变梁的高度

改变梁的高度是通过改变腹板高度来实现的，常采用梯形梁（图 8-6）。设梁的跨度为从梁高的变化起点至梁端的距离 d，可按经济效果确定。对均布载荷简支梁：

$$d=\left(\frac{1}{4}\sim\frac{1}{8}\right)l$$

对同时承受移动集中载荷 P 和均布载荷 q 的简支梁（如常见的桥式起重机主梁）：

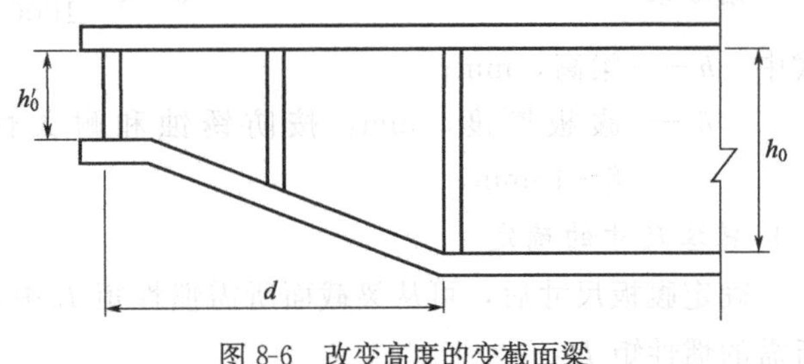

图 8-6　改变高度的变截面梁

$$d=\frac{2(ql+P)\pm\sqrt{4(ql+P)^2-3q\left(\frac{ql}{2}+P\right)l}}{6q} \tag{8-11}$$

式(8-11) 可解出两个 d 值，其中一个不符合实际情况，可舍去，另一个 d 值即为腹板高度变更位置。

梁高改变后，其支承处的腹板高度 h'_0 应满足抗剪强度的要求，且不宜小于跨中高度的一半，常取 $h'_0=h_0/2$。

(2) 改变梁的翼缘尺寸

无论改变翼缘宽度还是改变厚度，都能实现梁的变截面，其中改变厚度的方法很少采用，这是因为如果梁的上翼缘改变厚度，则无法在梁的上表面铺设轨道。对称地改变宽度，一次可节省钢材 10%～12%，改变两次，只能节约 3%～4%。由于变更两次的经济效果不明显，反而带来制造麻烦，故通常只对称地改变一次翼缘宽度（图 8-7）。

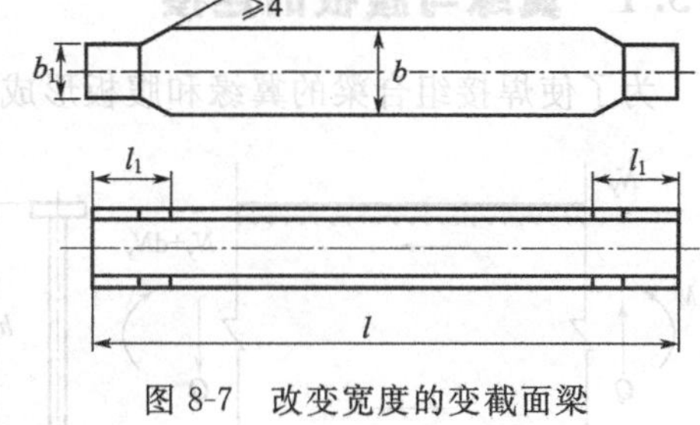

图 8-7　改变宽度的变截面梁

对受均布载荷 q 的简支梁，变截面点的位置：

$$l_1=\frac{l}{6} \tag{8-12}$$

对同时承受移动集中载荷 P 和均布载荷 q 的简支梁：

$$l_1=\frac{2(ql+P)\pm\sqrt{4(ql+P)^2-3ql(ql+2P)}}{6q} \tag{8-13}$$

同样，式(8-13) 的计算结果需舍去其中一个不符合实际情况的 l_1 值。

确定了翼缘宽度变更位置后，再根据该处梁的弯矩算出所需要的翼缘宽度 b_1。为了减少应力集中，必须将翼缘板上由截面改变位置以不大于 1∶4 的斜角向弯矩较小侧过渡，并与宽度 b_1 的窄板相连接。

(3) 变截面梁的验算

梁截面改变处由于截面减小，需对强度进行验算，其中还应包括对腹板边缘的折算应力的验算。梁的刚度一般因截面改变影响不大，可近似地按等截面梁计算挠度。如需要也可采用近似公式。

对受均布载荷的简支梁，跨中挠度应满足：

$$f=\frac{5ql^4}{384EI}(1+K\alpha)\leqslant[f] \tag{8-14}$$

$$\alpha=\frac{I-I'}{I'}$$

式中　I，I'——梁跨中和支承端的惯性矩；

K——系数，查表 8-1。

对集中载荷作用于跨中的简支梁，其跨中挠度可按等截面梁计算后，再乘以 $(1+K\alpha)$，K 值见表 8-1。

表 8-1　系数 K

截面改变方式	改变腹板高度				改变翼缘宽度		
截面改变处到支承端的距离	$l/6$	$l/5$	$l/4$	$l/2$	$l/6$	$l/5$	$l/4$
K 值	0.0054	0.0094	0.0175	0.120	0.0519	0.0870	0.1625

变截面梁整体稳定性一般由构造措施保证。如需验算，可近似按等截面梁计算。计算截面取跨中的截面，稳定系数 φ_w 应乘以降低系数 K_w。对于跨中无侧向支承的简支梁，当改变梁高时，$K_w=0.9\sim0.95$；当改变翼缘宽度时，$K_w=0.8\sim0.85$。

8.3 梁的构造设计

组合梁在设计和验算后，需进行构造设计，然后绘制结构施工图，提供给制造单位加工制造。组合梁的构造设计包括翼缘与腹板的连接设计、加劲肋的构造设计、梁的拼接设计、梁与梁的连接设计等。

8.3.1 翼缘与腹板的连接

为了使焊接组合梁的翼缘和腹板形成一个整体，翼缘和腹板必须用焊缝相连，常采用连续贴角焊缝。梁横向弯曲时，由于翼缘与腹板有相互错动的趋势，焊缝将受到水平方向的剪力（图 8-8）。翼缘和腹板之间的每一单位长度上的剪力为

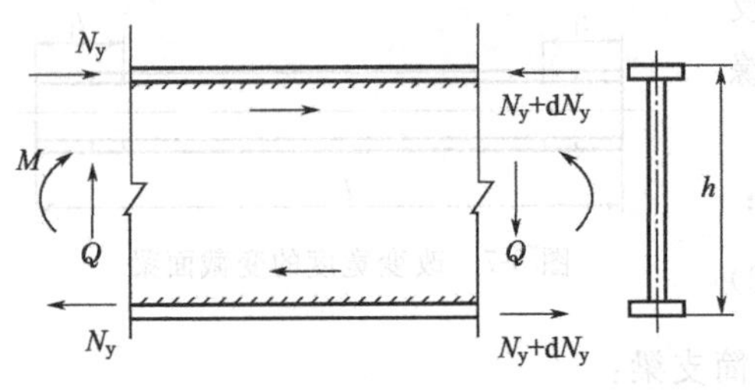

图 8-8 翼缘焊缝的剪力

$$T=\tau 1\delta=\frac{QS_i}{I} \tag{8-15}$$

式中 Q——梁计算截面内的剪力，N；

S_i——翼缘板对中和轴的面积矩，mm^3；

I——梁的毛截面惯性矩，mm^4。

剪力 T 由焊缝承受，而同一长度的焊缝强度应大于剪力，即

$$2\times0.7h_f\times1\times[\tau_t^h]\geqslant T=\frac{QS_i}{I}$$

由此求得所需要的焊缝厚度为

$$h_f\geqslant\frac{QS_i}{1.4I[\tau_t^h]} \tag{8-16}$$

一般，梁的全长都采用统一的焊缝厚度，故式中 Q 应取梁中的最大剪力。

对于直接受移动集中载荷作用的梁，连接焊缝除了承受剪力外，还要承受由移动集中载荷引起的局部压力，这时，焊缝单位长度所受剪力为

$$T=\sqrt{\left(\frac{QS_i}{I}\right)^2+\left(\frac{P}{z}\right)^2}$$

则焊缝高度按下式计算：

$$h_f\geqslant\frac{1}{1.4[\tau_t^h]}\sqrt{\left(\frac{QS_i}{I}\right)^2+\left(\frac{P}{z}\right)^2} \tag{8-17}$$

由式(8-16) 和式(8-17) 所确定的贴角焊缝厚度应不超出第 5 章中所规定的允许范围。

8.3.2 加劲肋的构造

根据加劲肋在组合梁腹板内所起的作用，加劲肋可分为两种，即间隔加劲肋和支承加劲肋。

(1) 间隔加劲肋

间隔加劲肋的作用是加强腹板，在宽翼缘箱形梁中有时也用于加强翼缘板，提高板的局

部稳定性。常采用横向肋和纵向肋两种。

间隔加劲肋一般由钢板或角钢制成，在保证其本身平面稳定的前提下，要求加劲肋具有较大的宽厚比，以提高抗屈曲能力。因此，对角钢制成的加劲肋应采用不等肢角钢，并以长肢的肢尖与被加强板连接。工字形截面梁的加劲肋应成对布置在腹板的两侧（图 8-9）。箱形截面梁的加劲肋一般布置在箱体的内侧。横向肋的布置既不能过密，也不能过疏。过密会使构造复杂且不经济，过疏则不能有效提高腹板稳定性。一般，横向肋的间距 a 满足如下条件：

$$0.5h_0 \leqslant a \leqslant 2h_0 \tag{8-18}$$

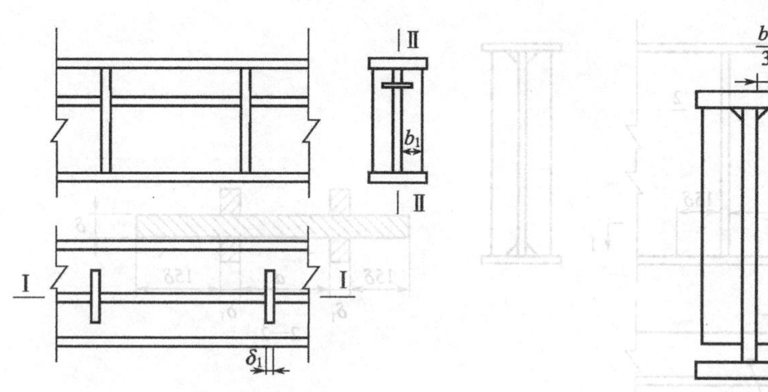

图 8-9　间隔加劲肋的构造

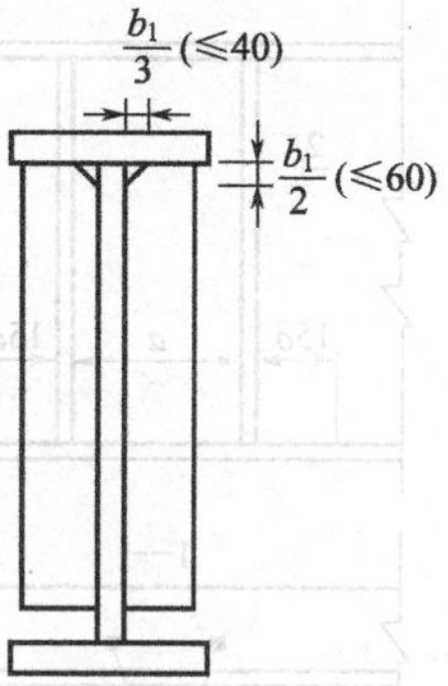

图 8-10　横向加劲肋的构造

为了减少焊接应力，避免焊缝的过分集中，横向加劲肋的端部应切去宽约 $b_1/3$（且≤40mm），高约 $b_1/2$（且≤60mm）的斜角（图 8-10），以使梁的翼缘焊缝连续通过。如横向肋与上下翼缘焊住，可提高截面的抗扭刚度，但会降低动力强度。因此，当梁承受动力载荷时，横向肋只需与受压翼缘焊住，而不宜与受拉翼缘焊住，应留有一定的间隙，否则易产生疲劳裂缝。

加劲肋应具有足够的抗屈曲刚度，以阻止腹板屈曲。对此，腹板横向肋的截面尺寸应满足：

外伸宽度
$$b_1 \geqslant \frac{h_0}{30} + 40\text{mm} \tag{8-19}$$

厚度
$$\delta_1 \geqslant \frac{b_1}{15} \tag{8-20}$$

在同时布置横向肋和纵向肋时，纵向肋应在横向肋处断开。横向肋的尺寸除应符合上述规定外，其截面对于腹板中面内的水平轴线Ⅰ-Ⅰ（图 8-11）的惯性矩 I_1 应满足下式要求：

$$I_1 \geqslant 3h_0\delta_1^3 \tag{8-21}$$

均匀受压翼缘板的纵向加劲肋的截面惯性矩应满足式(8-22）和式(8-23）的要求：

当 $\frac{a}{b} < \sqrt{2m^2(1+n\delta_a)-1}$ 时

$$I_{s3} \geqslant 0.092\left\{\frac{\alpha^2}{n}\left[4m^2(1+m\delta_a)-2\right]-\frac{\alpha^4}{m}+\frac{1+n\delta_a}{m}\right\}bt^3 \tag{8-22}$$

当 $\frac{a}{b} \geqslant \sqrt{2m^2(1+n\delta_a)-1}$ 时

$$I_{s3} \geqslant 0.092\left\{\frac{1}{n}\left[2m^2(1+m\delta_a)-1\right]^2+\frac{1+n\delta_a}{m}\right\}bt^3 \tag{8-23}$$

式中　a——横向加劲肋的间距，mm；

b——两腹板之间的翼缘板宽度，mm；

m——被加劲肋等间距分割的区格数；

n——翼缘板的纵向加劲肋数；

α——翼缘板区格的边长比，$\alpha=a/b$；

δ_a——一根纵向加劲肋截面积与翼缘板截面总面积之比，$\delta_a=b_s t_s/(bt)$；

b_s，t_s——一根纵向加劲肋的外伸宽度和厚度，mm；

t——翼缘板的厚度，mm。

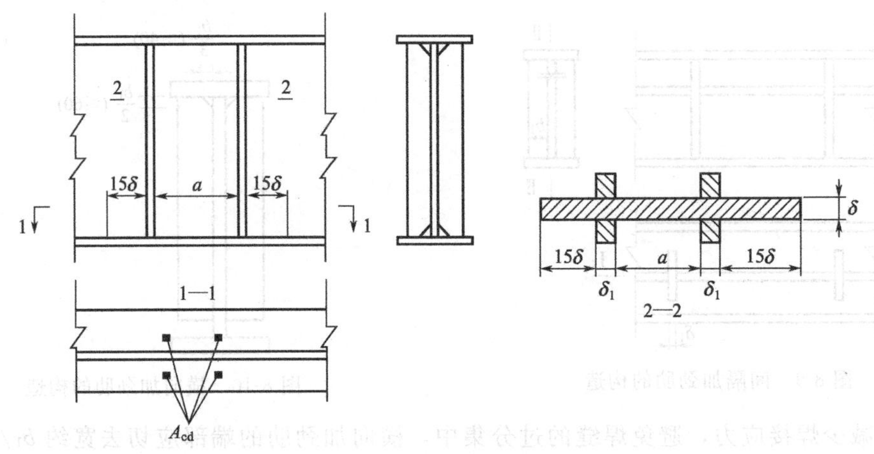

图 8-11　支承加劲肋

加劲肋的截面惯性矩计算：当加劲肋在板两侧成对配置时，其截面惯性矩按板中心线为轴线进行计算；一侧配置时，按与加劲肋相连的板边缘为轴线进行计算。

(2) 支承加劲肋

支承加劲肋设置在固定集中载荷作用处和梁的支座处，其作用主要在于承受作用于该处的集中力，并把集中力有效地转化为梁腹板的剪力，使力线保持平顺。为此，支承加劲肋端部应切角并铣平，端面应该紧密顶住受集中力作用的翼缘板［图 8-12(a) 和图 8-11)］。在梁的支座处的支承加劲肋也可采用端面肋板，其底表面也需铣平并与支座面板紧贴。

由于支承加劲肋受力较大，其截面一般比间隔加劲肋要大，故需要进行计算，包括端面承压强度、连接焊缝强度和稳定性计算。

① 承压强度

$$\sigma=\frac{P}{A_{cd}}\leqslant[\sigma_{cd}] \tag{8-24}$$

式中　P——支反力或固定集中力，N；

A_{cd}——加劲肋端面承压面积，mm^2（图 8-12 剖面 1-1 的阴影部分）；

$[\sigma_{cd}]$——钢材的端面承压许用应力，MPa［式(3-27)］。

② 连接焊缝强度　支反力或固定集中力 P 全部由连接加劲肋和腹板的垂直焊缝承受。此外，焊缝还需考虑由于力 P 的偏心作用（偏心距为加强肋承压端面的形心至垂直焊缝的水平距离）产生的偏心力矩的影响。计算方法可按第 5 章有关内容进行。

③ 稳定性计算　支承加劲肋和部分腹板（加劲肋每侧宽度不大于 15δ 的腹板部分，见

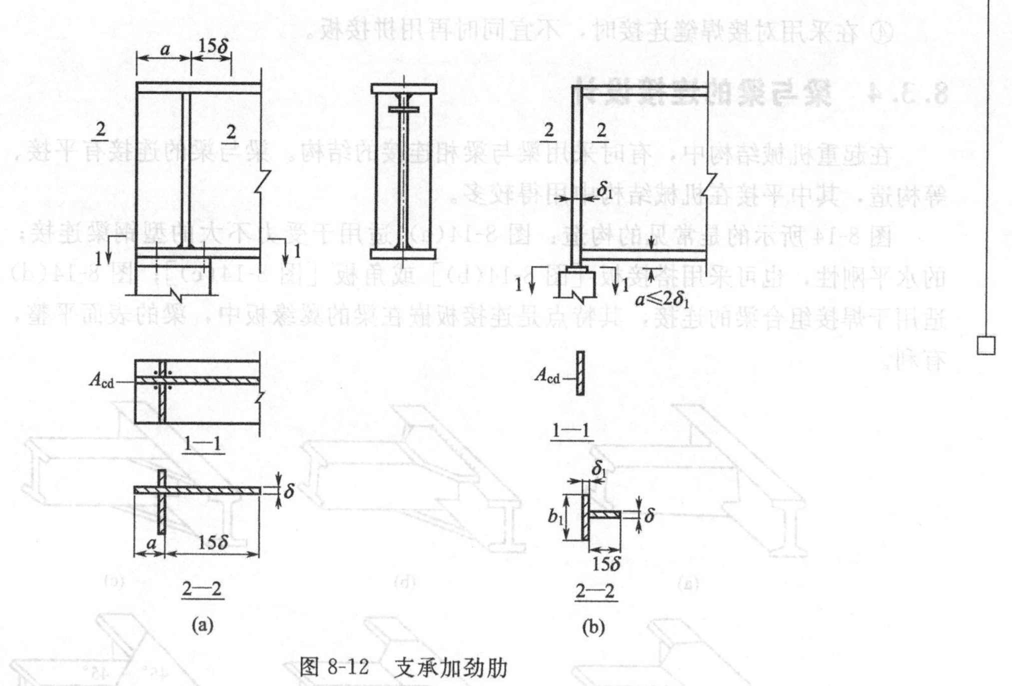

图 8-12　支承加劲肋

图 8-12 和图 8-11 中 2-2 剖面的阴影部分）可视为一轴心受压构件，需验算在固定集中载荷或支座反力 P 的作用下，腹板平面外的稳定性。此受压构件的截面面积 A 包括加劲肋和加劲肋每侧 15δ 范围内的腹板面积，计算长度近似取为 h_0，验算公式见第 4 章。

8.3.3　梁的拼接设计

梁在制造、安装或运输时，往往会受到板材规格、吊装能力或装车条件等限制，因此在设计大型梁结构时，要考虑板的拼接、梁的分段和梁段的拼接等问题。

梁的拼接位置由钢材的尺寸确定，拼接原则如下。

① 梁的翼缘和腹板的拼接位置最好错开 200mm 以上，并避免与平行其加劲肋位置相重合，至少应相距 10δ（δ 为腹板厚度），以防止焊缝的交叉和过分集中。

② 腹板和翼缘拼接通常采用对接焊缝[图 8-13(a)]，腹板拼接处应设在剪力较小处，翼缘拼接处要避免在梁的弯矩较大的跨中 1/3 范围内。对接形式可采取正缝拼接或斜缝拼接。正缝省料，但由于焊缝的许用应力一般低于钢板的许用应力，故只能在应力小于焊缝许用应力 $\sigma \leqslant [\sigma_1^h]$ 处进行拼接。斜缝能做到与钢板等强度，但较费料。

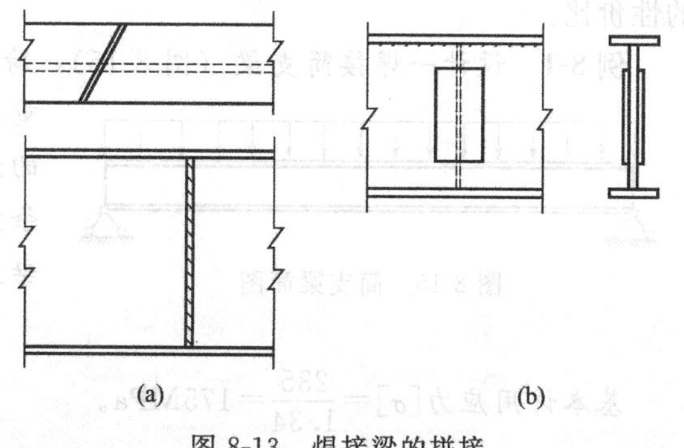

图 8-13　焊接梁的拼接

③ 当受到某些条件限制，无法采用对接焊缝时，可用拼接板拼接［图 8-13(b)］。拼接板的厚度常与被拼接板的厚度相同。由于费料费工，易产生较大应力集中，故不适用于受动载荷的梁。拼接的内力计算常采用如下假定：翼缘的拼接板以及焊缝根据翼缘板的内力进行，主要承受弯曲应力；腹板拼接板以及焊缝则根据腹板的内力进行，主要承受该截面上的全部剪力和腹板所承担的弯曲应力。

④ 在采用对接焊缝连接时，不宜同时再用拼接板。

8.3.4 梁与梁的连接设计

在起重机械结构中，有时采用梁与梁相连接的结构。梁与梁的连接有平接、叠接、低接等构造，其中平接在机械结构中用得较多。

图 8-14 所示的是常见的构造：图 8-14(a) 适用于受力不大的型钢梁连接；为提高连接的水平刚性，也可采用搭接板［图 8-14(b)］或角板［图 8-14(c)］；图 8-14(d)、(e)、(f) 适用于焊接组合梁的连接，其特点是连接板嵌在梁的翼缘板中，梁的表面平整，对受力比较有利。

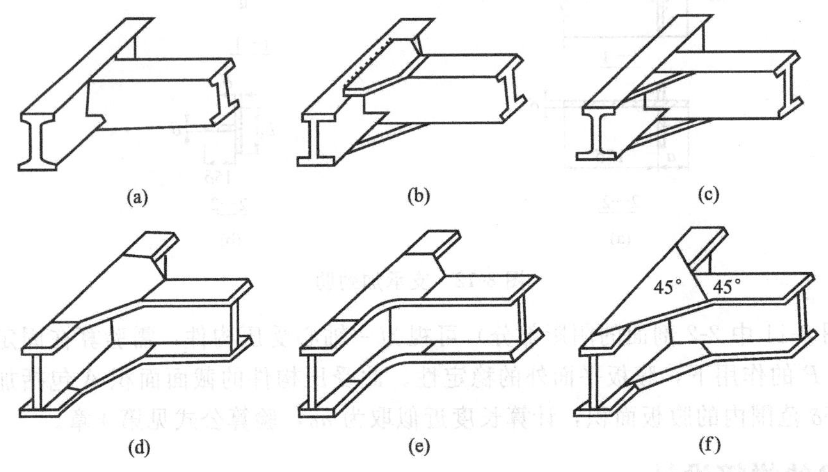

图 8-14　梁与梁拼接的构造设计

8.3.5 构件强度、刚度及稳定性校核

按照第 4 章对结构件进行强度、刚度、局部稳定性和构件整体稳定性进行校核，并对计算结论进行分析，适当调整截面参数，并重新进行校核，在确保结构安全的基础上优化结构的性价比。

例 8-1　设计一焊接简支梁（图 8-15）：跨度 $l=10\text{m}$，均布载荷 $q=110\text{kN/m}$（不含自重，包括风载荷）；许用挠度 $[f]=l/600$；梁的最大可能高度 $h_{max}=1.2\text{m}$，材料为 Q235，焊条为 E43 型，手工焊；跨中可布置两根和此梁垂直的横梁与此梁连接。

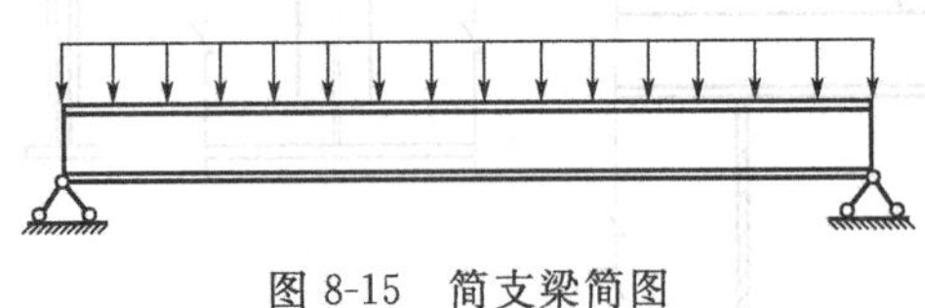

图 8-15　简支梁简图

解　由表 3-11 查得安全系数 $n=1.34$。

基本许用应力 $[\sigma]=\dfrac{235}{1.34}=175\text{MPa}$。

剪切许用应力 $[\tau]=\dfrac{[\sigma]}{\sqrt{3}}=101\text{MPa}$。

端面承压许用应力 $[\sigma_{cd}]=1.4[\sigma]=245\text{MPa}$。

由表 5-1 查得：贴角焊缝许用切应力 $[\tau_t^h]=\dfrac{[\sigma]}{\sqrt{2}}=124\text{MPa}$；对接焊缝许用拉应力 $[\sigma_l^h]=[\sigma]=175\text{MPa}$。

(1) 截面设计

① 确定梁高度

梁所受弯矩（不计自重）：

$$M_{\max}=\frac{1}{8}ql^2=\frac{1}{8}\times110\times10^2=1375\text{kN}\cdot\text{m}$$

所需抗弯模量：

$$W_u=\frac{M}{[\sigma]}=\frac{1375\times10^6}{175}=7857143\text{mm}^3$$

由式(8-8)：

$$h_f=7\sqrt[3]{W}-30=7\times\sqrt[3]{7857.143}-30=109.2\text{cm}=1092\text{mm}$$

再由式(8-9)：

$$\delta=6+\frac{2h_f}{1000}]=6+\frac{2\times1092}{1000}=8.18\text{mm}$$

将腹板厚度假定为 $\delta=10$mm，并取系数 $k=1.2$，由式(8-7) 确定梁的经济高度：

$$h_f=K\sqrt{\frac{W_u}{\delta}}=1.2\times\sqrt{\frac{7857143}{10}}=1064\text{mm}$$

最小高度由式(8-5) 求出：

$$h_{\min}=\frac{5l^2[\sigma]}{24E[f]}=\frac{5\times10000^2\times175\times600}{24\times2.06\times10^5\times10000}=1062\text{mm}$$

最大高度由已知条件已定：$h_{\max}=1200$mm。

考虑到实际梁高略小于经济高度，取 $h=1060$mm。

② 腹板尺寸

$$\delta=6+\frac{2h}{1000}=6+\frac{2\times1060}{1000}=8.12\text{mm}$$

取整数为 $\delta=10$mm（与原假设相同）。$h_0=1020$mm（比 h 略小）。

③ 翼缘尺寸

所需的翼缘惯性矩：

$$I_e=I_u-I_f=W_u\frac{h}{2}-\frac{1}{12}\delta h_0^3=7857143\times\frac{1060}{2}-\frac{1}{12}\times10\times1020^3=3.28\times10^9\text{mm}^4$$

所需的翼缘面积：

$$A_e\approx\frac{2I_e}{h_0^2}=\frac{2\times3.28\times10^9}{1020^2}=6306\text{mm}^2$$

根据条件 $b=\left(\frac{1}{2.5}\sim\frac{1}{5}\right)h=424\sim212$mm，初定翼缘宽度 $b=340$mm，再由所需面积确定 $t=20$mm，即 $bt=340\times20=6800\text{mm}^2>6306\text{mm}^2$，且满足局部稳定性条件，即

$$\frac{b_e}{t}=\frac{(340-10)/2}{20}=8.25<15\sqrt{\frac{235}{\sigma_s}}=15$$

选定的截面尺寸如图 8-16 所示。

(2) 强度验算

① 内力计算

横截面面积：

$$A=h_0\delta+2bt=102\times1+2\times34\times2=238\text{cm}^2$$

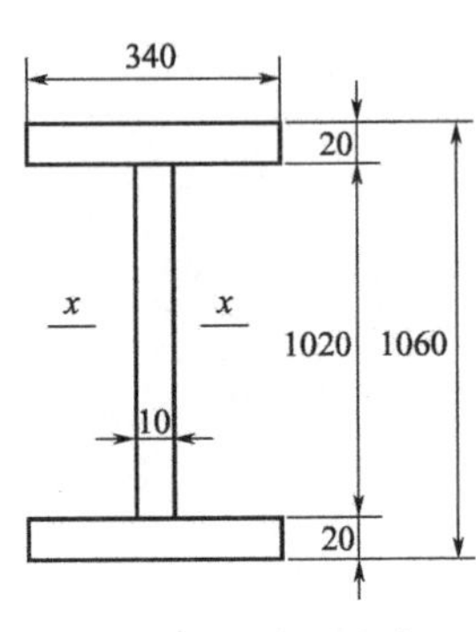

图 8-16 截面尺寸

每米重：

$$1.1A\gamma=1.1\times0.0238\times78.5\approx2\text{kN/m}$$

该梁实际承受均布载荷：

$$q=110+2=112\text{kN/m}$$

跨中最大弯矩：

$$M_{\max}=\frac{1}{8}ql^2=\frac{1}{8}\times112\times10^2=1400\text{kN}\cdot\text{m}$$

支座处最大剪力：

$$Q_{\max}=\frac{1}{2}ql=\frac{1}{2}\times112\times10=560\text{kN}$$

② 截面特性

$$I=\frac{1}{12}\delta h_0^3+2bt(51+1)^2=\frac{1}{12}\times1\times102^3+2\times34\times2\times52^2=456178\text{cm}^4$$

$$W=\frac{I}{h/2}=\frac{456178}{106/2}=8607\text{cm}^3$$

③ 验算跨中截面强度

$$\sigma=\frac{M_{\max}}{W}=\frac{1400\times10^6}{8607\times10^3}=162.7\text{MPa}<[\sigma]=175\text{MPa}$$

跨中剪力为零，则 $\tau=0$。

(3) 变截面处验算

该梁跨度较长，为经济合理设计梁，节省材料，可采取改变翼缘宽度的方法。对受均布载荷的简支梁，变截面点的位置（距支座）$l_1\approx l/6=10/6\approx1.7\text{m}$。

变截面过渡长度：

$$l_2\geqslant\frac{340-160}{2}\times4=360\text{mm}(\text{取 }l_2=360\text{mm})$$

① 变更处内力

$$M_1=\frac{ql}{2}x-\frac{qx^2}{2}=\frac{1}{2}qx(l-x)=\frac{1}{2}\times112\times1.7\times(10-1.7)=790\text{kN}\cdot\text{m}$$

$$Q_1=\frac{ql}{2}-\frac{qx}{2}=\frac{1}{2}q(l-x)=\frac{1}{2}\times112\times(10-1.7)=465\text{kN}$$

② 变更处截面选择

需要抗弯模量：

$$W_{1\text{u}}=\frac{M_1}{[\sigma]}=\frac{790\times10^6}{175}=4514286\text{mm}^3$$

$$I_{1\text{u}}=W_{1\text{u}}\frac{h}{2}=4514286\times\frac{1060}{2}=2.39\times10^9\text{mm}^4$$

需要的翼缘面积：

$$A_{1\text{e}}=\frac{2(I_{1\text{u}}-I_\text{f})}{h_0^2}=\frac{2\times(2.39\times10^9-8.84\times10^8)}{1020^2}=2895\text{mm}^2$$

取翼缘尺寸 $b_1=160\text{mm}$，$t=20\text{mm}$（即翼缘的厚度不变）。

$$b_1t=160\times20=3200\text{mm}^2>2895\text{mm}^2$$

梁截面变更处的截面如图 8-17 所示。

③ 截面变更处的强度验算

$$I_1=\frac{1}{12}\times1\times102^3+2\times16\times2\times52^2=261490\text{cm}^4$$

$$W_1=\frac{261490}{53}=4934\text{cm}^3=493400\text{mm}^3$$

$$\sigma_1=\frac{M_1}{W_1}=\frac{790\times10^3\times10^3}{4934000}=160\text{MPa}<[\sigma]=175\text{MPa}$$

$$\sigma_1'=\frac{M_1}{W_1}\times\frac{h_0}{h}=160\times\frac{102}{106}=154\text{MPa}$$

$$S_e=A_e\times520=20\times160\times520=166400\text{mm}^3$$

$$\tau_1'=\frac{Q_1S_e}{I_1\delta}=\frac{465\times10^3\times1664}{261490\times1}=2355\text{N/cm}^2=29.59\text{MPa}$$

$$\sigma_{zs}=\sqrt{(\sigma_1')^2+3(\tau_1')^2}=\sqrt{154^2+3\times29.59^2}$$

$$=162.3\text{MPa}<1.1[\sigma]=192.5\text{MPa}$$

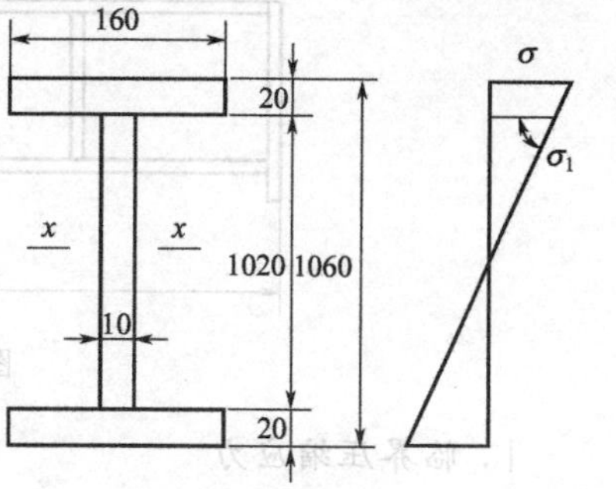

图 8-17 变更后截面尺寸

④ 支座处强度验算

最大剪力作用处的截面静矩：

$$S=S_e+S_f=1664+1\times\frac{102}{2}\times\frac{102}{4}=2964.5\text{cm}^3$$

$$\tau=\frac{Q_{max}S}{I_1\delta}=\frac{560\times10^3\times2964.5}{261490\times1}=6349\text{N/cm}^3=63.49\text{MPa}<[\tau]=101\text{MPa}$$

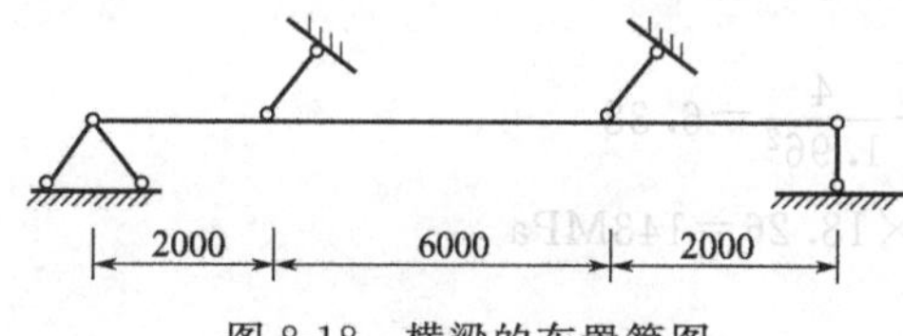

图 8-18 横梁的布置简图

(4) 整体稳定性验算

与此梁相垂直的两根梁布置在梁的侧面，可作为梁的侧向支承，因此梁验算整体稳定性的计算长度为横梁的间距。如图 8-18 所示。

由 4.2.6 知，宽中受压翼缘有侧向支承点的工字形截面简支梁不需计算整体稳定性的最大 l/b_1 值为 $16\sqrt{235/\sigma_s}=16$，而 $l/b_1=500/34=14.7<16$，不需要验算整体稳定性。

(5) 局部稳定性验算

① 翼缘局部稳定性验算

$$\frac{b_e}{t}=\frac{160}{20}=8<15\sqrt{\frac{235}{\sigma_s}}=15$$

不需要验算翼缘局部稳定性。

② 腹板的局部稳定性验算

腹板的高厚比：

$$80\sqrt{\frac{235}{\sigma_s}}<\frac{h_0}{\delta}=\frac{1020}{10}=102<160\sqrt{\frac{235}{\sigma_s}}$$

故只需布置横向加劲肋，根据式(8-18)：

$$0.5h_0\leqslant a\leqslant2h_0$$

故取 $a=2h_0=2\times102=204\text{cm}$，考虑实际长度，取 $a=200\text{cm}$。

加劲肋的布置简图如图 8-19 所示。中间没有剪力，弯矩最大；两边没有弯矩，剪力最大，所以分别验算两边和中间的区隔。

a. 计算板在各种应力单独作用下的弹性临界应力

欧拉应力 σ_E 按下式计算：

$$\sigma_E=\frac{\pi^2E}{12(1-\nu^2)}\left(\frac{\delta}{h_0}\right)^2\approx19\left(\frac{100\delta}{h_0}\right)^2=19\times\left(\frac{100\times10}{1020}\right)^2=18.26\text{MPa}$$

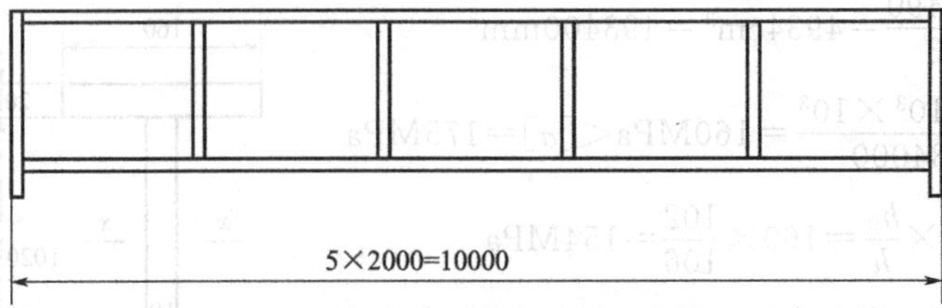

图 8-19　腹板加劲肋布置简图

ⅰ. 临界压缩应力

$$\chi=1.38$$

$$\alpha=\frac{200}{102}=1.96>\frac{2}{3}$$

$$K_\sigma=23.9$$

$$\sigma_{i,1cr}=\chi K_\sigma \sigma_E=1.38\times 23.9\times 18.26=602\text{MPa}$$

ⅱ. 临界剪切应力

$$\chi=1.23$$

$$\alpha=\frac{200}{102}=1.96>1$$

$$K_\tau=5.34+\frac{4}{\alpha^2}=5.34+\frac{4}{1.96^2}=6.38$$

$$\tau_{i,cr}=\chi K_\tau \sigma_E=1.23\times 6.38\times 18.26=143\text{MPa}$$

b. 中间区格的局部稳定性验算

跨中为纯弯曲，临界复合应力：

$$\sigma_{i,ccr}=\sigma_{i,1cr}=602\text{MPa}>0.8\sigma_s=188\text{MPa}$$

$$m=\frac{\sigma_{i,ccr}}{\sigma_s}=\frac{602}{235}=2.56$$

$$\sigma_{cr}=\sigma_s\left(1-\frac{1}{1+6.25m^2}\right)=0.98\sigma_s=0.98\times 235=230.3\text{MPa}$$

局部稳定性许用应力：

$$[\sigma_{cr}]=\frac{\sigma_{cr}}{n}=\frac{230.3}{1.34}=172\text{MPa}$$

跨中区格腹板最大应力：

$$\sigma_{max}=\sigma\frac{h_0}{h}=162.7\times\frac{1020}{1060}=157\text{MPa}<[\sigma_{cr}]=172\text{MPa}$$

跨中区格的腹板局部稳定性满足要求。

c. 两端区格的局部稳定性验算

两端近似纯剪切，临界复合应力：

$$\sigma_{i,ccr}=\sqrt{3}\tau_{i,cr}=248\text{MPa}>0.8\sigma_s=188\text{MPa}$$

所以要用 σ_{cr} 代替 $\sigma_{i,ccr}$ 来计算 $[\sigma_{cr}]$。

$$m=\frac{\sigma_{i,ccr}}{\sigma_s}=1.06$$

$$\sigma_{cr}=\sigma_s\left(1-\frac{1}{1+6.25m^2}\right)=0.87\sigma_s=0.87\times 235=204.5\text{MPa}$$

$$[\sigma_{cr}]=\frac{\sigma_{cr}}{n}=\frac{204.5}{1.34}=153\text{MPa}$$

$$\sigma_r=\sqrt{3}\tau=\sqrt{3}\times63.49=110\text{MPa}<[\sigma_{cr}]=153\text{MPa}$$

两端区格的腹板局部稳定性满足要求。

因此，腹板局部稳定性满足要求。

(6) 构造设计

① 翼缘和腹板的连接焊缝

采用连续的贴角焊缝，焊缝厚度：

$$h_f\geqslant\frac{QS_e}{1.4I[\tau_t^h]}=\frac{560\times10^3\times1664\times10^3}{1.4\times261490\times10^4\times124}=2.05\text{mm}$$

为满足焊缝最小厚度条件：

$$h_f\geqslant0.3\delta+1=0.3\times10+1=4\text{mm}$$

取焊缝厚度 $h_f=4$mm。

② 加劲肋设计

a. 间隔加劲肋

$$b_1\geqslant\frac{h_0}{30}+40=\frac{1020}{30}+40=74\text{mm（取 }b_1=80\text{mm）}$$

$$\delta_1\geqslant\frac{b_1}{15}=\frac{80}{15}=5.33\text{mm（取 }\delta_1=6\text{mm）}$$

b. 支承加劲肋

设支承加劲肋尺寸为 160mm×16mm（图 8-20）。

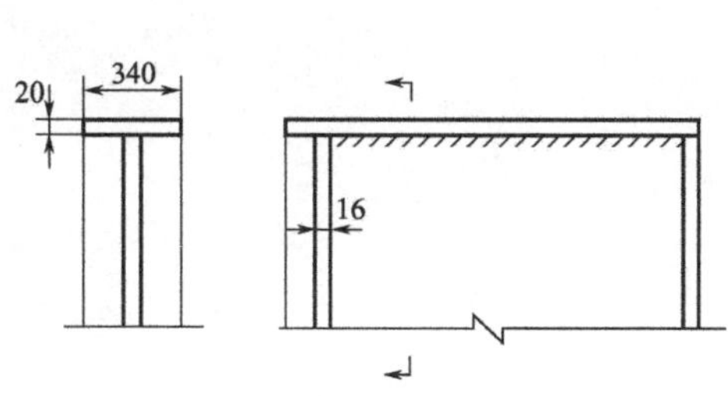

图 8-20　支承加劲肋

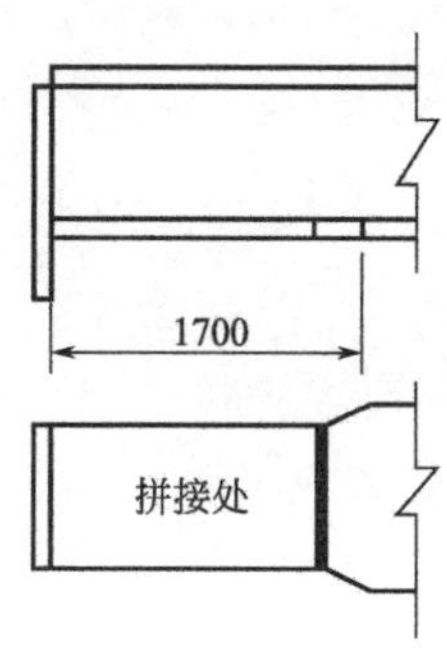

图 8-21　拼接焊缝

端面承压强度验算：

$$\sigma=\frac{R}{A_z}=\frac{560\times10^3}{16\times1.6}=21900\text{N/cm}^2=219\text{MPa}<[\sigma_{cd}]=245\text{Mpa}$$

c. 加劲肋与腹板的连接焊缝

ⅰ. 支承加劲肋与腹板的连接焊缝厚度：

$$h_f=\frac{R}{0.7\sum l_f[\tau_t^h]}=\frac{560\times10^3}{0.7\times2\times(1020-10)\times124}=3.2\text{mm}$$

由焊缝厚度最小条件：

$$h_f\geqslant0.3\delta+1=0.3\times10+1=4.0\text{mm（取 }h_f=4\text{mm）}$$

ⅱ. 间隔加劲肋与腹板的连接焊缝也可取 $h_f=4$mm。

③ 翼缘拼接处焊缝计算（图 8-21）

拼接焊缝受力：

$$M_2=\frac{ql}{2}x-\frac{qx^2}{2}=\frac{1}{2}qx(l-x)=\frac{1}{2}\times112\times(1.7-0.36)\times[10-(1.7-0.36)]$$
$$=650\text{kN}\cdot\text{m}$$

$$N_e=\frac{M_2}{W}\times\frac{h-t}{h}bt=\frac{650\times10^6}{4934000}\times\frac{1040}{1060}\times160\times20=413611\text{N}$$

$$\sigma_c=\frac{N_e}{A_E}=\frac{413611}{16\times2}=12930\text{N/cm}^2=129.3\text{MPa}<[\sigma_l^h]=175\text{MPa}$$

(7) 刚度验算

跨中最大挠度可采用式(8-14) 计算：

$$\alpha=\frac{I-I'}{I'}=\frac{456178-261490}{261490}=0.745$$

查表 8-1 得 K 值为 0.0519。

代入式(8-14)：

$$f=\frac{5ql^4(1+K\alpha)}{384EI}=\frac{5\times112\times10000^3(1+0.0519\times0.745)l}{384\times2.06\times10^5\times456178\times10000}=\frac{l}{620}<[f]=\frac{l}{600}$$

刚度满足。

(8) 结论

综上所述，本结构设计合理。

第9章 偏心受力构件结构及设计

9.1 偏心受力构件的种类和截面形式

偏心受力构件是起重机械金属结构基本构件之一，应用极为广泛。按其受力方向不同分为偏心受拉构件和偏心受压构件（又称压弯构件），按其压力和弯矩比例不同分为大偏心受力构件和小偏心受力构件；按偏心的方向可分为单向偏心受力构件和双向偏心受力构件；按其沿杆件的全长截面变化情况，可分为等截面构件和变截面构件；按截面组成是否连续情况，可分为实腹式受力构件和格构式受力构件。

在实际结构中，轴心受力构件是不存在的，都属于小偏心受力构件，只是弯矩较小，为简化计算忽略弯矩。小偏心受压构件和轴心受压构件的截面形式相同，一般由轧制型钢制成，常采用角钢、工字钢、T形钢、圆钢管、方钢管等［图 7-1(a)］。对受力较大的轴心受压构件，可用轧制型钢或钢板焊接成工字形、箱形等组合截面［图 7-1(b)］。

大偏心受力构件受弯较大，为获得较大的抗弯模量和整体稳定性，尽可能使截面分开，常采用单轴对称的实腹式截面［图 9-1(a)］和格构式截面［图 9-1(b)、(c)、(d)］形式。

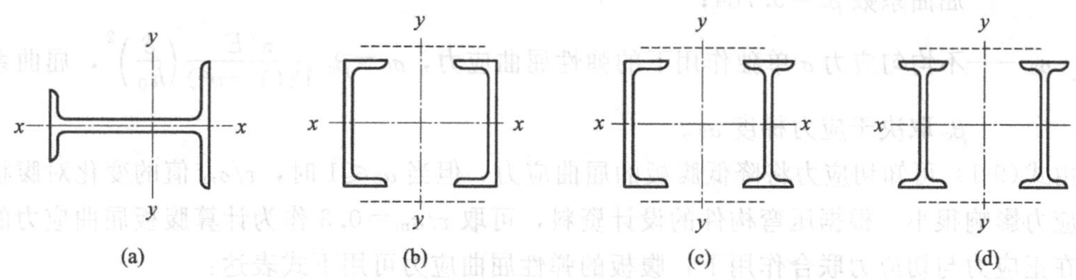

图 9-1 偏心压杆的截面形式

9.2 偏心受压构件板的宽厚比

偏心受压构件是指既承受压力又承受弯矩的构件，构件的承载能力也取决于构件的强度、刚度和稳定性（包括整体稳定性和局部稳定性）。局部稳定性的设计准则仍然为确保结构的局部稳定性不影响结构的承载能力，即屈曲临界应力不小于系数 k 乘以材料的屈服强度（强度原则）；屈曲临界应力不小于结构整体稳定的临界应力（稳定性原则）。下面讨论薄板局部稳定性不需校核计算的宽（高）厚比，为偏心受压构件板的设计提供依据。

9.2.1 翼缘板宽厚比

偏心受压构件的翼缘板的局部稳定取决于受压最大翼缘板的屈曲应力，其屈曲临界应力的计算与构件轴心受压构件的计算方法相同，翼缘临界应力 $\sigma_{i,lcr}$ 超过 $0.8\sigma_s$ 的计算公式中，弹性模量折减系数 η 不仅与结构的长细比有关，而且还与作用于构件上的弯矩和压力有关，计算比较复杂，要通过屈曲临界应力不小于结构整体稳定的临界应力的原则直接确定构件的翼缘板的宽厚比非常困难，采用屈曲临界应力不小于系数 k 乘以材料的屈服强度（强度原则），利用《起重机设计规范》(GB/T 3811—2008) 给出的方法可以推导出翼缘板不需要局部稳定性校核的宽厚比。若 k 值取值相同，其翼缘板不需要局部稳定性校核的宽厚比则相同。

9.2.2 偏心受压构件腹板的宽厚比

偏心受压构件的腹板，无论是工字形还是箱形截面，均为同时承受非均匀应力和均匀切应力作用的四边简支板的应力情况，如图 9-2 所示。

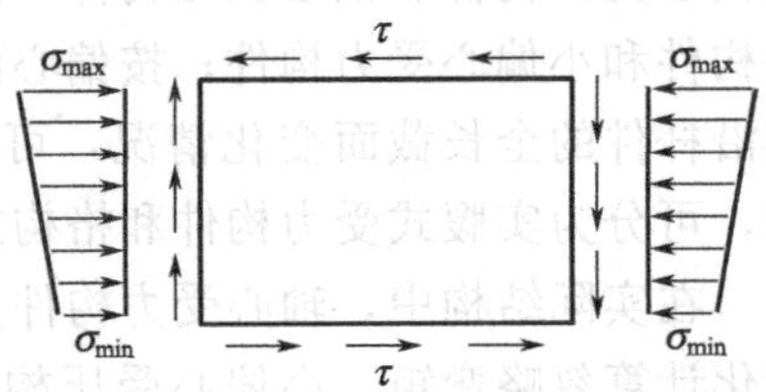

图 9-2 非均匀应力和均匀切应力作用四边简支板的应力情况

腹板高厚比 h_0/δ 的限值应根据四边简支板在不均匀压应力 σ 和切应力 τ 的联合作用下屈曲时的相关公式确定。

腹板在弹性状态下屈曲时，其临界状态的相关公式为

$$\left(\frac{\tau}{\tau_0}\right)^2+\left[1-\left(\frac{\alpha_0}{2}\right)^5\right]\frac{\sigma}{\sigma_0}+\left(\frac{\alpha_0}{2}\right)^5\left(\frac{\sigma}{\sigma_0}\right)^2=1 \quad (9\text{-}1)$$

式中 α_0——应力梯度，$\alpha_0=\dfrac{\sigma_{max}-\sigma_{min}}{\sigma_{max}}$；

τ_0——切应力 τ 单独作用时的弹性屈曲应力，$\tau_0=\beta_v\dfrac{\pi^2 E}{12(1-v^2)}\left(\dfrac{\delta}{h_0}\right)^2$，取 $a=3h_0$，则屈曲系数 $\beta_v=5.784$；

σ_0——不均匀应力 σ 单独作用下的弹性屈曲应力，$\sigma_0=\beta_c\dfrac{\pi^2 E}{12(1-v^2)}\left(\dfrac{\delta}{h_0}\right)^2$，屈曲系数 β_c 取决于应力梯度 α_0。

由式(9-1) 可知切应力将降低腹板的屈曲应力，但当 $\alpha_0\leqslant1$ 时，τ/σ_m 值的变化对腹板的屈曲应力影响很小。根据压弯构件的设计资料，可取 $\tau/\sigma_m=0.3$ 作为计算腹板屈曲应力的依据。在正应力与切应力联合作用下，腹板的弹性屈曲应力可用下式表达：

$$\sigma_a=\beta_e\frac{\pi^2 E}{12(1-v^2)}\left(\frac{\delta}{h_0}\right)^2 \quad (9\text{-}2)$$

式中 β_e——正应力与切应力联合作用时的弹性屈曲系数。

现在利用式(9-2) 求出不同情况下腹板 h_0/δ 的最大限值。

当 $\alpha_0=2$（无轴心力）和 $\tau/\sigma_m=0.3$（σ_m 为弯曲压应力）时，即 $\tau/\sigma=0.15\alpha_0$ 时，$\beta_c=23.9$ 可由相关公式［式(9-1)］求得

$$\left(\frac{\tau}{\tau_0}\right)^2+\left(\frac{\sigma}{\sigma_0}\right)^2=1$$

$$0.3^2+\left(\frac{5.784}{23.9}\right)^2=\left(\frac{5.784}{\beta_e}\right)^2$$

$\beta_e=15.012$，将此值代入式(9-2)中，取$\sigma_{cr}=0.8\sigma_s$，得$h_0/\delta=121.9\sqrt{235/\sigma_s}$；取$\sigma_{cr}=0.95\sigma_s$，得$h_0/\delta=111.9\sqrt{235/\sigma_s}$。

当$\alpha_0=1$时（弯曲应力与压应力相同）和$\tau/\sigma_m=0.3$（σ_m为弯曲压应力）时，即$\tau/\sigma=0.15\alpha_0$时：

$$\beta_c=\frac{8.4}{2.1-\alpha_0}=7.64$$

由式(9-1)求得

$$\left(\frac{\tau}{\sigma}\right)^2+0.97\frac{\tau_0^2}{\sigma\sigma_0}+0.03\left(\frac{\tau_0}{\sigma_0}\right)^2=\frac{\tau_0^2}{\sigma^2}$$

$$0.15^2+0.97\frac{5.784\tau_0}{7.636\sigma}+0.03\left(\frac{5.784}{7.636}\right)^2=\frac{\tau_0^2}{\sigma^2}$$

$$0.0225+0.97\times0.757\times\frac{5.784}{\beta_e}+0.03\times0.757^2=\left(\frac{5.784}{\beta_e}\right)^2$$

$$0.0225+4.251\frac{1}{\beta_e}+0.017=33.455\left(\frac{1}{\beta_e}\right)^2$$

$$\beta_e=7.36$$

$\beta_e=7.36$，将此值代入式(9-2)中，取$\sigma_{cr}=0.8\sigma_s$，$h_0/\delta=85.4\sqrt{235/\sigma_s}$；取$\sigma_{cr}=0.95\sigma_s$，$h_0/\delta=78.3\sqrt{235/\sigma_s}$。

当$\alpha_0=0$时（无弯矩），切应力很小，$\tau/\sigma\approx0$。

$$\beta_c=\frac{8.4}{2.1-\alpha_0}=4$$

由式(9-1)求得

$$\left(\frac{\tau}{\tau_0}\right)^2+\frac{\sigma}{\sigma_0}=1$$

$$\left(\frac{\tau}{\sigma}\right)^2+\frac{\tau_0^2}{\sigma\sigma_0}=\frac{\tau_0^2}{\sigma^2}$$

$$\sigma=\sigma_0$$

$\beta_e=4$，将此值代入式(9-2)中，取$\sigma_{cr}=0.8\sigma_s$，得$h_0/\delta=62.9\sqrt{235/\sigma_s}$；取$\sigma_{cr}=0.95\sigma_s$，得$h_0/\delta=57.7\sqrt{235/\sigma_s}$。

为简化计算，首先根据应力梯度α_0分为两段$0\leqslant\alpha_0\leqslant1$及$1<\alpha_0\leqslant2$，分别求出$\alpha_0=2$、$\alpha_0=1$、$\alpha_0=0$的高厚比；然后，在每段采用线性插入方法近似确定构件腹板的高厚比，即

当$0\leqslant\alpha_0\leqslant1$时
$$\frac{h_0}{\delta}=(12\alpha_0+43+0.3\lambda)\sqrt{\frac{235}{\sigma_s}} \tag{9-3}$$

当$1<\alpha_0\leqslant2$时
$$\frac{h_0}{\delta}=(37\alpha_0+18+0.3\lambda)\sqrt{\frac{235}{\sigma_s}} \tag{9-4}$$

式中，当$\lambda\leqslant30$时取$\lambda=30$，当$\lambda\geqslant100$时取$\lambda=100$。

上述是采用强度准则推导的，此结论在弹性范围内是可以确保结构的局部稳定性不影响结构的承载能力的。但是在偏心受压构件中，结构整体稳定性承载能力往往低于结构强度承载能力，结构承载能力由结构的整体稳定性决定。对于偏心压弯构件其整体稳定性既与构件轴心受压整体稳定系数有关也与构件的受弯整体稳定系数有关，难以用稳定性原则根据偏心受压构件整体稳定性确定其腹板的高厚比。因此在结构件校核计算时应注意构件的整体稳定

计算应力是否小于0.94倍的屈服强度；构件的强度计算应力是否小于0.8倍的屈服强度。

在很多压弯构件中，腹板是在弹塑性状态失去稳定性的，应根据弹塑性屈曲理论进行计算，不需计算局部稳定性的高厚比规定如下：

当 $0 \leqslant \alpha_0 \leqslant 1.6$ 时
$$\frac{h_0}{\delta}=(16\alpha_0+50)\sqrt{\frac{235}{\sigma_s}} \tag{9-5}$$

当 $1.6 < \alpha_0 \leqslant 2.0$ 时
$$\frac{h_0}{\delta}=(48\alpha_0-1)\sqrt{\frac{235}{\sigma_s}} \tag{9-6}$$

在实际设计中，为节省钢材，往往采用较薄的钢板。当腹板的高厚比不能满足式(9-3)或式(9-4)，常采用下列措施来保证局部稳定。

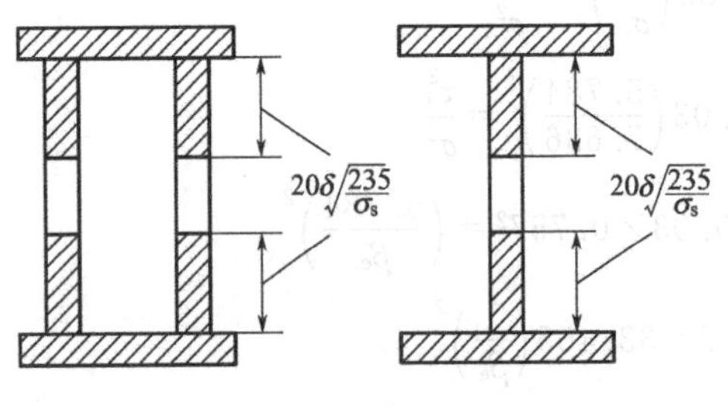

图 9-3 腹板屈曲后的有效面积

① 在腹板中部用成对设置的纵向加劲肋加强腹板，减小腹板的高度。

② 当设置纵向加劲肋在构造上有困难，或为了减少制造工作量时，可采用有效截面计算，即认为腹板中间部分因屈曲失稳而退出工作。因此，仅考虑腹板边缘范围内两侧宽度各为 $20\delta\sqrt{235/\sigma_s}$的部分和翼缘一起作为有效截面（图9-3），用来计算构件的强度和整体稳定性，但在计算构件的长细比和稳定系数时仍用全部截面。

9.3 缀材及单肢的设计

偏心受压构件缀材与轴心受压构件相同，分为缀条和缀板两类，是连接肢件成为整体构件的连系元件，所不同的是偏心受压构件存在外载荷产生的剪力及偏心弯矩产生的单肢压力。偏心受压构件缀材的设计除剪力计算不同外，完全与轴心受压构件缀材设计相同；偏心受压构件单肢稳定性计算中单肢的轴向压力由两部分构成，一部分为由整体结构压力的分摊，另一部分是偏心弯矩产生的。

9.3.1 偏心受力构件的剪力

偏心受力构件的剪力由两部分构成，一部分是由于构件弯曲轴力产生的剪力，另一部分是外力产生的剪力。假设弯矩由主肢承受，剪力由腹杆承受。

$$Q=\frac{N}{85\varphi}\sqrt{\frac{\sigma_s}{235}}+Q_h \tag{9-7}$$

式中 Q_h——外载荷产生的剪力。

9.3.2 单肢轴心力及杆端弯矩

(1) 单向偏心压杆

① 双肢单向偏心受压杆　如图9-4所示，双肢式截面承受轴力 N、弯矩 M_y（绕虚轴）。其单肢构件的最大轴心压力：

$$N_1=\frac{x_2}{x}N+\frac{M_y}{x}=\frac{x_2+e}{x}N$$

② 四肢式的单向压弯构件　其分肢通常由四根相同截面的角钢、钢管或其他型钢组成，

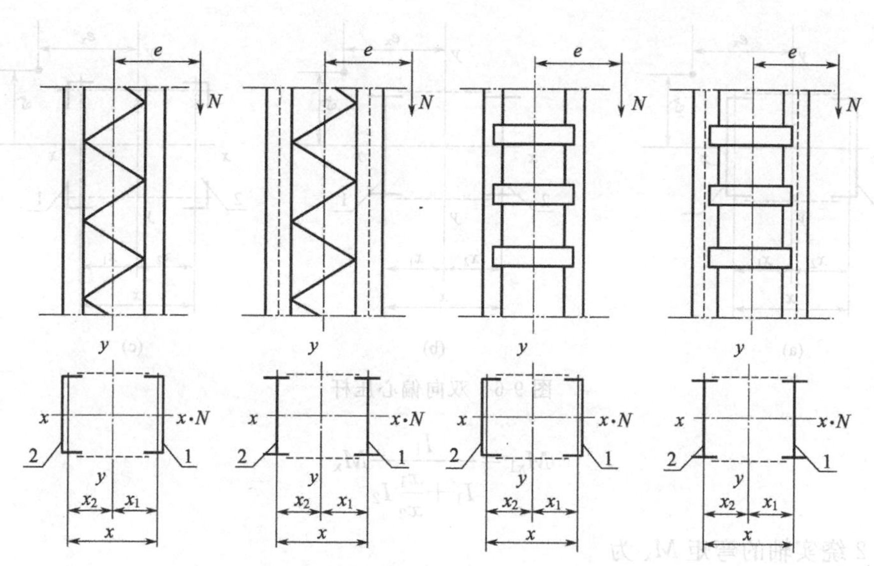

图 9-4　双肢式单向偏心受压构件

并采用缀条体系（图 9-5），如起重机的桁架式动臂等。在 N、M_x（或 M_y）作用下求出单肢构件的最大轴心压力，用轴心受压构件公式计算单肢的稳定性。

单肢构件的最大轴心压力：

$$N_1=\frac{N}{4}\pm\frac{M_x}{2a}\text{或}N_1=\frac{N}{4}\pm\frac{M_y}{2b} \tag{9-8}$$

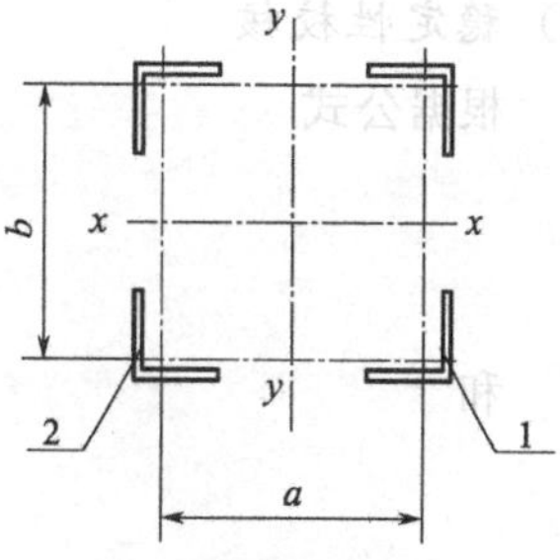

图 9-5　四肢式单向偏心受压构件

(2) 双向偏心压杆

① 双肢偏心受压杆　图 9-6(a)、(b) 所示为双肢式截面，其单肢在轴心力 N 和弯矩 M_y（绕虚轴）作用下产生的轴心力分别为：

肢件 1
$$N_1=\frac{x_2}{x}N+\frac{M_y}{x} \tag{9-9}$$

肢件 2
$$N_2=N-N_1$$

② 四肢式截面　图 9-6(c) 所示为四肢式截面，其单肢稳定性计算是将格构式构件视为桁架，在 N、M_x、M_y 作用下求出单肢构件的最大轴心压力，用轴心受压构件公式计算单肢的稳定性。单肢构件的最大轴心压力为

$$N_1=\frac{N}{4}\pm\frac{M_x}{2a}\pm\frac{M_y}{2b} \tag{9-10}$$

9.3.3　双肢双向偏心受压构件单肢稳定性校核

实轴方向的弯矩由外载荷产生，对稳定性的影响不能忽略，必须予以考虑，所以双向偏心双肢受压构件的单肢稳定性计算应按单向偏心受压构件方法计算。

(1) 内力计算

① 轴心力计算　肢件 1 的内力为 N_1，见式(9-9)。肢件 2 的内力为 $N_2=N-N_1$。

② 弯矩计算　肢件 1 绕实轴的弯矩 M_x 为

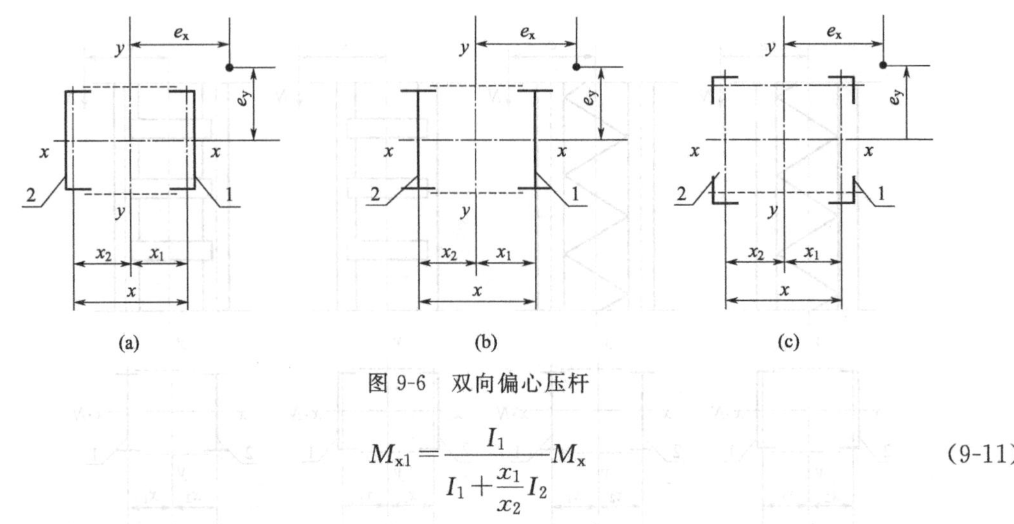

图 9-6　双向偏心压杆

$$M_{x1}=\frac{I_1}{I_1+\frac{x_1}{x_2}I_2}M_x \tag{9-11}$$

肢件 2 绕实轴的弯矩 M_x 为

$$M_{x2}=\frac{I_2}{I_2+\frac{x_2}{x_1}I_1}M_x \tag{9-12}$$

(2) 稳定性校核

根据公式

$$\sigma=\frac{N}{A\varphi\psi}+\frac{1}{1-\frac{N}{N_{Ex}}}\times\frac{C_{0x}M_{0x}}{\varphi_b W_x}\leqslant[\sigma]$$

和

$$\sigma=\frac{N}{\varphi A}\leqslant[\sigma]$$

对构件进行稳定性校核。

9.4 偏心受力构件截面设计

偏心受力构件是指既承受轴向力又承受弯矩的构件。构件的承载能力也是取决于构件的强度和稳定性（包括整体稳定性和局部稳定性）。截面设计要综合考虑比较复杂，常用的设计方法为类比设计，初步确定其截面，然后进行校核计算并对其截面进行调整、优化，最终达到设计要求。如果没有相似工程资料和工程设计经验，可参照下列方法进行设计。

9.4.1 偏心受拉构件

偏心受拉构件杆端弯矩或横向载荷如自重、风载、惯性力等作用产生的弯矩，由于杆端的拉力会使得构件跨中的挠曲变形减小，弯矩减小。偏心受拉构件截面设计可以忽略其影响，首先根据产品的外观设计要求、外载荷的影响、轴心力和弯矩的比例、结构的成本等确定构件的截面形式，然后根据受轴心力和弯矩的比例判断采用轴心受力构件的设计方法或受弯构件的设计方法进行设计。

(1) 小偏心受拉构件

对于小偏心受拉构件，由于不存在稳定性问题，通常根据偏心的程度选用一种实腹结构截面形式，然后参照下述方法进行设计。

① 根据轴向力 N 和材料的许用应力，按 $A=N/[\sigma]$ 求得所需截面面积 A。

② 根据求得的 A 和弯矩的大小、结构的构造情况、材料规格等适当调整，确定截面尺寸。

③ 按 $\sigma=N/A+M/W\leqslant[\sigma]$，校核拉弯构件的强度并根据计算结论进行截面的调整；然后重新校核，直到满意。

④ 按 $r_x=\sqrt{I_x/A}$、$r_y=\sqrt{I_y/A}$，计算两个主轴方向的回转半径 r_x、r_y。

⑤ 根据安装、运输及材料规格等确定的构件长度，并按 $\lambda_{max}\leqslant[\lambda]$，进行构件的刚度校核。

(2) 大偏心受拉构件

大偏心受拉构件的设计，首先应根据轴心力和弯矩的比例，选择截面形式，然后参照受弯构件的方法进行设计及校核。

① 构件外形尺寸的确定　综合考虑产品总体设计要求、构件的刚度要求和经济性要求，定出满足设计目标的合理构件外形尺寸。

a. 构件的最大外形尺寸应满足总体布置的要求，一般在产品总体设计时给定，如果没有给定，则构件的最大外形尺寸不受限制。

b. 构件的最小外形尺寸应满足结构刚度条件。

c. 构件的经济外形尺寸经济条件确定的截面外形尺寸应使构件的总重量为最小。通常不同产品的设计手册中有经验计算公式。

实际选用构件的外形尺寸时，应满足上述三方面要求，即小于最大构件外形尺寸，大于最小外形尺寸，并尽可能等于或略小于经济外形尺寸。

② 板件、主肢及缀材截面的确定　实腹构件按强度和局部稳定性要求如工字形翼缘的宽厚比 b/t 不应大于 $15\sqrt{235/\sigma_s}$ 确定板件厚度。格构构件按单肢强度或稳定性的要求确定主肢截面，按截面受到的剪力确定缀材截面。

③ 强度、刚度及稳定性的验算

a. 根据 $\sigma=\dfrac{N}{A}+\dfrac{M}{W}\leqslant[\sigma]$ 对构件进行强度校核。

b. 根据 $f\leqslant[f]$ 对构件进行刚度校核。

c. 根据 $\dfrac{M}{\varphi_b W}\leqslant[\sigma]$ 对构件进行整体稳定性校核。

d. 根据 $\sigma_r=\sqrt{\sigma^2+3\tau^2}\leqslant[\sigma_{cr}]$ 对构件进行局部稳定性校核。

e. 根据校核结果进行分析，对结构参数进行调整，并重新进行校核计算，在确保结构安全的基础上提高结构的性价比。

(3) 轴心力和弯矩都较大的构件

对于轴心力和弯矩都较大的构件，分别根据轴力大小按轴心受压构件的方法计算所需面积、根据弯矩大小按受弯构件的方法计算所需截面的尺寸，进行叠加；将轴心受压构件计算的面积大小按受弯构件的分布情况重新确定截面。然后按偏心受拉构件的第三步进行强度、刚度和稳定性的校核，必要时对截面进行调整，再校核。

9.4.2 偏心受压构件

偏心受压构件杆端弯矩或横向载荷会使得构件跨中的挠曲变形增加，弯矩增大，强度和稳定性计算必须予以考虑。

当构件承受弯矩较小时，构件接近于轴心受压构件，其失稳也是轴心力作用的结果，尤其是格构结构主肢距离较大，弯曲应力很小的情况。随着弯矩的增大，由弯矩产生的应力比例越来越大；当两个方向的弯矩和抗弯能力不同，相差悬殊时，构件接近单向偏心受压构件，可能发生整体弯扭屈曲；当两个方向的弯矩和抗弯能力相适应，构件将发生双向弯曲失稳。这三种情况没有清楚的界限，因此在双向压弯构件稳定性校核计算时，要求同时计算。

(1) 实腹式偏心受压构件截面设计

① 根据偏心受压构件的受力情况选择构件截面形式　小偏心受压构件选用双轴对称的截面形式；单向偏心受压构件选择单轴对称截面；双向受弯构件需要根据两个方向弯矩的大小、比例及构件高度，确定截面形式，差别大的采用单轴对称的截面形式，差别小的采用双轴对称截面。

② 确定经济合理的构件外形尺寸　实腹式偏心受压构件存在构件整体失稳、局部失稳的问题，其经济外形尺寸的确定原则是在保证构件局部稳定性的前提下，使截面尽可能远离轴线。

③ 构件强度、刚度及稳定性校核计算

a. 根据公式：

$$\lambda_x=\frac{l_{0x}}{r_x}\leqslant[\lambda],\ \lambda_y=\frac{l_{0y}}{r_y}\leqslant[\lambda]$$

对构件进行刚度校核。

b. 根据公式：

$$\sigma=\frac{N}{\varphi A}\leqslant[\sigma]\quad ,$$

$$\frac{N}{A\varphi\psi}+\frac{1}{1-\dfrac{N}{N_E}}\times\frac{C_{0x}M_{0x}+C_{Hx}M_{Hx}}{\varphi_b W_x}\leqslant[\sigma]$$

$$\frac{N}{A\varphi\psi}+\frac{1}{1-\dfrac{N}{N_{Ex}}}\times\frac{C_{0x}M_{0x}+C_{Hx}M_{Hx}}{W_x}+\frac{1}{1-\dfrac{N}{N_{Ey}}}\times\frac{C_{0y}M_{0y}+C_{Hy}M_{Hy}}{W_y}\leqslant[\sigma]$$

对构件进行稳定性校核。

c. 根据公式：

$$\sigma_r=\sqrt{\sigma^2+\sigma_m^2-\sigma\sigma_m+3\tau^2}\leqslant[\sigma_{cr}]$$

对构件进行局部稳定性校核。

d. 根据校核结果进行分析，对结构参数进行调整，并重新进行校核计算，在确保结构安全的基础上提高结构的性价比。

例 9-1　已知构件为箱形截面（图 9-7），截面高 500mm，宽 300mm，壁厚 30mm。截面几何特性：$A=44400\text{mm}^2$，$I_x=1421319963.95\text{mm}^4$，$I_y=618119963.95\text{mm}^4$，$W_x=5684625.36\text{mm}^3$，$W_y=4120009.16\text{mm}^3$，$r_x=179\text{mm}$，$r_y=118\text{mm}$；跨度 $L=12\text{m}$，材料为 Q345。按载荷组合 B 求得轴向压力 $N=630\text{kN}$；两端弯矩 $M_{0x}=200\text{kN}\cdot\text{m}$，$M_{0y}=100\text{kN}\cdot\text{m}$；跨中集中力 $P_y=66.66\text{kN}$，$P_x=33.33\text{kN}$；均布载荷 $q_y=-11.1\text{kN/m}$，风载荷 $q_x=-5.55\text{kN/m}$。试校核结构。

解

(1) 许用应力

安全系数 $n=1.34$，$\sigma_s=345\text{MPa}$，$[\sigma]=\sigma_s/n=257\text{MPa}$。

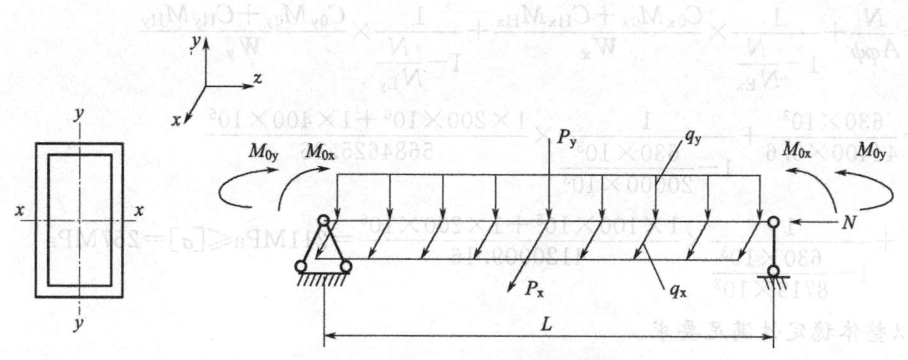

图 9-7 简支等截面压弯构件算例

(2) 刚度校核

$$\lambda_x=\frac{l_{0x}}{r_x}=\frac{12000}{179}=67<[\lambda]$$

$$\lambda_x=\frac{l_{0y}}{r_y}=\frac{12000}{118}=101.7<[\lambda]$$

所以刚度满足要求。

(3) 整体稳定性校核

由表 4-2 查得截面属于 c 类截面，根据 $\lambda_x=67$ 由附录四表 3 查得 $\varphi_x=0.5708$，根据 $\lambda_y=101.7$ 由附录四表 3 查得 $\varphi_y=0.3664$。

$$N_{Ex}=\frac{\pi^2 EA}{\lambda_x^2}=\frac{3.14^2\times 2.06\times 10^5\times 44400}{67^2}=20000\text{kN}$$

$$N_{Ey}=\frac{\pi^2 EA}{\lambda_y^2}=\frac{3.14^2\times 2.06\times 10^5\times 44400}{101.7^2}=8719\text{kN}$$

轴压修订系数

$$\psi_x=\frac{N_{Ex}-N}{N_{Ex}-\varphi_x[\sigma_s A(1-\varphi_x)+N]}$$

$$=\frac{20000000-630000}{20000000-0.5708\times[345\times 44400\times(1-0.5708)+630000]}=1.219$$

$$\psi_y=\frac{N_{Ey}-N}{N_{Ey}-\varphi_y[\sigma_s A(1-\varphi_y)+N]}$$

$$=\frac{8719000-630000}{8719000-0.3664\times[345\times 44400\times(1-0.3664)+630000]}=1.64$$

$$\psi_x\varphi_x=1.219\times 0.5708=0.696$$

$$\psi_y\varphi_y=1.64\times 0.3664=0.6$$

取 $\psi_x\varphi_x$ 和 $\psi_y\varphi_y$ 中的小者得 $\psi_y\varphi_y=0.6$。

$$M_{Hx}=\frac{q_y l^2}{8}+\frac{P_y l}{4}=\frac{11.1\times 12000^2}{8}+\frac{66660\times 12000}{4}=400\times 10^6\,\text{N}\cdot\text{mm}=400\text{kN}\cdot\text{m}$$

$$M_{Hy}=\frac{q_x l^2}{8}+\frac{P_x l}{4}=\frac{5.55\times 12000^2}{8}+\frac{33330\times 12000}{4}=200\times 10^6\,\text{N}\cdot\text{mm}=200\text{kN}\cdot\text{m}$$

$$C_{0x}=C_{0y}=0.6+0.4K=0.6+0.4\times 1=1$$

$$C_H=1$$

$$\sigma=\frac{N}{A\varphi}=\frac{630\times 10^3}{44400\times 0.3664}=38.7\text{MPa}<[\sigma]=257\text{MPa}$$

$$\sigma=\frac{N}{A\varphi\psi}+\frac{1}{1-\frac{N}{N_{Ex}}}\times\frac{C_{0x}M_{0x}+C_{Hx}M_{Hx}}{W_x}+\frac{1}{1-\frac{N}{N_{Ey}}}\times\frac{C_{0y}M_{0y}+C_{Hy}M_{Hy}}{W_y}$$

$$=\frac{630\times10^3}{44400\times0.6}+\frac{1}{1-\frac{630\times10^3}{20000\times10^3}}\times\frac{1\times200\times10^6+1\times400\times10^6}{5684625.36}$$

$$+\frac{1}{1-\frac{630\times10^3}{8719\times10^3}}\times\frac{1\times100\times10^6+1\times200\times10^6}{4120009.16}=211\text{MPa}\leqslant[\sigma]=257\text{MPa}$$

所以整体稳定性满足要求。

(4) 判断是否需要计算受弯构件稳定性

① 翼缘宽厚比

$$\frac{b_0}{t}=\frac{300-2\times30}{30}=8<45\times\sqrt{\frac{235}{345}}=37.1$$

② 腹板高厚比

许用高厚比：

$$\sigma_{\max}=\left(\frac{N}{A}+\frac{M_{0x}+M_{Hx}}{W_x}\right)\frac{h_0}{h}=\left(\frac{630\times10^3}{44400}+\frac{200\times10^6+400\times10^6}{5684625.36}\right)\times\frac{440}{500}=105.4\text{MPa}$$

$$\sigma_{\min}=\left(\frac{N}{A}-\frac{M_{0x}+M_{Hx}}{W_x}\right)\frac{h_0}{h}=\left(\frac{630\times10^3}{44400}-\frac{200\times10^6+400\times10^6}{5684625.36}\right)\times\frac{440}{500}=-80.4\text{MPa}$$

$$\alpha_0=\frac{\sigma_{\max}-\sigma_{\min}}{\sigma_{\max}}=\frac{105.4+80.4}{105.4}=1.76$$

$$\frac{h_0}{\delta}=(30\alpha_0+33+0.3\lambda)\sqrt{\frac{235}{\sigma_s}}=(30\times1.76+33+0.3\times67)\times\sqrt{\frac{235}{345}}=87.4$$

按弹塑性设计理论：

$$\frac{h_0}{\delta}=(48\alpha_0-1)\sqrt{\frac{235}{\sigma_s}}=(48\times1.76-1)\times\sqrt{\frac{235}{345}}=69$$

$$\frac{h_0}{\delta}=\frac{500-2\times30}{30}=14.7(\text{小于 69 及 87.4})$$

故腹板和翼缘板不必进行屈曲稳定性的验算。

(2) 格构式偏心受压构件截面设计

起重机械钢结构中，存在大量偏心受压构件，其长度、弯矩都较大的情况，为了降低成本，同样截面面积取得较大抗弯模量和刚度，应尽可能使截面分开，实腹式结构受局部稳定性的限制难以实现预期目标，广泛采用格构式结构，以取得较大的长细比和惯性矩。

① 根据偏心受压构件的受力情况选择构件截面形式　小偏心受压构件接近轴心受压构件，其截面选用同轴心受压构件截面形式；单向偏心受压构件选择单轴对称截面；双向受弯构件需要根据两个方向弯矩的大小、比例及构件高度，确定截面形式，通常差别大的采用单轴对称的截面形式，差别小的采用双轴对称截面。

② 确定经济合理的构件外形尺寸　轴心受压构件中对于压力不大而长度大的构件为了取得较大的稳定承载力，采用格构式结构，由分析可知轴心受压构件随着主肢距离的增加，主肢、缀材内力不变，主肢用材量不变，缀材用量将随着增加。偏心受压构件则不同，在同样外载荷的作用下，随着主肢距离的增加，主肢内力将随着减小，主肢所需要材料截面面积随着主肢距离的加大而减小；缀材承受剪力内力不变，随着主肢距离的加大，缀材长度迅速

增加，用材量增加。根据构件受力的组成不同，合理地确定主肢间距，是偏心受压构件经济外形尺寸的关键。设计时根据结构的受力组成情况初步确定主肢距离参数，进行结构稳定性校核，并以主肢距离为参数，以结构用材最少为目标，进行结构优化。参数的初步确定，对于偏心受压构件最好的方法是进行调研，获取相似工程材料，进行类比设计；在确无相近工程资料时采用下列方法初步确定。

a. 假定受压构件的长细比 λ 查得轴心受压构件的稳定性系数 φ，计算所需截面面积 A。

$$A=\frac{N}{\varphi[\sigma]}$$

b. 计算截面轮廓尺寸。

对双肢结构，首先根据计算长度 l_{0x}和假设的 λ 求得实轴所需的回转半径 $r_x=l_{0x}/\lambda$，其次确定截面外形尺寸 $h=r_x/\alpha_1$，初步确定型钢型号及其参数并进行缀条或缀板的设计，然后按照等稳定性原则 $\lambda_{0x}=\lambda_{0y}$及计算长度 l_{0y}求得实轴所需的回转半径 $r_y=l_{0y}/\lambda$，确定 y 方向截面轮廓尺寸 $b=r_y/\alpha_1$。

对于三主肢、四主肢结构，直接根据两个方向的计算长度 l_{0x}、l_{0y}和假设的 λ 求得实轴所需的回转半径 $r_x=l_{0x}/\lambda$、$r_y=l_{0y}/\lambda$ 及截面的轮廓尺寸。

c. 根据确定的截面形式和外形尺寸，按承受弯矩大小计算出截面所需的截面面积叠加，重新确定主肢截面形式和型钢型号及其参数。

③ 构件强度、刚度及稳定性的验算

a. 强度校核

$$\sigma=\frac{N}{A}+\frac{M_x}{W_x}+\frac{M_y}{W_y}\leqslant[\sigma]$$

b. 刚度校核

$$\lambda_{0x}\leqslant[\lambda],\ \lambda_{0y}\leqslant[\lambda]$$

c. 整体稳定性校核

$$\sigma=\frac{N}{\varphi A}\leqslant[\sigma]$$

$$\frac{N}{A\varphi\psi}+\frac{1}{1-\frac{N}{N_E}}\times\frac{C_{0x}M_{0x}+C_{Hx}M_{Hx}}{W_x}\leqslant[\sigma]$$

$$\frac{N}{A\varphi\psi}+\frac{1}{1-\frac{N}{N_{Ex}}}\times\frac{C_{0x}M_{0x}+C_{Hx}M_{Hx}}{W_x}+\frac{1}{1-\frac{N}{N_{Ey}}}\times\frac{C_{0y}M_{0y}+C_{Hy}M_{Hy}}{W_y}\leqslant[\sigma]$$

④ 优化结构参数　调整主肢间距和主肢截面面积，观察结构稳定性计算结果和结构材料总用量之间的关系，获取优化截面参数。

⑤ 单肢稳定性校核

a. 缀条格构结构单肢稳定，求出单肢承受的最大压力，按实腹轴心受压构件稳定性方法校核。

b. 缀板格构结构单肢稳定，计算出单肢最大压力，按实腹偏心受压构件稳定性方法校核。

⑥ 缀板或缀条校核　构件结构优化后，其对应的缀材参数和布置也会发生变化，根据最终的结构参数对缀材进行强度、刚度及稳定性的校核。

a. 剪力计算。

b. 缀条或缀板的强度、刚度及稳定性校核计算。

9.5 偏心受压构件构造设计

(1) 偏心受压构件端部设计

偏心受压构件承受并传递轴心力和弯矩，力的传递要通过一种可以传递弯矩的连接结构，起重机械钢结构中，常见的有多销轴连接、螺栓连接及焊接。

(2) 加劲肋设计

当偏心受压构件的翼缘宽厚比或腹板高厚比不满足相应的控制条件时，经常加置纵向加劲肋，减小翼缘或腹板的计算宽度，使板的宽厚比或高厚比减小，满足设计要求。对工字形截面的腹板和箱形截面的腹板、翼缘均可采用此方法。纵向加劲肋对于工字形截面应成对地均匀布置在腹板两侧，对于箱形截面应布置在翼缘或腹板的内侧。

为了保证纵向加劲肋自身稳定和增加抗扭刚度，受压构件每隔 $(2.5\sim3)h_0$ 间距应布置横向加劲肋。

横向加劲肋的单边外伸宽度取 $b_e\geqslant\frac{h_0}{30}+40$，厚度取 $b_e\geqslant\frac{b_e}{15}\sqrt{\frac{\sigma_s}{240}}$。

另外，关于横隔设计、加劲肋设计、缀材等设计与轴心受压构件设计相似，这里不再进行介绍。

例 9-2 某压杆式塔式起重机臂架的结构形式如图 9-8 所示。主弦杆采用四根角钢，型号∟50×5，腹杆缀条也采用角钢，型号∟40×4，缀条节点间距为 92.5cm。钢材为 Q235。已知在最大幅度 R_{max} 工况下的内力组合为：臂架根部 1-1 截面处，$N=122$kN（其中非保向力 87kN），$M_x=0$，$M_y=28.6$kN·m；臂架中部 2-2 截面处，$N=93$kN，$M_x=9.6$kN·m，$M_y=14.3$kN·m。试验算臂架整体稳定性和单肢稳定性。

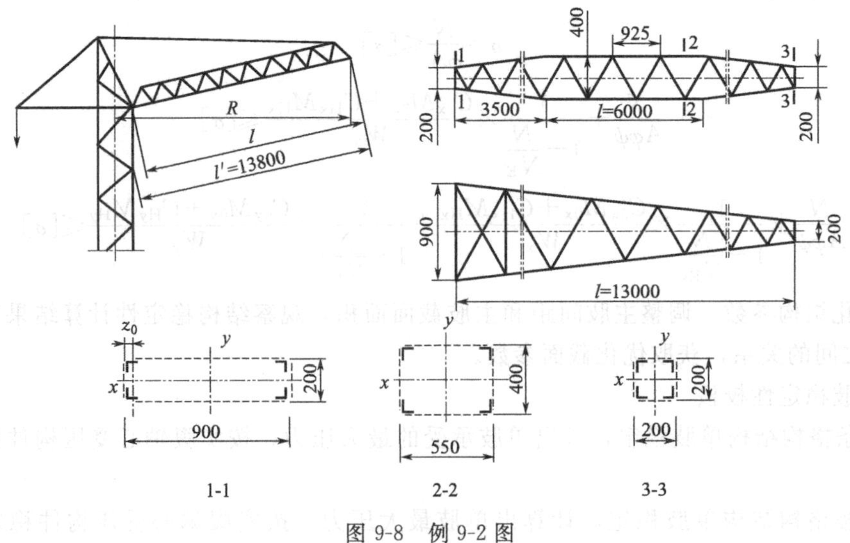

图 9-8　例 9-2 图

角钢∟40×4 截面特性为 $A=3.09\text{cm}^2$，$Z_0=1.13$cm；角钢∟50×5 截面特性为 $A=4.8\text{cm}^2$，$Z_0=1.42$cm。

解

(1) 许用应力

安全系数 $n=1.34$，$[\sigma]=\sigma_s/n=235/1.34=175\text{MPa}$。

(2) 截面几何特性计算

1-1 截面：

$$A=4\times 4.8=19.2\text{cm}^2$$

$$I_y=4\times\left[4.8\times\left(\frac{90}{2}-1.42\right)^2\right]=36500\text{cm}^4$$

$$W_y=\frac{2I_y}{h}=\frac{2\times 36500}{90}=811\text{cm}^3$$

$$r_y=\sqrt{\frac{I_y}{A}}=\sqrt{\frac{36500}{19.2}}=43.6\text{cm}$$

2-2 截面：

$$A=4\times 4.8=19.2\text{cm}^2$$

$$I_x=4\times\left[4.8\times\left(\frac{40}{2}-1.42\right)^2\right]=6628\text{cm}^4$$

$$I_y=4\times\left[4.8\times\left(\frac{55}{2}-1.42\right)^2\right]=13059\text{cm}^4$$

$$W_x=\frac{6628}{20}=331.4\text{cm}^3$$

$$W_y=\frac{13059}{27.5}=475\text{cm}^3$$

$$r_x=\sqrt{\frac{6628}{19.2}}=18.6\text{cm}$$

$$r_y=\sqrt{\frac{13069}{19.2}}=26.1\text{cm}$$

3-3 截面：

$$I_x=I_y=4\times\left[4.8\times\left(\frac{20}{2}-1.42\right)^2\right]=1413\text{cm}^4$$

(3) 计算长度和换算长细比

① 臂架在起升平面内的计算长度 l_{0x}，按两端铰支考虑，即计算长度系数 $\mu=1$。考虑变截面的影响，$l_1/l=600/1300=0.46$，按 $I_{\min}/I_{\max}=1413/6628=0.213$，查表 7-4，求得长度换算系数 $\mu_h=1.053$。则计算长度 $l_{0x}=\mu_h\mu l=1.053\times 1\times 1300=1370\text{cm}$。

臂架在起升平面内的长细比：

$$\lambda_x=\frac{l_{0x}}{r_x}=\frac{1370}{18.6}=73.6$$

换算长细比：

$$\lambda_{hx}=\sqrt{\lambda_x^2+40\frac{A}{A_{1x}}}=\sqrt{73.6^2+40\times\frac{19.2}{2\times 3.09}}=74.4$$

② 臂架在回转平面内的计算长度，应考虑非保向力的影响，系数 $K=87/122=0.713$，

$l=1300\text{cm}$，$l'=1380\text{cm}$，则 $Kl/l'=0.713\times1300/1380=0.67$，查表 7-3，得 $\mu=1.37$。考虑到实际结构连接中存在着某些变形等因素，偏安全采用 $\mu=1.60$。

同样考虑变截面的影响，$I_{min}/I_{max}=1413/36500=0.039$，按 $I_{min}/I_{max}=0.1$，根据表 7-5，$n=2$，$m=6000/13000=0.46$，得长度换算系数 $\mu_h=1.079$。则计算长度为 $l_{0y}=\mu_h\mu l=1.079\times1.60\times1300=2244\text{cm}$。

臂架在回转平面内的长细比：

$$\lambda_y=\frac{l_{0y}}{r_y}=\frac{2244}{43.6}=51.5$$

换算长细比：

$$\lambda_{hy}=\sqrt{\lambda_y^2+40\frac{A}{A_{1y}}}=\sqrt{51.5+40\times\frac{19.2}{2\times3.09}}=52.7$$

(4) 整体稳定验算

1-1 截面：

已知 $N=122\text{kN}$，$M_{Hy}=28.6\text{kN}\cdot\text{m}$，按下式校核，即

$$\sigma=\frac{N}{A\varphi\psi}+\frac{1}{1-\dfrac{N}{N_{Ey}}}\times\frac{C_{Hy}M_{Hy}}{\varphi_b W_y}\leqslant[\sigma]$$

臂架为空间桁架结构，故 $\varphi_b=1$，在回转平面的弯矩 M_{Hy} 由风载和惯性力等引起，则 $C_{Hy}=1$。

$$N_{Ey}=\frac{\pi^2EA}{\lambda_{hy}^2}=\frac{\pi^2\times2.1\times10^4\times19.2}{52.7^2}=1433\text{kN}$$

由 $\lambda_{hy}=52.7$，查附录四表 2，得 $\varphi_y=0.844$。

$$\psi_y=\frac{N_{Ey}-N}{N_{Ey}-\varphi_y[\sigma_sA(1-\varphi_y)+N]}=\frac{1433-122}{1433-0.844\times[23.5\times19.2\times(1-0.844)+122]}=1.032$$

$$\sigma=\frac{122\times10^3}{19.2\times10^2\times0.844\times1.032}+\frac{1}{1-\dfrac{122}{1433}}\times\frac{28.6\times10^6}{811\times10^3}=111\text{MPa}<[\sigma]=175\text{MPa}$$

2-2 截面：

已知 $N=93\text{kN}$，$M_{Hx}=9.6\text{kN}\cdot\text{m}$，$M_{Hy}=14.3\text{kN}\cdot\text{m}$，格构式可取 $\varphi_w=1$，按下式校核，即

$$\sigma=\frac{N}{A\varphi\psi}+\frac{1}{1-\dfrac{N}{N_{Ex}}}\times\frac{C_{Hx}M_{Hx}}{W_x}+\frac{1}{1-\dfrac{N}{N_{Ey}}}\times\frac{C_{Hy}M_{Hy}}{W_y}\leqslant[\sigma]$$

偏安全考虑取 $C_{Hx}=C_{Hy}=1$。

$$N_{Ey}=\frac{\pi^2EA}{\lambda_{hy}^2}=\frac{\pi^2\times2.1\times10^4\times19.2}{52.7^2}=1433\text{kN}$$

$$N_{Ex}=\frac{\pi^2EA}{\lambda_{hx}^2}=\frac{\pi^2\times2.1\times10^4\times19.2}{74.4^2}=718\text{kN}$$

由 $\lambda_{hx}=74.4$，查附录四表 2，得 $\varphi_x=0.724$。

$$\psi_y=\frac{N_{Ey}-N}{N_{Ey}-\varphi_y[\sigma_sA(1-\varphi_y)+N]}=\frac{1433-93}{1433-0.844\times[23.5\times19.2\times(1-0.844)+93]}=1.035$$

$$\psi_x=\frac{N_{Ex}-N}{N_{Ex}-\varphi_x[\sigma_s A(1-\varphi_x)+N]}=\frac{718-93}{718-0.724\times[23.5\times19.2\times(1-0.724)+93]}=1.115$$

故 $\psi_y\varphi_y=1.035\times0.844=0.87$

$\psi_x\varphi_x=1.115\times0.724=0.81$

取其小者故 $\psi\varphi=\psi_y\varphi_y=0.81$。

$$\sigma=\frac{93\times10^3}{19.2\times10^2\times0.81}+\frac{1}{1-\frac{93}{718}}\times\frac{9.6\times10^6}{331.4\times10^3}+\frac{1}{1-\frac{93}{1433}}\times\frac{14.3\times10^6}{475\times10^3}$$

$$=125\text{MPa}<[\sigma]=175\text{MPa}$$

所以整体稳定性满足要求。

(5) 单肢稳定验算

单肢最大轴心力 N_1 发生在截面2-2处，即

$$N_1=\frac{N}{4}+\frac{M_x}{2(a-2Z_0)}+\frac{M_y}{2(b-2Z_0)}=\frac{93}{4}+\frac{9.6\times100}{2\times(40-2\times1.42)}+\frac{14.3\times100}{2\times(55-2\times1.42)}=49.9\text{kN}$$

单肢计算长度为 $l_{01}=92.5\text{cm}$，$r_{min}=0.98\text{cm}$，$A_1=4.8\text{cm}^2$。

长细比为

$$\lambda_1=\frac{l_{01}}{r_{min}}=\frac{92.5}{0.98}=94.4$$

查附录四表2得 $\varphi=0.592$。

$$\sigma=\frac{N_1}{A_1\varphi}=\frac{49.9\times10^3}{4.8\times10^2\times0.592}=175.6\text{MPa}\approx[\sigma]=175\text{MPa}$$

单肢稳定性满足要求。

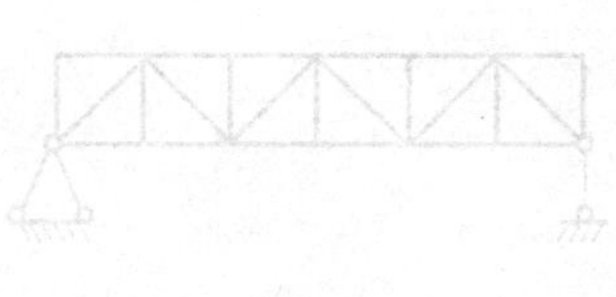

第10章 桁架

主要承受横向载荷的基本构件称为受弯构件。实腹式受弯杆件简称梁，格构式受弯构件简称桁架。本章主要介绍桁架的结构、应用和设计。

10.1 桁架的结构和应用

桁架是由杆件构成的能承受横向弯曲的格子形构件。桁架的杆件主要承受轴向力。通常桁架由三角形单元组合成整体结构，是几何不变系统［图 10-1(a)］。由矩形单元组合成的桁架，要保证桁架承载而几何不变，则需做成能承担弯矩的刚性节点，杆件较粗大，均受弯矩和轴向力作用，这种结构称为空腹桁架［图 10-1(b)］。由三角形单元构成的桁架是最常见的结构，空腹桁架用得较少。

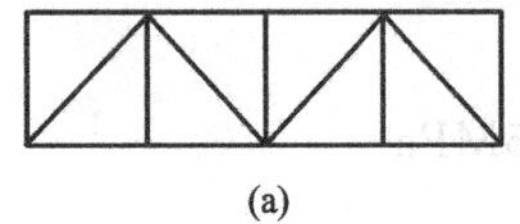

(a)

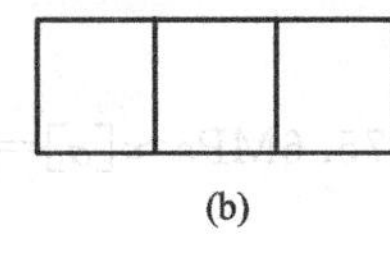

(b)

图 10-1 桁架形式

桁架的杆件分为弦杆和腹杆两类，杆件交汇的连接点称节点，节点的区间称节间。通常把轻型桁架的节点视为铰接点，而把空腹桁架的节点视为刚接点。

桁架是金属结构中的一种主要结构形式，与梁相比，其优点是省材料，重量轻，可做成需要的高度，制造时容易控制变形。当跨度大而起重量小时，采用桁架比较经济。其缺点是杆件较多，组装费时。

桁架主要分为轻型和重型两类。轻型桁架的杆件多为等截面的单腹式杆，用一节点板或不用节点板连接，重型桁架的杆件多为双腹式杆，需用两节点板连接，各节间的弦杆截面常不相等。轻型桁架用得最多，重型桁架适用于大跨度结构。

按桁架的支承情况，分为简支的、悬臂的和多跨连续的，多数是简支桁架。

为了适应起重机的工作需要，在起重机中常采用简支桁架和刚架式桁架（图 10-2)。

轻型桁架都做成焊接的，对大跨度桁架，仅在运输单元的拼接接头上采用铆接或栓接，

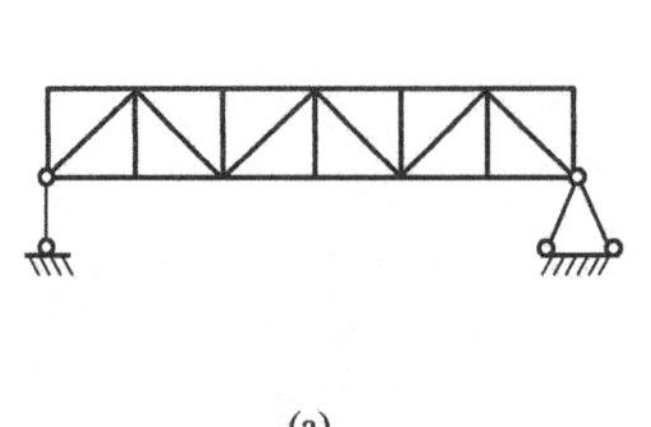

(a)

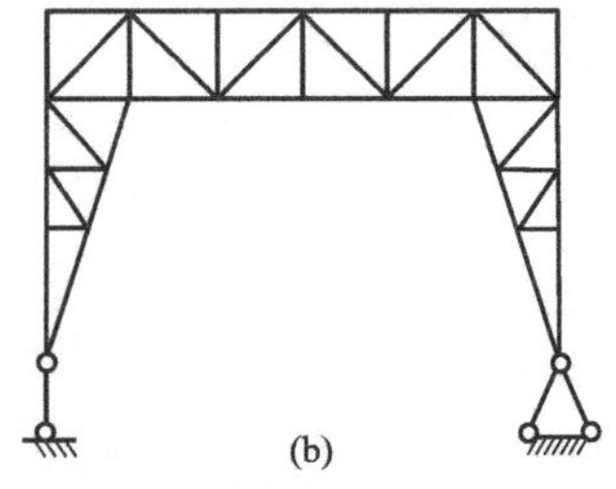

(b)

图 10-2 简支桁架和刚架式桁架

重型桁架往往采用焊接杆件而在节点上用铆钉连接。

桁架广泛用于建筑、工厂车间、桥梁、起重机以及各种支承骨架等。

10.2 桁架的外形和桁架的腹杆系统

10.2.1 桁架的外形

桁架的外形主要根据其用途和受力情况而定。桁架外形最好与其所受的弯矩图形相适应，这可使各处的弦杆内力大致相等，并采用等截面弦杆，从而充分利用材料。

平行弦桁架（图 10-2）常用于桥式和门式起重机、桥梁及连系桁架，它的优点是相同的节点和腹杆形式很多，可以使制造简化，缺点是弦杆在各节间受力不等，采用等截面弦杆时材料不能充分利用，如采用变截面弦杆时又使构造复杂化。但轻型桁架还是经常用平行弦桁架，这种桁架也可用于塔桅结构和输送机结构。

下弦或上弦为折线形的桁架（图 10-3），其外形接近于弯矩图形状，比较经济，图 10-3(a)所示结构多用于桥式起重机和装卸桥，图 10-3(b)、(c) 所示结构多用于塔式或锤形起重机的伸臂，载重小车可沿直线形的上弦或下弦杆的轨道运行。

三角形桁架（图 10-4）适用于塔式起重机和悬臂式起重机的臂架结构，也常作为输送机的支架。

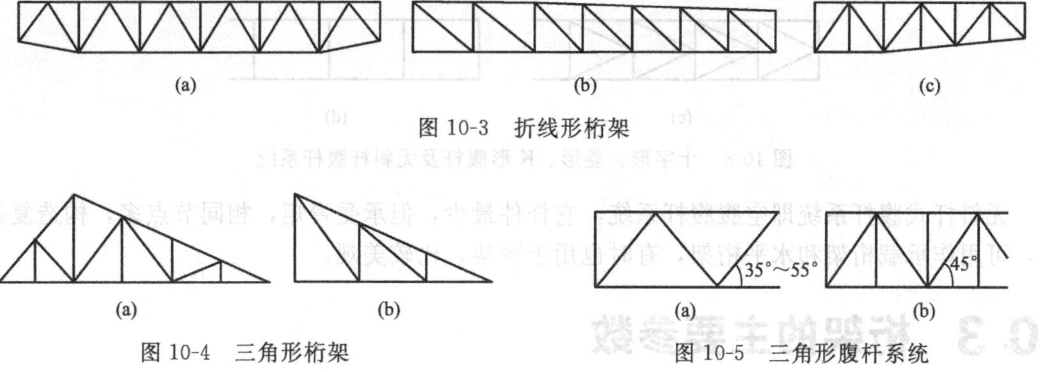

图 10-3 折线形桁架

图 10-4 三角形桁架

图 10-5 三角形腹杆系统

10.2.2 桁架的腹杆系统

桁架的腹杆主要承受节间的剪力，腹杆的布置应使杆件受力合理、结构简单、制造方便、腹杆和节点数目最少以及形状尺寸尽量相同，以节省材料和制造工时。

斜腹杆的倾角对内力影响很大，一般应在 35°～55°之间，而 45°最合理。此外，应使长杆受拉，短杆受压。

常用的腹杆系统有三角形、斜杆式、再分式、十字形、菱形、K 形和无斜杆式腹杆。三角形腹杆系统是最常用的一种受垂直载荷的结构形式。三角形腹杆系统分不带竖杆和带竖杆的两种［图 10-5(a)、(b)］，前者节点数目少，腹杆总长度小，但弦杆节间长度大，适用于受力小的桁架，后者受力较大，适用于弦杆上有移动载荷的情况，这时采用竖杆来减小弦杆节间长度是合理的。

斜杆式腹杆系统（图 10-6）多用于斜腹杆受拉力的桁架，如悬臂式桁架，这种系统使长斜杆受拉，短竖杆受压，节点尺寸相同，是一种合理而经济的结构。

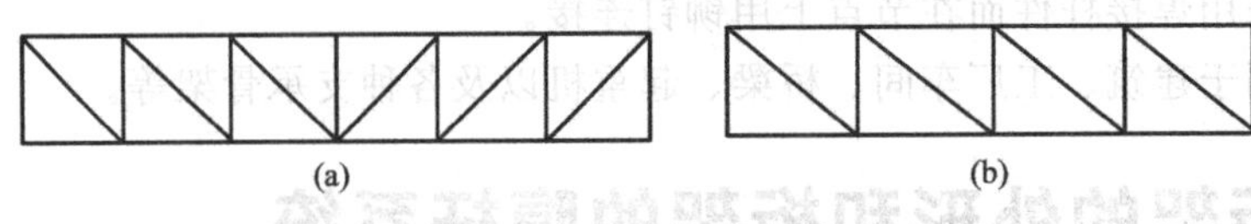

图 10-6 斜杆式腹杆系统

再分式腹杆系统（图 10-7）常用于大跨度桁架。由于跨度大，桁架高度也随之增大，这时若用三角形腹杆系统，上弦杆的节间长度就比较大，当弦杆受移动载荷时将会产生很大的局部弯曲，为减小此不利影响，宜采用再分式腹杆系统，以减小弦杆的节间长度。但再分式腹杆系统使节点增多、构造复杂以及制造费工，因而用得较少。

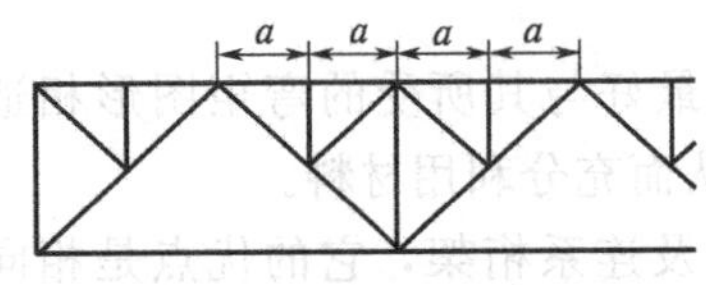

图 10-7 再分式腹杆系统

十字形、菱形、K 形（半斜杆式）和无斜杆式腹杆系统如图 10-8 所示。前两种系统适用于桁架高度大而节间长度约等于高度的情形，K 形系统用于节间长度小于桁架高度的情形，这些系统杆件较多，节点复杂，制造费工，常用于双向受载的结构，如抗风水平桁架等。菱形腹杆系统可用于上、下弦杆均受移动载荷的结构（系统内应设一附加杆件 S，以保证其几何不变）。

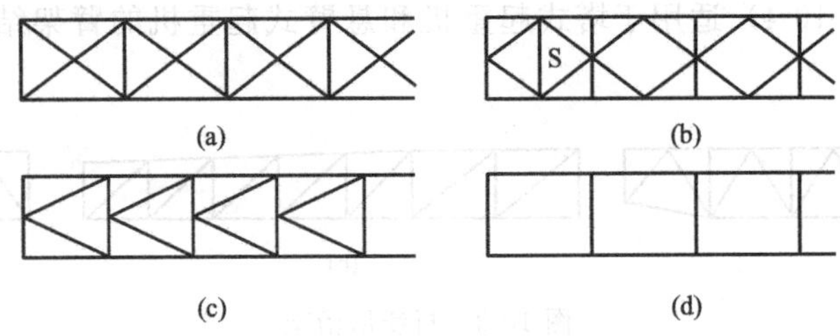

图 10-8 十字形、菱形、K 形腹杆及无斜杆腹杆系统

无斜杆式腹杆系统即空腹腹杆系统，它杆件最少，但承受弯矩，相同节点多，构造复杂些，可用作承载桁架和水平桁架，有时也用于臂架，比较美观。

10.3 桁架的主要参数

桁架的主要参数是指桁架的跨度（长度）、高度、节间数目、节间长度和重量。

桁架的跨度（或长度）取决于使用要求和机器结构的总体方案。通常桥式起重机桁架跨度取为支承结构上轨道的间距，臂式桁架以两支承铰点间距为其长度，塔式桁架（塔架）长度则由起重机的起升高度和构造所决定。

桁架高度是指桁架弦杆轴线的最大间距。桁架高度与强度、刚度和重量有关，由于强度条件容易满足，通常桁架高度由刚度条件决定。

对起重机的平行弦桁架，按静、动态刚度条件可求得桁架高度为

$$H=\left(\frac{1}{14}\sim\frac{1}{16}\right)L$$

式中 L——桁架的跨度，mm。

按刚度条件决定的桁架高度是最小高度。桁架的理想高度是按桁架重量最轻条件确定的。桁架总重量由弦杆重量和腹杆重量构成，这两部分的重量随着桁架高度的改变向相反方向变化，所以桁架重量是桁架高度的函数，经研究，当弦杆重量约等于腹杆重量时就可求得

理想高度。对平行弦桁架的理想高度为

$$H=\left(\frac{1}{8}\sim\frac{1}{12}\right)L$$

桁架实际应用的高度介于最小高度和最大高度之间，对桥式起重机取为

$$H=\left(\frac{1}{12}\sim\frac{1}{15}\right)L \tag{10-1}$$

对大跨度装卸桥取为

$$H=\left(\frac{1}{8}\sim\frac{1}{14}\right)L \tag{10-2}$$

当整体桁架运输时，桁架高度不得超过铁路运输净空界限，一般不超过 3.4m，必要时可按最大界限运输或分散装运。

简支外伸臂桁架在支承处的高度可取与跨中相同的高度，或取伸臂长度的 1/4。

当桁架高度确定后，节间尺寸由划分的节间数目和斜腹杆的倾斜角所决定。节间数目最好是偶数且对称于跨中央。为使桁架重量最轻而且制造简单，斜腹杆的最优倾角在三角形腹杆系统中为 45°，在斜杆式腹杆系统中为 35°，通常按构造合理和重量轻的要求，将斜腹杆的倾角取为 45°，这样在平行弦桁架或折线形桁架中，节间长度就等于桁架高度，通常节间长度可在 1.5～3m 范围内选取，大跨度桁架的节间长度可达 5～8m，桁架高度和节间长度均为杆件轴线的几何尺寸，而这些杆件轴线就构成桁架的几何图形。

桁架的重量估计可按类似结构的统计资料获得或由有关手册中查找，重量不可能一样，应根据具体情况确定，所以这里不再一一详述。

10.4 桁架杆件内力分析

10.4.1 桁架内力分析的假定

桁架形式和主要参数确定后，就可根据作用的载荷进行桁架的内力分析。实际桁架结构多为空间结构，为了简化可将空间结构分解成平面桁架来分析，而忽略各桁架之间的联系，这种方法是近似的，但通常是允许的。空间结构的载荷则按一定规则分配到相应平面桁架上由其独立承担。

作为起重机的主桁架受自重载荷、设备载荷及小车轮压的作用，自重载荷换算成节点载荷，设备载荷按其作用位置用杠杆原理换算到节点上，这些都是节点固定集中载荷，而小车轮压则为沿桁架弦杆移动的集中载荷。

对三角形腹杆系统平面桁架杆件的内力分析，可作如下假定。

① 桁架各杆件的轴线位于同一平面内，杆件轴线交汇于节点，构成桁架几何图形。

② 桁架节点为铰点，杆件仅受轴向力，忽略因节点刚度对杆件产生次应力的影响，当杆长与其截面高度之比（l/h）大于 10 时，为细长杆，此假定是比较吻合的；当 $l/h\leqslant 10$ 时应考虑节点和杆件本身刚度的影响，将杆件视为梁-杆（弯曲-轴力杆）计算。

10.4.2 杆件内力分析方法的选择

由于在结构力学等专著中对桁架内力分析方法均有详细论述，所以这里仅指出内力分析宜选用的方法，其具体内容不再介绍。

常用的三角形腹杆系统桁架内力分析方法有图解法和数解法（节点法和截面法），设计

时需要求得所有杆件的内力，可用图解法或节点法，若只需求出某些杆件的内力，则采用截面法比较方便。

对超静定桁架及桁构式结构，可用力法求解内力；对复杂结构及不宜分解的空间结构，则应用有限元法分析软件进行求解。

桁架弦杆上有移动集中载荷时，桁架弦杆和腹杆的内力随移动集中载荷的移动变化。为了简化计算，首先进行受力分析，确定构件移动集中载荷在什么位置桁架弦杆和腹杆的内力较大的几个位置，然后对这几个工况进行受力分析。这里给出三角形腹杆系统桁架在移动集中载荷作用下内力分析的简算法。图 10-9 示出了当移动载荷组的 P_1 位于某节点上时，相应两杆（图中粗线）中将产生最大内力的图形，这时用截面法求杆件内力最为简捷。将移动载荷移至较远跨端可求得相应弦杆的最小内力；若将移动载荷的 P_2 置于某斜腹杆一端的节点位置，则可求得该斜杆的内力。

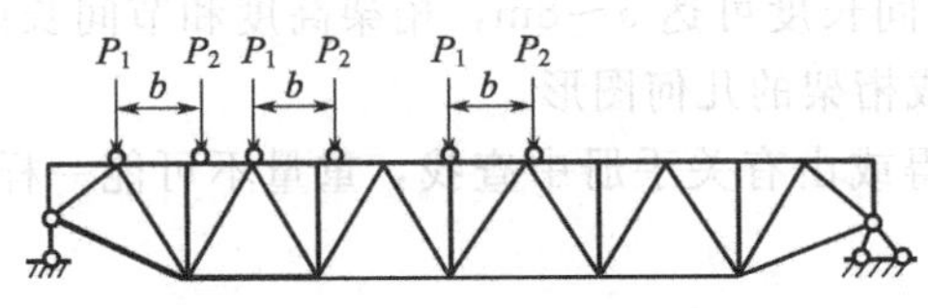

图 10-9　用移动载荷的最不利位置

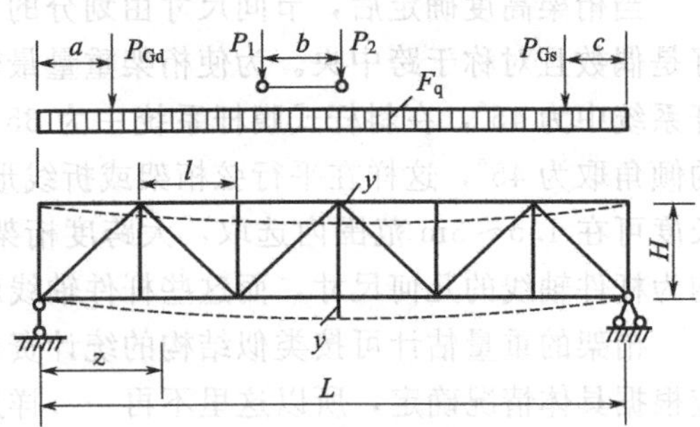

图 10-10　弦杆与桁架共同（整体）弯曲

10.4.3　局部弯曲

受移动载荷作用的桁架承载弦杆（上弦或下弦），除了受轴向力外，还受有移动集中载荷对节间弦杆产生的局部弯曲作用，为此弦杆需要较大的截面，截面高度 H 与节间长度 l 之比往往达到 1/4，并且做成连续的弦杆，这种弦杆具有梁-杆的性质，弦杆的节点不是铰点而可看作是杆外铰，这种桁架属于桁构式结构。

由于刚度较大的整根弦杆随受载的桁架共同弯曲而产生相同的挠度，称为弦杆的整体弯曲（图 10-10）。

弦杆整体弯曲将引起附加应力，其值可使弦杆原应力增大 25%左右，因此在弦杆计算中应加以考虑。此结构为超静定结构，手工计算非常复杂，通常采用有限元方法求得。

空腹桁架是超静定结构，各杆受轴向力和弯矩作用，需用力法求解。

各种载荷作用下求解杆件内力后，应根据结构工作的载荷组合找出杆件的组合内力，然后就可进行杆件截面的选择和验算。

10.5　桁架杆件的计算长度

在设计桁架杆件时，需先确定杆件的计算长度，它随结构形式、构造和受力性质而不同。

杆件计算长度按杆件发生变形所处的两个平面来确定，即桁架平面内和桁架平面外的两种计算长度。

10.5.1 杆件在桁架平面内的计算长度

如果桁架节点是理想的铰接，则杆件的计算长度等于节点中心间距（杆件几何长度）。实际上桁架节点是用节点板连接各杆端部而构成，节点板在桁架平面内有一定刚度，它属于弹性固定，各杆件两端都弹性嵌固在这些节点板上。当压杆屈曲时，杆端发生转动并带动节点板一起转动，从而由于节点板的自身刚度而带动与之相连的其他杆件发生弯曲转动（图10-11）。这些被迫转动的杆件因自身的刚性将抵抗弯曲并阻止节点板转动，从而限制着压杆的屈曲变形和杆端转动，这样一来，节点板对压杆端部就产生一定的嵌固作用。

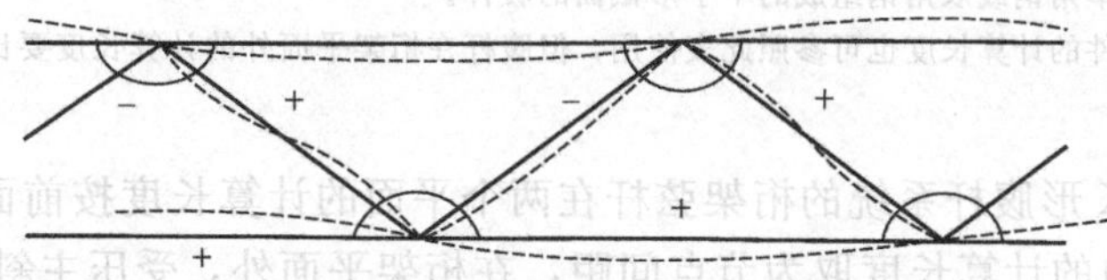

图 10-11 桁架杆件在节点处的嵌固

在同一节点上有压杆也有拉杆，由于拉杆有拉直作用，对节点转动的阻力最大，因此节点上的拉杆越多，节点对压杆的嵌固程度就越大，压杆的计算长度就越小。

压杆屈曲变形后的抗弯能力较差，此时压杆对节点的转动几乎不起阻止作用。

桁架压杆的计算长度为

$$l_0=\mu_1 l \tag{10-3}$$

式中 μ_1——长度系数；

l——杆件几何长度，mm。

腹杆的刚度比弦杆小得多，弦杆受力比腹杆大得多，节点对弦杆的嵌固较弱，节点接近于铰点，所以桁架的受压和受拉弦杆的计算长度取为节点间的几何长度 $l_0=l$，桁架的支承腹杆（斜杆和竖杆）的计算长度也取为节点间距。

受压腹杆在上弦节点的嵌固接近于弹性节点，在拉杆较多的下弦节点嵌固较大接近于固定端，其计算长度近似取为 $l_0=0.8l$。受拉腹杆的计算长度与受压腹杆相同。

10.5.2 杆件在桁架平面外的计算长度

平面桁架是不能独立工作的，它必须有侧向支承或构成空间结构，才能保持桁架稳定工作。侧向支承可能是水平桁架的节点或其他结构的支承点。

在桁架平面外受相等轴向内力的弦杆只能在两支承点之间发生屈曲，其计算长度应取为相邻两侧向支承点的间距 l_1（图10-12）。

当受压弦杆在桁架平面外的支承点间距 l_1 大于弦杆节间长度 l，而且该段内相邻节间弦杆内力不相等（$N_1>N_2$），则其计算长度要比 l_1 小，按下式决定：

$$l_0=l_1\left(0.75+0.25\,\frac{N_2}{N_1}\right) \tag{10-4}$$

式中 N_1——计算节间弦杆的较大内力，N；

N_2——相邻节间弦杆的较小内力，N。

受拉弦杆在桁架平面外的计算长度可取为 l_1。

节点板在桁架平面外可视为板铰，因此腹杆在桁架平面外的计算长度就取为杆件几何长度 l。

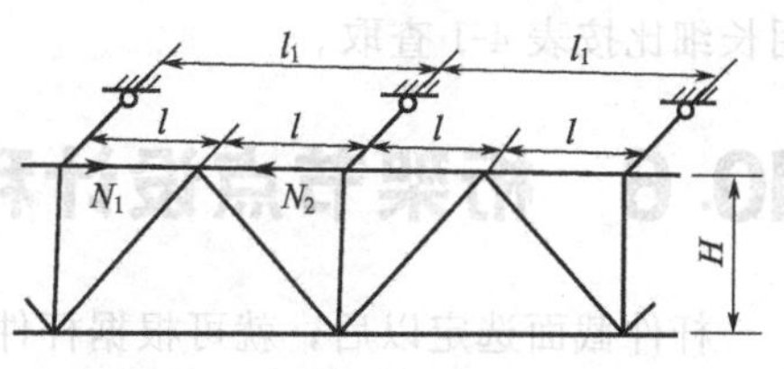

图 10-12 桁架杆件计算长度

简单腹杆系统的桁架杆件计算长度 l_0 列于表 10-1 中。

表 10-1 桁架杆件的计算长度 l_0

杆件屈曲方向	弦 杆	腹 杆	
		支承处的斜杆和竖杆	其他腹杆
在桁架平面内	l	l	$0.8l$
在桁架平面外	l_1	l	l
斜平面	—	l	$0.9l$

注：1. l 为杆件几何长度（节点中心间距），l_1 为杆件弦杆侧向支承点间距。

2. 斜平面屈曲适用于单角钢或双角钢组成的十字形截面的腹杆。

3. 重型桁架双腹式杆件的计算长度也可参照此表使用，但腹杆在桁架平面外的计算长度要比单腹式杆件的小些，可近似取为 $0.8l$。

再分式腹杆和K形腹杆系统的桁架弦杆在两个平面的计算长度按前面相同的方法确定，其腹杆在桁架平面内的计算长度取为节点间距，在桁架平面外，受压主斜杆的计算长度也按式(10-4) 计算，受拉主斜杆的计算长度取为该杆的几何长度 l_1 [图 10-13(a)]。

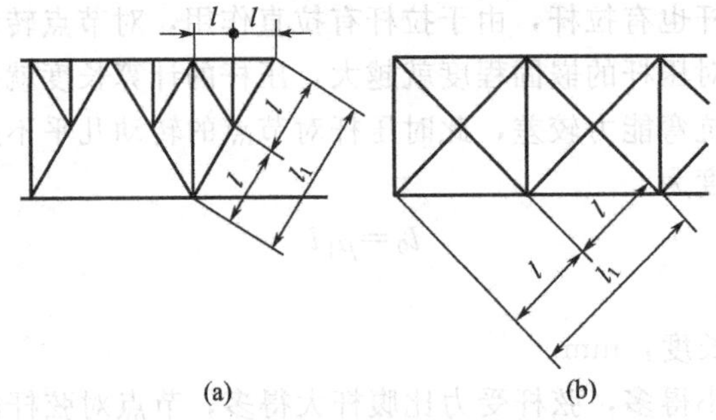

图 10-13 再分使腹杆和十字形腹杆桁架杆件的计算长度

十字形腹杆系统桁架的弦杆计算长度同前面的规定，腹杆在桁架平面内的计算长度可取为弦杆节点至腹杆交叉点之间距 l [图 10-13(b)]，在桁架平面外其计算长度取决于另一杆（支持它的杆）的受力情况和交叉点的构造，按表 10-2 选用。

表 10-2 十字形腹杆在桁架平面外的计算长度

交叉点的构造	压 杆			拉杆
	另一支持杆的受力情况			
	受拉力	不受力	受压力	任何情况
两交叉杆均不中断	$0.5l_1=l$	$0.7l_1$	l_1	l_1
支持杆在交叉点中断并以节点板相连	$0.7l_1$	l_1	l_1	

注：l—桁架弦杆节点到交叉点的距离；l_1—杆件几何长度（桁架节点中心距离，交叉点不作为节点考虑）。

桁架的杆件都应具有一定的刚度，即控制杆件的长细比在一定的范围内，桁架杆件的许用长细比按表 4-1 查取。

10.6 桁架节点设计和弦杆拼接

杆件截面选定以后，就可根据杆件内力、连接方法和节点构造要求来设计节点。节点有焊接和铆接两种，轻型桁架多做成焊接节点。节点设计一般与绘制桁架施工图同时进行，各杆件在节点处用节点板汇集起来，按杆件的相互位置和连接布置来决定节点板的尺寸。

通常，对于由两型钢组成的杆件，节点板夹在两型钢之间（图 10-14）。

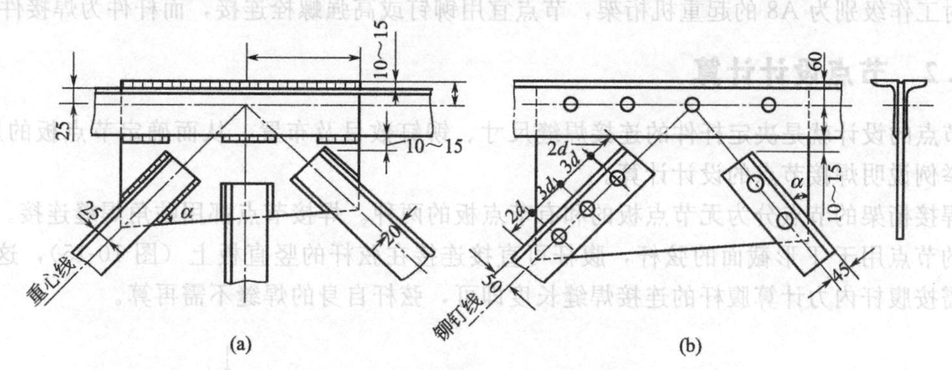

图 10-14 桁架节点的构造举例

10.6.1 节点设计的构造要求和原则

(1) 杆件轴线交会于节点

杆件的轴线应交会于节点中心，构成桁架几何图形。焊接桁架以组成杆件的型钢重心线作为杆件的轴线，为了制造方便，绘制节点图时角钢的重心线位置（距离肢背）取为 5mm 的尾数，铆接桁架以型钢上的铆钉线作为杆件的轴线，节点应避免构造偏心。

(2) 节点板的外形和型钢的剪切

节点板的尺寸根据节点处杆件的宽度、倾斜角度和腹杆的连接焊缝长度或铆钉布置而定。为便于下料，节点板应具有简单的形状，使剪切次数最少；最好有两个平行边，常用矩形和梯形；节点板的板边与杆件轴线的夹角应大于 15°。

型钢端部的切割面应与其轴线相垂直，角钢肢可斜切但不应留有肢边尖角。

(3) 节点板的厚度

节点板是传力构件，节点板的厚度由腹杆最大内力决定，并在全桁架中采用相同的板厚，可按表 10-3 选取。

表 10-3 节点板的厚度

腹杆内力 N_d/kN	板厚/mm	腹杆内力 N_d/kN	板厚/mm
$N_d \leqslant 100$	6	$300 < N_d \leqslant 400$	12～14
$N_d \leqslant 200$	8	$N_d > 400$	14～20
$200 < N_d \leqslant 300$	10～12		

(4) 节点的连接焊缝和铆钉

腹杆和弦杆与节点板的连接焊缝和铆钉布置应使其重心与杆件轴线重合。焊接桁架杆端多用两侧焊缝或三面围焊缝连接；夹在两型钢之间的节点板可以伸出型钢面 10～15mm 或凹进 5～10mm，以便施焊；腹杆与弦杆之间应留出 10～15mm 的间隙，避免两焊缝相碰和有调整腹杆位置的余地［图 10-14(a)］。

同一桁架中采用的焊缝厚度不宜多于三种，依被焊板厚而定：$\delta \leqslant 10$mm 时，$h_f = 6$mm；$\delta > 10 \sim 20$mm 时，$h_f = 8$mm；$\delta > 20 \sim 30$mm 时，$h_f = 10$mm。

实际应用时，对 Q235 钢构件的焊缝厚度允许减小 1～2mm，依结构的重要性而定。

铆接桁架中常采用孔径 d 为 21.5mm 的铆钉连接杆件，为减小节点板尺寸，通常腹杆上的铆钉按最小间距 $3d$ 布置，端距和节点板边距不小于 $2d$ [图 10-14(b)]。

对工作级别为 A8 的起重机桁架，节点宜用铆钉或高强螺栓连接，而杆件为焊接件。

10.6.2　节点设计计算

节点的设计就是决定杆件的连接焊缝尺寸、铆钉数目及布置，从而确定节点板的尺寸。下面举例说明焊接节点的设计计算。

焊接桁架的节点分为无节点板的和有节点板的两种。焊接节点都用贴角焊缝连接。无节点板的节点用于 T 形截面的弦杆，腹杆可直接连接在弦杆的竖直板上（图 10-15），这种节点只需按腹杆内力计算腹杆的连接焊缝长度即可，弦杆自身的焊缝不需再算。

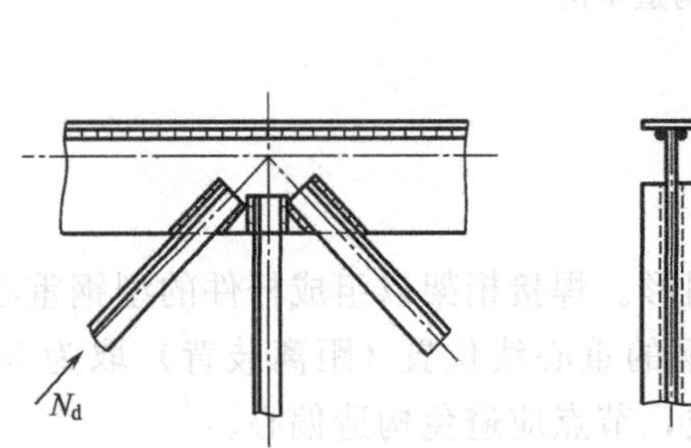

图 10-15　无节点板的焊接节点

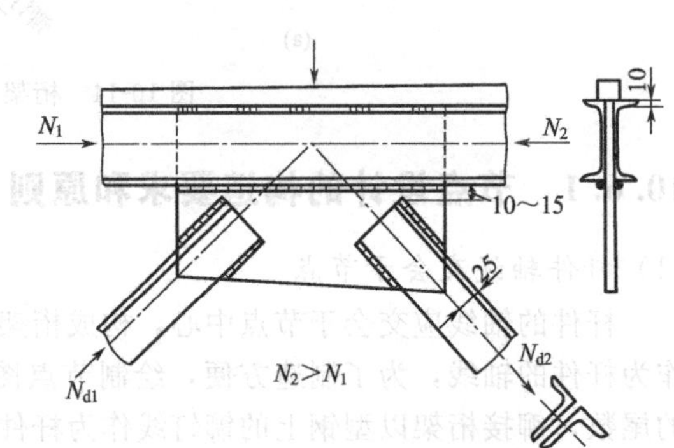

图 10-16　有节点板的焊接节点

计算腹杆的焊缝长度，先要选取贴角焊缝的厚度 h_f。

设组成腹杆的两角钢各用两条侧焊缝与弦杆的竖直板连接，则每一角钢的侧焊缝长度为

肢背：
$$l_f^b=\frac{K_1N_d}{2\times0.7h_f[\tau_h]}+10$$

肢尖：
$$l_f^j=\frac{K_2N_d}{2\times0.7h_f[\tau_h]}+10 \tag{10-5}$$

式中　N_d——腹杆内力，N；

K_1，K_2——贴角焊缝在角钢两侧的分配系数；

$[\tau_h]$——贴角焊缝的许用应力，MPa。

腹杆用三面围焊时，每一型钢端部的焊缝总长为

$$\sum l_f=\frac{N_d}{2\times0.7h_f[\tau_h]} \tag{10-6}$$

焊缝的分配也尽量使其重心与杆件的轴线重合。

有节点板的节点如图 10-16 所示。腹杆焊缝的计算和分配与无节点板的节点相同。当节点处弦杆上无集中载荷时，弦杆与节点板的连接焊缝按相邻节间弦杆的内力差决定。有轨道的弦杆，节点板凹进型钢表面的焊缝视为两条分别焊在每个型钢上的贴角焊缝。弦杆的每个型钢与节点板的连接焊缝总长为

$$\sum l_f=\frac{N_2-N_1}{2\times0.7h_f[\tau_h]} \tag{10-7}$$

式中　N_1，N_2——计算节点的相邻节间弦杆内力。

$\sum l_f$ 按规定分配至型钢的两侧，不应有偏心。

当节点处弦杆上有集中载荷时，弦杆与节点板的连接焊缝应按弦杆传递给节点板的合力

来决定：

$$\sum l_{\mathrm{f}}=\frac{\sqrt{N_2-N_1}}{2\times 0.7h_{\mathrm{f}}[\tau_{\mathrm{h}}]} \tag{10-8}$$

焊缝长度在弦杆型钢两侧的分配同前。

当需计算焊接的疲劳强度时，则改用载荷组合Ⅰ来求杆件内力并按焊接的疲劳许用应力计算。

钢管桁架和塔架具有材料分布合理、自重轻以及风阻力小等优点，管结构的节点如图10-17所示，因构造复杂，多数不用节点板，但钢管之间的连接切口较难制作，所以也采用贴角焊缝连接，采用方管将使节点连接大为简化。钢管连接的焊缝计算同前。

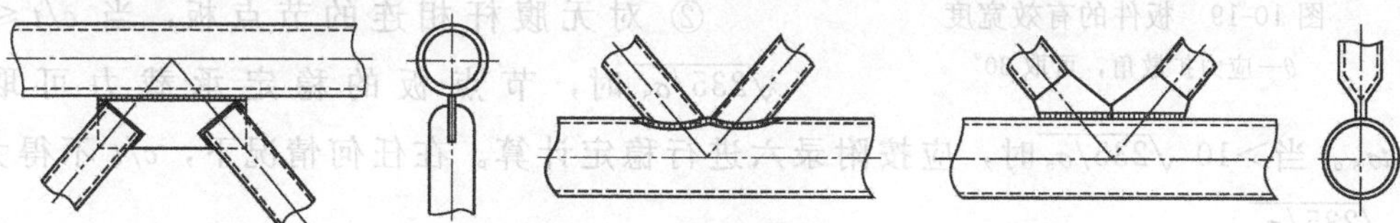

图 10-17 管结构的节点

连接节点处板件在拉剪作用下的强度应按下列公式计算：

$$\sigma=\frac{N}{\sum(\eta_i A_i)}\leqslant\sigma_{\mathrm{s}} \tag{10-9}$$

$$\eta_i=\frac{1}{\sqrt{1+2\cos^2\alpha_i}} \tag{10-10}$$

式中 N——作用于板件的拉力；

A_i——第 i 段破坏面的截面积，$A_i=tl_i$，当为螺栓（或铆钉）连接时，应取净截面面积；

t——板件厚度；

l_i——第 i 破坏段的长度，应取板件中最危险的破坏线的长度（图 10-18）；

η_i——第 i 段的拉剪折算系数；

α_i——第 i 段破坏线与拉力轴线的夹角。

桁架节点板（杆件为轧制T形和双板焊接T形截面者除外）的强度除可按式(10-9)计算外，也可用有效宽度法按下式计算：

$$\sigma=\frac{N}{b_{\mathrm{e}}t}\leqslant\sigma_{\mathrm{s}} \tag{10-11}$$

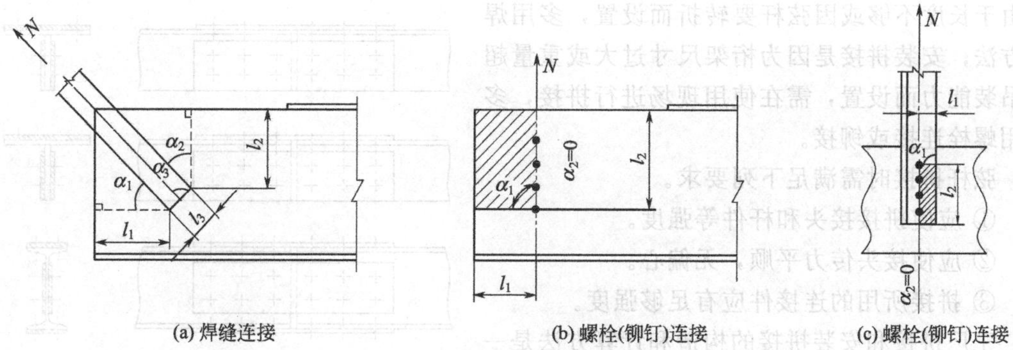

(a) 焊缝连接　(b) 螺栓(铆钉)连接　(c) 螺栓(铆钉)连接

图 10-18 板件的拉剪撕裂

式中　b_e——板件的有效宽度［图 10-19(a)］；当用螺栓（或铆钉）连接时［图 10-19(b)］，应减去孔径。

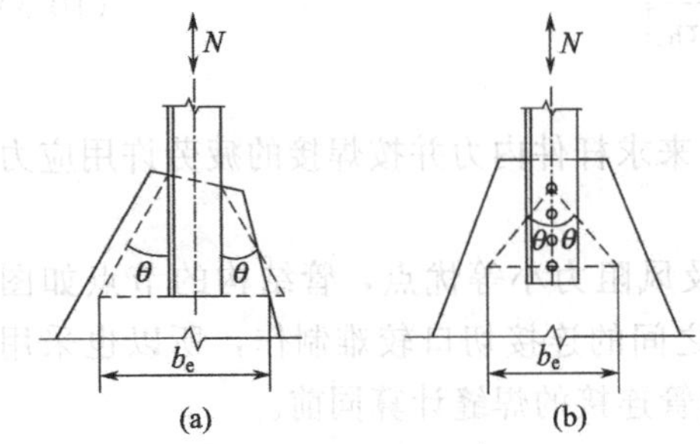

图 10-19　板件的有效宽度

θ—应力扩散角，可取 30°

桁架节点板在斜腹杆压力作用下的稳定性可用下列方法进行计算。

① 对有竖腹杆相连的节点板，当 $c/t\leqslant 15\sqrt{235/\sigma_s}$ 时（c 为受压腹杆连接肢端面中沿腹杆轴线方向至弦杆的净距离），可不计算稳定。否则，应按附录六进行稳定计算。在任何情况下，c/t 不得大于 $22\sqrt{235/\sigma_s}$。

② 对无腹杆相连的节点板，当 $c/t\leqslant 10\sqrt{235/\sigma_s}$ 时，节点板的稳定承载力可取为 $0.8b_e t\sigma_s$。当$>10\sqrt{235/\sigma_s}$时，应按附录六进行稳定计算。在任何情况下，c/t 不得大于 $17.5\sqrt{235/\sigma_s}$。

当用上述方法计算桁架节点板时，尚应满足下列要求。

① 节点板边缘与腹杆轴线之间的夹角不应小于15°。

② 斜腹杆与弦杆的夹角应在 30°～60°之间。

③ 节点板的自由长度 l_1 与厚度 t 之比不得大于 $60\sqrt{235/\sigma_s}$，否则应沿自由边设加劲肋予以加强。

10.6.3　弦杆的拼接

在下列情况，弦杆需要拼接。

① 桁架跨度较大而型钢长度不够。

② 折线形桁架的弦杆转折处。

③ 桁架的运输安装接头。

④ 弦杆截面不相同。

桁架弦杆的拼接位置可设置在节点上，也可在节间内，后者构造简单，用得较多，接头宜设置在距节点约 $l/6$ 处（l 为节间长），按轴向力计算拼接。弦杆拼接应避开跨中央。

弦杆拼接分工厂拼接和安装拼接。工厂拼接是由于长度不够或因弦杆要转折而设置，多用焊接方法；安装拼接是因为桁架尺寸过大或重量超过吊装能力而设置，需在使用现场进行拼接，多采用螺栓连接或铆接。

弦杆拼接时需满足下列要求。

① 应使拼接接头和杆件等强度。

② 应使接头传力平顺，无偏心。

③ 拼接所用的连接件应有足够强度。

工厂拼接和安装拼接的构造和计算方法是一样的，安装拼接连接件的许用应力需降低10%。

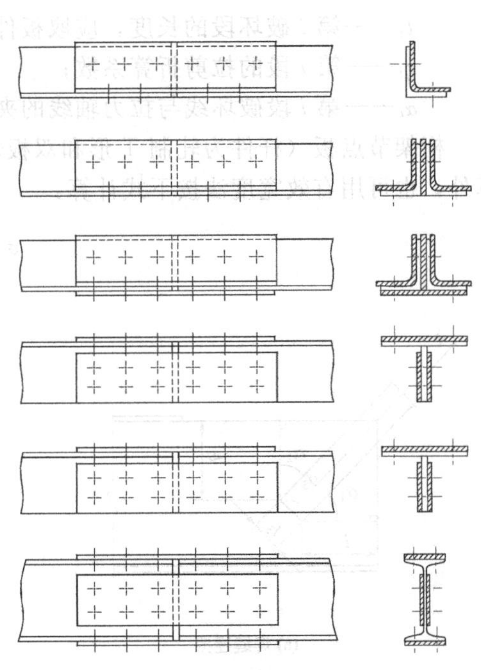

图 10-20　弦杆铆接拼接

弦杆的节间拼接常用同型号的拼接角钢或拼接板来连接，弦杆的铆接拼接构造如图 10-20所示。

弦杆的焊接拼接宜采用带坡口的直缝对接和等强度的斜缝对接，也可用拼接板来加强直缝对接，但不允许只用拼接板连接，避免应力集中过大。角钢也用拼接板拼接而不用拼接角钢。工字钢的直缝对接可用菱形拼接板加强，钢管最好用对接缝。弦杆的焊接拼接如图 10-21所示。

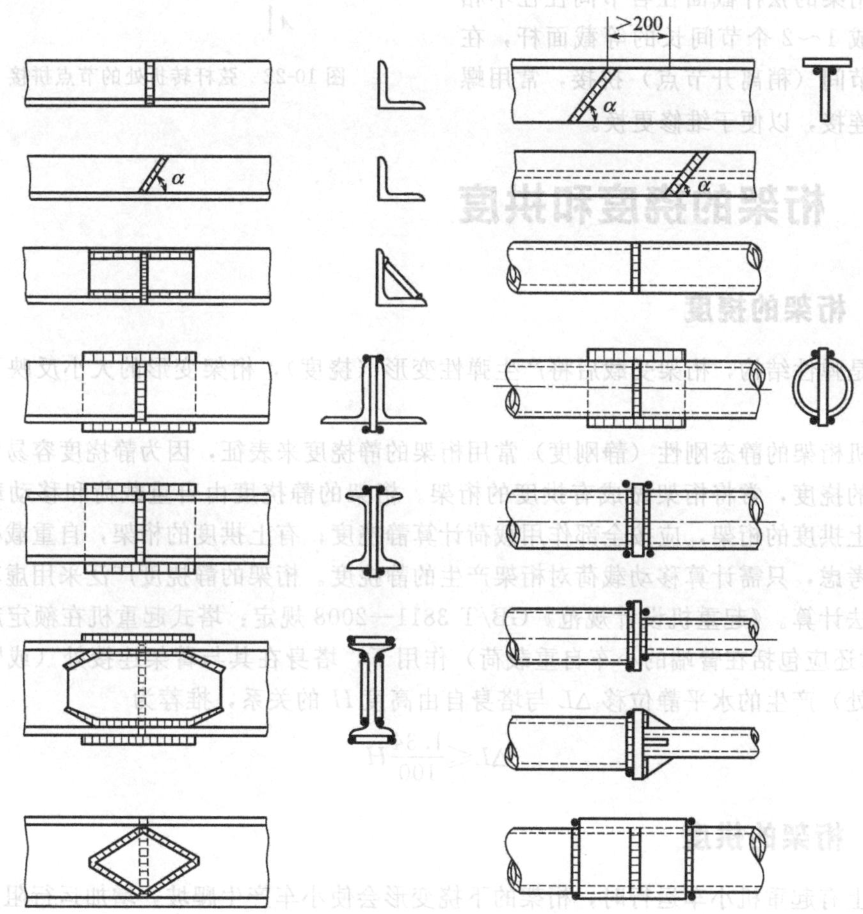

图 10-21 弦杆焊接拼接

直缝对接的焊缝应力按下式计算：

$$\sigma_h=\frac{N}{\delta\sum l_f}\leqslant[\sigma_h] \tag{10-12}$$

式中 N——弦杆拼接处的最大内力，N；

$\sum l_f$——对接焊缝的计算长度，mm；

δ——杆件的厚度，mm；

$[\sigma_h]$——焊缝许用应力，MPa。

同时用直缝对接和拼接板的接头，拼接板贴角焊缝的应力按下式计算：

$$\tau_h=\frac{N-\delta\sum l_f[\sigma_h]}{0.7h_f\sum l_f}\leqslant[\tau_h] \tag{10-13}$$

式中 $\sum l_f$——弦杆对接焊缝的总长度，mm；

$\sum l'_{f}$——在对接缝一侧拼接板的贴角缝总长度，mm；

δ——杆件的厚度，mm；

$[\tau_{h}]$——贴角焊缝许用应力，MPa。

弦杆用 $\alpha \leqslant 45°$ 斜缝对接时，则不需计算。弦杆转折处的节点拼接如图 10-22 所示。

重型桁架的弦杆截面在各节间往往不相同，多做成 1～2 个节间长的等截面杆，在节点或在节间（稍离开节点）拼接，常用螺栓或铆钉连接，以便于维修更换。

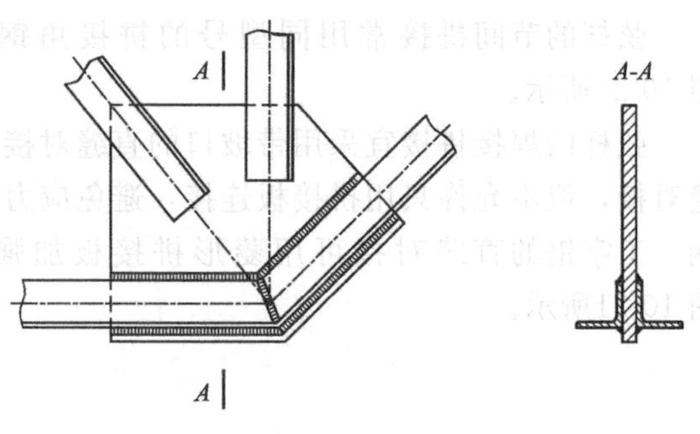

图 10-22　弦杆转折处的节点拼接

10.7　桁架的挠度和拱度

10.7.1　桁架的挠度

桁架是弹性结构，桁架受载后将产生弹性变形（挠度），桁架变形的大小反映了桁架的刚劲程度。

起重机桁架的静态刚性（静刚度）常用桁架的静挠度来表征，因为静挠度容易观测。为减小桁架的挠度，常将桁架做成有拱度的桁架。桁架的静挠度由自重载荷和移动载荷所引起，没有上拱度的桁架，应按全部作用载荷计算静挠度；有上拱度的桁架，自重载荷产生的挠度不再考虑，只需计算移动载荷对桁架产生的静挠度。桁架的静挠度广泛采用虚功原理和有限元方法计算。《起重机设计规范》GB/T 3811—2008 规定：塔式起重机在额定起升载荷（有小车时还应包括在臂端的小车自重载荷）作用下，塔身在其与臂架连接处（或臂架与转柱的连接处）产生的水平静位移 ΔL 与塔身自由高度 H 的关系，推荐为

$$\Delta L \leqslant \frac{1.34}{100}H$$

10.7.2　桁架的拱度

桁架上有起重机小车运行时，桁架的下挠变形会使小车产生爬坡，增加运行阻力，从而影响正常工作。

为抵消载荷产生的挠度，对起重机的桁架需设置上拱度，跨中拱度高为 $f_0 = L/1000$，拱度对称于跨中央并沿跨度向两边按二次抛物线变化。以跨中央为原点的简支桁架各节点的拱度纵坐标 y 由下式确定：

$$y = f_0\left(1 - \frac{4a^2}{L^2}\right) \tag{10-14}$$

式中　a——桁架各节点距跨中央的距离，mm；

f_0——跨中央的标准上拱度，mm；

L——跨度，mm。

桁架各节点的上拱值不同，就引起斜腹杆长度的变化，在绘制桁架的施工图时，应按上拱的几何图形（图 10-23）来确定杆件长度和节点尺寸，并依此图来制造。

同理，悬臂桁架也应设置端点为 $L_1/350$ 的上翘度，各节点的翘度值按抛物线或正弦曲

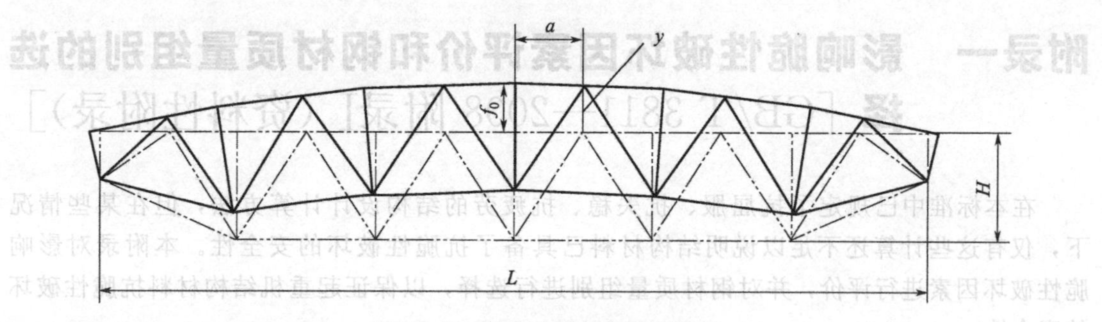

图 10-23 桁架上拱后的几何图形

线变化（L_1 为悬臂桁架长度）。

桁架的跨中上拱度和悬臂端的上翘度在制造过程中会减小，难以保持标准值，桁架各点的纵坐标也随着变化，为此在组装桁架时，可将上述标准控制值增大 40%。

附录一 影响脆性破坏因素评价和钢材质量组别的选择［GB/T 3811—2008 附录Ⅰ（资料性附录）］

在本标准中已规定了抗屈服、抗失稳、抗疲劳的结构设计计算方法，但在某些情况下，仅有这些计算还不足以说明结构材料已具备了抗脆性破坏的安全性。本附录对影响脆性破坏因素进行评价，并对钢材质量组别进行选择，以保证起重机结构材料抗脆性破坏的安全性。

Ⅰ.1 对影响脆性破坏因素的评价

在起重机金属结构中，导致构件材料发生脆性破坏的重要影响因素是：纵向残余拉伸应力与自重载荷引起的纵向拉伸应力的联合作用；构件材料的厚度；工作环境的温度。

Ⅰ.1.1 纵向残余拉伸应力与自重载荷引起的纵向拉伸应力的联合作用的影响

自重载荷引起的纵向拉伸应力 σ_G 和焊接纵向残余拉伸应力的联合作用如图Ⅰ.1所示。

Ⅰ类焊缝：无焊缝或只有横向焊缝，脆性破坏的危险性小。当起重机自重等永久性载荷（γ_p 取 1）引起的结构构件纵向拉伸应力 σ_G 与钢材的屈服点 σ_s 之比 $\sigma_G/\sigma_s>0.3$ 时，才考虑此因素对脆性破坏的影响。评价系数 Z_A 按式(Ⅰ.1)计算：

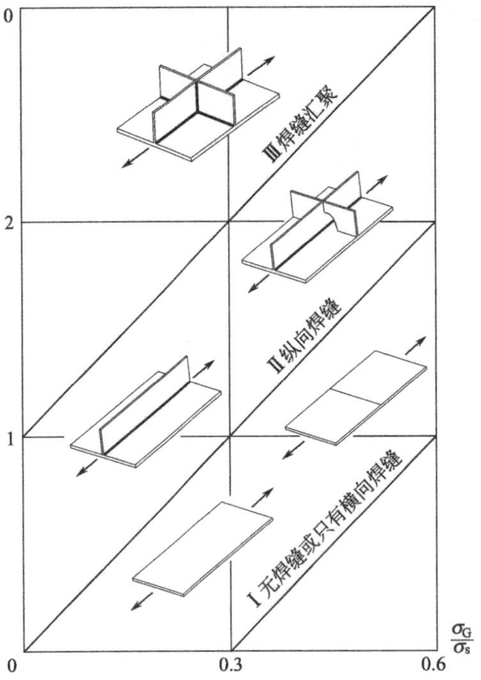

$$Z_A=\frac{\sigma_G}{0.3\sigma_s}-1 \qquad (Ⅰ.1)$$

式中 Z_A——（钢材质量组别选择的）残余应力影响评价系数；

σ_G——结构构件纵向拉伸应力，MPa；

σ_s——钢材的屈服点，当钢材无明显的屈服点时，取 $\sigma_{0.2}$ 为 σ_s（$\sigma_{0.2}$ 为钢材标准拉力试验残余应变达0.2%时的试验应力），MPa。

图Ⅰ.1 焊缝类型

Ⅱ类焊缝：只有纵向焊缝的结构，脆性破坏的危险性增加。评价系数 Z_A 按式(Ⅰ.2)计算：

$$Z_A=\frac{\sigma_G}{0.3\sigma_s} \qquad (Ⅰ.2)$$

Ⅲ类焊缝：焊缝汇聚，高度应力集中，脆性破坏的危险性最大。评价系数 Z_A 按式(Ⅰ.3)计算：

$$Z_A=\frac{\sigma_G}{0.3\sigma_s}+1 \qquad (Ⅰ.3)$$

在有条件时，宜对Ⅲ类焊缝进行消除残余应力的热处理（温度宜为600～650℃），处理后可视为Ⅰ类焊缝选取钢材组别。

当钢材的屈强比 $\sigma_s/\sigma_b\geqslant0.7$ 时，式(Ⅰ.1)～式(Ⅰ.3)中的 σ_s 以（$0.5\sigma_s+0.35\sigma_b$）

代之。

Ⅰ.1.2 构件材料厚度的影响

构件材料的厚度越大，脆性破坏的危险性也越大。当 5mm$\leqslant t \leqslant$20mm 时评价系数 Z_B 按式(Ⅰ.4) 计算，当 20mm$\leqslant t \leqslant$100mm 时评价系数 Z_B 按式(Ⅰ.5) 计算。

$$Z_B=\frac{9}{2500}t^2 \quad (Ⅰ.4)$$

$$Z_B=0.65\sqrt{t-14.81}-0.05 \quad (Ⅰ.5)$$

式中 Z_B——(钢材质量组别选择的) 材料厚度影响评价系数；

t——构件材料厚度，mm。

对压制型材和矩形截面用假想厚度 t' 来进行评价，t' 按下述规定确定。

a) 对轧制型材：

1) 对圆截面 $t'=\frac{d}{1.8}$

2) 对方截面 $t'=\frac{t}{1.8}$

b) 对截面长边为 b、短边为 d 的矩形截面：

1) 当两边之比 $b/d \leqslant 1.8$ 时 $t'=\frac{b}{1.8}$

2) 当两边之比 $b/d > 1.8$ 时 $t'=d$

Ⅰ.1.3 工作环境温度的影响

在室外的起重机结构的工作环境温度取为起重机使用地点的年最低日平均温度。当起重机的结构工作环境在 0℃以下时，随着温度的降低，材料脆性破坏的危险性越来越大。不低于−30℃时，评价系数 Z_C 按式(Ⅰ.6) 计算；低于−30℃、高于−55℃时，评价系数 Z_C 按式(Ⅰ.7) 计算。

$$Z_C=\frac{6}{1600}T^2 \quad (Ⅰ.6)$$

$$Z_C=\frac{-2.25T-33.75}{10} \quad (Ⅰ.7)$$

式中 Z_C——(钢材质量组别选择的) 工作环境温度影响评价系数；

T——起重臂结构的工作环境温度，℃。

Ⅰ.2 所要求的钢材质量组别的确定

Ⅰ.2.1 综合评价法

将评价系数 Z_A、Z_B、Z_C 相加，得到总评价系数 Z，由表Ⅰ.1 查出所要求钢材质量组别。表Ⅰ.2 给出了各组对应的钢材牌号及相应的冲击韧性值。

表Ⅰ.1 与总评价系数有关的钢材质量组别的划分

总评价系数 $\sum Z=Z_A+Z_B+Z_C$	与表Ⅰ.2 对应的钢材质量组别
$\leqslant$2	1
$\leqslant$4	2
$\leqslant$8	3
$\leqslant$16	4

表Ⅰ.2　钢材质量组别及钢材牌号

钢材的质量组别	冲击功 A_{KV}/J	冲击韧性的试验温度 T/℃	钢材牌号	国家标准
1			Q235A	GB/T 700
			Q345A、Q390A	GB/T 1591
2	≥27	+20	Q235B	GB/T 700
	≥34		Q345B、Q390B	GB/T 1591
3	≥27	0	Q235C	GB/T 700
	≥34		Q345C、Q390C、Q420C、Q460C	GB/T 1591
4	≥27	−20	Q235D	GB/T 700
	≥34		Q345D、Q390D、Q420D、Q460D	GB/T 1591

注：1. 如果板材要进行弯曲半径与板厚比小于 10 的冷弯加工，其钢材应适合弯折或冷压折边的要求。

2. 除明确规定不采用沸腾钢的情况［见 3.4.3（1）①］外，可适当选用沸腾钢。

附录二 常用钢板及型钢截面特性表

冷轧钢板和钢带的尺寸、外形、重量及允许偏差（摘自 GB/T 708—2006）

1 厚度允许偏差

1.1 规定的最小屈服强度小于 280MPa 的钢板和钢带的厚度允许偏差应符合表 1 的规定。

表 1 规定的最小屈服强度小于 280MPa 的钢板和钢带的厚度允许偏差 mm

公称厚度	厚度允许偏差					
	普通精度 PT. A			较高精度 PT. B		
	公称宽度			公称宽度		
	≤1200	>1200～1500	>1500	≤1200	>1200～1500	>1500
≤0.40	±0.04	±0.05	±0.06	±0.025	±0.035	±0.045
>0.40～0.60	±0.05	±0.06	±0.07	±0.035	±0.045	±0.050
>0.60～0.80	±0.06	±0.07	±0.08	±0.040	±0.050	±0.050
>0.80～1.00	±0.07	±0.08	±0.09	±0.045	±0.060	±0.060
>1.00～1.20	±0.08	±0.09	±0.10	±0.055	±0.070	±0.070
>1.20～1.60	±0.10	±0.11	±0.11	±0.070	±0.080	±0.080
>1.60～2.00	±0.12	±0.13	±0.13	±0.080	±0.090	±0.090
>2.00～2.50	±0.14	±0.15	±0.15	±0.100	±0.0110	±0.110
>2.50～3.00	±0.16	±0.17	±0.17	±0.110	±0.0120	±0.120
>3.00～4.00	±0.17	±0.19	±0.19	±0.140	±0.0150	±0.150

注：距钢带焊缝处 15m 内的厚度允许偏差比表中规定值增加 60%；距钢带两端各 15m 内的厚度允许偏差比表中规定值增加 60%。

1.2 规定的最小屈服强度为 280～360MPa 的钢板和钢带的厚度允许偏差比表 1 规定值增加 20%；规定的最小屈服强度为不小于 360MPa 的钢板和钢带的厚度允许偏差比表 1 规定值增加 40%。

表 1 单轧钢板的厚度允许偏差（N 类） mm

公称厚度	下列公称宽度的厚度允许偏差			
	≤1500	>1500～2500	>2500～4000	>4000～4800
3.00～5.00	±0.45	±0.55	±0.65	—
>5.00～8.00	±0.50	±0.60	±0.75	—
>8.00～15.0	±0.55	±0.65	±0.80	±0.90
>15.0～25.0	±0.65	±0.75	±0.90	±1.10
>25.0～40.0	±0.70	±0.80	±1.00	±1.20
>40.0～60.0	±0.80	±0.90	±1.10	±1.30
>60.0～100	±0.90	±1.10	±1.30	±1.50
>100～150	±1.20	±1.40	±1.60	±1.80
>150～200	±1.40	±1.60	±1.80	±1.90
>200～250	±1.60	±1.80	±2.00	±2.20
>250～300	±1.80	±2.00	±2.20	±2.40
>300～400	±2.00	±2.20	±2.40	±2.60

热轧钢板和钢带的尺寸、外形、重量及允许偏差（摘自 GB/T 709—2006）

1　厚度允许偏差

1.1　单轧钢板厚度允许偏差（N 类）应符合表 1 的规定。

1.2　根据需方要求，并在合同中注明偏差类别，可以供应公差值与表 1 规定公差值相等的其他偏差类别的单轧钢板，如表 2～表 4 规定的 A 类、B 类和 C 类偏差；也可以供应公差值与表 1 规定公差值相等的限制正偏差的单轧钢板，正负偏差由供需双方协商规定。

1.3　钢带（包括连轧钢板）的厚度偏差应符合表 5 的规定。需方要求按较高厚度精度供货时应在合同中注明，未注明的按普通精度供货。根据需方要求，可以在表 5 规定的公差范围内调整钢带的正负偏差。

表 2　单轧钢板的厚度允许偏差（A 类）　　mm

公称厚度	下列公称宽度的厚度允许偏差			
	≤1500	>1500～2500	>2500～4000	>4000～4800
3.00～5.00	+0.55 −0.35	+0.70 −0.40	+0.85 −0.45	—
>5.00～8.00	+0.65 −0.35	+0.75 −0.45	+0.95 −0.55	—
>8.00～15.0	+0.70 −0.40	+0.85 −0.45	+1.05 −0.55	+1.20 −0.60
>15.0～25.0	+0.85 −0.45	+1.00 −0.50	+1.15 −0.65	+1.50 −0.70
>25.0～40.0	+0.90 −0.50	+1.05 −0.55	+1.30 −0.70	+1.60 −0.80
>40.0～60.0	+1.05 −0.55	+1.20 −0.60	+1.45 −0.75	+1.70 −0.90
>60.0～100	+1.20 −0.60	+1.50 −0.70	+1.75 −0.85	+2.00 −1.00
>100～150	+1.60 −0.80	+1.90 −0.90	+2.15 −1.05	+2.40 −1.20
>150～200	+1.90 −0.90	+2.20 −1.00	+2.45 −1.15	+2.50 −1.30
>200～250	+2.20 −1.00	+2.40 −1.20	+2.70 −1.30	+3.00 −1.40
>250～300	+2.40 −1.20	+2.70 −1.30	+2.95 −1.45	+3.20 −1.60
>300～400	+2.70 −1.30	+3.00 −1.40	+3.25 −1.55	+3.50 −1.70

表 3　单轧钢板的厚度允许偏差（B 类）　　mm

公称厚度	下列公称宽度的厚度允许偏差							
	≤1500		>1500～2500		>2500～4000		>4000～4800	
3.00～5.00	−0.30	+0.60	−0.30	+0.80	−0.30	+1.00		
>5.00～8.00		+0.70		+0.90		+1.20		
>8.00～15.0		+0.80		+1.00		+1.30	−0.30	+1.50
>15.0～25.0		+1.00		+1.20		+1.50		+1.90
>25.0～40.0		+1.10		+1.30		+1.70		+2.10
>40.0～60.0		+1.30		+1.50		+1.90		+2.30
>60.0～100		+1.50		+1.80		+2.30		+2.70
>100～150		+2.10		+2.50		+2.90		+3.30
>150～200		+2.50		+2.90		+3.30		+3.50
>200～250		+2.90		+3.30		+3.70		+4.10
>250～300		+3.30		+3.70		+4.10		+4.50
>300～400		+3.70		+4.10		+4.50		4.90

表 4 单轧钢板的厚度允许偏差（C 类） mm

公称厚度	下列公称宽度的厚度允许偏差							
	≤1500		>1500～2500		>2500～4000		>4000～4800	
3.00～5.00	0	+0.90	0	+1.10	0	+1.30	0	—
>5.00～8.00	0	+1.00	0	+1.20	0	+1.50	0	—
>8.00～15.0	0	+1.10	0	+1.30	0	+1.60	0	+1.80
>15.0～25.0	0	+1.30	0	+1.50	0	+1.80	0	+2.20
>25.0～40.0	0	+1.40	0	+1.60	0	+2.00	0	+2.40
>40.0～60.0	0	+1.60	0	+1.80	0	+2.20	0	+2.60
>60.0～100	0	+1.80	0	+2.20	0	+2.60	0	+3.00
>100～150	0	+2.40	0	+2.80	0	+3.20	0	+3.60
>150～200	0	+2.80	0	+3.20	0	+3.60	0	+3.80
>200～250	0	+3.20	0	+3.60	0	+4.00	0	+4.40
>250～300	0	+3.60	0	+4.00	0	+4.40	0	+4.80
>300～400	0	+4.00	0	+4.40	0	+4.80	0	+5.20

表 5 钢带（包括连轧钢板）的厚度允许偏差 mm

公称厚度	钢带厚度允许偏差							
	普通精度 PT. A				较高精度 PT. B			
	公称宽度				公称宽度			
	600～1200	>1200～1500	>1500～1800	>1800	600～1200	>1200～1500	>1500～1800	>1800
0.8～1.5	±0.15	±0.17	—	—	±0.10	±0.12	—	—
>1.5～2.0	±0.17	±0.19	±0.21	—	±0.13	±0.14	±0.14	—
>2.0～2.5	±0.18	±0.21	±0.23	±0.25	±0.14	±0.15	±0.17	±0.20
>2.5～3.0	±0.20	±0.22	±0.24	±0.26	±0.15	±0.17	±0.19	±0.21
>3.0～4.0	±0.22	±0.24	±0.26	±0.27	±0.17	±0.18	±0.21	±0.22
>4.0～5.0	±0.24	±0.26	±0.28	±0.29	±0.19	±0.21	±0.22	±0.23
>5.0～6.0	±0.26	±0.28	±0.29	±0.31	±0.21	±.022	±0.23	±0.25
>6.0～8.0	±0.29	±0.30	±0.31	±0.35	±0.23	±0.24	±0.25	±0.28
>8.0～10.0	±0.32	±0.33	±0.34	±0.40	±0.26	±0.26	±0.27	±0.32
>10.0～12.5	±0.35	±0.36	±0.37	±0.43	±0.28	±0.29	±0.30	±0.35
>12.5～15.0	±0.37	±0.38	±0.40	±0.46	±0.30	±0.31	±0.33	±0.39
>15.0～25.4	±0.40	±0.42	±0.45	±0.50	±0.32	±0.34	±0.37	±0.42

注：规定最小屈服强度大于或等于 345MPa 的钢带，厚度偏差应增加 10%。

焊接薄钢管（摘自 GB/T 3091—2001）

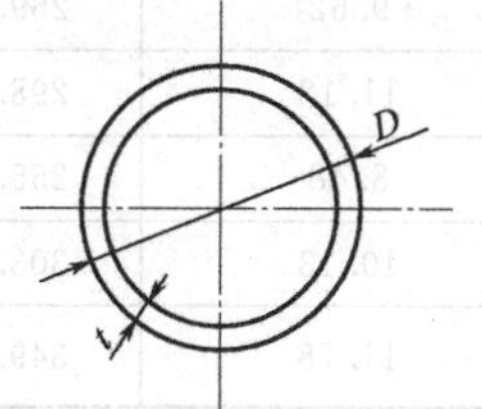

I—惯性矩；
r—回转半径；
W—抵抗矩

尺寸		截面面积/cm²	重量/kg·m⁻¹	I/cm⁴	r/cm	W/cm³
D	t					
25	1.5	1.11	0.87	0.77	0.83	0.61
30	1.5	1.34	1.05	1.37	1.01	0.91
30	2.0	1.76	1.38	1.73	0.99	1.16
40	1.5	1.81	1.42	3.37	1.36	1.68
40	2.0	2.39	1.88	4.32	1.35	2.16
51	2.0	3.08	2.42	9.26	1.73	3.63
57	2.0	3.46	2.71	13.08	1.95	4.59
60	2.0	3.64	2.86	15.34	2.05	5.10
70	2.0	4.27	3.35	24.72	2.41	7.06
76	2.0	4.65	3.65	31.85	2.62	8.38
83	2.0	5.09	4.00	41.76	2.87	10.06
83	2.5	6.32	4.96	51.26	2.85	12.35
89	2.0	5.47	4.29	51.74	3.08	11.63
89	2.5	6.79	5.33	63.59	3.06	14.29
95	2.0	5.84	4.59	63.20	3.29	13.31
95	2.5	7.26	5.70	77.76	3.27	16.37
102	2.0	6.28	4.93	78.55	3.54	15.40
102	2.5	7.81	6.14	96.76	3.52	18.97
102	3.0	9.33	7.33	114.40	3.50	22.43
108	2.0	6.66	5.23	93.6	3.75	17.33
108	2.5	8.29	6.51	115.4	3.73	21.37
108	3.0	9.90	7.77	136.5	3.72	25.28
114	2.0	7.04	5.52	110.4	3.96	19.37
114	2.5	8.76	6.87	135.2	3.94	23.89
114	3.0	10.46	8.21	161.3	3.93	28.30
121	2.0	7.48	5.87	132.4	4.21	21.88
121	2.5	9.31	7.31	163.5	4.19	27.02
121	3.0	11.12	8.73	193.7	4.17	32.02
127	2.0	7.85	6.17	153.4	4.42	24.16
127	2.5	9.78	7.68	189.5	4.40	29.84
127	3.0	11.69	9.18	224.7	4.39	35.39
133	2.5	10.25	8.05	218.2	4.62	32.81
133	3.0	12.25	9.62	259.0	4.60	38.95
133	3.5	14.24	11.18	298.7	4.58	44.92
140	2.5	10.80	8.48	255.3	4.86	36.47
140	3.0	12.91	10.13	303.1	4.85	43.29
140	3.5	15.01	11.78	349.8	4.83	49.97

续表

尺寸		截面面积/cm²	重量/kg·m⁻¹	I/cm⁴	r/cm	W/cm³
D	t					
152	3.0	14.04	11.02	389.9	5.27	51.30
152	3.5	16.33	12.82	450.3	5.25	59.25
152	4.0	18.60	14.60	509.6	5.24	67.05
159	3.0	14.70	11.54	447.4	5.52	56.27
159	3.5	17.10	13.42	517.0	5.50	65.02
159	4.0	19.48	15.29	585.3	5.48	73.62
168	3.0	15.55	12.21	529.4	5.84	63.02
168	3.5	18.09	14.20	612.1	5.82	72.87
168	4.0	20.61	16.18	693.3	5.80	82.53
180	3.0	16.68	13.09	653.5	6.26	72.61
180	3.5	19.41	15.24	756.0	6.24	84.00
180	4.0	22.12	17.36	856.8	6.22	95.20
194	3.0	18.00	14.13	821.1	6.75	84.64
194	3.5	20.95	16.45	950.5	6.74	97.99
194	4.0	23.88	18.75	1078	6.72	111.1
203	3.0	18.85	15.00	943	7.07	92.87
203	3.5	21.94	17.22	1092	7.06	107.55
203	4.0	25.01	19.63	1238	7.04	122.01
219	3.0	20.36	15.98	1187	7.64	103.44
219	3.5	23.70	18.61	1376	7.62	125.65
219	4.0	27.02	21.81	1562	7.60	142.62
245	3.0	22.81	17.91	1670	8.56	136.3
245	3.5	26.55	20.84	1936	8.54	158.1
245	4.0	30.28	23.77	2199	8.52	179.5

无缝钢管的尺寸、外形、重量及允许偏差（摘自 GB/T 17395—2008）

mm

外径			壁厚
系列 1	系列 2	系列 3	
	6		0.25,0.30,0.40,0.50,0.60,0.80,1.0,1.2,1.4,1.5,1.6,1.8,2.0
	7		0.25,0.30,0.40,0.50,0.60,0.80,1.0,1.2,1.4,1.5,1.6,1.8,2.0,2.2(2.3),2.5(2.6)
	8		0.25,0.30,0.40,0.50,0.60,0.80,1.0,1.2,1.4,1.5,1.6,1.8,2.0,2.2(2.3),2.5(2.6)
	9		0.25,0.30,0.40,0.50,0.60,0.80,1.0,1.2,1.4,1.5,1.6,1.8,2.0,2.2(2.3),2.5(2.6),2.8
10(10.2)	11		0.25,0.30,0.40,0.50,0.60,0.80,1.0,1.2,1.4,1.5,1.6,1.8,2.0,2.2(2.3),2.5(2.6),2.8,(2.9)3.0,3.2,3.5(3.6)
	12		0.25,0.30,0.40,0.50,0.60,0.80,1.0,1.2,1.4,1.5,1.6,1.8,2.0,2.2(2.3),2.5(2.6),2.8,(2.9)3.0,3.2,3.5(3.6),4.0
13.5	13(12.7)	14	

续表

外径			壁厚
系列 1	系列 2	系列 3	
17(17.2)	16	18	0.25,0.30,0.40,0.50,0.60,0.80,1.0,1.2,1.4,1.5,1.6,1.8,2.0,2.2(2.3),2.5(2.6),2.8,(2.9)3.0,3.2,3.5(3.6),4.0,4.5,5.0
	19		0.25,0.30,0.40,0.50,0.60,0.80,1.0,1.2,1.4,1.5,1.6,1.8,2.0,2.2(2.3),2.5(2.6),2.8,(2.9)3.0,3.2,3.5(3.6),4.0,4.5,5.0,5.4(5.5),6.0
	20		
21(21.3)		22	0.40,0.50,0.60,0.80,1.0,1.2,1.4,1.5,1.6,1.8,2.0,2.2(2.3),2.5(2.6),2.8,(2.9)3.0,3.2,3.5(3.6),4.0,4.5,5.0,5.4(5.5),6.0
27(26.9)	25	25.4	0.40,0.50,0.60,0.80,1.0,1.2,1.4,1.5,1.6,1.8,2.0,2.2(2.3),2.5(2.6),2.8,(2.9)3.0,3.2,3.5(3.6),4.0,4.5,5.0,5.4(5.5),6.0,(6.3)6.5,7.0(7.1)
	28		
34(33.7)	32(31.8)	30	0.40,0.50,0.60,0.80,1.0,1.2,1.4,1.5,1.6,1.8,2.0,2.2(2.3),2.5(2.6),2.8,(2.9)3.0,3.2,3.5(3.6),4.0,4.5,5.0,5.4(5.5),6.0,(6.3)6.5,7.0(7.1),7.5,8.0
		35	0.40,0.50,0.60,0.80,1.0,1.2,1.4,1.5,1.6,1.8,2.0,2.2(2.3),2.5(2.6),2.8,(2.9)3.0,3.2,3.5(3.6),4.0,4.5,5.0,5.4(5.5),6.0,(6.3)6.5,7.0(7.1),7.5,8.0,8.5,(8.8)9.0
	38		0.40,0.50,0.60,0.80,1.0,1.2,1.4,1.5,1.6,1.8,2.0,2.2(2.3),2.5(2.6),2.8,(2.9)3.0,3.2,3.5(3.6),4.0,4.5,5.0,5.4(5.5),6.0,(6.3)6.5,7.0(7.1),7.5,8.0,8.5,(8.8)9.0,9.5,10
	40		
42(42.4)			1.0,1.2,1.4,1.5,1.6,1.8,2.0,2.2(2.3),2.5(2.6),2.8,(2.9)3.0,3.2,3.5(3.6),4.0,4.5,5.0,5.4(5.5),6.0,(6.3),6.5,7.0(7.1),7.5,8.0,8.5,(8.8)9.0,9.5,10
48(48.3)	51	45(44.5)	1.0,1.2,1.4,1.5,1.6,1.8,2.0,2.2(2.3),2.5(2.6),2.8,(2.9)3.0,3.2,3.5(3.6),4.0,4.5,5.0,5.4(5.5),6.0,(6.3),6.5,7.0(7.1),7.5,8.0,8.5,(8.8)9.0,9.5,10,11,12(12.5)
	57	54	1.0,1.2,1.4,1.5,1.6,1.8,2.0,2.2(2.3),2.5(2.6),2.8,(2.9)3.0,3.2,3.5(3.6),4.0,4.5,5.0,5.4(5.5),6.0,(6.3),6.5,7.0(7.1),7.5,8.0,8.5,(8.8)9.0,9.5,10,11,12(12.5),13,14(14.2)
60(60.3)	63(63.5)		1.0,1.2,1.4,1.5,1.6,1.8,2.0,2.2(2.3),2.5(2.6),2.8,(2.9)3.0,3.2,3.5(3.6),4.0,4.5,5.0,5.4(5.5),6.0,(6.3),6.5,7.0(7.1),7.5,8.0,8.5,(8.8)9.0,9.5,10,11,12(12.5),13,14(14.2),15,16
	65		
	68		
	70		1.0,1.2,1.4,1.5,1.6,1.8,2.0,2.2(2.3),2.5(2.6),2.8,(2.9)3.0,3.2,3.5(3.6),4.0,4.5,5.0,5.4(5.5),6.0,(6.3),6.5,7.0(7.1),7.5,8.0,8.5,(8.8)9.0,9.5,10,11,12(12.5),13,14(14.2),15,16,17(17.5)
		73	1.0,1.2,1.4,1.5,1.6,1.8,2.0,2.2(2.3),2.5(2.6),2.8,(2.9)3.0,3.2,3.5(3.6),4.0,4.5,5.0,5.4(5.5),6.0,(6.3),6.5,7.0(7.1),7.5,8.0,8.5,(8.8)9.0,9.5,10,11,12(12.5),13,14(14.2),15,16,17(17.5),18,19
76(76.1)	77		1.0,1.2,1.4,1.5,1.6,1.8,2.0,2.2(2.3),2.5(2.6),2.8,(2.9)3.0,3.2,3.5(3.6),4.0,4.5,5.0,5.4(5.5),6.0,(6.3),6.5,7.0(7.1),7.5,8.0,8.5,(8.8)9.0,9.5,10,11,12(12.5),13,14(14.2),15,16,17(17.5),18,19,20
	80		
	85	83(82.5)	1.4,1.5,1.6,1.8,2.0,2.2(2.3),2.5(2.6),2.8,(2.9)3.0,3.2,3.5(3.6),4.0,4.5,5.0,5.4(5.5),6.0,(6.3)6.5,7.0(7.1),7.5,8.0,8.5,(8.8)9.0,9.5,10,11,12(12.5),13,14(14.2),15,16,17(17.5),18,19,20,22(22.2)

续表

外径			壁厚
系列1	系列2	系列3	
89(88.9)	95		1.4,1.5,1.6,1.8,2.0,2.2(2.3),2.5(2.6),2.8,(2.9)3.0,3.2,3.5(3.6),4.0,4.5,5.0,5.4(5.5),6.0,(6.3)6.5,7.0(7.1),7.5,8.0,8.5,(8.8)9.0,9.5,10,11,12(12.5),13,14(14.2),15,16,17(17.5),18,19,20,22(22.2),24
	102(101.6)		1.4,1.5,1.6,1.8,2.0,2.2(2.3),2.5(2.6),2.8,(2.9)3.0,3.2,3.5(3.6),4.0,4.5,5.0,5.4(5.5),6.0,(6.3)6.5,7.0(7.1),7.5,8.0,8.5,(8.8)9.0,9.5,10,11,12(12.5),13,14(14.2),15,16,17(17.5),18,19,20,22(22.2),24,25,26,28
		108	1.4,1.5,1.6,1.8,2.0,2.2(2.3),2.5(2.6),2.8,(2.9)3.0,3.2,3.5(3.6),4.0,4.5,5.0,5.4(5.5),6.0,(6.3)6.5,7.0(7.1),7.5,8.0,8.5,(8.8)9.0,9.5,10,11,12(12.5),13,14(14.2),15,16,17(17.5),18,19,20,22(22.2),24,25,26,28,30
114(114.3)			1.5,1.6,1.8,2.0,2.2(2.3),2.5(2.6),2.8,(2.9)3.0,3.2,3.5(3.6),4.0,4.5,5.0,5.4(5.5),6.0,(6.3)6.5,7.0(7.1),7.5,8.0,8.5,(8.8)9.0,9.5,10,11,12(12.5),13,14(14.2),15,16,17(17.5),18,19,20,22(22.2),24,25,26,28,30
	121		1.5,1.6,1.8,2.0,2.2(2.3),2.5(2.6),2.8,(2.9)3.0,3.2,3.5(3.6),4.0,4.5,5.0,5.4(5.5),6.0,(6.3)6.5,7.0(7.1),7.5,8.0,8.5,(8.8)9.0,9.5,10,11,12(12.5),13,14(14.2),15,16,17(17.5),18,19,20,22(22.2),24,25,26,28,30,32
	127		1.8,2.0,2.2(2.3),2.5(2.6),2.8,(2.9)3.0,3.2,3.5(3.6),4.0,4.5,5.0,5.4(5.5),6.0,(6.3)6.5,7.0(7.1),7.5,8.0,8.5,(8.8)9.0,9.5,10,11,12(12.5),13,14(14.2),15,16,17(17.5),18,19,20,22(22.2),24,25,26,28,30,32
	133		2.5(2.6),2.8,(2.9)3.0,3.2,3.5(3.6),4.0,4.5,5.0,5.4(5.5),6.0,(6.3)6.5,7.0(7.1),7.5,8.0,8.5,(8.8)9.0,9.5,10,11,12(12.5),13,14(14.2),15,16,17(17.5),18,19,20,22(22.2),24,25,26,28,30,32,34,36
140(139.7)		142(141.3)	(2.9)3.0,3.2,3.5(3.6),4.0,4.5,5.0,5.4(5.5),6.0,(6.3)6.5,7.0(7.1),7.5,8.0,8.5,(8.8)9.0,9.5,10,11,12(12.5),13,14(14.2),15,16,17(17.5),18,19,20,22(22.2),24,25,26,28,30,32,34,36
	146	152(152.4)	(2.9)3.0,3.2,3.5(3.6),4.0,4.5,5.0,5.4(5.5),6.0,(6.3)6.5,7.0(7.1),7.5,8.0,8.5,(8.8)9.0,9.5,10,11,12(12.5),13,14(14.2),15,16,17(17.5),18,19,20,22(22.2),24,25,26,28,30,32,34,36,38,40
168(168.3)		159	3.5(3.6),4.0,4.5,5.0,5.4(5.5),6.0,(6.3)6.5,7.0(7.1),7.5,8.0,8.5,(8.8)9.0,9.5,10,11,12(12.5),13,14(14.2),15,16,17(17.5),18,19,20,22(22.2),24,25,26,28,30,32,34,36,38,40,42,45
		180(177.8)	3.5(3.6),4.0,4.5,5.0,5.4(5.5),6.0,(6.3)6.5,7.0(7.1),7.5,8.0,8.5,(8.8)9.0,9.5,10,11,12(12.5),13,14(14.2),15,16,17(17.5),18,19,20,22(22.2),24,25,26,28,30,32,34,36,38,40,42,45,48,50
		194(193.7)	

续表

外径			壁厚
系列 1	系列 2	系列 3	
	203		3.5(3.6),4.0,4.5,5.0,5.4(5.5),6.0,(6.3)6.5,7.0(7.1),7.5,8.0,8.5,(8.8)9.0,9.5,10,11,12(12.5),13,14(14.2),15,16,17(17.5),18,19,20,22(22.2),24,25,26,28,30,32,34,36,38,40,42,45,48,50,55
219(219.1)			6.0,(6.3)6.5,7.0(7.1),7.5,8.0,8.5,(8.8)9.0,9.5,10,11,12(12.5),13,14(14.2),15,16,17(17.5),18,19,20,22(22.2),24,25,26,28,30,32,34,36,38,40,42,45,48,50,55
		232	6.0,(6.3)6.5,7.0(7.1),7.5,8.0,8.5,(8.8)9.0,9.5,10,11,12(12.5),13,14(14.2),15,16,17(17.5),18,19,20,22(22.2),24,25,26,28,30,32,34,36,38,40,42,45,48,50,55,60,65
		245(244.5)	
		267(267.4)	
273			(6.3)6.5,7.0(7.1),7.5,8.0,8.5,(8.8)9.0,9.5,10,11,12(12.5),13,14(14.2),15,16,17(17.5),18,19,20,22(22.2),24,25,26,28,30,32,34,36,38,40,42,45,48,50,55,60,65, 70,75,80,85
325(323.9)	299(298.5)	302	7.5,8.0,8.5,(8.8)9.0,9.5,10,11,12(12.5),13,14(14.2),15,16,17(17.5),18,19,20,22(22.2),24,25,26,28,30,32,34,36,38,40,42,45,48,50,55,60,65,70,75,80,85,90,95,100
		318.5	
	340(339.7)		8.0,8.5,(8.8)9.0,9.5,10,11,12(12.5),13,14(14.2),15,16,17(17.5),18,19,20,22(22.2),24,25,26,28,30,32,34,36,38,40,42,45,48,50,55,60,65,70,75,80,85,90,95,100
	351		
356(355.6)	377	368	(8.8)9.0,9.5,10,11,12(12.5),13,14(14.2),15,16,17(17.5),18,19,20,22(22.2),24,25,26,28,30,32,34,36,38,40,42,45,48,50,55,60,65,70,75,80,85,90,95,100
406(406.4)	402	419	
457	426		
	450		
	473		
	480		
	500		(8.8)9.0,9.5,10,11,12(12.5),13,14(14.2),15,16,17(17.5),18,19,20,22(22.2),24,25,26,28,30,32,34,36,38,40,42,45,48,50,55,60,65,70,75,80,85,90,95,100,110
508			
610	530	560(559)	(8.8)9.0,9.5,10,11,12(12.5),13,14(14.2),15,16,17(17.5),18,19,20,22(22.2),24,25,26,28,30,32,34,36,38,40,42,45,48,50,55,60,65,70,75,80,85,90,95,100,110,120
	630	660	9.0,9.5,10,11,12(12.5),13,14(14.2),15,16,17(17.5),18,19,20,22(22.2),24,25,26,28,30,32,34,36,38,40,42,45,48,50,55,60,65,70,75,80,85,90,95,100,110,120
711	720	699	12(12.5),13,14(14.2),15,16,17(17.5),18,19,20,22(22.2),24,25,26,28,30,32,34,36,38,40,42,45,48,50,55,60,65,70,75,80,85,90,95,100,110,120
813	762	788.5	20,22(22.2),24,25,26,28,30,32,34,36,38,40,42,45,48,50,55,60,65,70,75,80,85,90,95,100,110,120
		864	
914		965	25,26,28,30,32,34,36,38,40,42,45,48,50,55,60,65,70,75,80,85,90,95,100,110,120
1016			

热轧等边角钢截面特性表（摘自 GB/T 706—2008 热轧型钢）

b—边宽度；
d—边厚度；
r—内圆弧半径；
r_1—边端圆弧半径；
Z_0—重心距离

型号	尺寸/mm			截面面积	理论重量	外表面积	惯性矩/cm⁴				惯性半径/cm			截面模数/cm³			重心距离/cm
	b	d	r	/cm²	/kg·m⁻¹	/m²·m⁻¹	I_x	I_{x1}	I_{x0}	I_{y0}	i_x	i_{x0}	i_{y0}	W_x	W_{x0}	W_{y0}	Z_0
2	20	3	3.5	1.132	0.889	0.078	0.40	0.81	0.63	0.17	0.59	0.75	0.39	0.29	0.45	0.20	0.60
		4		1.459	1.145	0.077	0.50	1.09	0.78	0.22	0.58	0.73	0.38	0.36	0.55	0.24	0.64
2.5	25	3		1.432	1.124	0.098	0.82	1.57	1.29	0.34	0.76	0.95	0.49	0.46	0.73	0.33	0.73
		4		1.859	1.459	0.097	1.03	2.11	1.62	0.43	0.74	0.93	0.48	0.59	0.92	0.40	0.76
3	30	3	4.5	1.749	1.373	0.117	1.46	2.71	2.31	0.61	0.91	1.15	0.59	0.68	1.09	0.51	0.85
		4		2.276	1.786	0.117	1.84	3.63	2.92	0.77	0.90	1.13	0.58	0.87	1.37	0.62	0.89
3.6	36	3		2.109	1.656	0.141	2.58	4.68	4.09	1.07	1.11	1.39	0.71	0.99	1.61	0.76	1.00
		4		2.756	2.163	0.141	3.29	6.25	5.22	1.37	1.09	1.38	0.70	1.28	2.05	0.93	1.04
		5		3.382	2.654	0.141	3.95	7.84	6.24	1.65	1.08	1.36	0.70	1.56	2.45	1.09	1.07
4	40	3	5	2.359	1.852	0.157	3.59	6.41	5.69	1.49	1.23	1.55	0.79	1.23	2.01	0.96	1.09
		4		3.086	2.422	0.157	4.60	8.56	7.29	1.91	1.22	1.54	0.79	1.60	2.58	1.19	1.13
		5		3.791	2.976	0.156	5.53	10.74	8.76	2.30	1.21	1.52	0.78	1.96	3.10	1.39	1.17
4.5	45	3		2.659	2.088	0.177	5.17	9.12	8.20	2.14	1.40	1.76	0.90	1.58	2.58	1.24	1.22
		4		3.486	2.736	0.177	6.65	12.18	10.56	2.75	1.38	1.74	0.89	2.05	3.32	1.54	1.26
		5		4.292	3.369	0.176	8.04	15.25	12.74	3.33	1.37	1.72	0.88	2.51	4.00	1.81	1.30
		6		5.070	3.985	0.176	9.33	18.36	14.76	3.89	1.36	1.70	0.88	2.95	4.64	2.06	1.33

续表

型号	尺寸/mm			截面面积/cm²	理论重量/kg·m⁻¹	外表面积/m²·m⁻¹	惯性矩/cm⁴				惯性半径/cm			截面模数/cm³			重心距离/cm
	b	d	r				I_x	I_{x1}	I_{x0}	I_{y0}	i_x	i_{x0}	i_{y0}	W_x	W_{x0}	W_{y0}	Z_0
5	50	3	5.5	2.971	2.332	0.197	7.18	12.50	11.37	2.98	1.55	1.96	1.00	1.96	3.22	1.57	1.34
		4		3.897	3.059	0.197	9.26	16.69	14.70	3.82	1.54	1.94	0.99	2.56	4.16	1.96	1.38
		5		4.803	3.770	0.196	11.21	20.90	17.79	4.64	1.53	1.92	0.98	3.13	5.03	2.31	1.42
		6		5.688	4.465	0.196	13.05	25.14	20.68	5.42	1.52	1.91	0.98	3.68	5.85	2.63	1.46
5.6	56	3	6	3.343	2.624	0.221	10.19	17.56	16.14	4.24	1.75	2.20	1.13	2.48	4.08	2.02	1.48
		4		4.390	3.446	0.220	13.18	23.43	20.92	5.46	1.73	2.18	1.11	3.24	5.28	2.52	1.53
		5		5.415	4.251	0.220	16.02	29.33	25.42	6.61	1.72	2.17	1.10	3.97	6.42	2.98	1.57
		6		6.420	5.040	0.220	18.69	35.26	29.66	7.73	1.71	2.15	1.10	4.68	7.49	3.40	1.61
		7		7.404	5.812	0.219	21.23	41.23	33.63	8.82	1.69	2.13	1.09	5.36	8.49	3.80	1.64
		8		8.367	6.568	0.219	23.63	47.24	37.37	9.89	1.68	2.11	1.09	6.03	9.44	4.16	1.68
6	60	5	6.5	5.829	4.576	0.236	19.89	36.05	31.57	8.21	1.85	2.33	1.19	4.59	7.44	3.48	1.67
		6		6.914	5.427	0.235	23.25	43.33	36.89	9.60	1.83	2.31	1.18	5.41	8.70	3.98	1.70
		7		7.977	6.262	0.235	26.44	50.65	41.92	10.96	1.82	2.29	1.17	6.21	9.88	4.45	1.74
		8		9.020	7.081	0.235	29.47	58.02	46.66	12.28	1.81	2.27	1.17	6.98	11.00	4.88	1.78
6.3	63	4	7	4.978	3.907	0.248	19.03	33.35	30.17	7.89	1.96	2.46	1.26	4.13	6.78	3.29	1.70
		5		6.143	4.822	0.248	23.17	41.73	36.77	9.57	1.94	2.45	1.25	5.08	8.25	3.90	1.74
		6		7.288	5.721	0.247	27.12	50.14	43.03	11.20	1.93	2.43	1.24	6.00	9.66	4.49	1.78
		7		8.412	6.603	0.247	30.87	58.60	48.96	12.79	1.92	2.41	1.23	6.88	10.99	4.98	1.82
		8		9.515	7.469	0.247	34.46	67.11	54.56	14.33	1.90	2.40	1.23	7.75	12.25	5.47	1.85
		10		11.657	9.151	0.246	41.09	84.31	64.85	17.33	1.88	2.36	1.22	9.39	14.56	6.36	1.93

续表

型号	尺寸/mm			截面面积	理论重量	外表面积	惯性矩/cm⁴				惯性半径/cm			截面模数/cm³			重心距离/cm
	b	d	r	/cm²	/kg·m⁻¹	/m²·m⁻¹	I_x	I_{x1}	I_{x0}	I_{y0}	i_x	i_{x0}	i_{y0}	W_x	W_{x0}	W_{y0}	Z_0
7	70	4	8	5.570	4.372	0.275	26.39	45.74	41.80	10.99	2.18	2.74	1.40	5.14	8.44	4.17	1.86
		5		6.875	5.397	0.275	32.21	57.21	51.08	13.34	2.16	2.73	1.39	6.32	10.32	4.95	1.91
		6		8.160	6.406	0.275	37.77	68.73	59.93	15.61	2.15	2.71	1.38	7.48	12.11	5.67	1.95
		7		9.424	7.398	0.275	43.09	80.29	68.35	17.82	2.14	2.69	1.38	8.59	13.81	6.34	1.99
		8		10.667	8.373	0.274	48.17	91.92	76.37	19.98	2.12	2.68	1.37	9.68	15.43	6.98	2.03
7.5	75	5	9	7.412	5.818	0.295	39.97	70.56	63.30	16.63	2.33	2.92	1.50	7.32	11.94	5.77	2.04
		6		8.797	6.905	0.294	46.95	84.55	74.38	19.51	2.31	2.90	1.49	8.64	14.02	6.67	2.07
		7		10.160	7.976	0.294	53.57	98.71	84.96	22.18	2.30	2.89	1.48	9.93	16.02	7.44	2.11
		8		11.503	9.030	0.294	59.96	112.97	95.07	24.86	2.28	2.88	1.47	11.20	17.93	8.19	2.15
		9		12.825	10.068	0.294	66.10	127.30	104.71	27.48	2.27	2.86	1.46	12.43	19.75	8.89	2.18
		10		14.126	11.089	0.293	71.98	141.71	113.92	30.05	2.26	2.84	1.46	13.64	21.48	9.56	2.22
8	80	5		7.912	6.211	0.315	48.79	85.36	77.33	20.25	2.48	3.13	1.60	8.34	13.67	6.66	2.15
		6		9.397	7.376	0.314	57.35	102.50	90.98	23.72	2.47	3.11	1.59	9.87	16.08	7.65	2.19
		7		10.860	8.525	0.314	65.58	119.70	104.07	27.09	2.46	3.10	1.58	11.37	18.40	8.58	2.23
		8		12.303	9.658	0.314	73.49	136.07	116.60	30.39	2.44	3.08	1.57	12.83	20.61	9.46	2.27
		9		13.725	10.774	0.314	81.11	154.31	128.60	33.61	2.43	3.06	1.56	14.25	22.73	10.29	2.31
		10		15.126	11.874	0.313	88.43	171.74	140.09	36.77	2.42	3.04	1.56	15.64	24.76	11.08	2.35
9	90	6	10	10.637	8.350	0.354	82.77	145.87	131.26	34.28	2.79	3.51	1.80	12.61	20.63	9.95	2.44
		7		12.301	9.656	0.354	94.83	170.30	150.47	39.18	2.78	3.50	1.78	14.54	23.64	11.19	2.48
		8		13.944	10.946	0.353	106.47	194.80	168.97	43.97	2.76	3.48	1.78	16.42	26.55	12.35	2.52
		9		15.566	12.219	0.353	117.72	219.36	186.77	48.66	2.75	3.46	1.77	18.27	29.35	13.46	2.56
		10		17.167	13.476	0.353	128.58	244.07	203.90	53.26	2.74	3.45	1.76	20.07	32.04	14.52	2.59
		12		20.306	15.940	0.352	149.22	293.76	236.21	62.22	2.71	3.41	1.75	23.57	37.12	16.49	2.67

续表

型号	尺寸/mm			截面面积/cm²	理论重量/kg·m⁻¹	外表面积/m²·m⁻¹	惯性矩/cm⁴				惯性半径/cm			截面模数/cm³			重心距离/cm
	b	d	r				I_x	I_{x1}	I_{x0}	I_{y0}	i_x	i_{x0}	i_{y0}	W_x	W_{x0}	W_{y0}	Z_0
10	100	6	12	11.932	9.366	0.393	114.95	200.07	181.98	47.92	3.10	3.90	2.00	15.68	25.74	12.69	2.67
		7		13.796	10.830	0.393	131.86	233.54	208.97	54.74	3.09	3.89	1.99	18.10	29.55	14.26	2.71
		8		15.638	12.276	0.393	148.24	267.09	235.07	61.41	3.08	3.88	1.98	20.47	33.24	15.75	2.76
		9		17.462	13.708	0.392	164.12	300.73	260.30	67.95	3.07	3.86	1.97	22.79	36.81	17.18	2.80
		10		19.261	15.120	0.392	179.51	334.48	284.68	74.35	3.05	3.84	1.96	25.06	40.26	18.54	2.84
		12		22.800	17.898	0.391	208.90	402.34	330.95	86.84	3.03	3.81	1.95	29.48	46.80	21.08	2.91
		14		26.256	20.611	0.391	236.53	470.75	374.06	99.00	3.00	3.77	1.94	33.73	52.90	23.44	2.99
		16		29.627	23.257	0.390	262.53	539.80	414.16	110.89	2.98	3.74	1.94	37.82	58.57	25.63	3.06
11	110	7		15.196	11.928	0.433	177.16	310.64	280.94	73.38	3.41	4.30	2.20	22.05	36.12	17.51	2.96
		8		17.238	13.532	0.433	199.46	355.20	316.49	82.42	3.40	4.28	2.19	24.95	40.69	19.39	3.01
		10		21.261	16.690	0.432	242.19	444.65	384.39	99.98	3.38	4.25	2.17	30.60	49.42	22.91	3.09
		12		25.200	19.782	0.431	282.55	543.60	448.17	116.93	3.35	4.22	2.15	36.05	57.62	26.15	3.16
		14		29.256	22.809	0.431	320.71	625.16	508.01	133.40	3.32	4.18	2.14	41.31	65.61	29.14	3.24
12.5	125	8	14	19.750	15.504	0.492	297.03	521.01	470.89	123.16	3.88	4.88	2.50	32.52	53.28	25.86	3.37
		10		24.373	19.133	0.491	361.67	651.93	573.89	149.46	3.85	4.85	2.48	39.97	64.93	30.62	3.45
		12		28.912	22.696	0.491	423.16	783.42	671.44	174.88	3.83	4.82	2.46	41.17	75.96	35.03	3.53
		14		33.367	26.193	0.490	481.65	915.61	763.73	199.57	3.80	4.78	2.45	54.16	86.41	39.13	3.61
		16		37.739	29.625	0.489	537.31	1048.62	850.98	223.65	3.77	4.75	2.43	60.93	96.28	42.96	3.68
14	140	10		27.373	21.488	0.551	514.65	915.11	817.27	212.04	4.34	5.46	2.78	50.58	82.56	39.20	3.82
		12		32.512	25.522	0.551	603.68	1099.28	958.79	248.57	4.31	5.43	2.76	59.80	96.85	45.02	3.90
		14		37.567	29.490	0.550	688.81	1284.22	1093.56	284.06	4.28	5.40	2.75	68.75	110.47	50.45	3.98
		16		42.539	33.393	0.549	770.24	1470.07	1221.81	318.67	4.26	5.36	2.74	77.46	123.42	55.55	4.06
15	150	8		23.750	18.644	0.592	521.37	899.55	827.49	215.25	4.69	5.90	3.01	47.36	78.02	38.14	3.99
		10		29.373	23.058	0.591	637.50	1125.09	1012.79	262.21	4.66	5.87	2.99	58.35	95.49	45.51	4.08
		12		34.912	27.406	0.591	748.85	1351.26	1189.97	307.73	4.63	5.84	2.97	69.04	112.19	52.38	4.15
		14		40.367	31.688	0.590	855.64	1578.25	1359.30	351.98	4.60	5.80	2.95	79.45	128.16	58.83	4.23
		15		43.063	33.804	0.590	907.39	1692.10	1441.09	373.69	4.59	5.78	2.95	84.56	135.87	61.90	4.27
		16		45.739	35.905	0.589	958.08	1806.21	1521.02	395.14	4.58	5.77	2.94	89.59	143.40	64.89	4.31

续表

型号	尺寸/mm			截面面积	理论重量	外表面积	惯性矩/cm^4				惯性半径/cm			截面模数/cm^3			重心距离/cm
	b	d	r	/cm^2	/kg·m^{-1}	/m^2·m^{-1}	I_x	I_{x1}	I_{x0}	I_{y0}	i_x	i_{x0}	i_{y0}	W_x	W_{x0}	W_{y0}	Z_0
16	160	10	16	31.502	24.729	0.630	779.53	1365.33	1237.30	321.76	4.98	6.27	3.20	66.70	109.36	52.76	4.31
		12		37.441	29.391	0.630	916.58	1639.57	1455.68	377.49	4.95	6.24	3.18	78.98	128.67	60.74	4.39
		14		43.296	33.987	0.629	1048.36	1914.68	1665.02	431.70	4.92	6.20	3.16	90.95	147.17	68.24	4.47
		16		49.067	38.518	0.629	1175.08	2190.82	1965.57	484.59	4.89	6.17	3.14	102.63	164.89	75.31	4.55
18	180	12		42.241	33.159	0.710	1321.35	2332.80	2100.10	542.61	5.59	7.05	3.58	100.82	165.00	78.41	4.89
		14		48.896	38.383	0.709	1514.48	2723.48	2407.42	621.53	5.56	7.02	3.56	116.25	189.14	88.38	4.97
		16		55.467	43.542	0.709	1700.99	3115.29	2703.37	698.60	5.54	6.98	3.55	131.13	212.40	97.83	5.05
		18		61.955	48.634	0.708	1875.12	3502.43	2988.24	762.01	5.50	6.94	3.51	145.64	234.78	105.14	5.13
20	200	14	18	54.642	42.894	0.788	2103.55	3734.10	3343.26	863.83	6.20	7.82	3.98	144.70	236.40	111.82	5.46
		16		62.013	48.680	0.788	2366.15	4270.39	3760.89	971.41	6.18	7.79	3.96	163.65	265.93	123.96	5.54
		18		69.301	54.401	0.787	2620.64	4808.13	4164.54	1076.74	6.15	7.75	3.94	182.22	294.48	135.52	5.62
		20		76.505	60.056	0.787	2867.30	5347.51	4554.55	1180.04	6.12	7.72	3.93	200.42	322.06	146.55	5.69
		24		90.661	71.168	0.785	3338.25	6457.16	5294.97	1381.53	6.07	7.64	3.90	236.17	374.41	166.65	5.87
22	220	16	21	68.664	53.901	0.866	3187.36	5681.62	5063.73	1310.99	6.81	8.59	4.37	199.55	325.51	153.81	6.03
		18		76.752	60.250	0.866	3534.30	6395.93	5615.32	1453.27	6.79	8.55	4.35	222.37	360.97	168.29	6.11
		20		84.756	66.533	0.865	3871.49	7112.04	6150.08	1592.90	6.76	8.52	4.34	244.37	395.34	182.16	6.18
		22		92.676	72.751	0.865	4199.23	7830.19	6668.37	1730.10	6.73	8.48	4.32	266.78	428.66	195.45	6.26
		24		100.512	78.902	0.864	4517.83	8550.57	7170.55	1865.11	6.70	8.45	4.31	288.39	460.94	208.45	6.33
		26		108.264	84.987	0.864	4827.58	9273.39	7656.98	1998.17	6.68	8.41	4.30	309.62	492.21	220.49	6.41
25	250	18	24	87.842	68.956	0.985	5268.22	9373.11	8369.04	2167.41	7.74	9.76	4.97	290.12	473.42	224.03	6.84
		20		97.045	76.180	0.984	5779.34	10426.97	9181.94	2376.74	7.72	9.73	4.95	319.66	519.41	242.85	6.92
		24		115.201	90.433	0.983	6763.93	12529.74	10742.67	2785.19	7.66	9.66	4.92	377.34	607.70	278.38	7.07
		26		124.154	97.461	0.982	7238.03	13585.18	11491.33	2984.84	7.63	9.62	4.90	405.50	650.05	295.19	7.15
		28		133.022	104.422	0.982	7700.60	14643.62	12219.39	3181.81	7.61	9.58	4.89	433.22	691.23	311.42	7.22
		30		141.807	111.318	0.981	8151.80	15705.30	12927.26	3376.34	7.58	9.55	4.88	460.51	731.28	327.12	7.30
		32		150.508	118.149	0.981	8592.01	16770.41	13615.32	3568.71	7.56	9.51	4.87	487.39	770.20	342.33	7.37
		33		163.402	128.271	0.980	9232.44	18374.95	14611.16	3853.72	7.52	9.46	4.86	526.97	826.53	364.30	7.48

热轧不等边角钢截面特性表（摘自 GB/T 706—2008 热轧型钢）

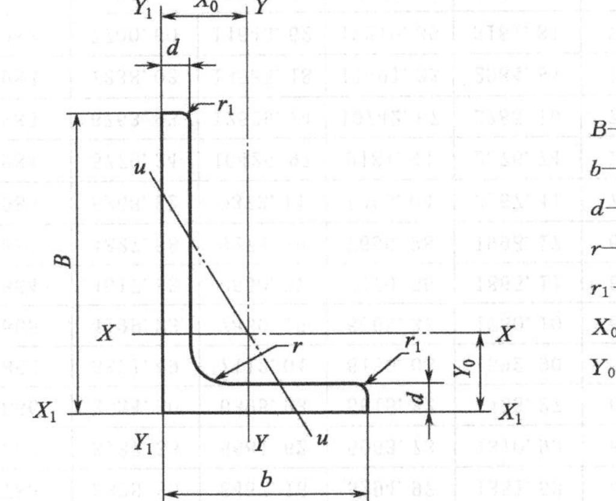

B—长边宽度；
b—短边宽度；
d—边厚度；
r—内圆弧半径；
r_1—边端圆弧半径；
X_0—重心距离；
Y_0—重心距离

型号	截面尺寸/cm				截面面积/cm²	理论重量/kg·m⁻¹	外表面积/m²·m⁻¹	惯性矩/cm⁴					惯性半径/cm			截面模数/cm³			tanα	重心距离/cm	
	B	b	d	r				I_x	I_{x1}	I_y	I_{y1}	I_u	i_x	i_y	i_u	W_x	W_y	W_u		X_0	Y_0
2.5/1.6	25	16	3	3.5	1.162	0.912	0.080	0.70	1.56	0.22	0.43	0.14	0.78	0.44	0.34	0.43	0.19	0.16	0.392	0.42	0.86
			4		1.499	1.176	0.079	0.88	2.09	0.27	0.59	0.17	0.77	0.43	0.34	0.55	0.24	0.20	0.381	0.46	1.86
3.2/2	32	20	3		1.492	1.171	0.102	1.53	3.27	0.46	0.82	0.28	1.01	0.55	0.43	0.72	0.30	0.25	0.382	0.49	0.90
			4		1.939	1.522	0.101	1.93	4.37	0.57	1.12	0.35	1.00	0.54	0.42	0.93	0.39	0.32	0.374	0.53	1.08
4/2.5	40	25	3	4	1.890	1.484	0.127	3.08	5.39	0.93	1.59	0.56	1.28	0.70	0.54	1.15	0.49	0.40	0.385	0.59	1.12
			4		2.467	1.936	0.127	3.93	8.53	1.18	2.14	0.71	1.36	0.69	0.54	1.49	0.63	0.52	0.381	0.63	1.32
4.5/2.8	45	28	3	5	2.149	1.687	0.143	4.45	9.10	1.34	2.23	0.80	1.44	0.79	0.61	1.47	0.62	0.51	0.383	0.64	1.37
			4		2.806	2.203	0.143	5.69	12.13	1.70	3.00	1.02	1.42	0.78	0.60	1.91	0.80	0.66	0.380	0.68	1.47
5/3.2	50	32	3	5.5	2.431	1.908	0.161	6.24	12.49	2.02	3.31	1.20	1.60	0.91	0.70	1.84	0.82	0.68	0.404	0.73	1.51
			4		3.177	2.494	0.160	8.02	16.65	2.58	4.45	1.53	1.59	0.90	0.69	2.39	1.06	0.87	0.402	0.77	1.60

续表

型号	截面尺寸/cm				截面面积	理论重量	外表面积	惯性矩/cm^4					惯性半径/cm			截面模数/cm^3			tanα	重心距离/cm	
	B	b	d	r	/cm^2	/kg·m^{-1}	/m^2·m^{-1}	I_x	I_{x1}	I_y	I_{y1}	I_u	i_x	i_y	i_u	W_x	W_y	W_u		X_0	Y_0
5.6/3.6	56	36	3	6	2.743	2.153	0.181	8.88	17.54	2.92	4.70	1.73	1.80	1.03	0.79	2.32	1.05	0.87	0.408	0.80	1.65
			4		3.590	2.818	0.180	11.45	23.39	3.76	6.33	2.23	1.79	1.02	0.79	3.03	1.37	1.13	0.408	0.85	1.78
			5		4.415	3.466	0.180	13.86	29.25	4.49	7.94	2.67	1.77	1.01	0.78	3.71	1.65	1.36	0.404	0.88	1.82
6.3/4	63	40	4	7	4.058	3.185	0.202	16.49	33.30	5.23	8.63	3.12	2.02	1.14	0.88	3.87	1.70	1.40	0.398	0.92	1.87
			5		4.993	3.920	0.202	20.02	41.63	6.31	10.86	3.76	2.00	1.12	0.87	4.74	2.07	1.71	0.396	0.95	2.04
			6		5.908	4.638	0.201	23.36	49.98	7.29	13.12	4.34	1.96	1.11	0.86	5.59	2.43	1.99	0.393	0.99	2.08
			7		6.802	5.339	0.201	26.53	58.07	8.24	15.47	4.97	1.98	1.10	0.86	6.40	2.78	2.29	0.389	1.03	2.12
7/4.5	70	45	4	7.5	4.547	3.570	0.226	23.17	45.92	7.55	12.26	4.40	2.26	1.29	0.98	4.86	2.17	1.77	0.410	1.02	2.15
			5		5.609	4.403	0.225	27.95	57.10	9.13	15.39	5.40	2.23	1.28	0.98	5.92	2.65	2.19	0.407	1.06	2.24
			6		6.647	5.218	0.225	32.54	68.35	10.62	18.58	6.35	2.21	1.26	0.98	6.95	3.12	2.59	0.404	1.09	2.28
			7		7.657	6.011	0.225	37.22	79.99	12.01	21.84	7.16	2.20	1.25	0.97	8.03	3.57	2.94	0.402	1.13	2.32
7.5/5	75	50	5	8	6.125	4.808	0.245	34.86	40.00	12.61	21.04	7.41	2.39	1.44	1.10	6.83	3.30	2.74	0.435	1.17	2.36
			6		7.260	5.699	0.245	41.12	84.30	14.70	25.37	8.54	2.38	1.42	1.08	8.12	3.88	3.19	0.435	1.21	2.40
			8		9.467	7.431	0.244	52.39	112.50	18.53	34.23	10.87	2.35	1.40	1.07	10.52	4.99	4.10	0.429	1.29	2.44
			10		11.590	9.098	0.244	62.71	140.80	21.96	43.43	13.10	2.33	1.38	1.06	12.79	6.04	4.99	0.423	1.36	2.52
8/5	80	50	5	8	6.375	5.005	0.255	41.96	85.21	12.82	21.06	7.66	2.56	1.42	1.10	7.78	3.32	2.74	0.388	1.14	2.60
			6		7.560	5.935	0.255	49.49	102.53	14.95	25.41	8.85	2.56	1.41	1.08	9.25	3.91	3.20	0.387	1.18	2.65
			7		8.724	6.848	0.255	56.16	119.33	46.96	29.82	10.18	2.54	1.39	1.08	10.58	4.48	3.70	0.384	1.21	2.69
			8		9.867	7.745	0.254	62.83	136.41	18.85	34.32	11.38	2.52	1.38	1.07	11.92	5.03	4.16	0.381	1.25	2.73

续表

型号	截面尺寸/cm				截面面积 /cm²	理论重量 /kg·m⁻¹	外表面积 /m²·m⁻¹	惯性矩/cm⁴					惯性半径/cm			截面模数/cm³			tanα	重心距离/cm	
	B	b	d	r				I_x	I_{x1}	I_y	I_{y1}	I_u	i_x	i_y	i_u	W_x	W_y	W_u		X_0	Y_0
9/5.6	90	56	5	9	7.212	5.661	0.287	60.45	121.32	18.32	29.53	10.98	2.90	1.59	1.23	9.92	4.21	3.49	0.385	1.25	2.91
			6		8.557	6.717	0.286	71.03	145.59	21.42	35.58	12.90	2.88	1.58	1.23	11.74	4.96	4.13	0.384	1.29	2.95
			7		9.880	7.756	0.286	81.01	169.60	24.36	41.71	14.67	2.86	1.57	1.22	13.49	5.70	4.72	0.382	1.33	3.00
			8		11.183	8.779	0.286	91.03	194.17	27.15	47.93	16.34	2.85	1.56	1.21	15.27	6.41	5.29	0.380	1.36	3.04
10/6.3	100	63	6	10	9.617	7.550	0.320	99.06	199.71	30.94	50.50	18.42	3.21	1.79	1.38	14.64	6.35	5.25	0.394	1.43	3.24
			7		11.111	8.722	0.320	113.45	233.00	35.26	59.14	21.00	3.20	1.78	1.38	16.88	7.29	6.02	0.394	1.47	3.28
			8		12.534	9.878	0.319	127.37	266.32	39.39	67.88	23.50	3.18	1.77	1.37	19.08	8.21	6.78	0.391	1.50	3.32
			10		15.467	12.142	0.319	153.81	333.06	47.12	85.73	28.33	3.15	1.74	1.35	23.32	9.98	8.24	0.387	1.58	3.40
10/8	100	80	6		10.637	8.350	0.354	107.04	199.83	61.24	102.68	31.65	3.17	2.40	1.72	15.19	10.16	8.37	0.627	1.97	2.95
			7		12.301	9.656	0.354	122.73	233.20	70.08	119.98	36.17	3.16	2.39	1.72	17.52	11.71	9.60	0.626	2.01	3.00
			8		13.944	10.946	0.353	137.92	266.91	78.58	137.37	40.58	3.14	2.37	1.71	19.81	13.21	10.80	0.625	2.05	3.04
			10		17.167	13.476	0.353	166.87	333.63	94.65	172.48	49.10	3.12	2.35	1.69	24.24	16.12	13.12	0.622	2.13	3.12
11/7	110	70	6		10.637	8.350	0.354	133.37	265.78	42.92	69.08	25.36	3.54	2.01	1.54	17.85	7.90	6.53	0.403	1.57	3.35
			7		12.301	9.656	0.354	153.00	310.07	49.01	80.82	28.95	3.53	2.00	1.53	20.60	9.09	7.50	0.402	1.61	3.57
			8		13.944	10946	0.353	172.04	354.39	54.87	92.70	32.45	3.51	1.98	1.53	23.30	10.25	8.45	0.401	1.65	3.62
			10		17.167	13.476	0.353	208.39	443 13	65.88	116.83	39.20	3.48	1.96	1.51	28.54	12.48	10.29	0.397	1.72	3.70
12.5/8	125	80	7	11	14.096	11.06	0.403	227.98	454.99	74.42	120.32	43.81	4.02	2.30	1.76	26.86	12.01	9.92	0.408	1.80	4.01
			8		15.989	12.551	0.403	256.77	519.99	83.49	137.85	49.15	4.01	2.28	1.75	30.41	13.56	11.18	0.407	1.84	4.06
			10		19.712	15.474	0.402	312.04	650.09	100.67	173.40	59.45	3.98	2.26	1.74	37.33	16.65	13.64	0.404	1.92	4.14
			12		23.351	18.330	0.402	364.41	780.39	116.67	209.67	69.35	3.95	2.24	1.72	44.01	19.43	16.01	0.400	2.00	4.22

续表

型号	截面尺寸/cm				截面面积/cm²	理论重量/kg·m⁻¹	外表面积/m²·m⁻¹	惯性矩/cm⁴					惯性半径/cm			截面模数/cm³			tanα	重心距离/cm	
	B	b	d	r				I_x	I_{x1}	I_y	I_{y1}	I_u	i_x	i_y	i_u	W_x	W_y	W_u		X_0	Y_0
14/9	140	90	8	12	18.038	14.160	0.453	365.64	730.53	120.69	195.79	70.83	4.50	2.59	1.98	38.48	17.34	14.31	0.411	2.04	4.50
			10		22.261	17.475	0.452	445.50	913.20	140.03	245.92	85.82	4.47	2.56	1.96	47.31	21.22	17.48	0.409	2.12	4.58
			12		26.400	20.724	0.451	521.59	1096.09	169.79	296.89	100.21	4.44	2.54	1.95	55.87	24.95	20.54	0.406	2.19	4.58
			14		30.456	23.908	0.451	594.10	1279.26	192.10	348.82	114.13	4.42	2.51	1.94	64.18	28.54	23.52	0.403	2.27	4.74
15/9	150	90	8		18.839	14.788	0.473	442.05	898.35	122.80	195.96	74.14	4.84	2.55	1.98	43.86	17.47	14.48	0.364	1.97	4.92
			10		23.261	18.260	0.472	539.24	1122.85	148.62	246.26	89.86	4.81	2.53	1.97	53.97	21.38	17.69	0.362	2.05	5.01
			12		27.600	21.666	0.471	632.08	1347.50	172.85	297.46	104.95	4.79	2.50	1.95	63.79	25.14	20.80	0.359	2.12	5.09
			14		31.856	25.007	0.471	720.77	1572.38	195.62	349.74	119.53	4.76	2.48	1.94	73.33	28.77	23.84	0.356	2.20	5.17
			15		33.952	26.652	0.471	763.62	1684.93	206.50	376.33	126.67	4.74	2.47	1.93	77.99	30.53	25.33	0.354	2.24	5.21
			16		36.027	28.281	0.470	805.51	1797.55	217.07	403.24	133.72	4.73	2.45	1.93	82.60	32.27	26.82	0.352	2.27	5.25
16/10	160	100	10	13	25.315	19.872	0.512	668.69	1362.89	205.03	336.59	121.74	5.14	2.85	2.19	62.13	26.56	21.92	0.390	2.28	5.24
			12		30.054	23.592	0.511	784.91	1635.56	239.06	405.94	142.33	5.11	2.82	2.17	73.49	31.28	25.79	0.388	2.36	5.32
			14		34.709	27.247	0.510	896.30	1908.50	271.20	476.42	162.23	5.08	2.80	2.16	84.56	35.83	29.56	0.385	0.43	5.40
			16		29.281	30.835	0.510	1003.04	2181.70	301.60	548.22	182.57	5.05	2.77	2.16	95.33	40.24	33.44	0.382	2.51	5.48
18/11	180	110	10	14	28.373	22.273	0.571	956.25	1940.40	278.11	447.22	166.50	5.80	3 13	2.42	78.96	32.49	26.88	0.376	2.44	5.98
			12		33.712	26.440	0.571	1124.72	2328.38	325.03	538.94	194.87	5.78	3.10	2.40	93.53	38.32	31.66	0.374	2.52	5.98
			14		38.967	30.589	0.570	1286.91	2716.60	369.55	631.95	222.30	5.75	3.08	2.39	107.76	43.97	36.32	0.372	2.59	6.06
			16		44.139	36.649	0.569	1443.06	3105.15	411.85	726.46	248.94	5.72	3.06	2.38	121.64	49.44	40.87	0.369	2.67	6.14
20/12.5	200	125	12		37.912	29.761	0.641	1570.90	3193.85	483 16	787.74	285.79	6.44	3.57	2.74	116.73	49.99	41.23	0.392	2.83	6.54
			14		43.687	34.436	0.640	1800.97	3726.17	550.83	922.47	326.58	6.41	3.54	2.73	134.65	57.44	47.34	0.390	2.91	6.62
			16		49.739	39.045	0.639	2023.35	4258.88	615.44	1058.86	366.21	6.38	3.52	2.71	152.18	64.89	53.32	0.388	2.99	6.70
			18		55.526	43.588	0.639	2238.30	4792.00	677.19	1197.13	404.83	6.35	3.49	2.70	169.33	71.74	59.18	0.385	3.06	6.78

注：截面图中的 $r_1=1/3\ d$ 及表中 r 的数据用于孔型设计，不作为交货条件。

工字钢截面尺寸、截面面积、理论重量及截面特性（摘自 GB/T 706—2008 热轧型钢）

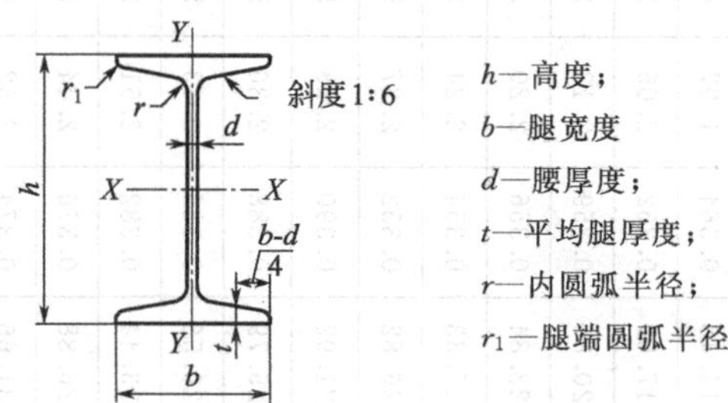

型号	截面尺寸/mm						截面面积	理论重量	惯性矩/cm⁴		惯性半径/cm		截面模数/cm³	
	h	b	d	t	r	r_1	/cm²	/kg·m⁻¹	I_x	I_y	i_x	i_y	W_x	W_y
10	100	68	4.5	7.6	6.5	3.3	14.345	11.261	245	33.0	4.14	1.52	49.0	9.72
12	120	74	5.0	8.4	7.0	3.5	17.818	13.987	436	46.9	4.95	1.62	72.7	12.7
12.6	126	74	5.0	8.4	7.0	3.5	18.118	14.223	488	46.9	5.20	1.61	77.5	12.7
14	140	80	5.5	9.1	7.5	3.8	21.516	16.890	712	64.4	5.76	1.73	102	16.1
16	160	88	6.0	9.9	8.0	4.0	26.131	20.513	1130	93.1	6.58	1.89	141	21.2
18	180	94	6.5	10.7	8.5	4.3	30.756	24.143	1660	122	7.36	2.00	185	26.0
20a	200	100	7.0	11.4	9.0	4.5	35.578	27.929	2370	158	8.15	2.12	237	31.5
20b		102	9.0				39.578	31.069	2500	169	7.96	2.06	250	33.1
22a	20	110	7.5	12.3	9.5	4.8	42.128	33.070	3400	225	8.99	2.31	309	40.9
22b		112	9.5				46.528	36.524	3570	239	8.78	2.27	325	42.7
24a	240	116	8.0	13.0	10.0	5.0	47.741	37.477	4570	280	9.77	2.42	381	48.4
24b		118	10.0				52.541	41.245	4800	297	9.57	2.38	400	50.4
25a	250	116	8.0				48.541	38.105	5020	280	10.2	2.40	402	48.3
25b		118	10.0				53.541	42.030	5280	309	9.94	2.40	423	52.4
27a	270	122	8.5	13.7	10.5	5.3	54.554	42.825	6550	345	10.9	2.51	485	56.6
27b		124	10.5				59.954	47.064	6870	366	10.7	2.47	509	58.9
28a	280	122	8.5				55.404	43.492	7110	345	11.3	2.50	508	56.6
28b		124	10.5				61.004	47.888	7480	379	11.1	2.49	534	61.2
30a	300	126	9.0	14.4	11.0	5.5	61.254	48.084	8950	400	12.1	2.55	597	63.5
30b		128	11.0				67.254	52.794	9400	422	11.8	2.50	627	65.9
30c		130	13.0				73.254	57.504	9850	445	11.6	2.46	657	68.5
32a	320	130	9.5	15.0	11.5	5.8	67.156	52.717	11100	460	12.8	2.62	692	70.8
32b		132	11.5				73.556	57.741	11600	502	12.6	2.61	726	76.0
32c		134	13.5				79.956	62.765	12200	544	12.3	2.61	760	81.2
36a	360	136	10.0	15.8	12.0	6.0	76.480	60.037	15800	552	14.4	2.69	875	81.2
36b		138	12.0				86.680	65.689	16500	582	14.1	2.64	919	84.3
36c		140	14.0				90.880	71.341	17300	612	13.8	2.60	962	87.4

续表

型号	截面尺寸/mm						截面面积/cm²	理论重量/kg·m⁻¹	惯性矩/cm⁴		惯性半径/cm		截面模数/cm³	
	h	b	d	t	r	r_1			I_x	I_y	i_x	i_y	W_x	W_y
40a	400	142	10.5	16.5	12.5	6.3	86.112	67.598	21700	660	15.9	2.77	1090	93.2
40b		144	12.5				94.112	73.878	22800	692	15.6	2.71	1140	96.2
40c		146	14.5				102.112	80.158	23900	727	15.2	2.65	1190	99.6
45a	450	150	11.5	18.0	13.5	6.8	102.446	80.420	32200	855	17.7	2.89	1430	114
45b		152	13.5				111.446	87.485	33800	894	17.4	2.84	1500	118
45c		154	15.5				120.446	94.550	35300	938	17.1	2.79	1570	122
50a	500	158	12.0	20.0	14.0	7.0	119.304	93.654	46500	1120	19.7	3.07	1860	142
50b		160	14.0				129.304	101.504	48600	1170	19.4	3.01	1940	146
50c		162	16.0				139.304	109.354	50600	1220	19.0	2.96	2080	151
55a	550	166	12.5	21.0	14.5	7.3	134.185	105.335	62900	1370	21.6	3.19	2290	164
55b		168	14.5				145.185	113.970	65600	1420	21.2	3.14	2390	170
55c		170	16.5				156.185	122.605	68400	1480	20.9	3.08	2490	175
56a	560	166	12.5				135.435	106.316	65600	1370	22.0	3.18	2340	165
56b		168	14.5				146.635	115.108	68500	1490	21.6	3.16	2450	174
56c		170	16.5				157.835	123.900	71400	1560	21.3	3.16	2550	183
63a	630	176	13.0	22.0	15.0	7.5	154.658	121.407	93900	1700	24.5	3.31	2980	193
63b		178	15.0				167.258	131.298	98100	1810	24.2	3.29	3160	204
63c		180	17.0				179.858	141.189	102000	1920	23.8	3.27	3300	214

注：表中 r、r_1 的数据用于孔型设计，不作为交货条件。

槽钢截面尺寸、截面面积、理论重量及截面特性（摘自 GB/T 706—2008 热轧型钢）

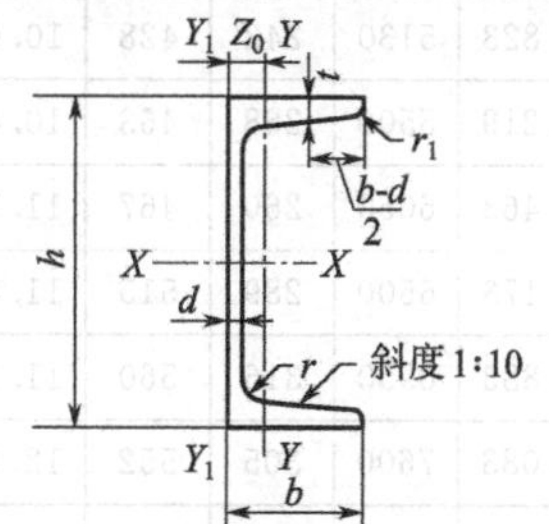

h—高度；
b—腿宽度
d—腰厚度；
t—平均腿厚度；
r—内圆弧半径；
r_1—腿端圆弧半径；
Z_0—YY 轴与 Y_1Y_1 轴间距

型号	截面尺寸/mm						截面面积/cm²	理论重量/kg·m⁻¹	惯性矩/cm⁴			惯性半径/cm		截面模数/cm³		重心距离/cm
	h	b	d	t	r	r_1			I_x	I_y	I_{y1}	i_x	i_y	W_x	W_y	Z_0
5	50	37	4.5	7.0	7.0	3.5	6.928	5.438	26.0	8.30	20.9	1.94	1.10	10.4	3.55	1.35
6.3	63	40	4.8	7.5	7.5	3.8	8.451	6.634	50.8	11.9	28.4	2.45	1.19	16.1	4.50	1.36
6.5	65	40	4.3	7.5	7.5	3.8	8.547	6.709	55.2	12.0	28.3	2.54	1.19	17.0	4.59	1.38
8	80	43	5.0	8.0	8.0	4.0	10.248	8.045	101	16.6	37.4	3.15	1.27	25.3	5.79	1.43
10	100	48	5.3	8.5	8.5	4.2	12.748	10.007	198	25.6	54.9	3.95	1.41	39.7	7.80	1.52
12	120	53	5.5	9.0	9.0	4.5	15.362	12.059	346	37.4	77.7	4.75	1.56	57.7	10.2	1.62
12.6	126	53	5.5	9.0	9.0	4.5	15.692	12.318	391	38.0	77.1	4.95	1.57	62.1	10.2	1.62

续表

型号	截面尺寸/mm						截面面积/cm²	理论重量/kg·m⁻¹	惯性矩/cm⁴			惯性半径/cm		截面模数/cm³		重心距离/cm
	h	b	d	t	r	r_1			I_x	I_y	I_{y1}	i_x	i_y	W_x	W_y	Z_0
14a	140	58	6.0	9.5	9.5	4.8	18.516	14.535	564	53.2	107	5.52	1.70	80.5	13.0	1.71
14b		60	8.0				21.316	16.733	609	61.1	121	5.35	1.69	87.1	14.1	1.67
16a	160	63	6.5	10.0	10.0	5.0	21.962	17.240	866	73.3	144	6.28	1.83	108	16.3	1.80
16b		65	8.5				25.162	19.752	925	83.4	161	6.10	1.82	117	17.6	1.75
18a	180	68	7.0	10.5	10.5	5.2	25.699	20.174	1270	98.6	190	7.04	1.96	141	20.0	1.88
18b		70	9.0				29.299	23.000	1370	111	210	6.84	1.95	152	21.5	1.84
20a	200	73	7.0	11.0	11.0	5.5	28.837	22.637	1780	128	244	7.86	2.11	178	24.2	2.01
20b		75	9.0				32.837	25.777	1910	144	268	7.64	2.09	191	25.9	1.95
22a	220	77	7.0	11.5	11.5	5.8	31.846	24.999	2390	158	298	8.67	2.23	218	28.2	2.10
22b		79	9.0				36.246	28.453	2570	176	326	8.42	2.21	234	30.1	2.03
24a	240	78	7.0	12.0	12.0	6.0	34.217	26.860	3050	174	325	9.45	2.25	254	30.5	2.10
24b		80	9.0				39.017	30.628	3280	194	355	9.17	2.23	274	32.5	2.03
24c		82	11.0				43.817	34.396	3510	213	388	8.96	2.21	293	34.4	2.00
25a	250	78	7.0				34.917	27.410	3370	176	322	9.82	2.24	270	30.6	2.07
25b		80	9.0				39.917	31.335	3530	196	353	9.41	2.22	282	32.7	1.98
25c		82	11.0				44.917	35.260	3690	218	384	9.07	2.21	295	35.9	1.92
27a	270	82	7.5				39.284	30.838	4360	216	393	10.5	2.34	323	35.5	2.13
27b		84	9.5	12.5	12.5	6.2	44.684	35.077	4690	239	428	10.3	2.31	347	37.7	2.06
27c		86	11.5				50.084	39.316	5020	261	467	10.1	2.28	372	39.8	2.03
28a	280	82	7.5				40.034	31.427	4760	218	388	10.9	2.33	340	35.7	2.10
28b		84	9.5				45.634	35.823	5130	242	428	10.6	2.30	366	37.9	2.02
28c		86	11.5				51.234	40.219	5500	268	463	10.4	2.29	393	40.3	1.95
30a	300	85	7.5	13.5	13.5	6.8	43.902	34.463	6050	260	467	11.7	2.43	403	41.1	2.17
30b		87	9.5				49.902	39.173	6500	289	515	11.4	2.41	433	44.0	2.13
30c		89	11.5				55.902	43.883	6950	316	560	11.2	2.38	463	46.4	2.09
32a	320	88	8.0	14.0	14.0	7.0	48.513	38.083	7600	305	552	12.5	2.50	475	46.5	2.24
32b		90	10.0				54.913	43.107	8140	336	593	12.2	2.47	509	49.2	2.16
32c		92	12.0				61.313	48.131	8690	374	643	11.9	2.47	543	52.6	2.09
36a	360	96	9.0	16.0	16.0	8.0	60.910	47.814	11900	455	818	14.0	2.73	660	63.5	2.44
36b		98	11.0				68.110	53.466	12700	497	880	13.6	2.70	703	66.9	2.37
36c		100	13.0				75.310	59.118	13400	536	948	13.4	2.67	746	70.0	2.34
40a	400	100	10.5	18.0	18.0	9.0	75.068	58.928	17600	592	1070	15.3	2.81	879	78.8	2.49
40b		102	12.5				83.068	65.208	18600	640	114	15.0	2.78	932	82.5	2.44
40c		104	14.5				91.068	71.488	19700	688	1220	14.7	2.75	986	86.2	2.42

注：表中 r、r_1 的数据用于孔型设计，不作为交货条件。

附录三 组合截面和回转半径与截面尺寸近似比值 α

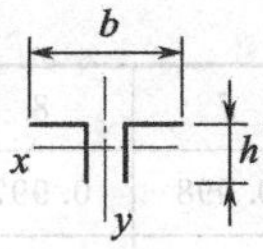 $\alpha_1=0.30$ $\alpha_2=0.215$	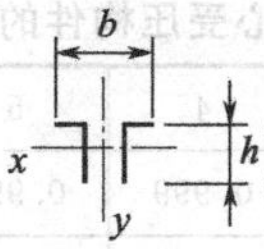 $\alpha_1=0.32$ $\alpha_2=0.20$	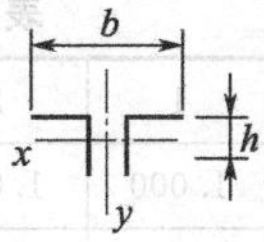 $\alpha_1=0.28$ $\alpha_2=0.24$
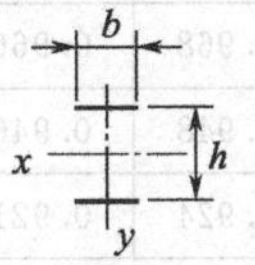 $\alpha_1=0.43$ $\alpha_2=0.24$	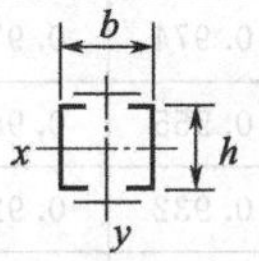 $\alpha_1=0.44$ $\alpha_2=0.38$	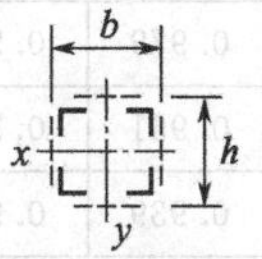 $\alpha_1=0.43$ $\alpha_2=0.43$
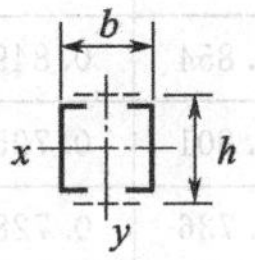 $\alpha_1=0.38$ $\alpha_2=0.44$	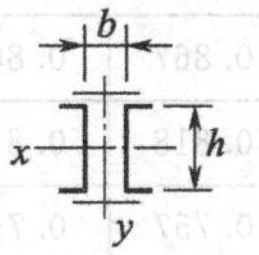 $\alpha_1=0.38$ $\alpha_2=0.60$	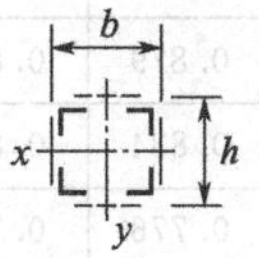 $\alpha_1=0.37$ $\alpha_2=0.45$

附录四 轴心受压构件的稳定系数［GB/T 3811—2008 附录 K（规范性附录）］

表 1 a 类截面轴心受压构件的稳定系数 φ

$\lambda\sqrt{\sigma_s/235}$	0	1	2	3	4	5	6	7	8	9
0	1.000	1.000	1.000	1.000	0.999	0.999	0.998	0.998	0.997	0.996
10	0.995	0.994	0.993	0.992	0.991	0.989	0.988	0.986	0.985	0.983
20	0.981	0.979	0.977	0.975	0.974	0.972	0.970	0.968	0.966	0.964
30	0.963	0.961	0.959	0.957	0.955	0.952	0.950	0.948	0.946	0.944
40	0.941	0.939	0.937	0.934	0.932	0.929	0.927	0.924	0.921	0.919
50	0.916	0.913	0.910	0.907	0.904	0.900	0.897	0.894	0.890	0.886
60	0.883	0.879	0.875	0.871	0.867	0.863	0.858	0.854	0.849	0.844
70	0.839	0.834	0.829	0.824	0.818	0.813	0.807	0.801	0.795	0.789
80	0.783	0.776	0.770	0.763	0.757	0.750	0.743	0.736	0.728	0.721
90	0.714	0.706	0.699	0.691	0.684	0.676	0.668	0.661	0.653	0.645
100	0.638	0.630	0.622	0.615	0.607	0.600	0.592	0.585	0.577	0.570
110	0.563	0.555	0.548	0.541	0.534	0.527	0.520	0.514	0.507	0.500
120	0.494	0.488	0.481	0.475	0.469	0.463	0.457	0.451	0.445	0.440
130	0.434	0.429	0.423	0.418	0.412	0.407	0.402	0.397	0.392	0.387
140	0.383	0.378	0.373	0.369	0.364	0.360	0.356	0.351	0.347	0.343
150	0.339	0.335	0.331	0.327	0.323	0.320	0.316	0.312	0.309	0.305
160	0.302	0.298	0.295	0.292	0.289	0.285	0.282	0.279	0.276	0.273
170	0.270	0.267	0.264	0.262	0.259	0.256	0.253	0.251	0.248	0.246
180	0.243	0.241	0.238	0.236	0.233	0.231	0.229	0.226	0.224	0.222
190	0.220	0.218	0.215	0.213	0.211	0.209	0.207	0.205	0.203	0.201
200	0.199	0.198	0.196	0.194	0.192	0.190	0.189	0.187	0.185	0.183
210	0.182	0.180	0.179	0.177	0.175	0.174	0.172	0.171	0.169	0.168
220	0.166	0.165	0.164	0.162	0.161	0.159	0.158	0.157	0.155	0.154
230	0.153	0.152	0.150	0.149	0.148	0.147	0.146	0.144	0.143	0.142
240	0.141	0.140	0.139	0.138	0.136	0.135	0.134	0.133	0.132	0.131
250	0.130	—	—	—	—	—	—	—	—	—

表 2 b 类截面轴心受压构件的稳定系数 φ

$\lambda\sqrt{\sigma_s/235}$	0	1	2	3	4	5	6	7	8	9
0	1.000	1.000	1.000	0.999	0.999	0.998	0.997	0.996	0.995	0.994
10	0.992	0.991	0.989	0.987	0.985	0.983	0.981	0.978	0.976	0.973
20	0.970	0.967	0.963	0.960	0.957	0.953	0.950	0.946	0.943	0.939
30	0.936	0.932	0.929	0.925	0.922	0.918	0.914	0.910	0.906	0.903

续表

$\lambda\sqrt{\sigma_s/235}$	0	1	2	3	4	5	6	7	8	9
40	0.899	0.895	0.891	0.887	0.882	0.878	0.874	0.870	0.865	0.861
50	0.856	0.852	0.847	0.842	0.838	0.833	0.828	0.823	0.818	0.813
60	0.807	0.802	0.797	0.791	0.786	0.780	0.774	0.769	0.763	0.757
70	0.751	0.745	0.739	0.732	0.726	0.720	0.714	0.707	0.701	0.694
80	0.688	0.681	0.675	0.668	0.661	0.655	0.648	0.641	0.635	0.628
90	0.621	0.614	0.608	0.601	0.594	0.588	0.581	0.575	0.568	0.561
100	0.555	0.549	0.542	0.536	0.529	0.523	0.517	0.511	0.505	0.499
110	0.493	0.487	0.481	0.475	0.470	0.464	0.458	0.453	0.447	0.442
120	0.437	0.432	0.426	0.421	0.416	0.411	0.406	0.402	0.397	0.392
130	0.387	0.383	0.378	0.374	0.370	0.365	0.361	0.357	0.353	0.349
140	0.345	0.341	0.337	0.333	0.329	0.326	0.322	0.318	0.315	0.311
150	0.308	0.304	0.301	0.298	0.295	0.291	0.288	0.285	0.282	0.279
160	0.276	0.273	0.270	0.267	0.265	0.262	0.259	0.256	0.254	0.251
170	0.249	0.246	0.244	0.241	0.239	0.236	0.234	0.232	0.229	0.227
180	0.225	0.223	0.220	0.218	0.216	0.214	0.212	0.210	0.208	0.206
190	0.204	0.202	0.200	0.198	0.197	0.195	0.193	0.191	0.190	0.188
200	0.186	0.184	0.183	0.181	0.180	0.178	0.176	0.175	0.173	0.172
210	0.170	0.169	0.167	0.166	0.165	0.163	0.162	0.160	0.159	0.158
220	0.156	0.155	0.154	0.153	0.151	0.150	0.149	0.148	0.146	0.145
230	0.144	0.143	0.142	0.141	0.140	0.138	0.137	0.136	0.135	0.134
240	0.133	0.132	0.131	0.130	0.129	0.128	0.127	0.126	0.125	0.124
250	0.123	—	—	—	—	—	—	—	—	—

表 3 c类截面轴心受压构件的稳定系数 φ

$\lambda\sqrt{\sigma_s/235}$	0	1	2	3	4	5	6	7	8	9
0	1.000	1.000	1.000	0.999	0.999	0.998	0.997	0.996	0.995	0.993
10	0.992	0.990	0.988	0.986	0.983	0.981	0.978	0.976	0.973	0.970
20	0.966	0.959	0.953	0.947	0.940	0.934	0.928	0.921	0.915	0.909
30	0.902	0.896	0.890	0.884	0.877	0.871	0.865	0.858	0.852	0.846
40	0.839	0.833	0.826	0.820	0.814	0.807	0.801	0.794	0.788	0.781
50	0.775	0.768	0.762	0.755	0.748	0.742	0.735	0.729	0.722	0.715
60	0.709	0.702	0.695	0.689	0.682	0.676	0.669	0.662	0.656	0.649
70	0.643	0.636	0.629	0.623	0.616	0.610	0.604	0.597	0.591	0.584
80	0.578	0.572	0.566	0.559	0.553	0.547	0.541	0.535	0.529	0.523
90	0.517	0.511	0.505	0.500	0.494	0.488	0.483	0.477	0.472	0.467
100	0.463	0.458	0.454	0.449	0.445	0.441	0.436	0.432	0.428	0.423
110	0.419	0.415	0.411	0.407	0.403	0.399	0.395	0.391	0.387	0.383
120	0.379	0.375	0.371	0.367	0.364	0.360	0.356	0.353	0.349	0.346

续表

$\lambda\sqrt{\sigma_s/235}$	0	1	2	3	4	5	6	7	8	9
130	0.342	0.339	0.335	0.332	0.328	0.325	0.322	0.319	0.315	0.312
140	0.309	0.306	0.303	0.300	0.297	0.294	0.291	0.288	0.285	0.282
150	0.280	0.277	0.274	0.271	0.269	0.266	0.264	0.261	0.258	0.256
160	0.254	0.251	0.249	0.246	0.244	0.242	0.239	0.237	0.235	0.233
170	0.230	0.228	0.226	0.224	0.222	0.220	0.218	0.216	0.214	0.212
180	0.210	0.208	0.206	0.205	0.203	0.201	0.199	0.197	0.196	0.194
190	0.192	0.190	0.189	0.187	0.186	0.184	0.182	0.181	0.179	0.178
200	0.176	0.175	0.173	0.172	0.170	0.169	0.168	0.166	0.165	0.163
210	0.162	0.161	0.159	0.158	0.157	0.156	0.154	0.153	0.152	0.151
220	0.150	0.148	0.147	0.146	0.145	0.144	0.143	0.142	0.140	0.139
230	0.138	0.137	0.136	0.135	0.134	0.133	0.132	0.131	0.130	0.129
240	0.128	0.127	0.126	0.125	0.124	0.124	0.123	0.122	0.121	0.120
250	0.119	—	—	—	—	—	—	—	—	—

表 4　d 类截面轴心受压构件的稳定系数 φ

$\lambda\sqrt{\sigma_s/235}$	0	1	2	3	4	5	6	7	8	9
0	1.000	1.000	0.999	0.999	0.998	0.996	0.994	0.992	0.990	0.987
10	0.984	0.981	0.978	0.974	0.969	0.965	0.960	0.955	0.949	0.944
20	0.937	0.927	0.918	0.909	0.900	0.891	0.883	0.874	0.865	0.857
30	0.848	0.840	0.831	0.823	0.815	0.807	0.799	0.790	0.782	0.774
40	0.766	0.759	0.751	0.743	0.735	0.728	0.720	0.712	0.705	0.697
50	0.690	0.683	0.675	0.668	0.661	0.654	0.646	0.639	0.632	0.625
60	0.618	0.612	0.605	0.598	0.591	0.585	0.578	0.572	0.565	0.559
70	0.552	0.546	0.540	0.534	0.528	0.522	0.516	0.510	0.504	0.498
80	0.493	0.487	0.481	0.476	0.470	0.465	0.460	0.454	0.449	0.444
90	0.439	0.434	0.429	0.424	0.419	0.414	0.410	0.405	0.401	0.397
100	0.394	0.390	0.387	0.383	0.380	0.376	0.373	0.370	0.366	0.363
110	0.359	0.356	0.353	0.350	0.346	0.343	0.340	0.337	0.334	0.331
120	0.328	0.325	0.322	0.319	0.316	0.313	0.310	0.307	0.304	0.301
130	0.299	0.296	0.293	0.290	0.288	0.285	0.282	0.280	0.277	0.275
140	0.272	0.270	0.267	0.265	0.262	0.260	0.258	0.255	0.253	0.251
150	0.248	0.246	0.244	0.242	0.240	0.237	0.235	0.233	0.231	0.229
160	0.227	0.225	0.223	0.221	0.219	0.217	0.215	0.213	0.212	0.210
170	0.208	0.206	0.204	0.203	0.201	0.199	0.197	0.196	0.194	0.192
180	0.191	0.189	0.188	0.186	0.184	0.183	0.181	0.180	0.178	0.177
190	0.176	0.174	0.173	0.171	0.170	0.168	0.167	0.166	0.164	0.163
200	0.162	—	—	—	—	—	—	—	—	—

本附录表 1～表 4 中指的 a、b、c、d 类截面，见表 4-2。

本附录表 1～表 4 中的 φ 值系按下列公式计算。

当 $\lambda_n=\frac{\lambda}{\pi}\sqrt{\sigma_s/E}\leqslant 0.215$ 时：

$$\varphi=1-\alpha_1\lambda_n^2$$

当 $\lambda_n=\frac{\lambda}{\pi}\sqrt{\sigma_s/E}>0.215$ 时：

$$\varphi=\frac{1}{2\lambda_n^2}\left[(\alpha_2+\alpha_3\lambda_n+\lambda_n^2)-\sqrt{(\alpha_2+\alpha_3\lambda_n+\lambda_n^2)^2-4\lambda_n^2}\right]$$

式中　α_1，α_2，α_3——系数，根据表 4-2 的截面分类，由表 4-3 查用；

λ_n——正侧长细比；

λ——构件长细比；

σ_s——钢材的屈服点，MPa。

当构件的值超出本附录表 1～表 4 的范围时，则 φ 值按上面公式计算。

附录五　起重机金属结构的载荷与载荷组合表（GB/T 3811—2008 表 20）

1	2			3					4						5										6
载荷类别	载　荷			载荷组合 A					载荷组合 B						载荷组合 C										行号
				分项载荷系数 γ_{pA}	A1	A2	A3	A4	分项载荷系数 γ_{pB}	B1	B2	B3	B4	B5	分项载荷系数 γ_{pC}	C1	C2	C3	C4	C5	C6	C7	C8	C9	
常规载荷	自重振动载荷、起升动载荷与运行冲击载荷	1. 起重机质量引起的		γ_{pA1}	ϕ_1	ϕ_1	1	—	γ_{pB1}	ϕ_1	ϕ_1	1	—	—	γ_{pC1}	ϕ_1	1	ϕ_1	1	1	1	1	1	1	1
常规载荷	自重振动载荷、起升动载荷与运行冲击载荷	2. 总起升质量或突然卸除部分起升质量引起的		γ_{pA2}	ϕ_2	ϕ_3	1	—	γ_{pB2}	ϕ_2	ϕ_3	1	—	—	γ_{pC2}	—	η	—	1	1	1	1	1	—	2
常规载荷	自重振动载荷、起升动载荷与运行冲击载荷	3. 在不平（道路）轨道上运行起重机的质量和总起升质量引起的		γ_{pA3}	—	—	—	ϕ_4	γ_{pB3}	—	—	—	ϕ_4	ϕ_4	γ_{pC3}	—	—	—	—	—	—	—	—	—	3
常规载荷	驱动加速力	4. 起重机的质量和总起升质量	4.1 不包括起升机构的其他驱动机构加速引起的	γ_{pA4}	ϕ_5	ϕ_5	—	ϕ_5	γ_{pB4}	ϕ_5	ϕ_5	—	ϕ_5	—	γ_{pC4}	—	—	ϕ_5	—	—	—	—	—	—	4
常规载荷	驱动加速力	4. 起重机的质量和总起升质量	4.2 包括起升机构的任何驱动机构加速引起的	γ_{pA4}	—	—	ϕ_5	—	γ_{pB4}	—	—	ϕ_5	—	—	γ_{pC4}	—	—	—	—	—	—	—	—	—	5
常规载荷	位移载荷	5. 位移和变形引起的载荷		γ_{pA5}	1	1	1	1	γ_{pB5}	1	1	1	1	1	γ_{pC5}	1	1	1	1	1	1	1	1	1	6
偶然载荷	气候影响引起的载荷	1. 工作状态风载荷							γ_{pB6}	1	1	1	1	1	γ_{pC6}	—	—	1	—	—	—	—	—	—	7
偶然载荷	气候影响引起的载荷	2. 雪和冰载荷							γ_{pB7}	1	1	1	1	1	γ_{pC7}	—	1	—	—	—	—	—	—	—	8
偶然载荷	气候影响引起的载荷	3. 温度变化引起的载荷							γ_{pB8}	1	1	1	1	1	γ_{pC8}	—	1	—	—	—	—	—	—	—	9
偶然载荷	偏斜水平侧向载荷	偏斜运行时的水平侧向载荷							γ_{pB9}	—	—	—	—	1	γ_{pC9}	—	—	—	—	—	—	—	—	—	10

续表

1	2	3					4						5										6
载荷类别	载　荷	载荷组合 A					载荷组合 B						载荷组合 C										行号
		分项载荷系数 γ_{pA}	A1	A2	A3	A4	分项载荷系数 γ_{pB}	B1	B2	B3	B4	B5	分项载荷系数 γ_{pC}	C1	C2	C3	C4	C5	C6	C7	C8	C9	
特殊载荷	1. 猛烈提升地面物品的动载荷												γ_{pC10}	ϕ_{2max}	—	—	—	—	—	—	—	—	11
	2. 非工作状态风载荷												γ_{pC11}	—	1	—	—	—	—	—	—	—	12
	3. 试验载荷												γ_{pC12}	—	—	ϕ_6	—	—	—	—	—	—	13
	4. 缓冲碰撞载荷												γ_{pC13}	—	—	—	ϕ_7	—	—	—	—	—	14
	5. 倾翻水平力												γ_{pC14}	—	—	—	—	1	—	—	—	—	15
	6. 意外停机引起的载荷												γ_{pC15}	—	—	—	—	—	ϕ_5	—	—	—	16
	7. 机构失效引起的载荷												γ_{pC16}	—	—	—	—	—	—	ϕ_5	—	—	17
	8. 起重机基础外部激励引起的载荷												γ_{pC17}	—	—	—	—	—	—	—	1	—	18
	9. 安装、拆卸和运输时引起的载荷												γ_{pC18}	—	—	—	—	—	—	—	—	1	19
系数	强度系数 γ_{fi}（许用应力设计法）	γ_{fA}					γ_{fB}						γ_{fC}										20
	抗力系数 γ_m（极限状态设计法）	γ_m																					21
	特殊情况下的高危险度系数 γ_n	γ_n																					22

注：1. 如需考虑坡道载荷时，按 3.1.2（2）计算。

2. 如需考虑工艺性载荷时，按 3.1.3（1）计算。

3. 在载荷组合 C2 中的 η 是起重机不工作时，从总起重量 m 中卸除有效起升质量 Δm 后，余下的起升质量（即吊具质量）ηm 的系数，$\eta m=m-\Delta m$，$\eta=1-(\Delta m/m)$。

附录六　桁架节点板在斜腹杆压力作用下的稳定计算 (GB 50017—2003 附录 F)

F.0.1　基本假定

1　图 F.0.1 中 $BACD$ 为节点板失稳时的屈折线，其中$\overline{BA}$平行于弦杆，$\overline{CD}\perp\overline{BA}$。

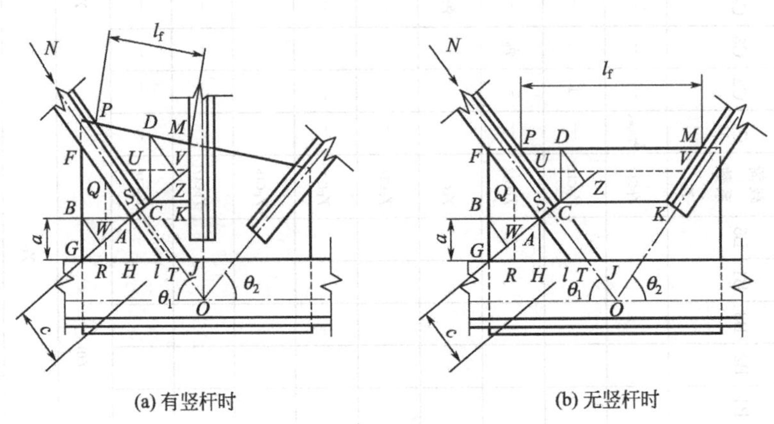

(a) 有竖杆时　　(b) 无竖杆时

图 F.0.1　节点板稳定计算图

2　在斜腹杆轴向压力 N 的作用下，$\overline{BA}$区（$FBGHA$ 板件）、$\overline{AC}$区（$AIJC$ 板件）和$\overline{CD}$区（$CKMP$ 板件）同时受压，当其中某一区先失稳后，其他区即相继失稳，为此要分别计算各区的稳定。

F.0.2　计算方法

$\overline{BA}$区：
$$\frac{b_1}{b_1+b_2+b_3}N\sin\theta_1\leqslant l_1 t\varphi_1 f \tag{F.0.2-1}$$

$\overline{AC}$区：
$$\frac{b_2}{b_1+b_2+b_3}N\leqslant l_2 t\varphi_2 f \tag{F.0.2-2}$$

$\overline{CD}$区：
$$\frac{b_3}{b_1+b_2+b_3}N\cos\theta_1\leqslant l_3 t\varphi_3 f \tag{F.0.2-3}$$

式中　t——节点板厚度；

N——受压斜腹杆的轴向力；

l_1，l_2，l_3——屈折线$\overline{BA}$、$\overline{AC}$、$\overline{CD}$的长度；

φ_1，φ_2，φ_3——各受压区板件的轴心受压稳定系数，可按 b 类截面查取，其相应的比分别为 $\lambda_1=2.77\frac{\overline{QR}}{t}$，$\lambda_2=2.77\frac{\overline{ST}}{t}$，$\lambda_3=2.77\frac{\overline{UV}}{t}$，$\overline{QR}$、$\overline{ST}$、$\overline{UV}$为$\overline{BA}$、$\overline{AC}$、$\overline{CD}$三区受压板件的中线长度，$\overline{ST}=c$，$b_1$($\overline{WA}$)、$b_2$($\overline{AC}$)、$b_3$($\overline{CZ}$)为各屈折线段在有效宽度线上的投影长度。

对 $l_f/t>60\sqrt{235/f_y}$且沿自由边加劲的无竖腹杆节点板（l_1 为节点板自由边的长度），也可用上述方法进行计算，仅需验算$\overline{BA}$和$\overline{AC}$区，而不必验算$\overline{CD}$区。

附录七 GB/T 3811 附录

附录 C 某些起重机的起升状态级别举例

C.1 某些起重机的起升状态级别举例见表 C.1

表 C.1 某些起重机的起升状态级别举例

起重机类别	起升状态级别
人力驱动起重机	HC_1
电站起重机 安装起重机 车间起重机	HC_2/ HC_3
卸船机 货场起重机 } 用起重横梁、吊钩或夹钳	HC_3
卸船机 货场起重机 } 用抓斗或电磁盘	HC_3/HC_4
炉前兑铁水铸造起重机 炉后出钢水铸造起重机 料箱起重机 加热炉装取料起重机(用水平夹钳)	HC_3/HC_4
锻造起重机	HC_4

附录 D 偏斜运行时的水平侧向载荷

D.1 起重机偏斜运行时的水平侧向载荷 P_S

在实际设计中，起重机偏斜运行时的水平侧向载荷 P_S 可按式(D.1) 作简化计算：

$$P_S=\frac{1}{2}\sum P\lambda \tag{D.1}$$

式中 P_S——起重机偏斜运行时的水平侧向载荷，N；

$\sum P$——起重机承受侧向载荷一侧的端梁上与有效轴距有关的相应车轮经常出现的最大轮压之和（与小车位置有关，见图 D.1 及图 D.3)，不考虑各种动力系数，N；

λ——水平侧向载荷系数，与起重机跨度 S 和起重机基距 B（或有效轴距 a）的比值 S/B（或 S/a）有关，按图 D.2 确定。

因为许多起重机在起吊额定载荷时小车并不位于桥架端部的极限位置，如电站桥式起重机吊装水轮机转子时的载荷最大，但此时小车不在桥架极限位置：坝顶门式起重机起吊闸门时轮压最大，但此时大车不运行。因此用最大轮压来计算偏斜运行侧向载荷比较合理、简明、符合实际情况。此外，用于计算偏斜运行水平侧向载荷的最大轮压是静轮压，不考虑动力效应。

D.2 多车轮起重机的有效轴距

在多车轮的起重机中，用起重机有效轴距 a 代替起重机的基距 B 进行水平侧向力的计算更为合理，此有效轴距 a 按下述原则确定。

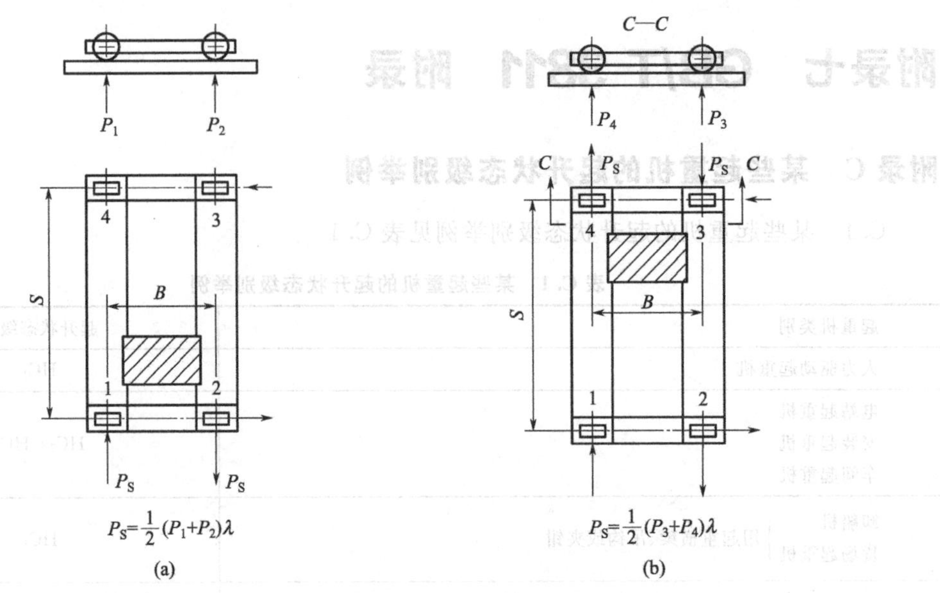

图 D.1 水平侧向载荷的简化计算

a）一侧端梁上装有两个或四个车轮时，有效轴距取端梁两端最外边车轮轴的间距，见图 D.3(a)、图 D.3(b)。

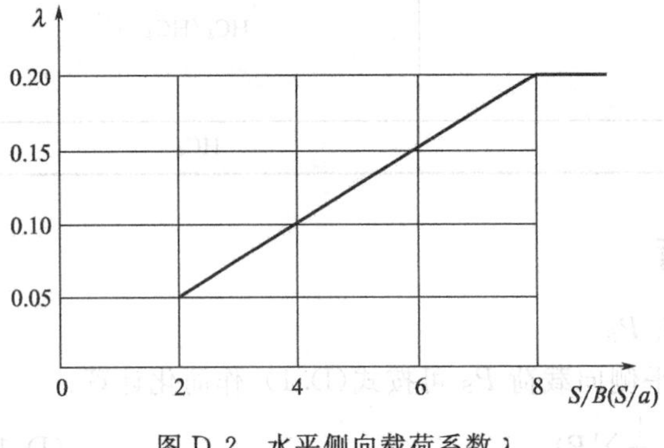

图 D.2 水平侧向载荷系数 λ

b）一侧端梁上的车轮不超过八个时，有效轴距取两端最外边两个车轮中心线的间距，见图 D.3(c)、图 D.3(d)。

c）一侧端梁上的车轮超过八个时，有效轴距取端梁两端最外边三个车轮中心线的间距，见图 D.3(e)。

d）端梁和用球铰连接的多车轮台车时，有效轴距为两铰链点的间距（水平侧向载荷按一侧全部车轮最大轮压之和计算）。

e）端梁装有水平导向轮时，有效轴距取端梁两端最外边两个导向轮轴的间距（此时，水平侧向载荷参考 ISO 8686-1：1989 附录 F 的方法计算）。

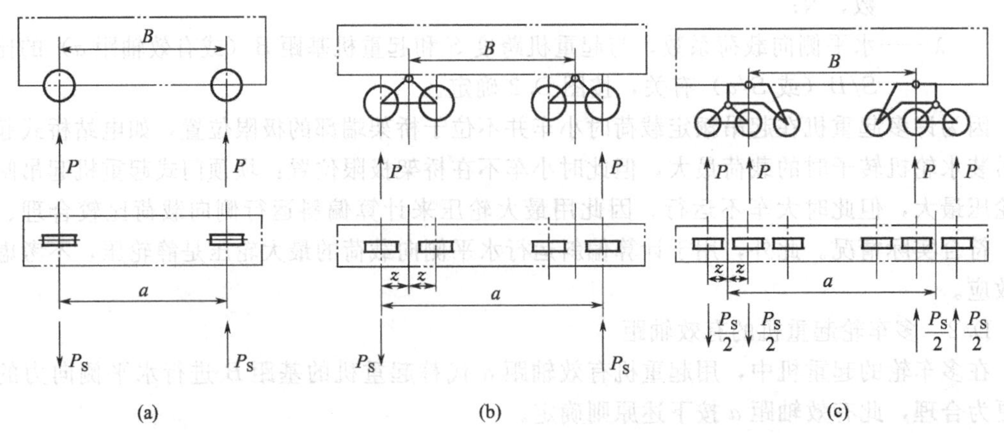

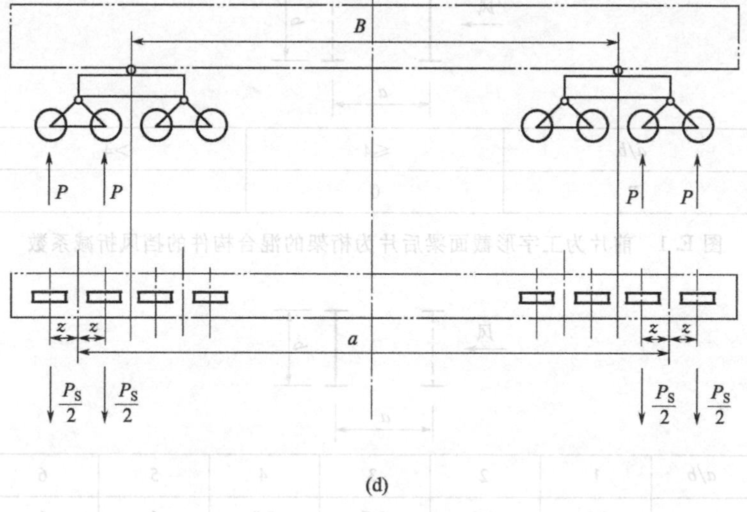

(d)

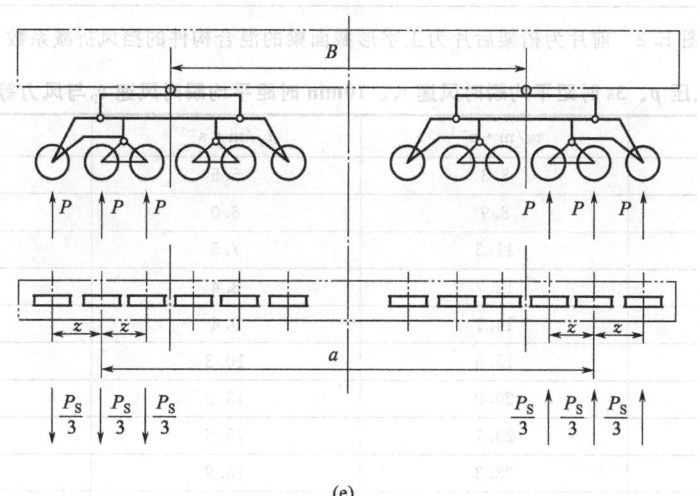

(e)

图 D.3　有效轴距及相应车轮轮压

附录 E　关于风载荷计算的资料

E.1　工字形截面梁和桁架的混合结构、后片构件的挡风折减系数 η，见图 E.1 和图 E.2。

E.2　管材制成的三角形截面空间桁架（下弦可用矩形管材或组合封闭杆件）的侧向风力系数为 1.3。

E.3　单根梯形截面构件（梁）（空气动力长细比 $l/b=10\sim15$，截面高宽比 $b/d\approx1$）在侧向风力作用下风力系数为 1.5～1.6。

E.4　计算风压 p、3s 时距平均瞬时风速 v_s、10min 时距平均瞬时风速 v_p 与风力等级的对应关系，见表 E.1。

E.5　起重机吊运物品迎风面积的估算值，见表 E.2。

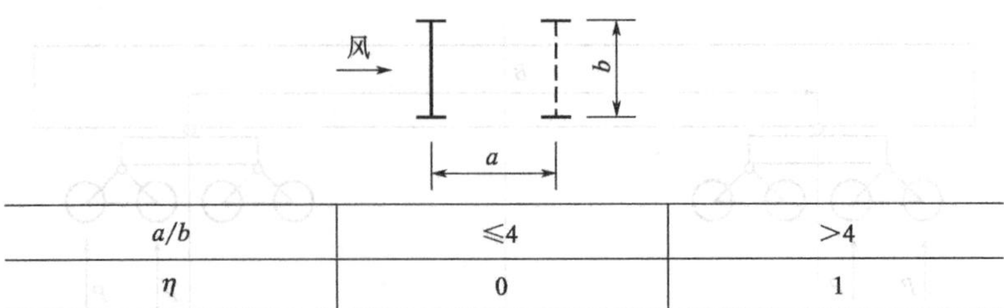

a/b	≤4	>4
η	0	1

图 E.1 前片为工字形截面梁后片为桁架的混合构件的挡风折减系数

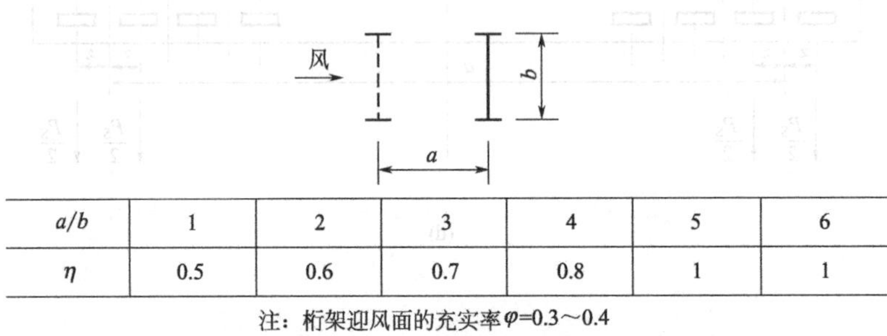

a/b	1	2	3	4	5	6
η	0.5	0.6	0.7	0.8	1	1

注：桁架迎风面的充实率φ=0.3～0.4

图 E.2 前片为桁架后片为工字形截面梁的混合构件的挡风折减系数

表 E.1 计算风压 p、3s 时距平均瞬时风速 v_s、10min 时距平均瞬时风速 v_p 与风力等级的对应关系

p/Pa	v_s/m·s^{-1}	v_p/m·s^{-1}	风级
43	8.3	5.5	4
50	8.9	6.0	4
80	11.3	7.5	5
100	12.7	8.4	5
125	14.1	9.4	5
150	15.5	10.3	5
250	20.0	13.3	6
350	23.7	15.8	7
500	28.3	18.9	8
600	31.0	22.1	9
800	35.8	25.6	10
1000	40.0	28.6	11
1100	42.0	30.0	11
1200	43.8	31.3	11
1300	45.6	32.6	12
1500	49.0	35.0	12
1800	53.7	38.4	13
1890	65.0	39.3	13

表 E.2 起重机吊运物品迎风面积的估算值

吊运物品质量/t	1	2	3	5 6.3	8	10	12.5	15 16	20	25	30 32	40	50	63	75 80	100	125	150 160	200	250	280	300 320	400
迎风面积估算值/m^2	1	2	3	5	6	7	8	10	12	15	18	22	25	28	30	35	40	45	55	65	70	75	80

附录G　各类典型起重机金属结构计算的载荷与载荷组合

表G.5　采用许用应力设计法设计时塔式起重机金属结构计算的载荷与载荷组合表

1	2			3					4						5										6
载荷类别	载荷			载荷组合A					载荷组合B						载荷组合C										行号
				安全系数 n	A1	A2	A3	A4	安全系数 n	B1	B2	B3	B4	B5	安全系数 n	C1	C2	C3	C4	C5	C6	C7	C8	C9	
常规载荷	自重振动载荷、起升动载荷与运行冲击载荷	1. 起重机质量	1.1 对合成载荷起不利作用的质量引起的	1.48	ϕ_1	ϕ_1	1	—	1.34	ϕ_1	ϕ_1	1	—	—	1.22	ϕ_1	1	ϕ_1	1	1	1	1	1	1	1
			1.2 对合成载荷起有利作用的质量引起的																						
		2. 总起升质量或突然卸除部分起升质量引起的			ϕ_2	ϕ_3	1	—		ϕ_2	ϕ_3	1	—	—		—	η	—	1	1	1	1	1	—	2
		3. 在不平轨道上运行起重机的质量和总起升质量引起的			—	—	—	ϕ_4		—	—	—	ϕ_4	ϕ_4		—	—	—	—	—	—	—	—	—	3
	驱动加速力	4. 起重机的质量和总起升质量	4.1 不包括起升机构的其他驱动机构加速引起的		ϕ_5	ϕ_5	—	ϕ_5		ϕ_5	ϕ_5	—	ϕ_5	—		—	—	ϕ_5	—	—	—	—	—	—	4
			4.2 包括起升机构的任何驱动机构加速引起的		—	—	ϕ_5	—		—	—	—	—	—		—	—	—	—	—	—	—	—	—	5
	位移载荷	5. 位移和变形引起的载荷			1	1	1	1		1	1	1	1	1		1	1	1	1	1	1	1	1	1	6
偶然载荷	气候影响引起的载荷	1. 工作状态风载荷								1	1	1	1	1		—	—	1	—	—	—	—	—	—	7
		2. 雪和冰载荷								1	1	1	1	1		—	1	—	—	—	—	—	—	—	8
		3. 温度变化引起的载荷								1	1	1	1	1		—	1	—	—	—	—	—	—	—	9
	偏斜水平侧向载荷	偏斜运行时的水平侧向载荷								—	—	—	—	1		—	—	—	—	—	—	—	—	—	10

续表

1	2	3					4						5										6
载荷类别	载　　荷	载荷组合 A					载荷组合 B						载荷组合 C										行号
		安全系数 n	A1	A2	A3	A4	安全系数 n	B1	B2	B3	B4	B5	安全系数 n	C1	C2	C3	C4	C5	C6	C7	C8	C9	
	1. 猛烈提升地面物品的动载荷													ϕ_{2max}	—	—	—	—	—	—	—	—	11
	2. 非工作状态风载荷													—	1	—	—	—	—	—	—	—	12
	3. 试验载荷													—	—	ϕ_6	—	—	—	—	—	—	13
	4. 缓冲碰撞载荷													—	—		ϕ_7	—	—	—	—	—	14
特殊载荷	5. 倾翻水平力	1.48					1.34						1.22	—	—	—	—	1	—	—	—	—	15
	6. 意外停机引起的载荷													—	—	—	—	—	ϕ_5	—	—	—	16
	7. 机构失效引起的载荷													—	—	—	—	—	—	ϕ_5	—	—	17
	8. 起重机基础外部激励引起的载荷													—	—	—	—	—	—	—	1	—	18
	9. 安装、拆卸和运输时引起的载荷													—	—	—	—	—	—	—	—	1	19

注：1. 如需考虑坡道载荷时，按 3.1.2.（2）计算。

2. 在载荷组合 C2 中的 η 是起重机不工作时，从总起重量 m 中卸除有效起升质量 Δm 后，余下的起升质量（即吊具质量）ηm 的系数，$\eta m=m-\Delta m$，$\eta=1-(\Delta m/m)$。

3. 表中各项动力系数 ϕ_i 见表 G.7。

4. 各加速效应的组合见 G.2.3。

5. 各个载荷组合的说明见 3.2.2（1）～3.2.2（3），用于施工工地的建筑塔式起重机的载荷组合见 G.2.5。

表 G.6 采用极限状态设计法设计时塔式起重机金属结构计算的载荷与载荷组合表

1	2			3					4						5										6
载荷类别	载荷			载荷组合 A					载荷组合 B						载荷组合 C										行号
				分项载荷系数 γ_{pA}	A1	A2	A3	A4	分项载荷系数 γ_{pB}	B1	B2	B3	B4	B5	分项载荷系数 γ_{pC}	C1	C2	C3	C4	C5	C6	C7	C8	C9	
常规载荷	自重振动载荷、起升动载荷与运行冲击载荷	1. 起重机质量	1.1 对合成载荷起不利作用的质量引起的	1.22	ϕ_1	ϕ_1	1	—	1.16	ϕ_1	ϕ_1	1	—	—	1.1	ϕ_1	1	ϕ_1	1	1	1	1	1	1	1
			1.2 对合成载荷起有利作用的质量引起的：1.2.1 当质量及其质心是由试验时整体称量得到时	1.16					1.1						1.05										
			1.2 对合成载荷起有利作用的质量引起的：1.2.2 当质量及其质心是由最终零部件表得出时	1.1					1.05						1.0										
		2. 总起升质量或突然卸除部分起升质量引起的		1.34	ϕ_2	ϕ_3	1	—	1.22	ϕ_2	ϕ_3	1	—	—	1.1	—	η	—	1	1	1	1	1	—	2
		3. 在不平轨道上运行起重机的质量和总起升质量引起的		1.22	—	—	—	ϕ_4	1.16	—	—	—	ϕ_4	ϕ_4	—	—	—	—	—	—	—	—	—	—	3
	驱动加速力	4. 起重机的质量和总起升质量	4.1 不包括起升机构的其他驱动机构加速引起的	1.34	ϕ_5	ϕ_5	—	ϕ_5	1.22	ϕ_5	ϕ_5	—	ϕ_5	—	1.1	—	—	ϕ_5	—	—	—	—	—	—	4
			4.2 包括起升机构的任何驱动机构加速引起的		—	—	ϕ_5	—		—	—	ϕ_5	—	—	—	—	—	—	—	—	—	—	—	—	5
	位移载荷	5. 位移和变形引起的载荷		1.16	1	1	1	1	1.1	1	1	1	1	1	1.05	1	1	1	1	1	1	1	1	1	6
偶然载荷	气候影响引起的载荷	1. 工作状态风载荷		—	—	—	—	—	1.16	1	1	1	1	1	—	—	—	1	—	—	—	—	—	—	7
		2. 雪和冰载荷		—	—	—	—	—	1.22	1	1	1	1	1	1.1	—	1	—	—	—	—	—	—	—	8
		3. 温度变化引起的载荷		—	—	—	—	—	1.16	1	1	1	1	1	1.05	—	1	—	—	—	—	—	—	—	9
	偏斜水平侧向载荷	偏斜运行时的水平侧向载荷		—	—	—	—	—	1.16	—	—	—	—	1	—	—	—	—	—	—	—	—	—	—	10

续表

1	2	3					4						5										6
载荷类别	载　荷	载荷组合 A					载荷组合 B						载荷组合 C										行号
		分项载荷系数 γ_{pA}	A1	A2	A3	A4	分项载荷系数 γ_{pB}	B1	B2	B3	B4	B5	分项载荷系数 γ_{pC}	C1	C2	C3	C4	C5	C6	C7	C8	C9	
	1. 猛烈提升地面物品的动载荷												1.1	ϕ_{2max}	—	—	—	—	—	—	—	—	11
	2. 非工作状态风载荷												1.1	—	1	—	—	—	—	—	—	—	12
	3. 试验载荷												1.1	—	—	ϕ_6	—	—	—	—	—	—	13
	4. 缓冲碰撞载荷												1.1	—	—	—	ϕ_7	—	—	—	—	—	14
特殊载荷	5. 倾翻水平力												1.1	—	—	—	—	1	—	—	—	—	15
	6. 意外停机引起的载荷												1.1	—	—	—	—	—	ϕ_5	—	—	—	16
	7. 机构失效引起的载荷												1.1	—	—	—	—	—	—	ϕ_5	—	—	17
	8. 起重机基础外部激励引起的载荷												1.1	—	—	—	—	—	—	—	1	—	18
	9. 安装、拆卸和运输时引起的载荷												1.1	—	—	—	—	—	—	—	—	1	19
系数	抗力系数 γ_m	1.1																					20

注：1. 如需考虑坡道载荷时，按 3.1.2（2）计算。

2. 在载荷组合 C2 中的 η 是起重机不工作时，从总起重量 m 中卸除有效起升质量 Δm 后，余下的起升质量（即吊具质量）ηm 的系数，$\eta m=m-\Delta m$，$\eta=1-(\Delta m/m)$。

3. 表中各项动力系数 ϕ_i 见表 G.7。

4. 各加速效应的组合见 G.2.3。

5. 各个载荷组合的说明见 3.2.2（1）～3.2.2（3），用于施工工地的建筑塔式起重机的载荷组合见 G.2.5。

表 G.7 塔式起重机金属结构计算的载荷与动力系数的取值

表 G.5 和 G.6 中的行号	ϕ_i	本书中章条号	系数 ϕ_i 值和载荷值
1	ϕ_1	3.1.1.(3)	$\phi_1=1\pm\alpha,\alpha=0.1$
2	ϕ_2	3.1.1(4)③	塔式起重机起升状态级别为 HC_1，取最小值 $\phi_{2min=}=1.05$
	ϕ_3	3.1.1(5)	适用于抓斗、网兜、戽斗及相类似的吊具，按式(3-2)计算
3	ϕ_4	3.1.1.(6)③	对建筑塔式起重机，推荐 $\phi_4=1.1$。当用户与制造商协商同意轨道公差采用与标准不同的值时，ϕ_4 可选其他值
4 和 5	ϕ_5	3.1.1(7)①	当使用刚性模型进行动态分析时，$\phi_5=1.2$、1.5、2.0，见表 3-3 序号 2、3、4。如有根据，ϕ_5 可选其他值
6		3.1.1(8)	在需要考虑时，在表 G.6 中应适当考虑分项载荷系数
7		3.1.2(3)②	安装时风压为 125Pa，相应的 3s 时距的平均瞬时风速为 14.1m/s；正常工作时风压为 250Pa，相应 3s 时距的平均瞬时风速为 20.0m/s
8		3.1.2(4)	在特殊情况下根据使用地区的实际情况考虑雪和冰载荷
9		3.1.2(5)	环境温度变化载荷仅在使用地点根据现场情况对此确有要求时才予以适当考虑
10		3.1.2(1)	使用普通底架时，偏斜水平运行侧向载荷忽略不计。如此载荷较严重，可按 3.1.2(1)进行分析
11	ϕ_{2max}	表 3-1	用表 3-1 规定的起升状态级别 HC_4 算出的 ϕ_{2max}
12		3.1.2(6)①	非工作状态风载荷 $P_{WⅢ}$ 按式(3-9)算。对依靠自身机构在不工作时能将塔身方便缩回的塔式起重机，只需按其低位置进行非工作状态风载荷验算
13	ϕ_6	3.1.2(6)④	静载试验载荷按 3.1.2(6)④a.，动载试验载荷按 3.1.2.(6)b.，动载试验载荷起升动载系数 ϕ_6 按式(3-10)计算
14	ϕ_7	3.1.2(6)②	当运行速度不大于 0.7m/s 时，不考虑起重机所受的缓冲碰撞力
15		3.1.2(6)③	一般情况下不必考虑倾翻水平力的作用，仅在有可能出现此类载荷时才考虑
16	ϕ_5	3.1.2(6)⑤	在紧急停机时，本系数可取为最大值，$\phi_5=2.0$
17	ϕ_5	3.1.2(6)⑥	在需要时，可适当考虑此项载荷，当出现最严重的反向冲击时，可取到本系数的极大值 $\phi_5=3.0$
18		3.1.2(6)⑦	在需要时，应适当考虑此项载荷
19		3.1.2(6)⑧	在需要时，应考虑此项载荷

G.2.3 加速效应组合

加、减速时作用在塔式起重机结构上的惯性力应按正常操作时最大驱动加速力确定，加速效应按下述进行组合。

a）当不限制同时操作不同动作时，起升运动可以和下述运动组合：回转及小车变幅；回转及臂架俯仰变幅；回转及塔式起重机运行；回转减速，此时有惯性力和离心力，对离心力取 $\phi_5=1$。

b）当限制同时操作不同的动作时，惯性力按可能同时操作的动作进行组合。

G2.5 用于施工工地的建筑塔式起重机的载荷组合

用于施工工地的建筑塔式起重机的载荷组合仅需要用表 G.5 和 G.6 中的载荷组合 A1、A2、A3、A4、B1、B2、B3、B4、C4、C6、C7、C8、C9 进行安全分析。

表 G.12　采用极限状态设计法设计时桥式和门式起重机金属结构计算的载荷与载荷组合表

1	2		3					4						5										6
载荷类别	载　荷		载荷组合 A					载荷组合 B						载荷组合 C										行号
			分项载荷系数 γ_{pA}	A1	A2	A3	A4	分项载荷系数 γ_{pB}	B1	B2	B3	B4	B5	分项载荷系数 γ_{pC}	C1	C2	C3	C4	C5	C6	C7	C8	C9	
常规载荷	自重振动载荷、起升动载荷与运行冲击载荷	1. 起重机质量引起的	1.16	ϕ_1	ϕ_1	1	—	1.05	ϕ_1	ϕ_1	1	—	—	1.05	ϕ_1	1	ϕ_1	1	1	1	1	1	1	1
		2. 总起升质量或突然卸除部分起升质量引起的	1.34	ϕ_2	ϕ_3	1	—	1.22	ϕ_2	ϕ_3	1	—	—	1.10	—	η	—	1	1	1	1	1	—	2
		3. 在不平(道路)轨道上运行起重机的质量和总起升质量引起的	1.16	—	—	—	ϕ_4	1.05	—	—	—	ϕ_4	ϕ_4	—	—	—	—	—	—	—	—	—	—	3
	驱动加速力	4. 起重机的质量和总起升质量　4.1 不包括起升机构的其他驱动机构加速引起的	1.55	ϕ_5	ϕ_5	—	ϕ_5	1.41	ϕ_5	ϕ_5	—	ϕ_5	—	1.28	—	—	ϕ_5	—	—	—	—	—	—	4
		4. 起重机的质量和总起升质量　4.2 包括起升机构的任何驱动机构加速引起的		—	—	ϕ_5	—		—	—	ϕ_5	—	—		—	—	—	—	—	—	—	—	—	5
	位移载荷	5. 位移和变形引起的载荷	1.16	1	1	1	1	1.05	1	1	1	1	1	1.05	1	1	1	1	1	1	1	1	1	6
偶然载荷	气候影响引起的载荷	1. 工作状态风载荷						1.10	1	1	1	1	1	1.05	—	—	1	—	—	—	—	—	—	7
		2. 雪和冰载荷						1.28	1	1	1	1	1	1.16	—	1	—	—	—	—	—	—	—	8
		3. 温度变化引起的载荷						1.05	1	1	1	1	1	1.05	—	1	—	—	—	—	—	—	—	9
	偏斜水平侧向载荷	偏斜运行时的水平侧向载荷						1.10	—	—	—	—	1	—	—	—	—	—	—	—	—	—	—	10

续表

1	2	3					4						5										6
载荷类别	载荷	载荷组合 A					载荷组合 B						载荷组合 C										行号
		分项载荷系数 γ_{pA}	A1	A2	A3	A4	分项载荷系数 γ_{pB}	B1	B2	B3	B4	B5	分项载荷系数 γ_{pC}	C1	C2	C3	C4	C5	C6	C7	C8	C9	
特殊载荷	1. 猛烈提升地面物品的动载荷												1.10	ϕ_{2max}	—	—	—	—	—	—	—	—	11
	2. 非工作状态风载荷												1.10	—	1	—	—	—	—	—	—	—	12
	3. 试验载荷												1.10	—	—	ϕ_6	—	—	—	—	—	—	13
	4. 缓冲碰撞载荷												1.28	—	—	—	ϕ_7	—	—	—	—	—	14
	5. 倾翻水平力												1.28	—	—	—	1	—	—	—	—	—	15
	6. 意外停机引起的载荷												1.28	—	—	—	—	—	ϕ_5	—	—	—	16
	7. 机构失效引起的载荷												1.28	—	—	—	—	—	—	ϕ_5	—	—	17
	8. 起重机基础外部激励引起的载荷												1.28	—	—	—	—	—	—	—	1	—	18
	9. 安装、拆卸和运输时引起的载荷												1.28	—	—	—	—	—	—	—	—	1	19
系数	抗力系数 γ_m	1.10																					20
	特殊情况下的高危险度系数 γ_n	1.05～1.10																					21

注：1. 如需考虑坡道载荷时，按 3.1.2（2）计算，视具体情况可分属于载荷组合 A 或载荷组合 B 的偶然载荷中。

2. 如需考虑工艺性载荷时，按 3.1.3（1）计算，视具体情况可归属于载荷组合 C 的特殊载荷中。

2. 在载荷组合 C2 中的 η 是起重机不工作时，从总起重量 m 中卸除有效起升质量 Δm 后，余下的起升质量（即吊具质量）ηm 的系数，$\eta m=m-\Delta m$，$\eta=1-(\Delta m/m)$。

3. 表中各项动力系数 ϕ_i 见表 G.13。

4. 各加速效应的组合见 G.4.3。

5. 各个载荷组合的说明见 3.2.2（1）～3.2.2（3）。

附录 O 用于结构疲劳强度计算的构件连接的应力集中情况等级和构件接头型式

构件可以用铆钉、螺栓或焊缝进行连接。

起重机常用的焊接型式有对接焊、双面坡口对接焊（K 形焊）和角焊，焊接质量分为普通质量（O. Q）和特殊质量（S. Q）两类，如表 O. 1 所示。

在表 O. 1 中还对某些型式的焊接接头作出了焊接检验的规定。

表 O. 1 焊接质量

焊接型式	焊接质量	焊接方式	代号	焊接检验	代号
全深范围内的对接焊	特殊质量(S. Q)	在封焊之前，焊根要刮光(或修光)；焊缝在平行于受力方向与被连接板磨平，无端头焊口		焊缝全长(100%)进行检验(如用 X 射线)	P100
	普通质量(O. Q)	在封焊之前，焊根要刮光(或修光)；无端头焊口		如果计算应力大于 0.8 倍许用应力，焊缝全长进行检验	P100
在两连接件所形成的角落中进行的 K 形焊。其中一个连接件在焊缝处开有坡口	特殊质量(S. Q)	在另一侧焊接前，焊根要刮光(或修光)；焊缝边缘无咬边，必要时打磨；完全焊透		否则，至少抽检焊缝长度的 10%	P10
	普通质量(O. Q)	两条焊缝间未熔透的宽度不大于 3mm ≤3mm		进行拉伸检验，垂直于受力方向的钢板在拉伸载荷下不发生层状撕裂	D
在两连接件所形成的角落中进行的角焊	特殊质量(S. Q)	焊缝的边缘无咬边，必要时打磨		进行拉伸检验，垂直于受力方向的钢板在拉伸载荷下不发生层状撕裂	D
	普通质量(O. Q)				

表 O. 2 所列各种不同的连接方法是按照它们所产生的应力集中情况的大小进行分类的。对一条给定的焊缝来说，其应力集中情况随接头所受的载荷型式而变。

例如：对一个角焊缝接头进行纵向拉伸、压缩（O. 31）或纵向剪切（O. 51）时，应力集中情况等级划归为 K_0 类；进行横向拉伸或压缩（3. 2 或 4. 4）时，其应力集中情况等级则划归为 K_3 或 K_4 类。

表 O. 2 构件连接的应力集中情况等级和构件接头型式

构件接头型式的标号	说明	图	代号
1. 非焊接件	应力集中情况等级 W_0		
W_0	母材均匀，构件表面无接缝或不需连接(实体杆)，无切口应力集中效应，除非后者可以计算		

续表

构件接头型式的标号	说　明	图	代号
应力集中情况等级 W_1			
W_1	钻孔构件；用于铆钉或螺栓连接的钻孔构件，其中的铆钉或螺栓承载可高达许用值的20%；用于高强度螺栓的钻孔构件，其中高强度螺栓的最大承载可高达许用值的100%		
应力集中情况等级 W_2			
W_{2-1}	用于铆钉或螺栓连接的钻孔构件，其中的铆钉或螺栓承受双剪		
W_{2-2}	用于铆钉或螺栓连接的钻孔构件，其中的铆钉或螺栓承受单剪(考虑偏心承载)。构件没有支承		
W_{2-3}	用铆钉或螺栓装配的钻孔构件，其中的铆钉或螺栓承受单剪，构件作支承或导向用		
2. 焊接件	应力集中情况等级 K_0——轻度应力集中		
0.1	焊缝垂直于力的方向，用对接焊缝(S. Q)连接的构件		P100
0.11	焊缝垂直于力的方向，用对接焊缝(S. Q)连接不同厚度的构件。不对称斜度 1/4～1/5(或对称斜度 1/3)	1/4～1/5 1/3	P100
0.12	腹板横向接头对接焊缝(S. Q)		P100
0.13	焊缝垂直于力的方向，用对接焊缝(S. Q)镶焊的角撑板		P100

续表

构件接头型式的标号	说明	图	代号
2. 焊接件	应力集中情况等级 K_0——轻度应力集中		
0.3	焊缝平行于力的方向，用对接焊缝(O.Q)连接的构件		P100 或 P10
0.31	焊缝平行于力的方向，用角焊缝(O.Q)连接的构件(力沿连接构件纵向作用)		
0.32	梁的翼缘型钢和腹板之间的对接焊缝(O.Q)		P100 或 P10
0.33	梁的翼缘和腹板之间的K形焊缝或角焊缝(O.Q)，梁按复合应力计算见4.2.4		
0.5	纵向剪切情况下的对接焊缝(O.Q)		P100 或 P10
0.51	纵向剪切情况下的角焊缝(O.Q)或K形焊缝(O.Q)	或	
	应力集中情况等级 K_1——适度应力集中		
1.1	焊缝垂直于力的方向，用对接焊缝(O.Q)连接的构件		P100 或 P10
1.11	焊缝垂直于力的方向，用对接焊缝(O.Q)连接不同厚度的构件。不对称斜度1/4～1/5(或对称斜度1/3)	1/4～1/5 1/3	P100 或 P10

续表

构件接头型式的标号	说　明	图	代号
应力集中情况等级 K_1——适度应力集中			
1.12	腹板横向接头的对接焊缝(O. Q)		P100 或 P10
1.13	焊缝垂直于力的方向,用对接焊缝(O. Q)连接的撑板		P100 或 P10
1.2	焊缝垂直于力的方向,用连续K形焊缝(S. Q)将构件连接到连续的主构件上		
1.21	焊缝垂直于力的方向,用角焊缝(S. Q)将加强肋连接到腹板上,焊接包过腹板加强肋的各角		
1.3	焊缝平行于力的方向,用对接焊缝连接的构件(不检查焊缝)		
1.31	弧形翼缘板和腹板之间的K形焊缝(S. Q)		
应力集中情况等级 K_2——中等应力集中			
2.1	焊缝垂直于力的方向,用对接焊缝(O. Q)连接不同厚度的构件。不对称斜度1/3(或对称斜度1/2)	1/3 1/2	P100 或 P10
2.11	焊缝垂直于力的方向,用对接焊缝(S. Q)连接的型钢		P100

续表

构件接头型式的标号	说　明	图	代号
应力集中情况等级 K_2——中等应力集中			
2.12	焊缝垂直于力的方向，用对接焊缝(S. Q)连接节点板与型钢	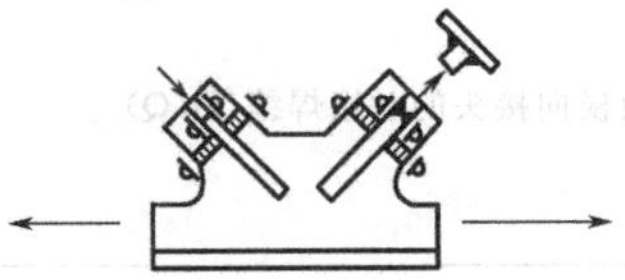	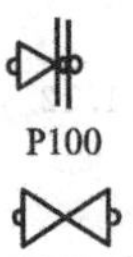 P100
2.13	焊缝垂直于力的方向，用对接焊缝(S. Q)将辅助角撑板焊在各扁钢的交叉处，焊缝端部经打磨以防止出现应力集中	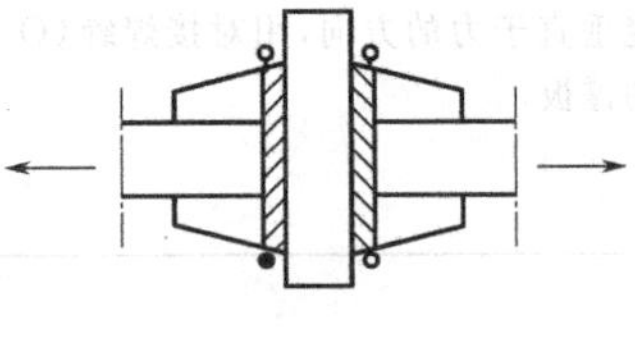	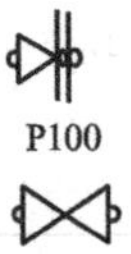 P100
2.2	焊缝垂直于力的方向，用角焊缝(S. Q)将横隔板、腹板加劲肋、圆环或套筒连接到主构件上	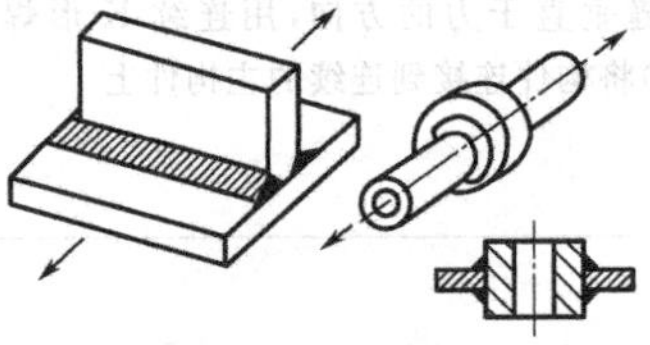	
2.21	用角焊缝(S. Q)将切角的横向加劲肋焊在腹板上，焊缝不包角	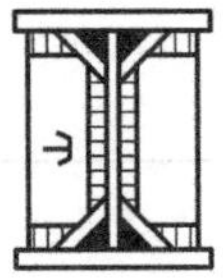	
2.22	用角焊缝(S. Q)焊接的带切角的横隔板，焊缝不包角		
2.3	焊缝平行于力的方向，用对接焊缝(S. Q)将构件焊接到连续的主构件的边缘上，这些构件的端部有斜度或圆角，焊缝端头经打磨以防止出现应力集中	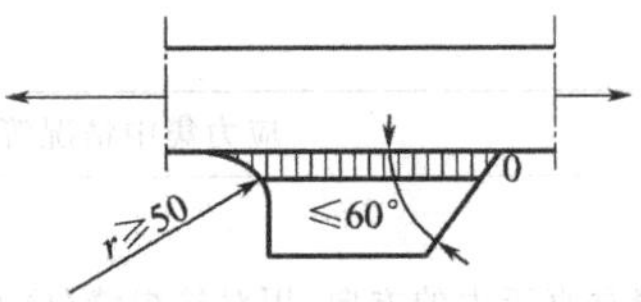 r≥50 ≤60°	 P100
2.31	焊缝平行于力的方向，将构件焊接到连续的主构件上，这些构件的端部有斜度或圆角，在焊缝端头相当于十倍厚度的长度上为K形焊缝(S. Q)，焊缝端头经打磨以防止出现应力集中	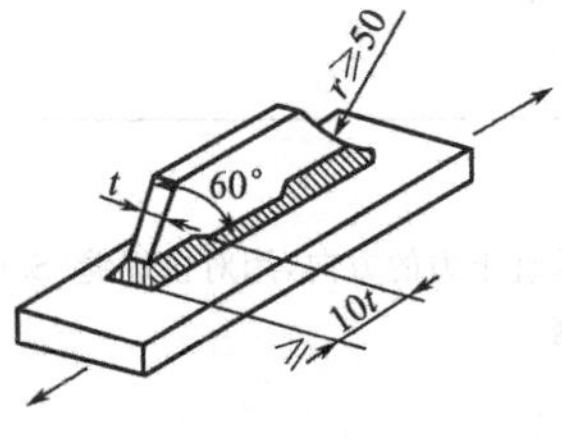 r≥50 60° t 10t	

续表

构件接头型式的标号	说 明	图	代号
应力集中情况等级 K_2——中等应力集中			
2.33	用角焊缝(S.Q)将扁钢(板边斜度 1/3)连接到连续的主构件上,扁钢端部在 x 区域内用角焊缝焊接,$h_f=0.5t$	1/3 h_f x 5t	
2.34	弧形翼缘板和腹板之间的 K 形焊缝(O.Q)		
2.4	焊缝垂直于力的方向,用 K 形焊缝(S.Q)连接的十字形接头		D
2.41	翼缘板和腹板之间的 K 形焊缝(S.Q),集中载荷垂直于焊缝,作用在腹板平面内		
2.5	用 K 形焊缝(S.Q)连接承受弯曲应力和剪切应力的构件		
应力集中情况等级 K_3——严重应力集中			
3.1	焊缝垂直于力的方向,用对接焊缝(O.Q)连接不同厚度的构件。不对称斜度 1/2,或对称无斜度	1/2	P100 或 P10
3.11	有背面垫板而无封底焊缝的对接焊缝,背面垫板用间断的定位搭焊焊缝固定		

续表

构件接头型式的标号	说　明	图	代号
应力集中情况等级 K_3——严重应力集中			
3.12	管件对接焊，对接焊缝根部用背（里）面垫件支承，但无封底焊缝	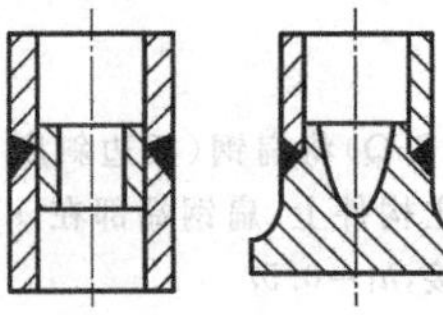	
3.13	用对接焊缝（O. Q）将辅助角撑板焊接到各扁钢的交叉处，焊缝端头经打磨以防止出现应力集中	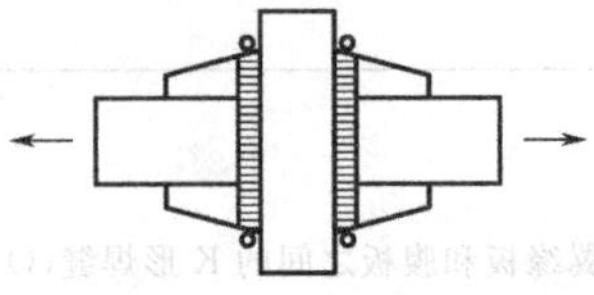	P100 或 P10 
3.2	焊缝垂直于力的方向，用角焊缝（O. Q）将构件焊接到连续的主构件上，这些构件仅承受主构件所传递的小部分载荷	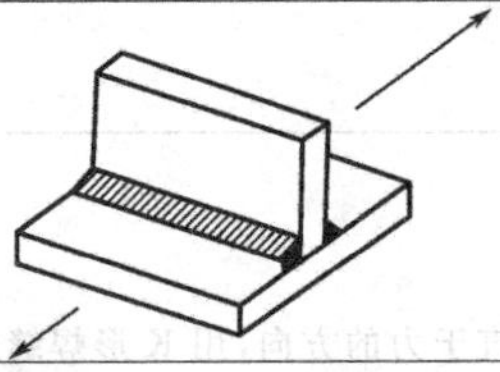	
3.21	用连续角焊缝（O. Q）连接腹板、加劲肋或横隔板	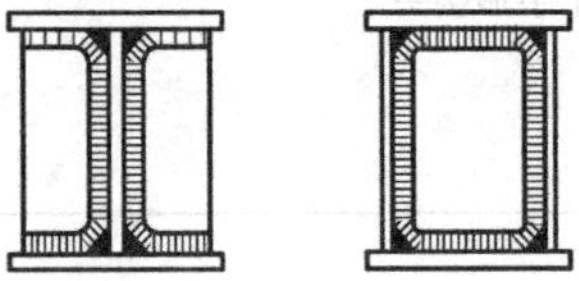	
3.3	焊缝平行于力的方向，用对接焊缝（O. Q）将构件焊接到连续构件的边缘上，这些构件的端部有斜度，焊缝端头经打磨，以避免出现应力集中	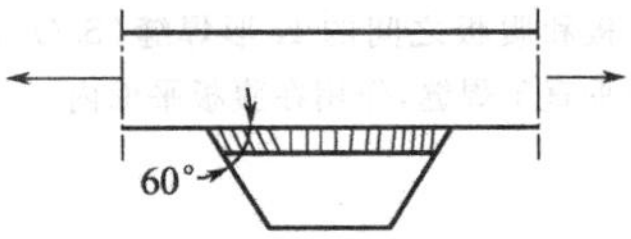 60°	
3.31	焊缝平行于力的方向，将构件焊接到连续主构件上。这些构件的端部有斜度或圆角。焊缝端头相当于十倍厚度的长度上为角焊缝（S. Q），焊缝端头经打磨以避免出现应力集中	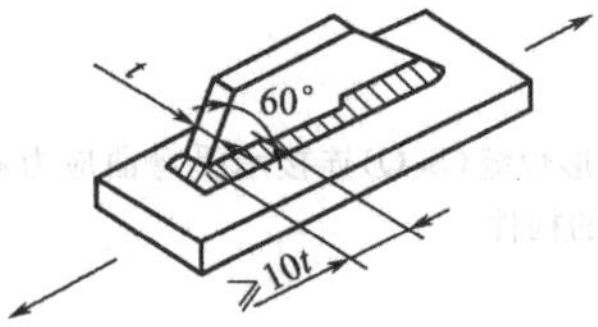 t 60° $\geqslant 10t$	
3.32	穿过连续构件伸出一块板，板端沿力的方向有斜度或圆角，在相当于十倍厚度的长度上用K形焊缝（O. Q）固定	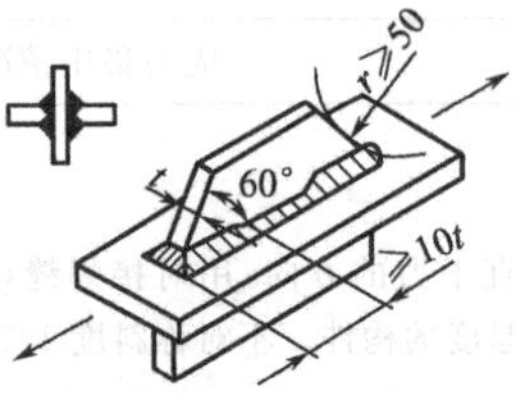 $r\geqslant 50$ t 60° $\geqslant 10t$	
33	焊缝平行于力的方向，用指定范围内的角焊缝（S. Q）将扁钢焊接到连续主构件上。其中 $t_1 < 1.5t_2$	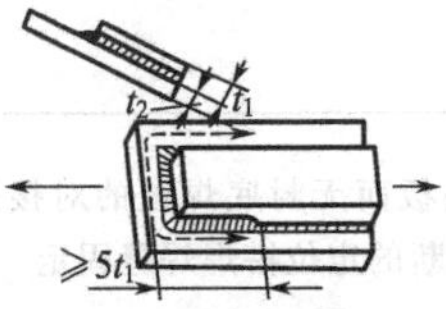 t_2 t_1 $\geqslant 5t_1$	

续表

构件接头型式的标号	说明	图	代号
应力集中情况等级 K_3——严重应力集中			
3.34	在构件端部用角焊缝(S. Q)固定连接板，其中 $t_1<t_2$。在单面连接板情况下，应考虑偏心载荷	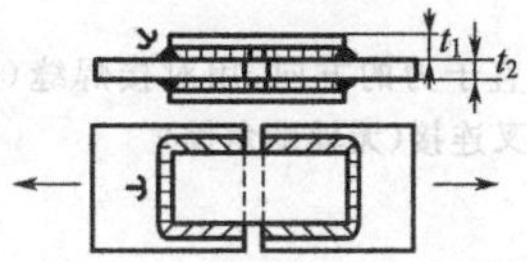 t_1 t_2	
3.35	焊缝平行于力的方向，将加劲肋焊接到连续主构件上，焊缝端头相等于十倍厚度的长度上为角焊缝(S. Q)，且经打磨以避免出现应力集中	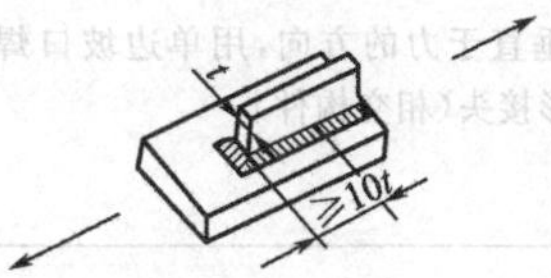 ≥10t	
3.36	焊缝平行于力的方向，用间断角焊缝(O. Q)或用焊在缺口间的角焊缝(O. Q)将加劲肋固定到连续主构件上	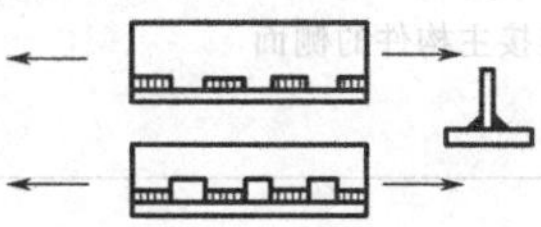	
3.4	焊缝垂直于力的方向，用 K 形焊缝(O. Q)做成的十字形接头	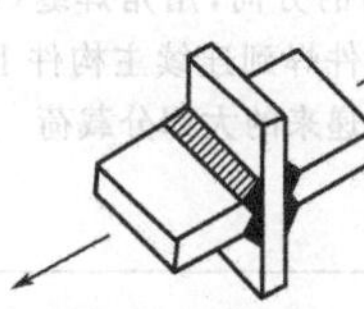	D 
3.41	翼缘板和腹板之间的 K 形焊缝(O. Q)。集中载荷垂直于焊缝，作用在腹板平面内		
3.5	用 K 形焊缝(O. Q)连接承受弯曲应力和剪切应力的构件	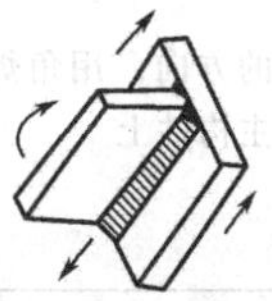	D 
3.6	用角焊缝(S. Q)将型钢或管子焊到连续构件上	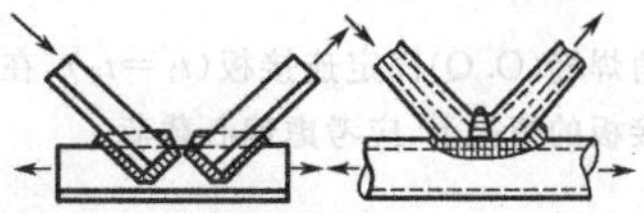	
应力集中情况等级 K_4——非常严重的应力集中			
4.1	焊缝垂直于力的方向，用对接焊缝(O. Q)连接不同厚度的构件。不对称无斜度		

续表

构件接头型式的标号	说　　明	图	代号
应力集中情况等级 K_4——非常严重的应力集中			
4.11	焊缝垂直于力的方向，用对接焊缝(O.Q)将扁钢交叉连接(无辅助角撑)	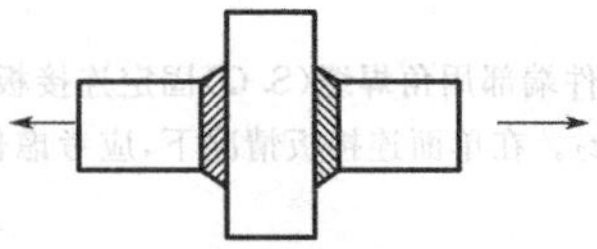	
4.12	焊缝垂直于力的方向，用单边坡口焊缝做成十字形接头(相交构件)	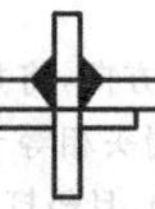	D
4.3	焊缝平行于力的方向，将端部呈直角的构件焊到连接主构件的侧面	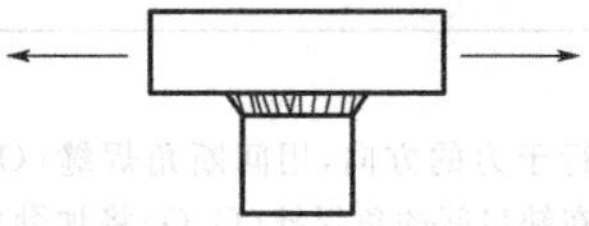	
4.31	焊缝平行于力的方向，用角焊缝(O.Q)将端部呈直角的构件焊到连续主构件上。构件承受由主构件传递来的大部分载荷	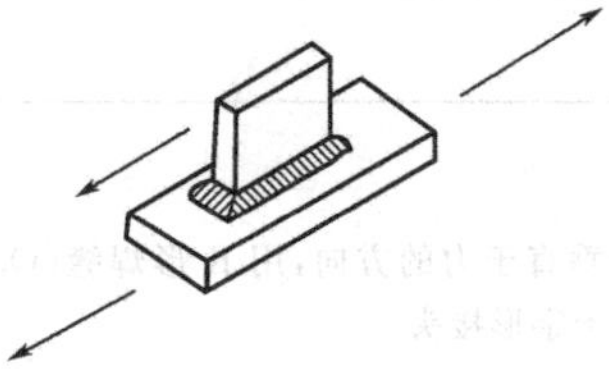	
4.32	穿过主构件伸出一块端部呈直角的平板，且用角焊缝(O.Q)固定	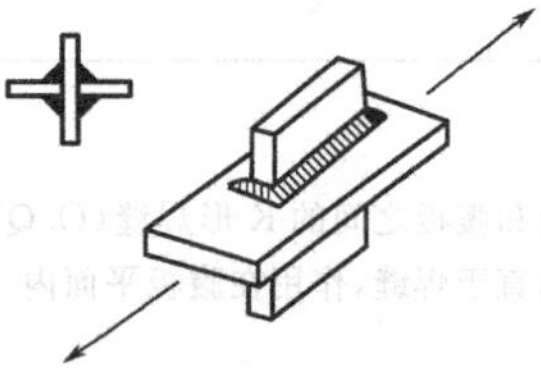	
4.33	焊缝平行于力的方向。用角焊缝(O.Q)将扁钢焊接到连续主构件上	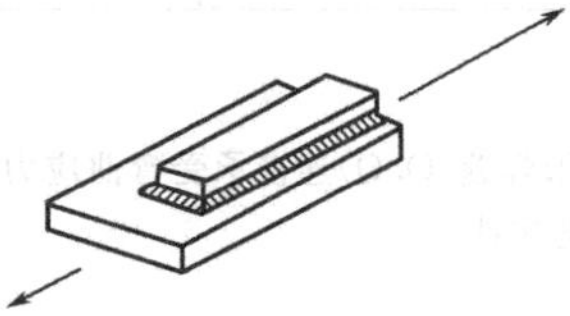	
4.34	用角焊缝(O.Q)固定连接板($t_1=t_2$)，在单面连接板的情况下，应考虑偏心载荷	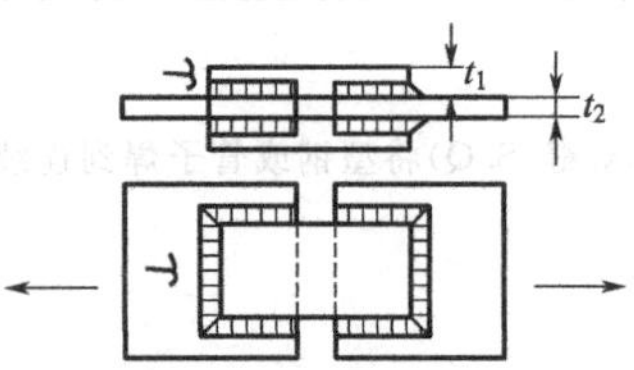 t_1 t_2	
4.35	在槽内或孔内，用角焊缝(O.Q)将一个构件焊接到另一个上	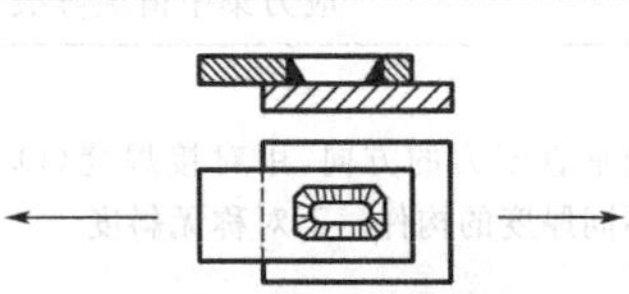	

续表

构件接头型式的标号	说　明	图	代号
应力集中情况等级 K_4——非常严重的应力集中			
4.36	用角焊缝(O. Q)或者对接焊缝(O. Q)将连接板固定在两个连续的主构件之间		
4.4	焊缝垂直于力的方向,用角焊缝(O. Q)做成的十字接头		D
4.41	翼缘板和腹板之间的角焊缝(O. Q),集中载荷垂直于焊缝,作用在腹板平面内		
4.5	用角焊缝(O. Q)连接承受弯曲应力和剪切应力的构件		D
4.6	用角焊缝(O. Q)将型钢或管子焊接到连续主构件上		

欢迎订阅工程机械类图书

书名	书　　　名	定价/元
09049	液压挖掘机构造与维修手册	68.00元
10583	卡特挖掘机构造原理及拆装维修	58.00元
07673	神钢挖掘机构造原理及拆装维修	68.00元
06929	沃尔沃挖掘机构造原理及拆装维修	68.00元
06163	小松挖掘机构造原理及拆装维修	68.00元
04947	现代挖掘机构造原理及拆装维修	56.00元
07985	零起点就业直通车——叉车驾驶作业	16.00元
07503	零起点就业直通车——装载机驾驶作业	16.00元
07504	零起点就业直通车——挖掘机驾驶作业	16.00元
04404	工程机械液压、液力系统故障诊断与维修	58.00元
04039	挖掘机液压原理及拆装维修	59.00元
03888	最新挖掘机液压和电路图册	68.00元
06336	工程机械概论	39.00元
05093	工程机械结构与设计	48.00元
03214	工程起重机结构与设计	49.00元
03465	起重机操作工培训教程	29.00元
03215	叉车操作工培训教程	26.00元
02683	挖掘机操作工培训教程	26.00元
03216	装载机操作工培训教程	24.00元
02234	液压挖掘机维修速查手册	68.00元
7491	工程机械设计与维修丛书——电器、电子控制与安全系统	32.00元
7551	工程机械设计与维修丛书——轮式装载机	48.00元
7858	工程机械设计与维修丛书——金属结构	42.00元
8536	工程机械设计与维修丛书——振动压路机	29.00元
8949	工程机械设计与维修丛书——现代设计技术	32.00元
9147	工程机械设计与维修丛书——钻井与非开挖机械	40.00元
9339	工程机械设计与维修丛书——推土机与平地机	24.00元